U0223063

化肥和农药减施增效理论与实践丛书

丛书主编　吴孔明

农药残留国家标准检测技术

李富根　董丰收 等　编著

科 学 出 版 社

北　京

内 容 简 介

农药残留检测方法标准是实施农产品农药残留监管的重要技术规范，选择适宜的农药残留检测方法是保证检测结果科学、准确的关键。为方便从业者更好地了解我国农药残留检测方法的关键参数，快速筛选满足相应要求的检测方法标准，本书重点基于现行有效的农药残留检测方法国家标准，将各种检测方法的适用范围、原理和灵敏度等关键技术参数进行分类整理。全书涉及检测方法国家标准230项，其中强制性食品安全国家标准125项。

本书可供农药登记残留试验、农产品市场监管、农产品生产加工企业的检测人员参考，也可供农药残留相关专业的高校师生、科研院所科研人员阅读。

图书在版编目（CIP）数据

农药残留国家标准检测技术 / 李富根等编著. —北京：科学出版社，2021.10

（化肥和农药减施增效理论与实践丛书 / 吴孔明主编）

ISBN 978-7-03-069497-3

Ⅰ. ①农… Ⅱ. ①李… Ⅲ. ①农药残留量分析 Ⅳ. ① X592.02

中国版本图书馆CIP数据核字（2021）第154245号

责任编辑：陈 新 陈 倩 / 责任校对：严 娜

责任印制：吴兆东 / 封面设计：无极书装

科学出版社 出版

北京东黄城根北街16号

邮政编码：100717

http://www.sciencep.com

北京虎彩文化传播有限公司 印刷

科学出版社发行 各地新华书店经销

*

2021年10月第 一 版 开本：787×1092 1/16

2021年10月第一次印刷 印张：24

字数：565 000

定价：238.00元

（如有印装质量问题，我社负责调换）

“化肥和农药减施增效理论与实践丛书”编委会

《农药残留国家标准检测技术》编著者名单

主要编著者　李富根　董丰收

其他编著者（以姓名汉语拼音为序）

薄　瑞　郭璐瑶　郭沛霖　郭素静　姜朵朵
焦　斌　李如男　廖先骏　刘丰茂　刘新刚
罗媛媛　毛连纲　穆　兰　潘兴鲁　朴秀英
秦冬梅　宋稳成　王　宽　王鸣华　王以燕
吴小虎　徐　军　袁善奎　张斌斌　张宏军
赵　玮　郑尊涛　钟耀辉　周小毛　朱光艳

主　　审　季　颖　郑永权

丛 书 序

我国化学肥料和农药过量施用严重，由此引起环境污染、农产品质量安全和生产成本较高等一系列问题。化肥和农药过量施用的主要原因：一是对不同区域不同种植体系肥料农药损失规律和高效利用机理缺乏深入的认识，不能建立肥料和农药的精准使用准则；二是化肥和农药的替代产品落后，施肥和施药装备差、肥料损失大，农药跑冒滴漏严重；三是缺乏针对不同种植体系肥料和农药减施增效的技术模式。因此，研究制定化肥和农药施用限量标准、发展肥料有机替代和病虫害绿色防控技术、创制新型肥料和农药产品、研发大型智能精准机具，以及加强技术集成创新与应用，对减少我国化肥和农药的使用量、促进农业绿色高质量发展意义重大。

按照2015年中央一号文件关于农业发展“转方式、调结构”的战略部署，根据国务院《关于深化中央财政科技计划（专项、基金等）管理改革的方案》的精神，科技部、国家发展改革委、财政部和农业部（现农业农村部）等部委联合组织实施了“十三五”国家重点研发计划试点专项“化学肥料和农药减施增效综合技术研发”（后简称“双减”专项）。

“双减”专项按照《到2020年化肥使用量零增长行动方案》《到2020年农药使用量零增长行动方案》《全国优势农产品区域布局规划（2008—2015年）》《特色农产品区域布局规划（2013—2020年）》，结合我国区域农业绿色发展的现实需求，综合考虑现阶段我国农业科研体系构架和资源分布情况，全面启动并实施了包括三大领域12项任务的49个项目，中央财政概算23.97亿元。项目涉及植物病理学、农业昆虫与害虫防治、农药学、植物检疫与农业生态健康、植物营养生理与遗传、植物根际营养、新型肥料与数字化施肥、养分资源再利用与污染控制、生态环境建设与资源高效利用等18个学科领域的57个国家重点实验室、236个各类省部级重点实验室和434支课题层面的研究团队，形成了上中下游无缝对接、“政产学研推”一体化的高水平研发队伍。

自2016年项目启动以来，“双减”专项以突破减施途径、创新减施产品与技术装备为抓手，聚焦主要粮食作物、经济作物、蔬菜、果树等主要农产品的生产需求，边研究、边示范、边应用，取得了一系列科研成果，实现了项目目标。

在基础研究方面，系统研究了微生物农药作用机理、天敌产品货架期调控机制及有害生物生态调控途径，建立了农药施用标准的原则和方法；初步阐明了我国不同区域和种植体系氮肥、磷肥损失规律和无效化阻控增效机理，提出了肥料养分推荐新技术体系和氮、磷施用标准；初步阐明了耕地地力与管理技术影响化肥、农药高效利用的机理，明确了不同耕地肥力下化肥、农药减施的调控途径与技术原理。

在关键技术创新方面，完善了我国新型肥药及配套智能化装备研发技术体系平台；打造了万亩方化肥减施12%、利用率提高6个百分点的示范样本；实现了智能化装备减施10%、利用率提高3个百分点，其中智能化施肥效率达到人工施肥10倍以上的目标。农药减施关键技术亦取得了多项成果，万亩示范方农药减施15%、新型施药技术田间效率大于30亩/h，节省劳动力成本50%。

在作物生产全程减药减肥技术体系示范推广方面，分别在水稻、小麦和玉米等粮食主产区，蔬菜、水果和茶叶等园艺作物主产区，以及油菜、棉花等经济作物主产区，大面积推广应用化肥、农药减施增效技术集成模式，形成了“产学研”一体的纵向创新体系和分区协同实施的横向联合攻关格局。示范应用区涉及28个省（自治区、直辖市）1022个县，总面积超过2.2亿亩次。项目区氮肥利用率由33%提高到43%、磷肥利用率由24%提高到34%，化肥氮磷减施20%；化学农药利用率由35%提高到45%，化学农药减施30%；农作物平均增产超过3%、生产成本明显降低。试验示范区与产业部门划定和重点支持的示范区高度融合，平均覆盖率超过90%，在提升区域农业科技水平和综合竞争力、保障主要农产品有效供给、推进农业绿色发展、支撑现代农业生产体系建设等方面已初显成效，为科技驱动产业发展提供了一项可参考、可复制、可推广的样板。

科学出版社始终关注和高度重视“双减”专项取得的研究成果。在他们的大力支持下，我们组织“双减”专项专家队伍，在系统梳理和总结我国“化肥和农药减施增效”研究领域所取得的基础理论、关键技术成果和示范推广经验的基础上，精心编撰了“化肥和农药减施增效理论与实践丛书”。这套丛书凝聚了“双减”专项广大科技人员的多年心血，反映了我国化肥和农药减施增效研究的最新进展，内容丰富、信息量大、学术性强。这套丛书的出版为我国农业资源利用、植物保护、作物学、园艺学和农业机械等相关学科的科研工作者、学生及农业技术推广人员提供了一套系统性强、学术水平高的专著，对于践行“绿水青山就是金山银山”的生态文明建设理念、助力乡村振兴战略有重要意义。

吴孔明

中国工程院院士

2020年12月30日

前　言

农药残留是农药应用后产物，是影响农产品质量安全的重要因子。世界各国主要通过农药合理使用规范和食品中农药残留限量标准来控制农药残留污染。农药残留检测方法标准是开展农产品农药残留监管的重要技术规范，欧美国家对农药残留检测仅提出了通用方法测定的指导原则，没有指定具体方法。我国政府高度重视农药残留对农产品质量安全的影响，明确规定农药残留限量标准须有配套的农药残留检测方法标准，具有法定强制性。“十三五”期间，我国完成了食品中农药残留检测方法标准清理工作，对相关标准提出了保留、整合、修订和废止意见，印发了《农药残留检测方法国家标准编制指南》，规定了农药残留检测方法国家标准编制的技术要求。2021 年 3 月 3 日，农业农村部、国家卫生健康委员会和国家市场监督管理总局联合发布《食品安全国家标准　食品中农药最大残留限量》（GB 2763—2021），对配套的检测方法进行了修订完善，特别是对 2016 年以来 GB 2763—2016 和 GB 2763—2019 实施过程中发现的部分农药残留限量配套检测方法不适用的问题进行了细致、系统清理及相应调整，显著提高了检测方法的科学性和适用性。考虑到目前农药残留检测方法尚不能满足农药残留限量配套需要，GB 2763—2021 除规定了 GB 23200 系列标准以外，还规定了一些推荐性国家标准和行业标准，这些标准与《农药残留检测方法国家标准编制指南》的技术要求还存在一定差距，有待于逐步整合、修订。

我国目前有效的农药残留检测方法标准众多，不同检测方法适用的农药和食品范围差异大，农药残留限量标准的更新对检测方法的灵敏度提出了新要求，因此，选择适宜的农药残留检测方法是保证检测结果科学的关键。在“十三五”国家重点研发计划项目“化学农药在我国不同种植体系的归趋特征与限量标准”（2016YFD0200200）的支持下，为了方便从业者更好地了解我国农药残留检测方法的关键参数，快速筛选满足相应要求的检测方法标准，作者重点基于现行有效的农药残留检测方法国家标准，将各方法的适用范围、原理和灵敏度等关键技术参数进行分类整理，便于读者快速查询使用。对于检测方法中样品基质为饲料等非食品类、目标化合物为非农药类的国家标准检测方法，以及主要行业标准检测方法，本书正文没有收录而在附录中列出相关标准的信息。在编写中发现，部分农药残留检测方法标准文本中农药名称、食品名称的表述分别与《农药中文通用名称》（GB 4839—2009）和《食品安全国家标准　食品中农药最大残留限量》（GB 2763—2021）不一致，部分检测方法标准“适用范围”中可能存在属于包含关系的两种食品并列的情况，如“蔬菜”与“藕”等，本着尊重标准原文的原则，本书中仍保留原标准的表述。部分检测方法标准“灵敏度”表格中可能会有农药 / 代谢物中文名称相同而英文名称不同的现象，为加以区分，本书在保留中文名称的情况下，将相应农药 / 代谢物的英文名称括注其后。部分检测方法标准“灵敏度”表格中部分农药 / 代谢物仅有英文名称，因未查到合适的中文名称，故只列出其英文名称。部分检测方法标准“灵敏度”表格中农药 / 代谢物的数量可能与标准名称中的数量不一致，这主要有两方面的原因：一是本书没有收录标准中的非农药类物质（如麝香等）；二是不同标准对农药 / 代谢物、异构体的数量统计方式有差异，本书将中文名称相同而英文名称不同的农药 / 代谢物、异构体都统计在列。此外，推荐性国家标准均是在《农药残留检测方法国家标准编制指南》发布之前实施的，当时只规定了最小检出浓度、检测限、检测低限等，没有规定定量限，为统一规范这类标准的编写，现仍保留标准的表述，但将相应标题由“定量限”改为“灵敏度”。

本书适用于农药登记残留试验、农产品市场监管、农产品生产加工企业及农药残留科研教学等单位的检测人员。鉴于标准具有很强的时效性，加之目前农药残留标准制（修）订工作正处于快速推进期，农业农村部将不定期地公告新制定或修订的标准，请读者及时关注、收集新颁布和实施的标准。由于时间紧迫，书中若有不足之处，请读者批评指正。

作　者

2021 年 4 月

目　　录

第 1 章　绪论……1

1.1　农药残留检测方法标准……1

1.2　农药残留检测方法国家标准的发展与逐步完善……2

1.3　农药残留检测方法国家标准现状……2

1.4　农药残留检测方法标准中常用前处理方法……3

1.4.1　常用提取技术……4

1.4.2　常用净化技术……5

1.5　农药残留检测方法标准中常用定量方法……6

1.6　未来展望……6

第 2 章　气相色谱法……7

2.1　概述……7

2.1.1　方法原理……7

2.1.2　发展历程……9

2.1.3　气相色谱在食品农药残留检测中的应用……11

2.2　植物源性食品中农药残留量的测定……11

2.2.1　水果蔬菜中乙烯利残留量的测定……11

2.2.2　可乐饮料中有机磷农药、有机氯农药残留量的测定……11

2.2.3　食品中噻节因残留量的测定……12

2.2.4　粮谷中氟吡禾灵残留量的测定……12

2.2.5　粮谷及油籽中二氯喹啉酸残留量的测定……13

2.2.6　粮谷中二硫化碳、四氯化碳、二溴乙烷残留量的测定……13

2.2.7　食品中 21 种熏蒸剂残留量的测定……14

2.2.8　食品中炔草酯残留量的测定……14

2.2.9　食品中氟啶虫酰胺残留量的测定……15

2.2.10　食品中苄螨醚残留量的测定……15

2.2.11　植物源性食品中 100 种有机磷类农药及其代谢物残留量的测定……16

2.2.12　植物中六六六和滴滴涕的测定……20

2.2.13　粮食、水果和蔬菜中有机磷农药的测定……21

2.2.14　花生仁、棉籽油、花生油中涕灭威残留量的测定……22

2.2.15　食品中八甲磷残留量的测定……22

2.2.16　食品中乙滴涕残留量的测定……23

2.2.17　食品中扑草净残留量的测定 …… 23
2.2.18　植物性食品中辛硫磷农药残留量的测定 …… 23
2.2.19　植物性食品中甲胺磷和乙酰甲胺磷农药残留量的测定 …… 24
2.2.20　植物性食品中氨基甲酸酯类农药残留量的测定 …… 24
2.2.21　黄瓜中百菌清残留量的测定 …… 24
2.2.22　植物性食品中氯菊酯残留量的测定 …… 25
2.2.23　植物性食品中二嗪磷残留量的测定 …… 25
2.2.24　柑橘中水胺硫磷残留量的测定 …… 25
2.2.25　植物性食品中氯氰菊酯、氰戊菊酯和溴氰菊酯残留量的测定 …… 26
2.2.26　大米和柑橘中喹硫磷残留量的测定 …… 26
2.2.27　大米中杀虫环残留量的测定 …… 26
2.2.28　大米中杀虫双残留量的测定 …… 27
2.2.29　稻谷中三环唑残留量的测定 …… 27
2.2.30　植物性食品中三唑酮残留量的测定 …… 27
2.2.31　水果中乙氧基喹残留量的测定 …… 28
2.2.32　植物性食品中亚胺硫磷残留量的测定 …… 28
2.2.33　食品中莠去津残留量的测定 …… 28
2.2.34　粮食中绿麦隆残留量的测定 …… 29
2.2.35　大米中禾草敌残留量的测定 …… 29
2.2.36　植物性食品中五氯硝基苯残留量的测定 …… 29
2.2.37　植物性食品中吡氟禾草灵、精吡氟禾草灵残留量的测定 …… 30
2.2.38　蔬菜、水果、食用油中双甲脒残留量的测定 …… 30
2.2.39　植物性食品中甲基异柳磷残留量的测定 …… 30
2.2.40　植物性食品中有机磷和氨基甲酸酯类农药 20 种残留的测定 …… 31
2.2.41　植物性食品中有机氯农药和拟除虫菊酯类农药多种残留量的测定 …… 31
2.2.42　大米中稻瘟灵残留量的测定 …… 34
2.2.43　大米中丁草胺残留量的测定 …… 34
2.2.44　粮食中 2,4-滴丁酯残留量的测定 …… 34
2.2.45　大豆、花生、豆油、花生油中的氟乐灵残留量的测定 …… 35
2.2.46　花生、大豆中异丙甲草胺残留量的测定 …… 35
2.2.47　粮食和蔬菜中 2,4-滴残留量的测定 …… 35
2.2.48　茶叶、水果、食用植物油中三氯杀螨醇残留量的测定 …… 36
2.2.49　大米中敌稗残留量的测定 …… 36
2.2.50　稻谷、花生仁中噁草酮残留量的测定 …… 36

2.2.51 粮食、蔬菜中噻嗪酮残留量的测定 …… 37
2.2.52 食品中有机氯农药多组分残留量的测定 …… 37
2.2.53 小麦中野燕枯残留量的测定 …… 38
2.2.54 梨中烯唑醇残留量的测定 …… 38
2.2.55 食品中有机磷农药残留量的测定 …… 39
2.2.56 糙米中50种有机磷农药残留量的测定 …… 40
2.2.57 粮谷中敌菌灵残留量的测定 …… 41
2.2.58 粮食中二溴乙烷残留量的测定 …… 41
2.2.59 植物源性食品中沙蚕毒素类农药残留量的测定 …… 41
2.2.60 粮食中七氯、艾氏剂、狄氏剂残留量的测定 …… 42
2.3 动物源性食品中农药残留量的测定 …… 42
2.3.1 食品中噻节因残留量的测定 …… 42
2.3.2 食品中炔草酯残留量的测定 …… 42
2.3.3 食品中氟啶虫酰胺残留量的测定 …… 43
2.3.4 食品中苄螨醚残留量的测定 …… 43
2.3.5 肉及肉制品中巴毒磷残留量的测定 …… 44
2.3.6 肉及肉制品中吡菌磷残留量的测定 …… 44
2.3.7 肉及肉制品中西玛津残留量的测定 …… 44
2.3.8 肉及肉制品中乙烯利残留量的测定 …… 45
2.3.9 水产品中多种有机氯农药残留量的测定 …… 45
2.3.10 动物源性食品中9种有机磷农药残留量的测定 …… 46
2.3.11 蜂产品中氟胺氰菊酯残留量的测定 …… 47
2.3.12 蜂蜜中5种有机磷农药残留量的测定 …… 47
2.3.13 蜂王浆中11种有机磷农药残留量的测定 …… 47
2.3.14 蜂王浆中9种菊酯类农药残留量的测定 …… 48
2.3.15 肉及肉制品中残杀威残留量的测定 …… 48
2.3.16 动物中六六六和滴滴涕的测定 …… 49
2.3.17 动物性食品中有机磷农药多组分残留量的测定 …… 49
2.3.18 动物性食品中有机氯农药和拟除虫菊酯类农药多组分残留量的测定 …… 50
2.3.19 食品中有机氯农药多组分残留量的测定 …… 50
2.3.20 食品中有机磷农药残留量的测定 …… 54
2.3.21 肉与肉制品中六六六、滴滴涕残留量的测定 …… 54
2.3.22 水产品中氯氰菊酯、氰戊菊酯、溴氰菊酯多残留的测定 …… 55
2.3.23 牛奶中双甲脒残留标志物残留量的测定 …… 55

2.3.24 水产品中氟乐灵残留量的测定 …… 56
第 3 章 液相色谱法 …… 57
3.1 概述 …… 57
3.1.1 方法原理 …… 57
3.1.2 发展历程 …… 60
3.1.3 液相色谱在食品农药残留检测上的应用 …… 62
3.2 植物源性食品中农药残留量的测定 …… 63
3.2.1 水果、蔬菜中噻菌灵残留量的测定 …… 63
3.2.2 蔬菜中非草隆等 16 种取代脲类除草剂残留量的测定 …… 63
3.2.3 水果和蔬菜中阿维菌素残留量的测定 …… 64
3.2.4 坚果及坚果制品中抑芽丹残留量的测定 …… 64
3.2.5 水果和蔬菜中唑螨酯残留量的测定 …… 64
3.2.6 食品中喹氧灵残留量的测定 …… 65
3.2.7 植物源性食品中 12 种氨基甲酸酯类农药及其代谢物残留量的测定 …… 65
3.2.8 植物源性食品中喹啉铜残留量的测定 …… 66
3.2.9 大米、蔬菜、水果中氯氟吡氧乙酸残留量的测定 …… 66
3.2.10 水果、蔬菜及茶叶中吡虫啉残留的测定 …… 67
3.2.11 水果、蔬菜中多菌灵残留的测定 …… 67
3.2.12 食品中 6-苄基腺嘌呤的测定 …… 67
3.2.13 大豆中三嗪类除草剂残留量的测定 …… 68
3.2.14 大豆中磺酰脲类除草剂残留量的测定 …… 68
3.2.15 大豆中咪唑啉酮类除草剂残留量的测定 …… 69
3.2.16 大豆及谷物中氟磺胺草醚残留量的测定 …… 69
3.2.17 植物性食品中灭幼脲残留量的测定 …… 69
3.2.18 植物性食品中除虫脲残留量的测定 …… 70
3.2.19 水果中单甲脒残留量的测定 …… 70
3.2.20 梨果类、柑橘类水果中噻螨酮残留量的测定 …… 70
3.2.21 粮、油、菜中甲萘威残留量的测定 …… 71
3.3 动物源性食品中农药残留量的测定 …… 71
3.3.1 食品中喹氧灵残留量的测定 …… 71
3.3.2 动物源性食品中乙氧喹啉残留量的测定 …… 71
3.3.3 肉及肉制品中甲萘威残留量的测定 …… 72
3.3.4 蜂蜜中双甲脒及其代谢物残留量的测定 …… 72
3.3.5 动物性食品中氨基甲酸酯类农药多组分残留的测定 …… 73

3.3.6 肉与肉制品中甲萘威残留量的测定 …… 73
3.3.7 肉与肉制品中 2,4-滴残留量的测定 …… 73
3.3.8 动物源食品中阿维菌素类药物残留量的测定 …… 74
3.3.9 水产品中阿维菌素和伊维菌素多残留的测定 …… 74
3.3.10 牛奶中阿维菌素类药物多残留的测定 …… 75
第 4 章 气相色谱–质谱法 …… 76
4.1 概述 …… 76
4.1.1 方法原理 …… 76
4.1.2 发展历程 …… 77
4.1.3 气相色谱–质谱法在食品农药残留检测中的应用 …… 78
4.2 植物源性食品中农药残留量的测定 …… 79
4.2.1 食用菌中 477 种农药及相关化学品残留量的测定 …… 79
4.2.2 粮谷及油籽中酰胺类除草剂残留量的测定 …… 86
4.2.3 粮谷及油籽中二苯醚类除草剂残留量的测定 …… 86
4.2.4 食品中芳氧苯氧丙酸酯类除草剂残留量的测定 …… 87
4.2.5 果汁和果酒中 480 种农药及相关化学品残留量的测定 …… 87
4.2.6 水果和蔬菜中 479 种农药及相关化学品残留量的测定 …… 94
4.2.7 粮谷中 457 种农药及相关化学品残留量的测定 …… 101
4.2.8 桑枝、金银花、枸杞子和荷叶中 484 种农药及相关化学品残留量的测定 107
4.2.9 粮谷和大豆中 11 种除草剂残留量的测定 …… 114
4.2.10 水果中噁草酮残留量的测定 …… 114
4.2.11 茶叶中 9 种有机杂环类农药残留量的测定 …… 115
4.2.12 水果中 4,6-二硝基邻甲酚残留量的测定 …… 115
4.2.13 食品中多种醚类除草剂残留量的测定 …… 116
4.2.14 食品中环氟菌胺残留量的测定 …… 116
4.2.15 食品中丙炔氟草胺残留量的测定 …… 117
4.2.16 食品中丁酰肼残留量的测定 …… 117
4.2.17 食品中解草嗪、莎稗磷、二丙烯草胺等 110 种农药残留量的测定 …… 117
4.2.18 食品中嘧霉胺、嘧菌胺、腈菌唑、嘧菌酯残留量的测定 …… 119
4.2.19 食品中四螨嗪残留量的测定 …… 120
4.2.20 食品中野燕枯残留量的测定 …… 120
4.2.21 食品中苯醚甲环唑残留量的测定 …… 121
4.2.22 食品中嘧菌环胺残留量的测定 …… 121
4.2.23 食品中氟硅唑残留量的测定 …… 121

4.2.24 食品中甲氧基丙烯酸酯类杀菌剂残留量的测定 ……122
4.2.25 食品中乙草胺残留量的测定 ……123
4.2.26 食品中敌草腈残留量的测定 ……123
4.2.27 食品中苯胺灵残留量的测定 ……123
4.2.28 食品中氟烯草酸残留量的测定 ……124
4.2.29 食品中四氟醚唑残留量的测定 ……124
4.2.30 食品中吡螨胺残留量的测定 ……124
4.2.31 食品中炔苯酰草胺残留量的测定 ……125
4.2.32 食品中啶酰菌胺残留量的测定 ……125
4.2.33 食品中二缩甲酰亚胺类农药残留量的测定 ……126
4.2.34 食品中苯酰胺类农药残留量的测定 ……126
4.2.35 食品中异稻瘟净残留量的测定 ……127
4.2.36 植物源性食品中208种农药及其代谢物残留量的测定 ……127
4.2.37 茶叶中495种农药及相关化学品残留量的测定 ……140
4.2.38 茶叶中农药多残留的测定 ……147
4.2.39 植物性产品中草甘膦残留量的测定 ……148
4.2.40 水果和蔬菜中多种农药残留量的测定 ……149
4.2.41 粮谷中矮壮素残留量的测定 ……154
4.2.42 粮谷中敌草快残留量的测定 ……154
4.3 动物源性食品中农药残留量的测定 ……154
4.3.1 食品中11种醚类除草剂残留量的测定 ……154
4.3.2 食品中丙炔氟草胺残留量的测定 ……155
4.3.3 食品中丁酰肼残留量的测定 ……155
4.3.4 食品中嘧霉胺、嘧菌胺、腈菌唑、嘧菌酯残留量的测定 ……156
4.3.5 食品中四螨嗪残留量的测定 ……156
4.3.6 食品中野燕枯残留量的测定 ……157
4.3.7 食品中苯醚甲环唑残留量的测定 ……157
4.3.8 食品中嘧菌环胺残留量的测定 ……157
4.3.9 食品中氟硅唑残留量的测定 ……158
4.3.10 食品中甲氧基丙烯酸酯类杀菌剂残留量的测定 ……158
4.3.11 食品中乙草胺残留量的测定 ……159
4.3.12 食品中敌草腈残留量的测定 ……159
4.3.13 食品中苯胺灵残留量的测定 ……159
4.3.14 食品中氟烯草酸残留量的测定 ……160

4.3.15　食品中四氟醚唑残留量的测定 ……160
4.3.16　食品中吡螨胺残留量的测定 ……161
4.3.17　食品中炔苯酰草胺残留量的测定 ……161
4.3.18　食品中啶酰菌胺残留量的测定 ……161
4.3.19　食品中二缩甲酰亚胺类农药残留量的测定 ……162
4.3.20　食品中苯酰胺类农药残留量的测定 ……162
4.3.21　肉及肉制品中双硫磷残留量的测定 ……163
4.3.22　食品中异稻瘟净残留量的测定 ……163
4.3.23　肉品中甲氧滴滴涕残留量的测定 ……164
4.3.24　乳及乳制品中 17 种拟除虫菊酯类农药残留量的测定……164
4.3.25　乳及乳制品中 30 种有机氯农药残留量的测定……165
4.3.26　食品中 10 种有机磷农药残留量的测定……166
4.3.27　蜂王浆中 8 种杀螨剂残留量的测定 ……166
4.3.28　蜂王浆中杀虫脒及其代谢产物残留量的测定 ……167
4.3.29　蜂王浆中双甲脒及其代谢产物残留量的测定 ……167
4.3.30　蜂蜜中溴螨酯、4,4′-二溴二苯甲酮残留量的测定……167
4.3.31　动物性食品中有机氯农药和拟除虫菊酯类农药多组分残留量的测定 ……168
4.3.32　冻兔肉中有机氯农药和拟除虫菊酯类农药残留的测定 ……169
4.3.33　动物肌肉中 462 种农药残留量的测定 ……170
4.3.34　牛奶和奶粉中啶酰菌胺残留量的测定 ……176
4.3.35　河豚鱼、鳗鱼和对虾中 460 种农药及相关化学品残留量的测定 ……176
4.3.36　牛奶和奶粉中 507 种农药及相关化学品残留量的测定 ……183
第 5 章　液相色谱–质谱法……206
5.1　概述……206
5.1.1　方法原理……206
5.1.2　发展历程……206
5.1.3　液相色谱–质谱法在食品农药残留检测上的应用……207
5.2　植物源性食品中农药残留量的测定……208
5.2.1　食用菌中 440 种农药及相关化学品残留量的测定……208
5.2.2　茶叶中 448 种农药及相关化学品残留量的测定……214
5.2.3　果蔬汁和果酒中 512 种农药及相关化学品残留量的测定……220
5.2.4　食品中阿维菌素残留量的测定……228
5.2.5　食品中环己烯酮类除草剂残留量的测定……228
5.2.6　食品中硫代氨基甲酸酯类除草剂残留量的测定……229

5.2.7 食品中杀草强残留量的测定……229
5.2.8 桑枝、金银花、枸杞子和荷叶中413种农药及相关化学品残留量的测定……229
5.2.9 水果中赤霉酸残留量的测定……235
5.2.10 食品中地乐酚残留量的测定……236
5.2.11 食品中涕灭砜威、吡唑醚菌酯、嘧菌酯等65种农药残留量的测定……236
5.2.12 食品中氯氟吡氧乙酸、氟硫草定、氟吡草腙和噻唑烟酸除草剂残留量的测定……237
5.2.13 食品中取代脲类农药残留量的测定……238
5.2.14 食品中烯啶虫胺、呋虫胺等20种农药残留量的测定……238
5.2.15 植物源性食品中环己烯酮类除草剂残留量的测定……239
5.2.16 食品中噻虫嗪及其代谢物噻虫胺残留量的测定……239
5.2.17 食品中除虫脲残留量的测定……240
5.2.18 食品中吡啶类农药残留量的测定……240
5.2.19 食品中呋虫胺残留量的测定……241
5.2.20 食品中喹氧灵残留量的测定……241
5.2.21 食品中氯酯磺草胺残留量的测定……242
5.2.22 食品中噻酰菌胺残留量的测定……242
5.2.23 食品中吡丙醚残留量的测定……243
5.2.24 食品中二硝基苯胺类农药残留量的测定……243
5.2.25 食品中三氟羧草醚残留量的测定……243
5.2.26 食品中鱼藤酮和印楝素残留量的测定……244
5.2.27 食品中井冈霉素残留量的测定……244
5.2.28 食品中氟苯虫酰胺残留量的测定……245
5.2.29 植物源性食品中草铵膦残留量的测定……245
5.2.30 植物源性食品中二氯吡啶酸残留量的测定……245
5.2.31 植物源性食品中氯吡脲残留量的测定……246
5.2.32 植物源性食品中唑嘧磺草胺残留量的测定……246
5.2.33 植物源性食品中灭瘟素残留量的测定……247
5.2.34 水果和蔬菜中450种农药及相关化学品残留量的测定……247
5.2.35 粮谷中486种农药及相关化学品残留量的测定……253
5.2.36 水果、蔬菜中啶虫脒残留量的测定……260
5.2.37 大豆中13种三嗪类除草剂残留量的测定……260
5.2.38 大豆中10种磺酰脲类除草剂残留量的测定……261

5.2.39　大豆中5种咪唑啉酮类除草剂残留量的测定……261
5.2.40　植物源性食品中375种农药及其代谢物残留量的测定……262
5.2.41　植物源性食品中甜菜安残留量的测定……284
5.2.42　植物源性食品中单氰胺残留量的测定……285
5.3　动物源性食品中农药残留量的测定……285
5.3.1　食品中阿维菌素残留量的测定……285
5.3.2　食品中8种环己烯酮类除草剂残留量的测定……286
5.3.3　食品中9种硫代氨基甲酸酯类除草剂残留量的测定……286
5.3.4　食品中杀草强残留量的测定……287
5.3.5　食品中地乐酚残留量的测定……287
5.3.6　食品中噻虫嗪及其代谢物噻虫胺残留量的测定……287
5.3.7　食品中除虫脲残留量的测定……288
5.3.8　食品中7种吡啶类农药残留量的测定……288
5.3.9　食品中呋虫胺残留量的测定……289
5.3.10　食品中喹氧灵残留量的测定……289
5.3.11　食品中氯酯磺草胺残留量的测定……289
5.3.12　食品中噻酰菌胺残留量的测定……290
5.3.13　食品中吡丙醚残留量的测定……290
5.3.14　食品中8种二硝基苯胺类农药残留量的测定……290
5.3.15　食品中三氟羧草醚残留量的测定……291
5.3.16　食品中鱼藤酮和印楝素残留量的测定……291
5.3.17　食品中井冈霉素残留量的测定……292
5.3.18　食品中氟苯虫酰胺残留量的测定……292
5.3.19　乳及乳制品中14种氨基甲酸酯类农药残留量的测定……292
5.3.20　动物源性食品中五氯酚残留量的测定……293
5.3.21　动物源性食品中敌百虫、敌敌畏、蝇毒磷残留量的测定……293
5.3.22　蜂蜜中杀虫脒及其代谢产物残留量的测定……294
5.3.23　蜂王浆中8种氨基甲酸酯类农药残留量的测定……294
5.3.24　肉及肉制品中2甲4氯及2甲4氯丁酸残留量的测定……295
5.3.25　鸡蛋中氟虫腈及其代谢物残留量的测定……295
5.3.26　牛肝和牛肉中阿维菌素类药物残留量的测定……295
5.3.27　动物源食品中4种阿维菌素类药物残留量的测定……296
5.3.28　河豚鱼、鳗鱼和烤鳗中伊维菌素、阿维菌素、多拉菌素和乙酰氨基阿维菌素残留量的测定……296

5.3.29　牛奶和奶粉中伊维菌素、阿维菌素、多拉菌素和乙酰氨基阿维菌素残留量的测定 ……297
5.3.30　河豚鱼、鳗鱼和对虾中449种农药及相关化学品残留量的测定 ……297
5.3.31　牛奶和奶粉中493种农药及相关化学品残留量的测定 ……304
5.3.32　蜂蜜中486种农药及相关化学品残留量的测定 ……318
5.3.33　动物肌肉中461种农药及相关化学品残留量的测定 ……325
第6章　其他方法 ……332
6.1　概述 ……332
6.2　植物源性食品中农药残留量的测定 ……332
6.2.1　蔬菜、水果中甲基托布津、多菌灵的测定 ……332
6.2.2　粮、油、菜中甲萘威残留量的测定 ……333
6.2.3　茶中有机磷及氨基甲酸酯农药残留量的测定 ……333
6.2.4　蔬菜中有机磷及氨基甲酸酯农药残留量的测定 ……334
6.2.5　蔬菜中有机磷和氨基甲酸酯类农药残留量的测定 ……336
6.2.6　粮食中马拉硫磷等农药残留量的测定 ……337
6.2.7　粮食中磷化物残留量的测定 ……338
6.3　动物源性食品中农药残留量的测定 ……339
6.3.1　乳及乳制品中噻菌灵残留量的测定 ……339
6.3.2　肉中有机磷及氨基甲酸酯农药残留量的测定 ……339
6.3.3　动物源食品中阿维菌素类药物残留的测定 ……340

参考文献 ……341
附录 ……343
附录1　我国农药残留检测方法国家标准和行业标准名录 ……343
附录2　农药残留检测方法国家标准编制指南 ……356
附录3　关于食品类别/名称的说明 ……361

第1章 绪 论

农药是保障现代农业安全生产的重要投入品，可有效控制作物病虫草鼠等有害生物发生和为害，统计数据表明农药应用可挽回农作物产量损失30%～40%，对农业增产、农民增收具有重要贡献。农药残留是农药应用后产物，是影响农产品质量安全的重要因素。随着人类健康安全意识的增强和消费水平的提高，对农药的应用提出了更高的要求。我国2016年启动了“十三五”国家重点研发计划试点专项“化学肥料和农药减施增效综合技术研发”，围绕农药减施的理论基础、产品装备、技术研发和培训推广等领域开展攻关研究，其中涉及解析农药归趋特征和制定农药限量标准内容，而研究和选择科学的农药残留检测方法是关键。另外，为了保障农产品质量安全，世界各国制定了食品中农药残留限量标准来控制农药残留污染，而农药残留检测方法是准确监测农药残留的基础和工具。欧美国家对农药残留检测仅提出了通用方法测定的指导原则，尚未指定具体方法。我国政府高度重视农药残留对农产品质量安全的影响，《中华人民共和国食品安全法》《食品安全国家标准 食品中农药最大残留限量》（GB 2763）明确规定的农药残留检测方法是农药最大残留限量的配套检测方法，具有法定强制性（廖先骏等，2019）。2016年4月，农业部印发《农药残留检测方法国家标准编制指南》（中华人民共和国农业部公告第2386号），规定农药残留检测方法国家标准编制的技术要求。同时，第二届国家农药残留标准审评委员会第四次全体会议对我国现行配套农药残留检测方法提出了明确的标准框架体系规划建议，即根据农药理化性质、化学结构式及前处理方法的差异等，按气相色谱-质谱法（气质联用）、液相色谱-质谱法（液质联用）、一类农药残留检测方法、单个农药残留检测方法等四类情况进行制定。基于此，本书重点梳理了我国目前气相色谱检测方法、液相色谱检测方法、气相色谱-质谱方法和液相色谱-质谱方法技术条件下植物源性食品与动物源性食品的主要检测方法国家标准，以期为我国农药登记残留试验、农产品市场监管、农产品生产加工企业及农药残留科研教学等单位的检测人员快速、准确选择科学检测方法提供关键参数和基础数据。

1.1 农药残留检测方法标准

农药残留检测方法标准是指对某种或某一类样品中农药残留量测定方法的规范性文件。该文件规定了不同样品基质中农药残留量的检测方法，标准内容包括前言、标准名称、范围、规范性引用文件、原理、试剂与材料、仪器和设备、试样制备、分析步骤、结果计算、灵敏度、精密度、图谱和附录等。

国际上农药残留检测方法标准没指定具体方法，但提出了农药残留检测方法的通用指导原则，主要包括方法验证和分析质量控制的要求。例如，欧洲食品安全局（European Food Safety Authority，EFSA）验证农药残留对消费者的安全性，欧盟委员会下属健康与食品安全署（Health and Food Safety，SANTE）根据欧洲食品安全局的意见决定制定、修正、删除农药的残留限量。欧盟农药残留检测方法及要求根据SANTE系列指导文件规定执行，目前最新版本为*Guidance Document on Analytical Quality Control and Method Validation Procedures for Pesticides Residues Analysis in Food and Feed*（《食品和饲料中农药残留分析方法验证与质量控制指南》，SANTE/12682/2019）。美国食品药品监督管理局（Food and Drug Administration，FDA）根据颁布的农药残留分析方法指南 *Analytical Procedures and Methods Validation for Drugs and Biologics*（《药物和生物制品分析程序与方法验证》）对农产品进行监控。我国农业部 2010 年 4 月组建了国家农药残留标准审评委员会，主要负责审评农药残留国家标准。目前清理并修订了 400 余部食品中农药残留检测方法标准，基本解决了鲜食农产品农药残留限量标准严重不足、检测方法与限量标准不配套的问题。我国农药残留检测方法标准主要包括国家标准（GB）和行业标准，行业标准又包括农业行业标准（NY）、出入境检验检疫行业标准（SN）、烟草行业标准（YC）和水产行业标准（SC）等。

1.2　农药残留检测方法国家标准的发展与逐步完善

我国农药残留检测方法标准的历史发展与农药残留相关法律法规的逐步完善及农药管理的逐步规范同步，大致分为以下 3 个阶段。

第一阶段（1963～1996 年）为探索发展阶段。1963 年 10 月我国成立农业部农药检定所，主要承担农药登记管理及相关标准的制定工作。农药残留检测方法标准主要为容量和比色分析方法，少量为气相色谱和液相色谱法（宋稳成等，2014）。

第二阶段（1997～2008 年）为快速发展阶段。1997 年我国颁布了《农药管理条例》，1999 年颁布了《农药管理条例实施办法》。2001 年农业部开始在全国实施无公害农产品行动计划，加快了行业标准的制定。截至 2008 年底，制定了近 500 项农药残留检测方法国家标准和行业标准，初步形成了以国家标准为主、行业标准为辅，由安全标准和配套支撑标准共同组成的农药残留标准体系。

第三阶段（2009 年至今）为逐步完善阶段。2009 年 6 月 1 日《中华人民共和国食品安全法》实施，2010 年 4 月 12 日国家农药残留标准审评委员会成立，加快了残留限量标准、检测方法和技术规程的制定（朱玉龙等，2017；李富根等，2019）。2013 年 3 月 1 日实施的《食品中农药最大残留限量》（GB 2763—2012）推荐了有限的检测方法标准。后经不断清理、整合、修订，GB 2763—2021 发布时，农药残留检测方法与限量标准不配套的问题已基本得到解决。从现行标准发展趋势来看，用于农药残留限量配套的检测方法中推荐性国家标准、行业标准、地方标准等逐渐废止，并统一向强制性的食品安全国家标准靠拢，我国目前检测方法多以高效液相色谱（high performance liquid chromatography，HPLC）、气相色谱以及两者与质谱联用为主。

1.3　农药残留检测方法国家标准现状

目前，我国农药残留检测方法标准共 431 项，包括检测方法国家标准 230 项和检测方法行业标准 201 项。其中，检测方法国家标准中涉及食品中农药残留检测的国家标准 224 项，水中农药残留检测的国家标准 2 项，饲料中农药残留检测的国家标准 4 项；检测方法行业标准中涉及食品中农药残留检测的行业标准 186 项，水土中农药残留检测的行业标准 5 项，含脂羊毛中农药残留检测的行业标准 3 项，烟草及其制品中农药残留检测的行业标准 7 项。

我国农药残留检测方法国家标准主要由强制性国家标准和推荐性国家标准两部分组成。农药残留检测方法强制性国家标准目前共有 125 项，包括 2016～2021 年更新的 GB 23200 系列标准120项和GB 29695—2013、GB 29696—2013、GB 29705—2013、GB 29707—2013、GB 31660.3—2019。农药残留检测方法推荐性国家标准目前共有105项，包括2003～2008年更新的GB/T 5009系列标准56项和1994～2010年更新的其他推荐性国家标准49项。农药残留检测方法国家标准规定了适用范围、规范性引用文件、原理、试剂与材料、仪器和设备、试样制备、分析步骤、结果计算、精密度等内容。内容和格式是按照《农药残留检测方法国家标准编制指南》制定的。从样品基质分类来看，检测方法国家标准涉及的基质种类以植物源性食品和动物源性食品为主，同时包括部分环境样品、其他类如饲料样品等。其中，涉及植物源性样品的检测方法标准165项，涉及动物源性样品的检测方法标准103项。从检测方法来看，检测方法国家标准涉及的检测方法主要包括气相色谱法、液相色谱法、气相色谱-质谱法、液相色谱-质谱法等，其中使用气相色谱法检测的国家标准有84项、使用液相色谱法的有31项、使用气相色谱-质谱法的有78项、使用液相色谱-质谱法的有75项。

掌握农药残留检测方法国家标准中气相色谱法、液相色谱法、气相色谱-质谱法、液相色谱-质谱法4项主流技术的特点及应用优势非常必要。气相色谱法可分析大部分有机化合物，但其应用也存在一些限制，如不适于对分子量大、易热分解、不挥发性物质或解离性物质等的直接分析。液相色谱法理论上可以很好地对高沸点、热稳定性差、分子量在200以上的有机化合物进行分离、分析。随着与色谱技术相联系的检测技术的快速发展，越来越多的检测器应用于色谱法检测。目前，液相色谱法广泛应用的检测器有紫外-可见光检测器（ultraviolet-visible light detector，UVD）、二极管阵列检测器、荧光检测器（fluorescence detector，FLD）等。气相色谱法中检测器的种类更多，特别是特异性检测器，例如：火焰光度检测器（flame photometric detector，FPD）对含S、P元素的化合物具有高选择性、高灵敏度，可广泛用于有机磷、有机硫农药的分析测定；电子捕获检测器（electron capture detector，ECD）对电负性物质敏感，适用于卤素或含氧化物，可广泛用于有机氯农药、拟除虫菊酯类农药残留的分析测定；氮磷检测器（nitrogen phosphorus detector，NPD）对含N、P元素的化合物具有高灵敏度、高选择性及宽线性范围；脉冲火焰光度检测器（pulse flame photometric detector，PFPD）。这些检测器都是针对低含量特殊化合物开发的，在农药残留的研究中发挥了重要作用。气相色谱-质谱法、液相色谱-质谱法是将高分离能力、适用范围极广的色谱分离技术与高灵敏度、高专属性的质谱技术相结合，组成了先进可靠的现代分析技术，是对复杂样品进行定性、定量分析的有力工具。气相色谱-质谱技术发展较早，已广泛应用于农药单残留、多残留的快速分离与定性、定量分析。液相色谱-质谱技术适于对极性较大、热稳定性强、难挥发的目标化合物进行分析，尤其是小颗粒填料色谱柱和超高压系统的应用，大大提升了液相色谱-质谱检测的效率，该技术分离时间短、分离效率高，成为目前农药残留分析领域应用的热点技术。

1.4　农药残留检测方法标准中常用前处理方法

我国的农药残留分析方法主要分为样品前处理和仪器分析两个部分，其中样品前处理时间占整个分析方法的60%左右。然而，目前用于色谱分析的传统前处理技术仍相对落后，包括一系列操作步骤，如匀质化、提取、过滤或离心、柱层析、浓缩和溶剂转化等。该过程由于复杂、费时且易造成误差，因此是整个农药残留分析工作的瓶颈。近年来，受劳动力费用成本增加、残留检测样品的需求增大以及公众环保意识提升等众多因素影响，前处理技术经逐步改进后日渐趋向于简约化、自动化、小型化。

1.4.1 常用提取技术

样品提取及净化作为前处理方法的关键步骤，对实验结果准确性具有重要意义。其中样品提取是用化学溶剂将农药从样品中提取出来的步骤，有时样品的提取过程也包含样品净化过程。由于试样中农药含量较低，提取效率的高低直接影响结果的准确性。因此，依据农药种类、试样类型、试样中脂肪与水分含量和最终测定方法的差异，选择合适的提取剂和提取方法至关重要。目前，在我国农药残留检测方法中常用的提取溶剂有水、甲醇、乙腈、丙酮、乙酸乙酯、石油醚、正己烷和二氯甲烷等，在提取过程中可结合不同提取剂的极性、沸点、安全性、稳定性、经济性等特征进行合理选择。我国农药残留检测方法标准中常用的提取方式有液液萃取法、振荡法和组织捣碎法、索氏提取法、超声波提取法、加速溶剂萃取法，占比分别为6.5%、84.6%、3.1%、5.0%、0.7%。本书对几种常用的提取技术展开介绍如下。

（1）*液液萃取法*

液液萃取法根据目标物农药分子在水相和有机相中的分配定律，利用样品中不同组分在两种不混溶的溶剂中的溶解度或分配比的不同来达到分离、提取或纯化的目的。由于大部分农药的正辛醇–水分配系数（K_{ow}）都较大，也就是脂溶性或疏水性较强，因此利用液液萃取法能很好地萃取水样中的农药残留目标物。但同时该方法也存在弊端，如消耗溶剂量太大，产生的废液较难处理，同时在处理过程中需要大量的手工操作，费工费时。

（2）*振荡法和组织捣碎法（匀浆法）*

振荡法和组织捣碎法（匀浆法）这两种提取方法相对简单，提取过程可使溶剂与微细试样反复接触和萃取。一般，对于含水量较高的新鲜样品，如蔬菜、水果等使用时较为方便。需要注意的是，在处理较高含水量样品时，如果使用单一的非极性溶剂提取，提取溶剂疏水性强，浸润或渗透样品的能力有限，会造成提取效果的降低。因此，该类样品在处理时通常使用极性溶剂，如乙腈和甲醇等。

（3）*索氏提取法*

索氏提取法的主要特点是样品与提取液分离，利用虹吸管通过回流溶剂浸渍提取，不会有溶质饱和问题，且固体物质每一次都能为纯溶剂所萃取，萃取效率较高，可达到完全提取的目的。该方法的主要优点是不需要使用特殊的仪器设备，且操作方法简单易行，使用成本较低。主要的缺点是溶剂消耗量大、耗时较长、需冷凝水等。

（4）*超声波提取法*

超声波提取法是利用超声波的空化作用、机械效应和热效应等加速胞内有效物质的释放、扩散和溶解，以增大物质分子运动频率，增加溶剂穿透率，通过这一原理来提高样品中农药溶出次数和溶出速度，缩短提取时间的一种浸取方法。具有不需加热、操作简单、节省时间和提取效率高等优点，目前在农药残留分析的样品前处理中也有广泛的应用。

（5）*加速溶剂萃取法*

加速溶剂萃取法是在密闭容器内通过升温和升压从样品中快速萃取出农药及其他化合物的方法，主要用于从固体和半固体样品中萃取化合物。该方法的优点是萃取速度快、溶剂用量少、选择性高，同时还具有萃取时不破坏成分的形态、受基体影响小、相同的萃取条件可对不同基体同时萃取等特点。但加速溶剂萃取法最大的问题就是分析成本高，即仪器和耗材相对较贵。此外，提取过程中的共提物也相对较多，影响后续的净化操作。

1.4.2 常用净化技术

使用有机溶剂提取样品中的农药时，提取液中往往会存在油脂、蜡质、蛋白质、叶绿素等色素、胺类、酚类、有机酸类及糖类等众多共提物，严重干扰残留量的测定。净化过程可有效减弱基质中共提物的干扰效应，但常常也会伴随农药丢失，是农药残留分析中难度较大的，也是最重要的步骤之一，是残留分析成败的关键。常用的净化技术涉及分离学科的众多领域，且随着新技术的发展正在不断更新。我国农药残留检测方法标准中常用的净化方式有液液分配法、固相萃取法、凝胶渗透色谱法、磺化法、QuEChERS方法，占比分别为23.6%、50.0%、16.3%、2.0%、7.6%。本书对几种常用的净化技术展开介绍如下。

（1）*液液分配法*

液液分配法是利用样品中的农药和干扰物质在互不相溶的两种溶剂中分配系数的差异，进行分离和净化的方法。通过反复多次分配使试样中的农药残留与干扰杂质分离。目前，该方法仍存在一定缺陷，如消耗溶剂量大，废溶剂处理困难；易形成乳状液，难以分离；使用分液漏斗提取与分配，费工费力。

（2）*固相萃取法*

固相萃取（solid phase extraction，SPE）法是液相和固相之间的物理萃取过程，该方法利用固体填料上的键合功能团和待分离化合物之间的作用力将目标化合物与基液分离，从而达到样品分离、净化和浓缩的目的。与传统净化方法相比，该方法具有较多优点，如可同时完成样品富集与净化，提高检测灵敏度；节省时间及有机溶剂；可自动化批量处理；可消除乳化现象；一次性使用，可避免交叉污染，回收率高，重现性好。但同时也存在成本较高、方法开发的技术性要求较强等问题。

（3）*凝胶渗透色谱法*

凝胶渗透色谱（gel permeation chromatography，GPC）法的分离原理是基于立体排阻，是利用多孔性物质根据溶液中不同分子的体积大小进行分离的方法，可将样品中的脂肪、蜡质、叶绿素、类胡萝卜素等大分子有效分离。该方法可用于各种类型农药，特别适用于分离样品中对热不稳定、易分解、易被不可逆吸附的农药和油脂类物质，具有分离条件温和、可多次重复使用、无活性点超载限制、重现性好、易于自动化等优点。

（4）*磺化法*

磺化法利用脂肪、蜡质等杂质与浓硫酸的磺化作用，生成极性很大的物质而与农药进行分离。一般不被浓硫酸分解的农药可采用该方法进行净化，常用于有机氯农药样品（水、土、植株）的净化。该方法具有微型化、快速、省溶剂、效果好等特点。

（5）*QuEChERS方法*

QuEChERS方法是2003年由Anastassiades和Lehotay等建立的分散固相萃取（dispersive SPE）样品前处理技术，具有快速、简单、便宜、有效、可靠、安全等特点，并因此得名。QuEChERS方法实质上是固相萃取技术和基质固相分散技术的结合与衍生，净化剂主要有乙二胺-*N*-丙基硅烷硅胶（PSA）、石墨化炭黑（GCB）、十八烷基甲硅烷改性硅胶（C_{18}）和弗罗里硅土（Florisil）。该方法具有突出优点，例如：可有效减少基质干扰；稳定性好，回收率高；精密度和正确度高；分析时间短；溶剂使用量少，污染小，成本低；试验装置简单，操作简便等。近年来，该方法逐渐成为农药残留分析领域的一个研究热点。

1.5 农药残留检测方法标准中常用定量方法

农药残留定量分析可明确供试样品中具体的农药残留水平，是残留分析工作的重要目的之一。利用色谱分析进行定量的过程中，常用的定量方法包括外标法、内标法两大类。这两类定量方法均需要纯品，且满足物质含量与仪器响应成比例、仪器稳定性好等要求。

外标法分为单标法和标准曲线法。二者均是根据被测组分的质量或该组分在色谱柱中的浓度与色谱图上峰面积或峰高成正比的原理实现定量分析。单标法是在线性范围内，配制与样品浓度相近的一个已知浓度的标准溶液，在同一色谱条件下连续测定标准溶液和样品溶液，并通过其峰面积比值计算样品浓度。标准曲线法是采用纯品或标准溶液作标准曲线，进行定量的分析方法。一般以峰面积与浓度或含量之间的关系作图得到标准曲线，测定样品时，根据其峰面积从标准曲线上查得浓度或含量。

内标法是向分析样品中加入一定量内标物，与分析组分进行比较定量的方法。一般情况下，内标物要求能与样品溶液互溶，没有化学反应，且样品中不含该物质，在色谱图上无干扰，同农药保留时间接近，但又能完全分开。配制的内标物浓度与样品浓度均应在线性范围内，且峰高相近。内标法分为单标法和标准曲线法。单标法是向试样中加入一定量的内标物，进行色谱分析，与相应的加内标物的标准溶液进行比较，根据峰面积或峰高定量计算。标准曲线法定量分析时，首先配制系列浓度梯度的标准溶液，并分别加入一定量的内标物，进行色谱分析后，以农药对内标物的峰面积或峰高之比为纵坐标，标准溶液量与内标物质量比为横坐标作图，得到内标法工作曲线。在相同色谱条件下测定样品，由样品中农药对内标物峰面积之比，在标准曲线上查得质量比，最后计算出样品中农药浓度。内标法可以避免由仪器稳定性差、进样不重复等其他原因引起的测定误差，从而降低分析成本、提高分析准确性。缺点是增加了内标物，尤其在进行多组分测定时，色谱分离要求更高。

1.6 未来展望

依据2016年农业部发布的《农药残留检测方法国家标准编制指南》（中华人民共和国农业部公告第2386号），现有农药残留检测方法国家标准按照农药检测方法的技术要求，其检测范围已覆盖十大类植物源性食品，显著提高了检测方法的适用性。同时，考虑到检测仪器多样性、基层检测单位的条件差异、检测技术发展等因素，农药残留检测方法国家标准将进一步对同一农药、同类基质推荐多个检测方法，以供检测单位在各检测方法中选择满足检测要求的方法进行检测，进一步提升方法的适用性。农药残留检测方法国家标准还将进一步完善农药母体和（或）残留物的配套检测方法，以不断满足检测需求。从《食品安全国家标准 食品中农药最大残留限量》（GB 2763—2021）来看，部分临时限量仍然缺乏配套的检测方法，未来将进一步提高农药残留检测方法与残留限量的配套性，解决“有限量可依，无方法可检”的难题，加快完善农药残留检测方法国家标准，进一步满足市场监管的要求，切实提高食品安全保障能力。

第 2 章　气相色谱法

2.1　概　　述

2.1.1　方法原理

气相色谱法（gas chromatography，GC）也称气体色谱法、气相层析法，属于色谱法的一种。色谱法又称层析法，是一种物理分离技术（王宏梅和王建博，2020）。在色谱法中有两个相，一个相固定不动，即固定相；另一个相则是推动混合物流过此固定相的流体，称作流动相。色谱法的分离原理是使混合物中各组分在两相间进行分配，当流动相中所含的混合物经过固定相时，就会与固定相发生相互作用。由于各组分在性质与结构上的不同，相互作用的大小强弱也有差异。因此在同一推动力作用下，不同组分在固定相中的滞留时间有长有短，从而按先后顺序从固定相中流出，这种利用两相分配原理而使混合物中各组分获得分离的技术，称为色谱分离技术或色谱法。其中，用气体作为流动相的，就称作气相色谱法。

气相色谱法可分为两种，一种是气–固色谱分离，即用固体吸附剂作为固定相，惰性气体或永久性气体作为流动相，以固定的速度流过色谱柱。混合组分随载气在色谱柱中流动，经反复吸附、解析，在两相间进行多次分配，最终各组分彼此分离，进入检测器测定。另一种为气–液色谱分离，将一种具有惰性的多孔形固体物质填充到色谱柱里，在固体表面涂抹一层薄而不易挥发的多沸点化合物作为固定液，固定液形成一层液膜。试样各组分随载气进入色谱柱，由于各组分在两相中分配系数不同，随着不断地溶解、解析，经多次分配，最终达到使样品中各组分分离的目的，再分别对其进行测定（厉昌海和林隆海，2016）。

气相色谱仪一般由气路系统、进样系统、分离系统、控温系统、检测和记录系统五大部分组成。其中，分离系统与检测和记录系统是核心，前者决定待检物质的组分能否分开，后者决定分离后的组分能否被识别出来（王娜娜，2020）。

1. 气路系统

气路系统是指流动相——载气连续运行的密闭系统，包括气源钢瓶、净化器、气体流速控制和测量装置。通过该系统，可以获得纯净的、流速稳定的载气。它的气密性、载气流速的稳定性及测量流量的准确性直接影响色谱结果。常用的载气有氮气、氦气，也有空气、氢气和氩气。

2. 进样系统

进样系统包括进样装置和气化室两部分。它是将液体或固体样品在进入色谱柱之前瞬间气化，然后快速定量地转入到色谱柱中。进样器一般采用微量注射器。进样口的类型包括分流 / 不分流进样口（split/splitless inlet，SSI）、隔垫吹扫填充柱进样口、冷柱头进样口、程序升温气化（programmable temperature vaporizing，PTV）进样口、顶空进样口、固相微萃取进样口。

3. 分离系统

分离系统是指把混合样品中各组分分离的装置，由色谱柱和恒温箱组成。其中，色谱柱是气相色谱的心脏，色谱柱的选择很大程度上决定了组分分离的成败。色谱柱可分为填充柱和毛细管柱。常用毛细管柱的分离效能高，分析速度快。但是受技术条件的限制，沸点太高的物质或热稳定性差的物质都难以应用气相色谱法进行分析。一般，500℃以下不易挥发或受热易分解的物质可采用衍生化法或裂解法进行分析。色谱柱分离的效果受柱温的影响，而恒温箱可以保持色谱柱的温度恒定或者按照一定的程序升温。

4. 控温系统

控温系统主要给气化室、色谱柱恒温箱、检测器室加热，并控制色谱柱恒温箱和检测器保持所需的温度（岳永德，2014）。

5. 检测和记录系统

检测和记录系统的关键部件为检测器，它可以对从色谱柱流出的组分及其量的变化做出响应，并将这个变化转变成电信号。常用的检测器有以下几种。

（1）电子捕获检测器

电子捕获检测器（ECD）具有高选择性及高灵敏度，应用广泛，只对具有电负性的物质如含卤素、S、P、O、N的物质有响应，而且电负性越强，检测的灵敏度越高，常见的有机氯农药、有机磷农药的检测常用ECD。ECD的主要部件是离子室，离子室内装有β放射源作负极，不锈钢棒作正极，当载气（一般为高纯N_2）从色谱柱出来进入检测器时，由放射源放射出的β射线使载气电离，产生正离子和慢速低能量的电子，在恒定或脉冲电场的作用下，向极性相反的电极运动，形成电流–基流；当载气携带电负性物质进入检测器时，电负性物质捕获低能量的电子，使基流降低，产生负信号而形成倒峰，检测信号的大小与待测物质的浓度呈线性关系。

（2）火焰光度检测器

火焰光度检测器（FPD）是对含S、含P化合物具有高选择性和高灵敏度的检测器，也称硫磷检测器。在农药残留分析中广泛用于有机磷、有机硫农药的分析测定。火焰光度检测器由氢焰部分和光度部分构成。氢焰部分包括火焰喷嘴、遮光罩、点火器等，光度部分包括石英片、滤光片和光电倍增管。火焰光度检测器工作原理为当含S或含P的化合物流出色谱柱后，在富氢空气火焰中燃烧，生成化学发光物质，发出特征波长的光，含S化合物特征光为394nm，含P化合物特征光为526nm，这些特征波长的光通过石英片照射到干涉滤光片上，只有当样品中含有S或含P的时候，光线才能通过干涉滤光片，激发光电倍增管，光电倍增管把光信号转变为电信号，从而获得色谱图。其中，火焰光度检测器的滤光片分为S型、P型。

（3）氮磷检测器

氮磷检测器（NPD）为非破坏型选择性检测器，在火焰离子化检测器（flame ionization detector，FID）中加入一个用碱金属盐制成的玻璃珠，当样品分子含有在燃烧时能与碱盐起反应的元素时，则将使碱盐的挥发度增大，这些碱盐蒸气在火焰中将被激发电离，而产生新的离子流，从而输出信号。对含氮、含磷化合物有很高的灵敏度。氨基甲酸酯类农药如异丙威、克百威等以及有机磷农药常用NPD检测。

气相色谱仪的工作流程：载气由高压钢瓶中流出，通过减压阀、净化器、稳压阀、流量计，以稳定的流量连续不断地流经进样系统的气化室，将气化后的样品带入色谱柱中进行分离，分离后的组分随载气先后流入检测器，检测器将组分浓度或质量信号转换成电信号输出，经放大由记录仪或数据处理工作站系统记录下来，得到色谱图。

2.1.2 发展历程

在色谱领域中，气相色谱的发展较早，如今已经成为一种相当成熟的分析技术，被广泛应用于环境、医药、食品、化工等诸多领域。在 20 世纪初，由于科学理论的突破以及相应材料技术基础的形成，人们在研究复杂混合物时，需要各种分离技术，其中，色谱技术在多种分离技术中表现优异，分离效率最高。在色谱技术中，气相色谱和液相色谱是最重要的两个技术，前者针对挥发性、沸点较低、热稳定性物质，后者针对非挥发性、高沸点、热不稳定性物质。气相色谱仪的发展离不开几大仪器生产商的技术创新，其发展历史已有 60 余年。PerkinElmer 是气相色谱仪的开创者，其在 1955 年推出了世界上第一台商品化气相色谱仪—— Model 154 气相色谱仪。这台仪器采用空气恒温器（“柱箱”），使色谱柱在室温和 150℃之间保持恒温，配置快速蒸发器，可以用注射器通过橡胶隔垫把液体和气体样品送到载气里，以及使用热敏型热导检测器。这一仪器在美国 *Analytical Chemistry*（《分析化学》）期刊的社论里被评为“一个自动分析的辉煌典范”，而后，PerkinElmer 公司在 1956 年推出了改进型 Model 154-B（傅若农，2009）。在 1958 年发明了开管柱（毛细管柱），并于 1959 年推出了 Model 154-C，它具有使用毛细管色谱柱的功能，并可以使用新型火焰离子化检测器，在 Model 154-C 上火焰离子化检测器的放大器放在仪器主机外。到 1990 年又推出了 Model 154-D，该型号把火焰离子化检测器的放大器整合到仪器内，同时 Model 154-D 还提供了更完善的毛细管色谱柱进样系统。

20 世纪 70 年代中期，电子技术迅速发展，技术的进步促使气相色谱仪更新换代。之后的 30 年，PerkinElmer 开发了 4 种独特的 GC 系列。第一个新的气相色谱仪系列是 1975～1977 年开发出来的 Sigma 系列，新产品在 1977 年的匹兹堡会议上亮相，4 个型号的组件和附件均可互换，从简单、等温的 Sigma 4 到很精密、复杂、自动化的 Sigma 1。1980 年，该系列产品进一步改进出现了 Sigma B 系列，Sigma 1B 包括全部数据处理的功能，在此基础上 1981 年推出了 Sigma 115。1982 年在 Sigma 2B 的基础上改进开发了多功能、高效模块化的仪器，即 Sigma 2000。

到了 20 世纪 80 年代，PerkinElmer 开发出 8000 系列 GC，该系列新增了实时色谱图的屏幕显示和内置的方法开发，以及数据处理功能。1990 年又推出了 AutoSystem™ GC，这个型号的仪器整合了色谱和电子控制的最新成果，配有完全集成的自动进样器，可以处理多达 83 个样品，以及注射不同体积的样品，1995 年推出一个改进的型号 AutoSystem XL™ GC。2002 年 PerkinElmer 推出型号 Clarus® 500 GC，其整合了易学、触摸式用户界面，提供一种全新的用户与仪器交流的方式，具有直观的图像用户界面、实时的信号显示和 8 种语言支持的特点，同时 Clarus® 500 GC 保持了 AutoSystem GC 的分析功能。近年来 PerkinElmer 又推出 Clarus® 600 GC，其特点为柱温从 450℃降到 50℃所需时间不超过 2min，高效柱箱缩短了每次的分析周期，提高了分析效率。

安捷伦在气相色谱仪关键部件的设计上取得了重要突破：第一个是把电子气路控制器（electric pneumatic control，EPC）用于气相色谱仪，EPC 提高了气相色谱仪气路控制的自动化水平；第二个是将 Deans Switch（狄恩斯气流切换）微型化。微板流控技术利用了 1968 年 Deans 开发的基于压力平衡的无阀气流切换方法，20 世纪 80 年代西门子利用 Deans 无阀气流切换装置设计生产了二维气相色谱仪。1999 年 Jan Blomberg 利用 Deans 无阀气流切换装置设计了 GC-FID-MS 的无阀分流。2007 年，安捷伦推出配有微板气流控制装置的 7890A GC，使用了 Deans 无阀气流切换技术，并对 Deans 无阀切换的管件装置进行了高科技处理：使用两块特殊金属板用光化学刻蚀技术得到低死体积的流路，把两块金属板使用扩散焊接技术焊接形成整体微板流路，样品流路的所有内表面均经脱活处理，具有惰性。安捷伦将 Deans 无阀切换装置称为“微板流控”（capillary flow control），该技术有以下突破：①反吹，省去后运行烘烤时间，极大地减少进样间隔，同时消除样品间的交叉污染。反吹还能延长色谱柱的寿命、减少检测器所需的维护。②分流，可同时运行 3 个检测器，包括 MSD，以获得最大信息量。③中心切割，将有兴趣的色谱峰切至第二根色谱柱，这对复杂基质中的痕量检测十分有用。④全二维色谱（GC×GC），将所有色谱峰转至第二根色谱柱而不需要昂贵的制冷剂。⑤速转换（QuickSwap），在 GC-MS 运行中更换色谱柱而不需要断真空，每次可节约数小时。2013 年安捷伦推出 7890B，配备了大恒温阀箱，可安装驱动阀、微型闪蒸、针型调节阀、色谱柱（包括 1/8 英寸填充柱），新增集成智能功能如休眠 / 唤醒模式，降低了载气和能源消耗，而 7890B 和 5977A MSD 可双向直接通信，放空时间缩短了 40%。

岛津 1956 年生产出第一台气相色谱仪 GC 1A。到了 80 年代，岛津把 GC 5A 升级为 GC 7A 和 GC 9A，GC 7A、GC 9A 直至 GC 14A（1990 年）的气体流量和压力一直使用机械式表阀进行控制，如稳压阀、稳流阀、压力表、转子流量计等，这是早期气相色谱仪的标志。到了 1995 年，岛津推出了 GC 17A，这款气相色谱仪才使用电子气体流量 / 压力控制系统，并配置了化学工作站，可以很方便地进行各种参数的设定控制和数据处理，具备了现代气相色谱仪的要求。1999 年是一个大的转折，岛津推出了全新的 GC 2010 气相色谱仪，这一款仪器体现了当时各种先进的技术：采用新一代 EPC（岛津将其称为 AFC 流量控制器）设计，实现了保留时间、峰面积、峰高的优良重现性；所有检测器都进行了重新设计，达到小型化、高灵敏度要求，火焰光度检测器（FPD）采用全新镜面全光反射系统和聚光透镜，达到超高灵敏度。2005 年，岛津推出性价比较高的 GC 2014 气相色谱仪和 GCMS 2010S 气相色谱–质谱仪。2006 年推出新一代高性能气相色谱–质谱仪，GCMS QP2010 Plus。2009 年，推出新一代的 GC 2010 Plus，采用了高灵敏度检测器（FPD、FID 等）。2013 年，岛津开发出高灵敏度气相色谱仪系统 Tracera，配备了岛津新开发的介质阻挡放电等离子体检测器（barrier discharge ionization detector，BID）（徐海波和高菲，2013）。

我国于 20 世纪 50 年代成立了精密分析仪器专门攻关研究组对气相色谱仪开展研究，60 年代初，我国首批商品化气相色谱仪—— SP-02 气相色谱仪问世；70 年代，国产色谱仪在国内普及；80 年代，引进瓦里安气相色谱技术组装产品（刘文渊，1992）。上海天美科学仪器有限公司的 GC7980 气相色谱仪全部采用 EPC 控制气路，性能接近国际先进水平，获得了 2013 年北京分析测试学术报告会暨展览会（Beijing Conference and Exhibition on Instrumental Analysis）仪器奖（简称 BCEIA 金奖）。上海舜宇恒平科学仪器有限公司 2015 年推出的全 EPC 控制的 GC1290 气相色谱仪获得了 2015 年 BCEIA 金奖，其可同时安装 5 个 EPC 模块，实现 12 个通道的 EPC 控制；可同时安装 2 个进样口，提供 5 种检测器；仪器全盘自动化，可实现从样品导入到分析报告全部由微机控制和管理；大尺寸触摸屏设置与显示，界面友好，操作简洁。

近年来，国内越来越多的企业投身于气相色谱仪的研发领域，以前的国产气相多是流量计控制，近年来各家均推出电子压力流量控制（AFC 或 EPC）的机型，并可配置各种自动进样器。在进样口技术上，大多数只有填充柱和毛细柱进样口，没有冷柱头进样、程序升温进样、大体积进样、微板流控技术等；检测器已经比较丰富，只是在检测灵敏度、检出限、动态范围、选择性方面还有差距。总体来看，众多国内气相色谱品牌如北分瑞利、上海仪电、浙江福立、上海天美、东西分析、舜宇恒平等近年来发展迅速，虽整体市场占比较小，但正在逐步接近国际水平，为中国色谱仪器的发展做出了重要贡献。

2.1.3　气相色谱在食品农药残留检测中的应用

气相色谱技术具有分离效率高、分析速度快以及检测灵敏度高等优点，在食品农药残留检测中发挥重要作用。多项国家食品安全标准采用了气相色谱法，如《食品安全国家标准　水果蔬菜中乙烯利残留量的测定　气相色谱法》(GB 23200.16—2016）中规定了水果和蔬菜中乙烯利残留量的测定方法，《食品安全国家标准　可乐饮料中有机磷、有机氯农药残留量的测定　气相色谱法》(GB 23200.40—2016）中规定了 11 种有机磷农药、有机氯农药残留量的气相色谱测定方法等。目前有 84 项现行有效的国家食品安全标准使用了气相色谱法检测食品中的农药残留，其中有 60 项用于植物源性食品中农药残留的检测，用于动物源性食品的有 24 项。食品中残留的农药种类繁多，根据不同的检测需求，气相色谱配备了相应的检测器，国家食品安全标准中检测农药残留常用的检测器有电子捕获检测器（ECD)、氮磷检测器(NPD）和火焰光度检测器（FPD)。目前，在食品中农药残留检测领域，气相色谱技术仍是不可缺少的技术手段。

2.2　植物源性食品中农药残留量的测定

2.2.1　水果蔬菜中乙烯利残留量的测定

该测定技术采用《食品安全国家标准　水果蔬菜中乙烯利残留量的测定　气相色谱法》(GB 23200.16—2016)。

1. 适用范围

规定了水果和蔬菜中乙烯利残留量的测定方法，适用于水果和蔬菜。

2. 方法原理

用甲醇提取样品中乙烯利，经重氮甲烷衍生成二甲基乙烯利后，用带火焰光度检测器（磷滤光片）的气相色谱仪（GC-FPD，色谱柱：FFAP）测定，外标法定量。

3. 灵敏度

农药 / 代谢物名称	食品类别 / 名称[①]	定量限 /（mg/kg）
乙烯利	水果、蔬菜	0.03

2.2.2　可乐饮料中有机磷农药、有机氯农药残留量的测定

该测定技术采用《食品安全国家标准　可乐饮料中有机磷、有机氯农药残留量的测定　气相色谱法》(GB 23200.40—2016)。

1. 适用范围

规定了 11 种有机磷农药、有机氯农药残留量的气相色谱测定方法。适用于可乐饮料，其他食品可参照执行。

① 关于食品类别 / 名称的说明，详见附录 3。

2. 方法原理

试样中有机磷残留经乙酸乙酯萃取，旋转蒸发浓缩，亲水亲脂平衡（HLB）固相萃取柱净化，用带火焰光度检测器（磷滤光片）的气相色谱仪（GC-FPD，色谱柱：DB-1701）测定，外标法定量。试样中有机氯农药残留经乙酸乙酯萃取，旋转蒸发浓缩，磺化净化，用带电子捕获检测器的气相色谱仪（GC-ECD，色谱柱：DB-5）测定，外标法定量。

3. 灵敏度

农药 / 代谢物名称	定量限 /（mg/kg）	农药 / 代谢物名称	定量限 /（mg/kg）
敌敌畏	0.0001	α-六六六	0.0001
毒死蜱	0.0001	β-六六六	0.0001
马拉硫磷	0.0001	γ-六六六	0.0001
对硫磷	0.0001	δ-六六六	0.0001
七氯	0.0001	五氯硝基苯	0.0001
六氯苯	0.0001		

注：该定量限适用食品类别为可乐饮料。

2.2.3 食品中噻节因残留量的测定

该测定技术采用《食品安全国家标准　食品中噻节因残留量的检测方法》（GB 23200.41—2016）。

1. 适用范围

规定了食品中噻节因残留量的气相色谱测定方法。适用于大米、白菜、柑橘、马铃薯、茶叶和板栗，其他食品可参照执行。

2. 方法原理

试样用甲醇–水混合溶剂振荡提取，提取液用正己烷和三氯甲烷进行液液分配后，经串联弗罗里硅土和中性氧化铝固相萃取柱净化，用带电子捕获检测器的气相色谱仪（GC-ECD，色谱柱：HP-5）测定，用气相色谱–负化学离子源质谱仪（GC-NCI-SIM，色谱柱：HP-5MS）确证，外标法定量。

3. 灵敏度

农药 / 代谢物名称	食品类别 / 名称	定量限 /（mg/kg）
噻节因	大米、白菜、柑橘、马铃薯、茶叶、板栗	0.01

2.2.4 粮谷中氟吡禾灵残留量的测定

该测定技术采用《食品安全国家标准　粮谷中氟吡禾灵残留量的检测方法》（GB 23200.42—2016）。

1. 适用范围

规定了粮谷中氟吡禾灵残留量检验的抽样、制样和气相色谱测定方法。适用于大米，其他食品可参照执行。

2. 方法原理

用磷酸和丙酮提取试样中的氟吡禾灵，提取液用三氯甲烷萃取，再通过液液分配净化，然后经五氟溴甲苯衍生后过硅胶小柱净化，用带电子捕获检测器的气相色谱仪（GC-ECD，色谱柱：HP-5）测定，外标法定量。

3. 灵敏度

农药 / 代谢物名称	食品类别 / 名称	定量限 /（mg/kg）
氟吡禾灵	大米	0.02

2.2.5　粮谷及油籽中二氯喹啉酸残留量的测定

该测定技术采用《食品安全国家标准　粮谷及油籽中二氯喹啉酸残留量的测定　气相色谱法》（GB 23200.43—2016）。

1. 适用范围

规定了粮谷及油籽中二氯喹啉酸残留量的气相色谱测定方法。适用于糙米、大豆、玉米和小麦，其他食品可参照执行。

2. 方法原理

试样用丙酮提取，旋转蒸发至干后用水溶解，经二氯甲烷液液分配净化后用重氮甲烷甲酯化，然后经硅酸镁柱净化，用带电子捕获检测器的气相色谱仪（GC-ECD，色谱柱：BP10）测定，外标法定量。

3. 灵敏度

农药 / 代谢物名称	食品类别 / 名称	定量限 /（mg/kg）
二氯喹啉酸	糙米、大豆、玉米、小麦	0.05

2.2.6　粮谷中二硫化碳、四氯化碳、二溴乙烷残留量的测定

该测定技术采用《食品安全国家标准　粮谷中二硫化碳、四氯化碳、二溴乙烷残留量的检测方法》（GB 23200.44—2016）。

1. 适用范围

规定了粮谷中二硫化碳、四氯化碳、二溴乙烷残留量检验的制样、气相色谱测定方法。适用于玉米，其他食品可参照执行。

2. 方法原理

试样在蒸馏提取器中与异辛烷和硫酸溶液加热共沸。二硫化碳、四氯化碳、二溴乙烷与异辛烷、水蒸气一起蒸出，经冷却，在蒸馏提取器的收集管中将异辛烷提取液与水分离。提取液经脱水后定容。用带电子捕获检测器的气相色谱仪（GC-ECD，色谱柱：玻璃柱）测定，外标法定量。

3. 灵敏度

农药 / 代谢物名称	食品类别 / 名称	定量限 /（mg/kg）
二硫化碳	玉米	0.02
四氯化碳	玉米	0.004
二溴乙烷	玉米	0.005

2.2.7 食品中21种熏蒸剂残留量的测定

该测定技术采用《食品安全国家标准 食品中21种熏蒸剂残留量的测定 顶空气相色谱法》（GB 23200.55—2016）。

1. 适用范围

规定了食品中21种熏蒸剂残留量的顶空气相色谱检测方法。适用于玉米、糙米、花生、大豆和小豆，其他食品可参照执行。

2. 方法原理

在密封容器内，易挥发的熏蒸剂分子在一定温度下在气固两相间达到动态平衡。此时熏蒸剂在气相中的浓度和它在固相中的浓度成正比，通过对气相中熏蒸剂浓度的测定，即可计算出熏蒸剂的浓度。该方法中试样用正己烷提取，顶空进样，用带电子捕获检测器的气相色谱仪（GC-ECD，色谱柱：HP-624）检测，外标法定量。

3. 灵敏度

农药 / 代谢物名称	定量限 / （mg/kg）	农药 / 代谢物名称	定量限 / （mg/kg）
1,1′,1″-三氯乙烷	0.01	1,3-二氯苯	0.01
反-1,3-二氯丙烯	0.01	1,4-二氯苯	0.01
顺-1,3-二氯丙烯	0.01	1,2-二氯苯	0.01
三氯乙烯	0.01	1,2,4-三氯苯	0.01
1,2-二氯丙烷	0.01	1,2,3-三氯苯	0.01
溴二氯甲烷	0.01	六氯丁二烯	0.01
1,1′,2-三氯乙烷	0.01	1,2-二溴乙烷	0.01
四氯乙烯	0.01	1,2-二氯乙烷	0.01
二溴氯甲烷	0.01	四氯化碳	0.01
溴仿	0.01	三氯甲烷	0.01
1,1′,2,2′-四氯乙烷	0.01		

注：该定量限适用食品类别为玉米、糙米、花生、大豆、小豆。

2.2.8 食品中炔草酯残留量的测定

该测定技术采用《食品安全国家标准 食品中炔草酯残留量的检测方法》（GB 23200.60—2016）。

1. 适用范围

规定了食品中炔草酯残留量的气相色谱测定、气相色谱–质谱确证方法。适用于芦笋、马铃薯、葱、梨、桃、玉米、荞麦、茶叶、食醋和核桃仁，其他食品可参照执行。

2. 方法原理

食醋用水溶解和稀释后，过HLB固相萃取柱净化；葱和茶叶用乙酸乙酯–环己烷混合溶剂提取，石墨化炭黑和PSA混合柱固相萃取净化；核桃仁用乙腈提取，芦笋、马铃薯、梨、桃、玉米、荞麦用乙酸乙酯–环己烷混合溶剂提取，提取液用凝胶渗透色谱仪（GPC）净化。净化后的样品用带电子捕获检测器的气相色谱仪（GC-ECD，色谱柱：DB-1301）测定，外标法定量，阳性样品用气相色谱–电子轰击离子源质谱仪（GC-EI-SIM，色谱柱：HP-5MS）确证。

3. 灵敏度

农药 / 代谢物名称	食品类别 / 名称	定量限 /（mg/kg）
炔草酯	芦笋、马铃薯、葱、梨、桃、玉米、荞麦、茶叶、食醋、核桃仁	0.01

2.2.9 食品中氟啶虫酰胺残留量的测定

该测定技术采用《食品安全国家标准 食品中氟啶虫酰胺残留量的检测方法》（GB 23200.75—2016）。

1. 适用范围

规定了食品中氟啶虫酰胺残留量的气相色谱法检测、液相色谱–质谱 / 质谱（LC-MS/MS，又称液相色谱–串联质谱）确证方法。适用于生菜、胡萝卜、菜心、大米、柑橘、葡萄、板栗、番茄酱、茶叶，其他食品可参照执行。

2. 方法原理

试样用乙酸乙酯提取，通过凝胶渗透色谱仪和氨基固相萃取柱净化，用带电子捕获检测器的气相色谱仪（GC-ECD，色谱柱：DB-1701）测定，外标法定量，用高效液相色谱–质谱 / 质谱仪（HPLC-ESI-MRM，色谱柱：Waters Atlantis HILIC Silica）确证。

3. 灵敏度

农药 / 代谢物名称	食品类别 / 名称	定量限 /（μg/kg）
氟啶虫酰胺	生菜、胡萝卜、菜心、柑橘、葡萄、茶叶、番茄酱	20.0
	大米、板栗	10.0

2.2.10 食品中苄螨醚残留量的测定

该测定技术采用《食品安全国家标准 食品中苄螨醚残留量的检测方法》（GB 23200.77—2016）。

1. 适用范围

规定了食品中苄螨醚残留量的气相色谱测定、气相色谱–质谱确证方法。适用于芦笋、马铃薯、葱、梨、桃、玉米、荞麦、茶叶、食醋、核桃仁，其他食品可参照执行。

2. 方法原理

食醋用水溶解和稀释后，过 HLB 固相萃取柱净化；葱和茶叶用乙酸乙酯–环己烷混合溶剂提取，石墨化炭黑和 PSA 混合柱固相萃取净化；含油量高的食品用乙腈提取，其他食品用乙酸乙酯–环己烷混合溶剂提取，提取液用凝胶渗透色谱仪（GPC）净化，供带电子捕获检测器的气相色谱仪（GC-ECD，色谱柱：DB-1301）测定，外标法定量，阳性样品用气相色谱–电子轰击离子源质谱仪（GC-EI-SIM，色谱柱：HP-5MS）确证。

3. 灵敏度

农药 / 代谢物名称	食品类别 / 名称	定量限 /（mg/kg）
苄螨醚	芦笋、马铃薯、葱、梨、桃、玉米、荞麦、茶叶、食醋、核桃仁	0.01

2.2.11　植物源性食品中 100 种有机磷类农药及其代谢物残留量的测定

该测定技术采用《食品安全国家标准　植物源性食品中 90 种有机磷类农药及其代谢物残留量的测定　气相色谱法》（GB 23200.116—2019）。

1. 适用范围

规定了植物源性食品中 100 种有机磷类农药及其代谢物残留量的气相色谱测定方法，适用于植物源性食品。

2. 方法原理

试样用乙腈提取，油料、坚果和植物油样品提取液经乙二胺-*N*-丙基硅烷硅胶（PSA）和十八烷基甲硅烷改性硅胶（C_{18}）分散固相萃取净化，茶叶和调味料样品提取液经石墨化炭黑填料和氨基填料（NH_2）固相萃取柱净化，用带火焰光度检测器（磷滤光片）的气相色谱仪（GC-FPD，色谱柱：A 柱—— 50% 聚苯基甲基硅氧烷石英毛细管柱，B 柱—— 100% 聚苯基甲基硅氧烷石英毛细管柱）检测，外标法定量。

3. 灵敏度

农药 / 代谢物名称	食品类别 / 名称	定量限 /（mg/kg）
敌敌畏	蔬菜、水果、食用菌、油料、坚果、谷物、植物油 茶叶、调味料	0.010 0.050
乙酰甲胺磷	蔬菜、水果、食用菌、油料、坚果、谷物、植物油 茶叶、调味料	0.020 0.050
虫线磷	蔬菜、水果、食用菌、油料、坚果、谷物、植物油 茶叶、调味料	0.010 0.050
甲基异内吸磷	蔬菜、水果、食用菌、油料、坚果、谷物、植物油 茶叶、调味料	0.010 0.050
百治磷	蔬菜、水果、食用菌、油料、坚果、谷物、植物油 茶叶、调味料	0.010 0.050
乙拌磷	蔬菜、水果、食用菌、油料、坚果、谷物、植物油 茶叶、调味料	0.010 0.050
乐果	蔬菜、水果、食用菌、油料、坚果、谷物、植物油 茶叶、调味料	0.010 0.050
甲基对硫磷	蔬菜、水果、食用菌、油料、坚果、谷物、植物油 茶叶、调味料	0.010 0.050
毒死蜱	蔬菜、水果、食用菌、油料、坚果、谷物、植物油 茶叶、调味料	0.010 0.050
嘧啶磷	蔬菜、水果、食用菌、油料、坚果、谷物、植物油 茶叶、调味料	0.010 0.050
倍硫磷	蔬菜、水果、食用菌、油料、坚果、谷物、植物油 茶叶、调味料	0.010 0.050
灭蚜磷	蔬菜、水果、食用菌、油料、坚果、谷物、植物油 茶叶、调味料	0.010 0.050
丙虫磷	蔬菜、水果、食用菌、油料、坚果、谷物、植物油 茶叶、调味料	0.010 0.050
抑草磷	蔬菜、水果、食用菌、油料、坚果、谷物、植物油 茶叶、调味料	0.010 0.050

农药 / 代谢物名称	食品类别 / 名称	定量限 /（mg/kg）
灭菌磷	蔬菜、水果、食用菌、油料、坚果、谷物、植物油 茶叶、调味料	0.010 0.050
硫丙磷	蔬菜、水果、食用菌、油料、坚果、谷物、植物油 茶叶、调味料	0.010 0.050
三唑磷	蔬菜、水果、食用菌、油料、坚果、谷物、植物油 茶叶、调味料	0.010 0.050
莎稗磷	蔬菜、水果、食用菌、油料、坚果、谷物、植物油 茶叶、调味料	0.010 0.050
亚胺硫磷	蔬菜、水果、食用菌、油料、坚果、谷物、植物油 茶叶、调味料	0.020 0.050
灭线磷	蔬菜、水果、食用菌、油料、坚果、谷物、植物油 茶叶、调味料	0.010 0.050
甲拌磷	蔬菜、水果、食用菌、油料、坚果、谷物、植物油 茶叶、调味料	0.010 0.050
氧乐果	蔬菜、水果、食用菌、油料、坚果、谷物、植物油 茶叶、调味料	0.020 0.050
二嗪磷	蔬菜、水果、食用菌、油料、坚果、谷物、植物油 茶叶、调味料	0.010 0.050
地虫硫膦	蔬菜、水果、食用菌、油料、坚果、谷物、植物油 茶叶、调味料	0.010 0.050
异稻瘟净	蔬菜、水果、食用菌、油料、坚果、谷物、植物油 茶叶、调味料	0.010 0.050
甲基毒死蜱	蔬菜、水果、食用菌、油料、坚果、谷物、植物油 茶叶、调味料	0.010 0.050
对氧磷	蔬菜、水果、食用菌、油料、坚果、谷物、植物油 茶叶、调味料	0.010 0.050
杀螟硫磷	蔬菜、水果、食用菌、油料、坚果、谷物、植物油 茶叶、调味料	0.010 0.050
溴硫磷	蔬菜、水果、食用菌、油料、坚果、谷物、植物油 茶叶、调味料	0.010 0.050
乙基溴硫磷	蔬菜、水果、食用菌、油料、坚果、谷物、植物油 茶叶、调味料	0.010 0.050
巴毒磷	蔬菜、水果、食用菌、油料、坚果、谷物、植物油 茶叶、调味料	0.020 0.050
丙溴磷	蔬菜、水果、食用菌、油料、坚果、谷物、植物油 茶叶、调味料	0.010 0.050
乙拌磷砜	蔬菜、水果、食用菌、油料、坚果、谷物、植物油 茶叶、调味料	0.010 0.050
乙硫磷	蔬菜、水果、食用菌、油料、坚果、谷物、植物油 茶叶、调味料	0.010 0.050
溴苯膦	蔬菜、水果、食用菌、油料、坚果、谷物、植物油 茶叶、调味料	0.020 0.050
吡菌磷	蔬菜、水果、食用菌、油料、坚果、谷物、植物油 茶叶、调味料	0.010 0.050
甲胺磷	蔬菜、水果、食用菌、油料、坚果、谷物、植物油 茶叶、调味料	0.010 0.050

农药 / 代谢物名称	食品类别 / 名称	定量限 /（mg/kg）
治螟磷	蔬菜、水果、食用菌、油料、坚果、谷物、植物油 茶叶、调味料	0.010 0.050
特丁硫磷	蔬菜、水果、食用菌、油料、坚果、谷物、植物油 茶叶、调味料	0.010 0.050
久效磷	蔬菜、水果、食用菌、油料、坚果、谷物、植物油 茶叶、调味料	0.010 0.050
除线磷	蔬菜、水果、食用菌、油料、坚果、谷物、植物油 茶叶、调味料	0.010 0.050
皮蝇磷	蔬菜、水果、食用菌、油料、坚果、谷物、植物油 茶叶、调味料	0.010 0.050
甲基嘧啶硫磷	蔬菜、水果、食用菌、油料、坚果、谷物、植物油 茶叶、调味料	0.010 0.050
对硫磷	蔬菜、水果、食用菌、油料、坚果、谷物、植物油 茶叶、调味料	0.010 0.050
异柳磷	蔬菜、水果、食用菌、油料、坚果、谷物、植物油 茶叶、调味料	0.010 0.050
脱叶磷	蔬菜、水果、食用菌、油料、坚果、谷物、植物油 茶叶、调味料	0.010 0.050
杀扑磷	蔬菜、水果、食用菌、油料、坚果、谷物、植物油 茶叶、调味料	0.010 0.050
虫螨磷	蔬菜、水果、食用菌、油料、坚果、谷物、植物油 茶叶、调味料	0.010 0.050
伐灭磷	蔬菜、水果、食用菌、油料、坚果、谷物、植物油 茶叶、调味料	0.010 0.050
哌草磷	蔬菜、水果、食用菌、油料、坚果、谷物、植物油 茶叶、调味料	0.010 0.050
伏杀硫磷	蔬菜、水果、食用菌、油料、坚果、谷物、植物油 茶叶、调味料	0.010 0.050
益棉磷	蔬菜、水果、食用菌、油料、坚果、谷物、植物油 茶叶、调味料	0.020 0.050
速灭磷	蔬菜、水果、食用菌、油料、坚果、谷物、植物油 茶叶、调味料	0.010 0.050
胺丙畏	蔬菜、水果、食用菌、油料、坚果、谷物、植物油 茶叶、调味料	0.010 0.050
八甲磷	蔬菜、水果、食用菌、油料、坚果、谷物、植物油 茶叶、调味料	0.010 0.050
磷胺	蔬菜、水果、食用菌、油料、坚果、谷物、植物油 茶叶、调味料	0.010 0.050
毒壤膦	蔬菜、水果、食用菌、油料、坚果、谷物、植物油 茶叶、调味料	0.010 0.050
马拉硫磷	蔬菜、水果、食用菌、油料、坚果、谷物、植物油 茶叶、调味料	0.010 0.050
甲拌磷亚砜	蔬菜、水果、食用菌、油料、坚果、谷物、植物油 茶叶、调味料	0.010 0.050
水胺硫磷	蔬菜、水果、食用菌、油料、坚果、谷物、植物油 茶叶、调味料	0.010 0.050

农药 / 代谢物名称	食品类别 / 名称	定量限 /（mg/kg）
喹硫磷	蔬菜、水果、食用菌、油料、坚果、谷物、植物油	0.010
	茶叶、调味料	0.050
丙硫磷	蔬菜、水果、食用菌、油料、坚果、谷物、植物油	0.010
	茶叶、调味料	0.050
杀虫畏	蔬菜、水果、食用菌、油料、坚果、谷物、植物油	0.010
	茶叶、调味料	0.050
苯线磷	蔬菜、水果、食用菌、油料、坚果、谷物、植物油	0.020
	茶叶、调味料	0.050
甲基硫环磷	蔬菜、水果、食用菌、油料、坚果、谷物、植物油	0.010
	茶叶、调味料	0.050
三硫磷	蔬菜、水果、食用菌、油料、坚果、谷物、植物油	0.010
	茶叶、调味料	0.050
苯硫膦	蔬菜、水果、食用菌、油料、坚果、谷物、植物油	0.010
	茶叶、调味料	0.050
苯线磷亚砜	蔬菜、水果、食用菌、油料、坚果、谷物、植物油	0.020
	茶叶、调味料	0.050
乙拌磷亚砜	蔬菜、水果、食用菌、油料、坚果、谷物、植物油	0.020
	茶叶、调味料	0.050
内吸磷	蔬菜、水果、食用菌、油料、坚果、谷物、植物油	0.010
	茶叶、调味料	0.050
乙嘧硫磷	蔬菜、水果、食用菌、油料、坚果、谷物、植物油	0.010
	茶叶、调味料	0.050
氯唑磷	蔬菜、水果、食用菌、油料、坚果、谷物、植物油	0.010
	茶叶、调味料	0.050
甲基立枯磷	蔬菜、水果、食用菌、油料、坚果、谷物、植物油	0.010
	茶叶、调味料	0.050
甲基异柳磷	蔬菜、水果、食用菌、油料、坚果、谷物、植物油	0.010
	茶叶、调味料	0.050
特丁硫磷砜	蔬菜、水果、食用菌、油料、坚果、谷物、植物油	0.010
	茶叶、调味料	0.050
噻唑磷	蔬菜、水果、食用菌、油料、坚果、谷物、植物油	0.010
	茶叶、调味料	0.050
溴苯烯磷	蔬菜、水果、食用菌、油料、坚果、谷物、植物油	0.010
	茶叶、调味料	0.050
蚜灭磷	蔬菜、水果、食用菌、油料、坚果、谷物、植物油	0.010
	茶叶、调味料	0.050
丰索磷	蔬菜、水果、食用菌、油料、坚果、谷物、植物油	0.010
	茶叶、调味料	0.050
倍硫磷砜	蔬菜、水果、食用菌、油料、坚果、谷物、植物油	0.010
	茶叶、调味料	0.050
甲基吡啶磷	蔬菜、水果、食用菌、油料、坚果、谷物、植物油	0.010
	茶叶、调味料	0.050
哒嗪硫磷	蔬菜、水果、食用菌、油料、坚果、谷物、植物油	0.010
	茶叶、调味料	0.050
保棉磷	蔬菜、水果、食用菌、油料、坚果、谷物、植物油	0.010
	茶叶、调味料	0.050

农药 / 代谢物名称	食品类别 / 名称	定量限 / （mg/kg）
蝇毒磷	蔬菜、水果、食用菌、油料、坚果、谷物、植物油	0.010
	茶叶、调味料	0.050
吡唑硫磷	蔬菜、水果、食用菌、油料、坚果、谷物、植物油	0.010
	茶叶、调味料	0.050
甲基内吸磷	蔬菜、水果、食用菌、油料、坚果、谷物、植物油	0.010
	茶叶、调味料	0.050
硫线磷	蔬菜、水果、食用菌、油料、坚果、谷物、植物油	0.005
	茶叶、调味料	0.050
丁基嘧啶磷	蔬菜、水果、食用菌、油料、坚果、谷物、植物油	0.010
	茶叶、调味料	0.050
敌噁磷	蔬菜、水果、食用菌、油料、坚果、谷物、植物油	0.010
	茶叶、调味料	0.050
甲基对氧磷	蔬菜、水果、食用菌、油料、坚果、谷物、植物油	0.010
	茶叶、调味料	0.050
安硫磷	蔬菜、水果、食用菌、油料、坚果、谷物、植物油	0.010
	茶叶、调味料	0.050
氧异柳磷	蔬菜、水果、食用菌、油料、坚果、谷物、植物油	0.010
	茶叶、调味料	0.050
甲拌磷砜	蔬菜、水果、食用菌、油料、坚果、谷物、植物油	0.010
	茶叶、调味料	0.050
稻丰散	蔬菜、水果、食用菌、油料、坚果、谷物、植物油	0.010
	茶叶、调味料	0.050
碘硫磷	蔬菜、水果、食用菌、油料、坚果、谷物、植物油	0.010
	茶叶、调味料	0.050
噁唑磷	蔬菜、水果、食用菌、油料、坚果、谷物、植物油	0.010
	茶叶、调味料	0.050
硫环磷	蔬菜、水果、食用菌、油料、坚果、谷物、植物油	0.010
	茶叶、调味料	0.050
倍硫磷亚砜	蔬菜、水果、食用菌、油料、坚果、谷物、植物油	0.010
	茶叶、调味料	0.050
敌瘟磷	蔬菜、水果、食用菌、油料、坚果、谷物、植物油	0.010
	茶叶、调味料	0.050
苯线磷砜	蔬菜、水果、食用菌、油料、坚果、谷物、植物油	0.020
	茶叶、调味料	0.050

2.2.12 植物中六六六和滴滴涕的测定

该测定技术采用《动、植物中六六六和滴滴涕测定的气相色谱法》（GB/T 14551—2003）。

1. 适用范围

规定了植物（粮食、水果、蔬菜）中六六六、滴滴涕残留量的气相色谱测定方法。适用于植物性样品（粮食、水果、蔬菜），其他食品可参照执行。

2. 方法原理

试样用有机溶剂提取，粮食样品用石油醚提取，水果、蔬菜样品用丙酮、石油醚提取，粮食、水果、蔬菜样品经液液分配及浓硫酸净化，用带电子捕获检测器的气相色谱仪（GC-ECD，色谱柱：玻璃柱）检测，外标法定量。

3. 灵敏度

农药 / 代谢物名称	食品类别 / 名称	最小检测浓度 / (mg/kg)
α-六六六	粮食	0.49×10^{-4}
	水果、蔬菜	0.35×10^{-4}
β-六六六	粮食	0.80×10^{-4}
	水果、蔬菜	0.23×10^{-3}
γ-六六六	粮食	0.74×10^{-4}
	水果、蔬菜	0.35×10^{-4}
δ-六六六	粮食	0.18×10^{-3}
	水果、蔬菜	0.45×10^{-4}
p,p'-滴滴伊	粮食	0.17×10^{-3}
	水果、蔬菜	0.41×10^{-4}
o,p'-滴滴涕	粮食	1.90×10^{-3}
	水果、蔬菜	0.59×10^{-3}
p,p'-滴滴滴	粮食	0.48×10^{-3}
	水果、蔬菜	0.14×10^{-3}
p,p'-滴滴涕	粮食	4.87×10^{-3}
	水果、蔬菜	1.36×10^{-3}

2.2.13　粮食、水果和蔬菜中有机磷农药的测定

该测定技术采用《粮食、水果和蔬菜中有机磷农药测定　气相色谱法》(GB/T 14553—2003)。

1. 适用范围

规定了粮食（大米、小麦、玉米），水果（苹果、梨、桃等），蔬菜（黄瓜、大白菜、番茄等）中 10 种有机磷农药残留量的测定。适用于粮食、水果、蔬菜等作物。

2. 方法原理

试样用丙酮等有机溶剂提取，经液液分配和凝结净化，用配有氮磷检测器的气相色谱仪（GC-NPD，色谱柱：测定条件 A——玻璃柱，测定条件 B—— HP-5）或带火焰光度检测器（磷滤光片）的气相色谱仪（GC-FPD，色谱柱：HP-5）检测，外标法定量。

3. 灵敏度

农药 / 代谢物名称	食品类别 / 名称	最小检测浓度 / (mg/kg)
速灭磷	粮食	0.4308×10^{-3}
	水果、蔬菜	0.1723×10^{-4}
甲拌磷	粮食	0.4843×10^{-3}
	水果、蔬菜	0.1937×10^{-3}
二嗪磷	粮食	0.7078×10^{-3}
	水果、蔬菜	0.2831×10^{-3}
异稻瘟净	粮食	0.1260×10^{-2}
	水果、蔬菜	0.5042×10^{-3}
甲基对硫磷	粮食	0.9468×10^{-3}
	水果、蔬菜	0.3787×10^{-3}
杀螟硫磷	粮食	1.1858×10^{-3}
	水果、蔬菜	0.4743×10^{-3}

农药 / 代谢物名称	食品类别 / 名称	最小检测浓度 / （mg/kg）
溴硫磷	粮食	0.1428×10^{-2}
	水果、蔬菜	0.5711×10^{-3}
水胺硫磷	粮食	0.2860×10^{-2}
	水果、蔬菜	0.1144×10^{-3}
稻丰散	粮食	0.2200×10^{-3}
	水果、蔬菜	0.3802×10^{-2}
杀扑磷	粮食	0.2118×10^{-2}
	水果、蔬菜	0.8470×10^{-3}

2.2.14　花生仁、棉籽油、花生油中涕灭威残留量的测定

该测定技术采用《花生仁、棉籽油、花生油中涕灭威残留量测定方法》（GB/T 14929.2—1994）。

1. 适用范围

规定了花生仁、棉籽油、花生油中涕灭威残留量的气相色谱测定方法，适用于花生仁、棉籽油、花生油。

2. 方法原理

试样用丙酮–水提取，经弗罗里硅土柱层析净化，用带火焰光度检测器（硫滤光片）的气相色谱仪（GC-FPD，色谱柱：玻璃柱）测定，涕灭威残留总量以涕灭威砜的量表示，外标法定量。

3. 灵敏度

农药 / 代谢物名称	食品类别 / 名称	最小检出浓度 / （mg/kg）
涕灭威	花生仁、棉籽油、花生油	0.0059
涕灭威亚砜	花生仁、棉籽油、花生油	0.0059
涕灭威砜	花生仁、棉籽油、花生油	0.0059

2.2.15　食品中八甲磷残留量的测定

该测定技术采用《食品中八甲磷残留量的测定方法》（GB/T 18627—2002）。

1. 适用范围

规定了用气相色谱法测定蔬菜、水果及粮食中八甲磷残留量的方法，适用于蔬菜、水果及粮食。

2. 方法原理

试样用丙酮提取，经三氯甲烷萃取、活性炭净化，用带火焰光度检测器（磷滤光片）的气相色谱仪（GC-FPD，色谱柱：玻璃柱）测定，外标法定量。

3. 灵敏度

农药 / 代谢物名称	食品类别 / 名称	最低检出浓度 / （mg/kg）
八甲磷	蔬菜、水果、粮食	0.1

2.2.16　食品中乙滴涕残留量的测定

该测定技术采用《食品中乙滴涕残留量的测定方法》(GB/T 18628—2002)。

1. 适用范围

规定了用气相色谱法测定蔬菜、水果、粮食中乙滴涕残留量的方法，适用于蔬菜、水果及粮食。

2. 方法原理

试样用丙酮提取，经液液分配、弗罗里硅土柱层析净化，再经衍生后，用带电子捕获检测器的气相色谱仪（GC-ECD，色谱柱：玻璃柱）测定，外标法定量。

3. 灵敏度

农药 / 代谢物名称	食品类别 / 名称	最低检出浓度 / (mg/kg)
乙滴涕	蔬菜、水果、粮食	0.1

2.2.17　食品中扑草净残留量的测定

该测定技术采用《食品中扑草净残留量的测定方法》(GB/T 18629—2002)。

1. 适用范围

规定了用气相色谱法测定蔬菜、水果、粮食中扑草净残留量的方法，适用于蔬菜、水果及粮食。

2. 方法原理

试样用丙酮提取，经二氯甲烷萃取、活性炭脱色净化，用带火焰光度检测器（硫滤光片）的气相色谱仪（GC-FPD，色谱柱：玻璃柱）测定，外标法定量。

3. 灵敏度

农药 / 代谢物名称	食品类别 / 名称	最低检出浓度 / (mg/kg)
扑草净	蔬菜、水果、粮食	0.02

2.2.18　植物性食品中辛硫磷农药残留量的测定

该测定技术采用《植物性食品中辛硫磷农药残留量的测定》(GB/T 5009.102—2003)。

1. 适用范围

规定了谷物、蔬菜、水果中辛硫磷残留量的测定方法，适用于谷物、蔬菜及水果。

2. 方法原理

试样经石油醚或石油醚-丙酮（1∶1，*v/v*）提取，多次萃取后浓缩、定容，用带火焰光度检测器（硫滤光片）的气相色谱仪（GC-FPD，色谱柱：玻璃柱）测定，外标法定量。

3. 灵敏度

农药 / 代谢物名称	食品类别 / 名称	检出限 / (mg/kg)
辛硫磷	谷物、蔬菜、水果	0.01

2.2.19 植物性食品中甲胺磷和乙酰甲胺磷农药残留量的测定

该测定技术采用《植物性食品中甲胺磷和乙酰甲胺磷农药残留量的测定》(GB/T 5009.103—2003)。

1. 适用范围

规定了谷物、蔬菜、植物油中甲胺磷和乙酰甲胺磷残留量的测定方法，适用于谷物、蔬菜、植物油。

2. 方法原理

试样经丙酮提取，除谷物外其他样品经活性炭净化，用带火焰光度检测器（磷滤光片）的气相色谱仪（GC-FPD，色谱柱：玻璃柱）测定，外标法定量。

3. 灵敏度

农药 / 代谢物名称	食品类别 / 名称	检出限 /g
甲胺磷	谷物、蔬菜、植物油	7.79×10^{-12}
乙酰甲胺磷	谷物、蔬菜、植物油	1.79×10^{-11}

2.2.20 植物性食品中氨基甲酸酯类农药残留量的测定

该测定技术采用《植物性食品中氨基甲酸酯类农药残留量的测定》(GB/T 5009.104—2003)。

1. 适用范围

规定了粮食、蔬菜中 6 种氨基甲酸酯类农药残留量的测定方法，适用于粮食和蔬菜。

2. 方法原理

试样用无水甲醇提取，经液液分配净化，用带火焰光度检测器（磷滤光片）的气相色谱仪（GC-FPD，色谱柱：玻璃柱）检测，外标法定量。

3. 灵敏度

农药 / 代谢物名称	检出限 /（mg/kg）	农药 / 代谢物名称	检出限 /（mg/kg）
速灭威	0.02	残杀威	0.03
异丙威	0.02	克百威	0.05
抗蚜威	0.02	甲萘威	0.10

注：该检出限适用食品类别为粮食、蔬菜。

2.2.21 黄瓜中百菌清残留量的测定

该测定技术采用《黄瓜中百菌清残留量的测定》(GB/T 5009.105—2003)。

1. 适用范围

规定了黄瓜中百菌清残留量的测定方法，适用于黄瓜。

2. 方法原理

试样用 50% 磷酸–丙酮提取，经弗罗里硅土层析柱净化，用带电子捕获检测器的气相色谱仪（GC-ECD，色谱柱：玻璃柱）测定，外标法定量。

3. 灵敏度

农药 / 代谢物名称	食品类别 / 名称	检出浓度 /（mg/kg）
百菌清	黄瓜	0.048

2.2.22　植物性食品中氯菊酯残留量的测定

该测定技术采用《植物性食品中二氯苯醚菊酯残留量的测定》（GB/T 5009.106—2003）。

1. 适用范围

规定了植物性食品中二氯苯醚菊酯[①]（氯菊酯）残留量的测定方法，适用于粮食、蔬菜、水果。

2. 方法原理

试样经丙酮或丙酮–石油醚（1∶1，*v/v*）提取、弗罗里硅土层析柱净化，用带电子捕获检测器的气相色谱仪（GC-ECD，色谱柱：玻璃柱）测定，外标法定量。

3. 灵敏度

无。

2.2.23　植物性食品中二嗪磷残留量的测定

该测定技术采用《植物性食品中二嗪磷残留量的测定》（GB/T 5009.107—2003）。

1. 适用范围

规定了谷物、蔬菜、水果中二嗪磷残留量的测定方法，适用于谷物、蔬菜、水果等植物性食品。

2. 方法原理

试样用丙酮提取，经液液分配净化，用带火焰光度检测器（磷滤光片）的气相色谱仪（GC-FPD，色谱柱：玻璃柱）测定，外标法定量。

3. 灵敏度

农药 / 代谢物名称	食品类别 / 名称	检出限 /（mg/kg）
二嗪磷	谷物、蔬菜、水果	0.01

2.2.24　柑橘中水胺硫磷残留量的测定

该测定技术采用《柑橘中水胺硫磷残留量的测定》（GB/T 5009.109—2003）。

1. 适用范围

规定了柑橘中水胺硫磷残留量的测定方法，适用于柑橘。

2. 方法原理

柑橘试样经硅藻土 545、丙酮捣碎提取，过滤，滤液用二氯甲烷萃取，浓缩，用带火焰光度检测器（磷滤光片）的气相色谱仪（GC-FPD，色谱柱：玻璃柱）测定，外标法定量。

---

① 二氯苯醚菊酯目前常用的通用名为氯菊酯。

3. 灵敏度

农药 / 代谢物名称	食品类别 / 名称	检出浓度 / (mg/kg)
水胺硫磷	柑橘	0.02

2.2.25　植物性食品中氯氰菊酯、氰戊菊酯和溴氰菊酯残留量的测定

该测定技术采用《植物性食品中氯氰菊酯、氰戊菊酯和溴氰菊酯残留量的测定》(GB/T 5009.110—2003)。

1. 适用范围

规定了谷类和蔬菜中氯氰菊酯、氰戊菊酯和溴氰菊酯的测定方法，适用于谷类和蔬菜。

2. 方法原理

试样经石油醚或石油醚–丙酮（1∶1，*v/v*）提取，大米样品用中性氧化铝玻璃层析柱净化，面粉、玉米粉、蔬菜样品用活性炭粉–中性氧化铝玻璃层析柱净化，浓缩后用带电子捕获检测器的气相色谱仪（GC-ECD，色谱柱：玻璃柱）测定，外标法定量。

3. 灵敏度

农药 / 代谢物名称	食品类别 / 名称	检出限 / (μg/kg)
氯氰菊酯	大米、面粉、玉米粉、蔬菜	2.1
氰戊菊酯	大米、面粉、玉米粉、蔬菜	3.1
溴氰菊酯	大米、面粉、玉米粉、蔬菜	0.88

2.2.26　大米和柑橘中喹硫磷残留量的测定

该测定技术采用《大米和柑橘中喹硫磷残留量的测定》(GB/T 5009.112—2003)。

1. 适用范围

规定了大米、柑橘中喹硫磷含量的气相色谱测定方法，适用于大米、柑橘。

2. 方法原理

大米、柑橘用丙酮–苯（1∶1，*v/v*）混合溶剂提取，经液液分配、弗罗里硅土柱净化，用丙酮–苯（1∶4，*v/v*）混合溶剂淋洗，定容后用带火焰光度检测器（磷滤光片）的气相色谱仪（GC-FPD，色谱柱：玻璃柱）测定，外标法定量。

3. 灵敏度

农药 / 代谢物名称	食品类别 / 名称	检出浓度 / (mg/kg)
喹硫磷	大米、柑橘	0.03

2.2.27　大米中杀虫环残留量的测定

该测定技术采用《大米中杀虫环残留量的测定》(GB/T 5009.113—2003)。

1. 适用范围

规定了大米中杀虫环含量的气相色谱测定方法，适用于大米。

2. 方法原理

大米试样在酸性条件下，经甲醇提取，通过液液分配纯化后再转至甲醇中，用带电子捕获检测器的气相色谱仪（GC-ECD，色谱柱：玻璃柱）测定，外标法定量。

3. 灵敏度

农药 / 代谢物名称	食品类别 / 名称	检出限 /g
杀虫环	大米	4.7×10^{-9}

2.2.28　大米中杀虫双残留量的测定

该测定技术采用《大米中杀虫双残留量的测定》（GB/T 5009.114—2003）。

1. 适用范围

规定了大米中杀虫双、沙蚕毒素含量的气相色谱测定方法，适用于大米。

2. 方法原理

大米试样经 0.1mol/L 盐酸提取后，在碱性溶液中转化成沙蚕毒素，以三氯甲烷提取后蒸除三氯甲烷，以甲醇定容至 1mL，用带火焰光度检测器（磷滤光片）的气相色谱仪（GC-FPD，色谱柱：玻璃柱）测定，外标法定量。

3. 灵敏度

农药 / 代谢物名称	食品类别 / 名称	检出浓度 /（mg/kg）
杀虫双	大米	0.002
沙蚕毒素	大米	0.002

2.2.29　稻谷中三环唑残留量的测定

该测定技术采用《稻谷中三环唑残留量的测定》（GB/T 5009.115—2003）。

1. 适用范围

规定了稻谷中三环唑残留量的测定方法，适用于稻谷。

2. 方法原理

试样用乙酸乙酯提取，经中性氧化铝层析柱净化，用带火焰光度检测器（磷滤光片）的气相色谱仪（GC-FPD，色谱柱：玻璃柱）测定，外标法定量。

3. 灵敏度

农药 / 代谢物名称	食品类别 / 名称	检出限 /ng
三环唑	稻谷	10

2.2.30　植物性食品中三唑酮残留量的测定

该测定技术采用《植物性食品中三唑酮残留量的测定》（GB/T 5009.126—2003）。

1. 适用范围

规定了粮食、蔬菜、水果中三唑酮残留量的测定方法，适用于粮食、蔬菜和水果。

2. 方法原理

试样中三唑酮用丙酮提取，经弗罗里硅土–活性炭（9∶1，*w/w*）玻璃层析柱净化，用配有氮磷检测器的气相色谱仪（GC-NPD，色谱柱：玻璃柱）测定，外标法定量。

3. 灵敏度

农药 / 代谢物名称	食品类别 / 名称	检出限 /g
三唑酮	粮食、蔬菜、水果	2.8×10^{-10}

2.2.31　水果中乙氧基喹残留量的测定

该测定技术采用《水果中乙氧基喹残留量的测定》（GB/T 5009.129—2003）。

1. 适用范围

规定了水果中乙氧基喹残留量的气相色谱测定方法，适用于苹果等水果。

2. 方法原理

水果中乙氧基喹采用正己烷提取，经蒸馏水清洗后，直接用配有氮磷检测器的气相色谱仪（GC-NPD，色谱柱：玻璃柱）测定，内标法定量。

3. 灵敏度

农药 / 代谢物名称	食品类别 / 名称	检出限 /（mg/kg）
乙氧基喹	水果	0.05

2.2.32　植物性食品中亚胺硫磷残留量的测定

该测定技术采用《植物性食品中亚胺硫磷残留量的测定》（GB/T 5009.131—2003）。

1. 适用范围

规定了稻谷、小麦、蔬菜中亚胺硫磷残留量的测定方法，适用于稻谷、小麦、蔬菜。

2. 方法原理

试样经丙酮提取，除蔬菜基质需液液分配净化外，提取液经抽滤、浓缩、定容后用带火焰光度检测器（磷滤光片）的气相色谱仪（GC-FPD，色谱柱：玻璃柱）测定，外标法定量。

3. 灵敏度

农药 / 代谢物名称	食品类别 / 名称	检出限 /g
亚胺硫磷	稻谷、小麦、蔬菜	1.50×10^{-11}

2.2.33　食品中莠去津残留量的测定

该测定技术采用《食品中莠去津残留量的测定》（GB/T 5009.132—2003）。

1. 适用范围

规定了食品中莠去津残留量的测定方法，适用于甘蔗和玉米。

2. 方法原理

试样经甲醇–水（1∶1，*v/v*）提取、二氯甲烷–石油醚混合溶剂萃取，再经石油醚–乙腈液液分配、硅镁吸附剂净化，浓缩定容后用带电子捕获检测器的气相色谱仪（GC-ECD，色谱柱：不锈钢色谱柱或玻璃柱）测定，外标法定量。

3. 灵敏度

农药 / 代谢物名称	食品类别 / 名称	检出限 /（mg/kg）
莠去津	甘蔗、玉米	0.03

2.2.34　粮食中绿麦隆残留量的测定

该测定技术采用《粮食中绿麦隆残留量的测定》（GB/T 5009.133—2003）。

1. 适用范围

规定了粮食中绿麦隆残留量的测定方法，适用于小麦、玉米和大豆。

2. 方法原理

试样经甲醇水溶液提取、二氯甲烷–石油醚混合溶剂萃取，再经硅镁吸附剂净化，洗脱液浓缩后用七氟丁酸酐衍生化，用带电子捕获检测器的气相色谱仪（GC-ECD，色谱柱：不锈钢色谱柱）测定，外标法定量。

3. 灵敏度

农药 / 代谢物名称	食品类别 / 名称	检出限 /（mg/kg）
绿麦隆	小麦、玉米、大豆	0.01

2.2.35　大米中禾草敌残留量的测定

该测定技术采用《大米中禾草敌残留量的测定》（GB/T 5009.134—2003）。

1. 适用范围

规定了大米中禾草敌残留量的测定方法，适用于大米。

2. 方法原理

试样经丙酮–水（1∶1，*v/v*）振荡提取，过滤后滤液在酸性水溶液（pH 为 3.0～3.5）中用石油醚提取，提取液经硅镁吸附剂净化，浓缩后用带火焰光度检测器（磷滤光片）的气相色谱仪（GC-FPD，色谱柱：玻璃柱）测定，外标法定量。

3. 灵敏度

农药 / 代谢物名称	食品类别 / 名称	检出浓度 /（mg/kg）
禾草敌	大米	0.01

2.2.36　植物性食品中五氯硝基苯残留量的测定

该测定技术采用《植物性食品中五氯硝基苯残留量的测定》（GB/T 5009.136—2003）。

1. 适用范围

规定了植物性食品中五氯硝基苯残留量的测定方法，适用于粮食、蔬菜。

2. 方法原理

试样经正己烷萃取，硅镁吸附剂预处理小柱净化，用带电子捕获检测器的气相色谱仪（GC-ECD，色谱柱：玻璃柱）测定，外标法定量。

3. 灵敏度

农药 / 代谢物名称	食品类别 / 名称	最低检出浓度 /（mg/kg）
五氯硝基苯	粮食 蔬菜	0.005 0.01

2.2.37　植物性食品中吡氟禾草灵、精吡氟禾草灵残留量的测定

该测定技术采用《植物性食品中吡氟禾草灵、精吡氟禾草灵残留量的测定》（GB/T 5009.142—2003）。

1. 适用范围

规定了植物性食品中吡氟禾草灵、精吡氟禾草灵残留量的测定方法，适用于甜菜、大豆，也适用于吡氟禾草灵酸的测定。

2. 方法原理

甜菜试样用甲醇提取，大豆试样用乙腈提取，并分别用弗罗里硅土玻璃层析柱净化，再进行五氟苄基溴溴化和衍生化后，用带电子捕获检测器的气相色谱仪（GC-ECD，色谱柱：玻璃柱）测定，外标法定量。

3. 灵敏度

农药 / 代谢物名称	食品类别 / 名称	检出限 /ng
吡氟禾草灵	甜菜、大豆	0.001
精吡氟禾草灵	甜菜、大豆	0.001
吡氟禾草灵酸	甜菜、大豆	0.001

2.2.38　蔬菜、水果、食用油中双甲脒残留量的测定

该测定技术采用《蔬菜、水果、食用油中双甲脒残留量的测定》（GB/T 5009.143—2003）。

1. 适用范围

规定了蔬菜、水果、食用油中双甲脒残留量的测定方法，适用于蔬菜、水果、食用油。

2. 方法原理

试样中双甲脒（及代谢物）经水解成 2,4-二甲基苯胺，用正己烷提取，酸、碱反复液液分配净化。用七氟丁酸酐将 2,4-二甲基苯胺衍生成 2,4-二甲苯七氟丁酰胺，用带电子捕获检测器的气相色谱仪（GC-ECD，色谱柱：玻璃柱）测定，外标法定量。

3. 灵敏度

农药 / 代谢物名称	食品类别 / 名称	检出限 /（mg/kg）
双甲脒	蔬菜、水果、食用油	0.02

2.2.39　植物性食品中甲基异柳磷残留量的测定

该测定技术采用《植物性食品中甲基异柳磷残留量的测定》（GB/T 5009.144—2003）。

1. 适用范围

规定了粮食、蔬菜、油料作物中甲基异柳磷残留量的测定方法，适用于粮食、蔬菜、油料作物。

2. 方法原理

试样用乙酸乙酯提取，经活性炭-弗罗里硅土层析柱净化，用带火焰光度检测器（磷滤光片）的气相色谱仪（GC-FPD，色谱柱：玻璃柱）测定，外标法定量。

3. 灵敏度

农药 / 代谢物名称	食品类别 / 名称	检出限 /（mg/kg）
甲基异柳磷	粮食、蔬菜、油料作物	0.004

2.2.40　植物性食品中有机磷和氨基甲酸酯类农药 20 种残留的测定

该测定技术采用《植物性食品中有机磷和氨基甲酸酯类农药多种残留的测定》（GB/T 5009.145—2003）。

1. 适用范围

规定了粮食、蔬菜中 20 种有机磷、氨基甲酸酯类农药残留量的测定方法，适用于粮食、蔬菜等植物性食品。

2. 方法原理

试样经有机溶剂丙酮提取，再经液液分配、微型硅胶柱净化等步骤除去干扰物质，用气相色谱仪（GC-FTD，色谱柱：BP5）检测，外标法定量。

3. 灵敏度

农药 / 代谢物名称	最小检出浓度 /（μg/kg）	农药 / 代谢物名称	最小检出浓度 /（μg/kg）
乙酰甲胺磷	2	速灭威	8
甲基对硫磷	2	马拉氧磷	8
甲拌磷	2	毒死蜱	8
乐果	2	甲基嘧啶磷	8
敌敌畏	4	对硫磷	8
叶蝉散	4	久效磷	10
甲基内吸磷	4	杀扑磷	10
甲萘威	4	克线磷	10
倍硫磷	6	乙硫磷	14
马拉硫磷	6	仲丁威	15

注：该最小检出浓度适用食品类别为粮食、蔬菜。

2.2.41　植物性食品中有机氯农药和拟除虫菊酯类农药多种残留量的测定

该测定技术采用《植物性食品中有机氯和拟除虫菊酯类农药多种残留量的测定》（GB/T 5009.146—2008）。

1. 适用范围

规定了粮食、蔬菜中 14 种有机氯农药和拟除虫菊酯类农药残留量的测定方法，适用于粮食、蔬菜；规定了水果、蔬菜中 52 种有机氯农药和拟除虫菊酯类农药残留量的测定方法，适用于西兰花、茼蒿、大葱、芹菜、番茄、黄瓜、菠菜、柑橘、苹果、草莓；规定了浓缩果汁中 40 种有机氯农药和拟除虫菊酯类农药残留量的测定方法，适用于浓缩果汁。

2. 方法原理

粮食试样中有机氯农药和拟除虫菊酯类农药残留用石油醚提取，蔬菜试样用丙酮–石油醚提取，经液液分配、弗罗里硅土柱净化除去干扰物质，用带电子捕获检测器的气相色谱仪（GC-ECD，色谱柱：石英弹性毛细管柱）测定，外标法定量。果蔬试样用水–丙酮匀质提取，经二氯甲烷液液分配，以凝胶色谱柱净化，再经活性炭固相柱净化，洗脱液浓缩并溶解定容后，用气相色谱–电子轰击离子源质谱仪（GC-EI-SIM，色谱柱：DB-5MS）测定和确证，外标法定量。浓缩果汁试样用水稀释后与适合的固相基质（硅藻土）混合均匀并转入玻璃层析柱中净化，经淋洗后将淋洗液浓缩定容，用气相色谱–电子轰击离子源质谱仪（GC-EI-SIM，色谱柱：DB-5MS，DB-1701）检测，外标法定量。

3. 灵敏度

粮食、蔬菜中 14 种有机氯农药和拟除虫菊酯类农药残留量的检出限

农药 / 代谢物名称	检出限 /（mg/kg）	农药 / 代谢物名称	检出限 /（mg/kg）
α-六六六	0.0001	氯氟氰菊酯	0.0008
β-六六六	0.0002	*o,p'*-滴滴涕	0.001
γ-六六六	0.0006	*p,p'*-滴滴滴	0.001
δ-六六六	0.0006	*p,p'*-滴滴涕	0.001
七氯	0.0008	溴氰菊酯	0.0016
艾氏剂	0.0008	氰戊菊酯	0.003
p,p'-滴滴伊	0.0008	氯菊酯	0.016

注：该检出限适用食品类别为面粉、黄瓜、油菜。

水果、蔬菜中 52 种有机氯农药和拟除虫菊酯类农药残留量的检出限

农药 / 代谢物名称	检出限 /（mg/kg）	农药 / 代谢物名称	检出限 /（mg/kg）
四氯硝基苯	0.01	胺菊酯Ⅱ	0.05
氟乐灵	0.05	联苯菊酯	0.05
α-六六六	0.01	甲氰菊酯	0.05
六氯苯	0.01	苯醚菊酯Ⅰ	0.05
β-六六六	0.01	苯醚菊酯Ⅱ	0.05
林丹	0.05	灭蚁灵	0.05
五氯硝基苯	0.02	氯氟氰菊酯	0.02
σ-六六六	0.01	氟丙菊酯	0.02
七氟菊酯	0.05	氯菊酯Ⅰ	0.02
七氯	0.01	氯菊酯Ⅱ	0.02

农药 / 代谢物名称	检出限 /（mg/kg）	农药 / 代谢物名称	检出限 /（mg/kg）
艾氏剂	0.02	氟氯氰菊酯Ⅰ	0.1
异艾氏剂	0.02	氟氯氰菊酯Ⅱ	0.1
环氧七氯	0.02	氟氯氰菊酯Ⅲ	0.1
反丙烯除虫菊酯	0.02	氟氯氰菊酯Ⅳ	0.1
o,p'-滴滴伊	0.02	氯氰菊酯Ⅰ	0.1
α-硫丹	0.05	氯氰菊酯Ⅱ	0.1
狄氏剂	0.02	氯氰菊酯Ⅲ	0.1
p,p'-滴滴伊	0.02	氯氰菊酯Ⅳ	0.1
o,p'-滴滴滴	0.02	氟氯戊菊酯Ⅰ	0.05
苯氧菊酯	0.05	氟氯戊菊酯Ⅱ	0.05
β-硫丹	0.05	氰戊菊酯Ⅰ	0.02
p,p'-滴滴滴	0.02	氰戊菊酯Ⅱ	0.02
顺-灭虫菊酯	0.05	氟胺氰菊酯Ⅰ	0.05
反-灭虫菊酯	0.05	氟胺氰菊酯Ⅱ	0.05
异狄氏剂酮	0.02	四溴菊酯	0.05
胺菊酯Ⅰ	0.05	溴氰菊酯	0.05

注：该检出限适用食品类别为西兰花、茼蒿、大葱、芹菜、番茄、黄瓜、菠菜、柑橘、苹果、草莓。

浓缩果汁中 40 种有机氯农药和拟除虫菊酯类农药残留量的检出限

农药 / 代谢物名称	检出限 /（mg/kg）	农药 / 代谢物名称	检出限 /（mg/kg）
α-六六六	0.01	生物苄呋菊酯	0.01
β-六六六	0.01	胺菊酯	0.01
五氯酚	0.01	甲氧滴滴涕	0.01
林丹	0.01	联苯菊酯	0.01
γ-六六六	0.01	苯醚菊酯	0.01
百菌清	0.01	三氯杀螨砜	0.01
七氯	0.01	氟氯氰菊酯	0.01
艾氏剂	0.01	醚菊酯	0.01
三氯杀螨醇	0.01	五氯硝基苯	0.025
氧化氯丹	0.01	异狄氏剂醛	0.025
o,p'-滴滴伊	0.01	硫丹硫酸酯	0.025
硫丹Ⅰ	0.01	异狄氏剂酮	0.025
p,p'-滴滴伊	0.01	甲氰菊酯	0.025
狄氏剂	0.01	高效氯氟氰菊酯	0.025
异狄氏剂	0.01	氯菊酯	0.025
乙酯杀螨醇	0.01	氯氰菊酯	0.025
硫丹Ⅱ	0.01	氰戊菊酯	0.025
p,p'-滴滴滴	0.01	*S*-氰戊菊酯	0.025

农药 / 代谢物名称	检出限 /（mg/kg）	农药 / 代谢物名称	检出限 /（mg/kg）
o,p'-滴滴涕	0.01	氟胺氰菊酯	0.025
p,p'-滴滴涕	0.01	溴氰菊酯	0.025

注：该检出限适用食品类别为浓缩果汁。

2.2.42 大米中稻瘟灵残留量的测定

该测定技术采用《大米中稻瘟灵残留量的测定》（GB/T 5009.155—2003）。

1. 适用范围

规定了大米中稻瘟灵残留量的测定方法，适用于大米。

2. 方法原理

试样用有机溶剂丙酮提取，经硅镁吸附剂柱层析净化等一系列步骤除去杂质，用带火焰光度检测器（磷滤光片）的气相色谱仪（GC-FPD，色谱柱：玻璃柱）测定，外标法定量。

3. 灵敏度

农药 / 代谢物名称	食品类别 / 名称	检出限 /（mg/kg）
稻瘟灵	大米	0.013

2.2.43 大米中丁草胺残留量的测定

该测定技术采用《大米中丁草胺残留量的测定》（GB/T 5009.164—2003）。

1. 适用范围

规定了大米中丁草胺残留量的测定方法，适用于大米。

2. 方法原理

试样中丁草胺用石油醚提取后，经中性氧化铝柱净化，用带电子捕获检测器的气相色谱仪（GC-ECD，色谱柱：玻璃柱）测定，外标法定量。

3. 灵敏度

农药 / 代谢物名称	食品类别 / 名称	检出限 /ng
丁草胺	大米	0.03

2.2.44 粮食中 2,4-滴丁酯残留量的测定

该测定技术采用《粮食中 2,4-滴丁酯残留量的测定》（GB/T 5009.165—2003）。

1. 适用范围

规定了粮食中 2,4-滴丁酯残留量的气相色谱测定方法，适用于粮食。

2. 方法原理

样品中 2,4-滴丁酯用石油醚提取，经液液分配、硅镁吸附剂色谱预处理小柱净化除去干扰物质，用带电子捕获检测器的气相色谱仪（GC-ECD，色谱柱：玻璃柱）测定，外标法定量。

3. 灵敏度

农药 / 代谢物名称	食品类别 / 名称	检出限 /ng
2,4-滴丁酯	粮食	0.01

2.2.45　大豆、花生、豆油、花生油中的氟乐灵残留量的测定

该测定技术采用《大豆、花生、豆油、花生油中的氟乐灵残留量的测定》(GB/T 5009.172—2003)。

1. 适用范围

规定了大豆、花生、豆油、花生油中氟乐灵残留量的测定方法，适用于大豆、花生、豆油、花生油。

2. 方法原理

试样中氟乐灵用甲醇或丙酮提取，经液液分配、弗罗里硅土柱净化，用带电子捕获检测器的气相色谱仪（GC-ECD，色谱柱：玻璃柱）测定，外标法定量。

3. 灵敏度

农药 / 代谢物名称	食品类别 / 名称	检出限 /ng
氟乐灵	大豆、花生、豆油、花生油	0.001

2.2.46　花生、大豆中异丙甲草胺残留量的测定

该测定技术采用《花生、大豆中异丙甲草胺残留量的测定》(GB/T 5009.174—2003)。

1. 适用范围

规定了花生、大豆中异丙甲草胺残留量的测定方法，适用于花生、大豆。

2. 方法原理

样品中异丙甲草胺用甲醇–水提取，经正己烷液液分配，再经硅镁吸附剂型固相萃取柱净化，用带电子捕获检测器的气相色谱仪（GC-ECD，色谱柱：SE-30）测定，外标法定量。

3. 灵敏度

农药 / 代谢物名称	食品类别 / 名称	检出限 /ng
异丙甲草胺	花生、大豆	0.016

2.2.47　粮食和蔬菜中 2,4-滴残留量的测定

该测定技术采用《粮食和蔬菜中 2,4-滴残留量的测定》(GB/T 5009.175—2003)。

1. 适用范围

规定了粮食、蔬菜中 2,4-滴（又称 2,4-D）残留量的测定方法，适用于粮食和蔬菜。

2. 方法原理

试样中 2,4-滴用乙醚–水提取，用三氟化硼丁醇溶液将 2,4-滴衍生成 2,4-滴丁酯，经液液分配、PT-硅镁吸附剂色谱预处理小柱层析净化除去干扰物质，用带电子捕获检测器的气相色谱仪（GC-ECD，色谱柱：玻璃柱）测定，外标法定量。

3. 灵敏度

农药 / 代谢物名称	食品类别 / 名称	检出限 /（mg/kg）
2,4-滴	蔬菜 粮食	0.008 0.013

2.2.48　茶叶、水果、食用植物油中三氯杀螨醇残留量的测定

该测定技术采用《茶叶、水果、食用植物油中三氯杀螨醇残留量的测定》（GB/T 5009.176—2003）。

1. 适用范围

规定了茶叶、水果、食用植物油中三氯杀螨醇残留量的测定方法，适用于茶叶、水果、食用植物油。

2. 方法原理

试样中三氯杀螨醇用丙酮或石油醚提取，经浓硫酸净化，用带电子捕获检测器的气相色谱仪（GC-ECD，色谱柱：DB-1）测定，外标法定量。

3. 灵敏度

农药 / 代谢物名称	食品类别 / 名称	检测下限 /（mg/kg）
三氯杀螨醇	水果、茶叶、食用植物油	9.6×10^{-2}

2.2.49　大米中敌稗残留量的测定

该测定技术采用《大米中敌稗残留量的测定》（GB/T 5009.177—2003）。

1. 适用范围

规定了大米中敌稗残留量的测定方法，适用于大米。

2. 方法原理

试样中敌稗用丙酮提取，经液液分配、弗罗里硅土净化，用带电子捕获检测器的气相色谱仪（GC-ECD，色谱柱：玻璃柱）测定，外标法定量。

3. 灵敏度

农药 / 代谢物名称	食品类别 / 名称	最低检测浓度 /（mg/kg）
敌稗	大米	4×10^{-4}

2.2.50　稻谷、花生仁中噁草酮残留量的测定

该测定技术采用《稻谷、花生仁中噁草酮残留量的测定》（GB/T 5009.180—2003）。

1. 适用范围

规定了稻谷、花生仁中噁草酮残留量的测定方法，适用于稻谷、花生仁。

2. 方法原理

样品中的噁草酮用丙酮提取，经弗罗里硅土预处理小柱净化，用带电子捕获检测器的气相色谱仪（GC-ECD，色谱柱：OV-17）测定，外标法定量。

3. 灵敏度

农药 / 代谢物名称	食品类别 / 名称	检出限 /ng
噁草酮	稻谷、花生仁	0.001

2.2.51　粮食、蔬菜中噻嗪酮残留量的测定

该测定技术采用《粮食、蔬菜中噻嗪酮残留量的测定》（GB/T 5009.184—2003）。

1. 适用范围

规定了食品中噻嗪酮残留量的测定方法，适用于粮食和蔬菜。

2. 方法原理

试样经有机溶剂丙酮多次提取，旋转蒸发浓缩定容后，用带电子捕获检测器的气相色谱仪（GC-ECD，色谱柱：玻璃柱）测定，外标法定量。

3. 灵敏度

无。

2.2.52　食品中有机氯农药多组分残留量的测定

该测定技术采用《食品中有机氯农药多组分残留量的测定》（GB/T 5009.19—2008）。

2.2.52.1　第一法　毛细管柱气相色谱-电子捕获检测器法

1. 适用范围

规定了食品中 26 种农药的测定方法，适用于植物源性食品（含油脂）。

2. 方法原理

试样用石油醚或丙酮提取，经凝胶色谱层析净化，用毛细管柱气相色谱仪（GC-ECD，色谱柱：DM-5）检测，外标法定量。

3. 灵敏度

农药 / 代谢物名称	检出限 /（μg/kg）	农药 / 代谢物名称	检出限 /（μg/kg）
环氧七氯	0.088	七氯	0.247
六六六	0.097	五氯苯胺	0.25
灭蚁灵	0.127	氧化氯丹	0.253
狄氏剂	0.137	硫丹硫酸盐	0.26
五氯苯基硫醚	0.151	五氯硝基苯	0.27
艾氏剂	0.159	反-氯丹	0.307
δ-六六六	0.179	*p,p'*-滴滴伊	0.345
六氯苯	0.194	异狄氏剂醛	0.358
γ-六六六	0.226	*α*-硫丹	0.382
异狄氏剂酮	0.239	*o,p'*-滴滴涕	0.412
顺-氯丹	0.24	*p,p'*-滴滴滴	0.465
β-硫丹	0.246	异狄氏剂	0.481
β-六六六	0.634	*p,p'*-滴滴涕	0.481

注：该检出限适用食品类别为植物油。

2.2.52.2 第二法 填充柱气相色谱–电子捕获检测器法

1. 适用范围

规定了食品中六六六、滴滴涕残留量的测定方法，适用于各类食品。

2. 方法原理

试样用丙酮提取，经浓硫酸净化，用带电子捕获检测器的气相色谱仪（GC-ECD，色谱柱：玻璃柱）测定，外标法定量。

3. 灵敏度

农药 / 代谢物名称	检出限 /（μg/kg）	农药 / 代谢物名称	检出限 /（μg/kg）
α-六六六	0.038	*p,p'*-滴滴伊	0.23
γ-六六六	0.047	*o,p'*-滴滴涕	0.50
δ-六六六	0.07	*p,p'*-滴滴滴	1.80
β-六六六	0.16	*p,p'*-滴滴涕	2.10

注：该检出限适用食品类别为谷类及其制品、蔬菜、水果及其制品、食用油。

2.2.53 小麦中野燕枯残留量的测定

该测定技术采用《小麦中野燕枯残留量的测定》(GB/T 5009.200—2003)。

1. 适用范围

规定了小麦中野燕枯残留量的气相色谱测定方法，适用于小麦。

2. 方法原理

试样中野燕枯用丙酮提取，经液液分配除去干扰物，用配有氮磷检测器的气相色谱仪（GC-NPD，色谱柱：HP-608）测定，外标法定量。

3. 灵敏度

农药 / 代谢物名称	食品类别 / 名称	检出限 /ng
野燕枯	小麦	4.0

2.2.54 梨中烯唑醇残留量的测定

该测定技术采用《梨中烯唑醇残留量的测定》(GB/T 5009.201—2003)。

1. 适用范围

规定了梨中烯唑醇残留量的测定方法，适用于梨。

2. 方法原理

试样中烯唑醇用丙酮提取，经液液分配、硅胶玻璃层析柱净化除去干扰物质，浓缩定容后，用配有氮磷检测器的气相色谱仪（GC-NPD，色谱柱：HP-608）测定，外标法定量。

3. 灵敏度

农药 / 代谢物名称	食品类别 / 名称	检出限 /ng
烯唑醇	梨	1.0

2.2.55　食品中有机磷农药残留量的测定

该测定技术采用《食品中有机磷农药残留量的测定》（GB/T 5009.20—2003）。

2.2.55.1　第一法　水果、蔬菜、谷物中有机磷农药残留量的测定

1. 适用范围

规定了水果、蔬菜、谷物中 16 种有机磷农药残留量的测定方法，适用于水果、蔬菜、谷物等作物。

2. 方法原理

样品用丙酮提取，经液液分配净化，用带火焰光度检测器（磷滤光片）的气相色谱仪（GC-FPD，色谱柱：玻璃柱）测定，外标法定量。

3. 灵敏度

农药 / 代谢物名称	最低检出浓度 / （mg/kg）	农药 / 代谢物名称	最低检出浓度 / （mg/kg）
敌敌畏	0.005	甲基对硫磷	0.004
速灭磷	0.004	稻瘟净	0.004
久效磷	0.014	水胺硫磷	0.005
甲拌磷	0.004	氧化喹硫磷	0.025
巴胺磷	0.011	稻丰散	0.017
二嗪磷	0.003	甲喹硫磷	0.014
乙嘧硫磷	0.003	克线磷	0.009
甲基嘧啶磷	0.004	乙硫磷	0.014

注：该最低检出浓度适用食品类别为水果、蔬菜、谷物。

2.2.55.2　第二法　粮、菜、油中有机磷农药残留量的测定

1. 适用范围

规定了粮食、蔬菜、食用油等食品中 9 种有机磷农药残留量的测定方法，适用于粮食、蔬菜、食用油。

2. 方法原理

蔬菜样品经有机溶剂二氯甲烷提取，活性炭脱色净化；稻谷样品经二氯甲烷提取，中性氧化铝净化；小麦、玉米样品经二氯甲烷提取，中性氧化铝–活性炭净化；植物油经丙酮、二氯甲烷提取，中性氧化铝–活性炭净化；用带火焰光度检测器（磷滤光片）的气相色谱仪（GC-FPD，色谱柱：玻璃柱）测定，外标法定量。

3. 灵敏度

农药 / 代谢物名称	最低检出浓度 / （mg/kg）	农药 / 代谢物名称	最低检出浓度 / （mg/kg）
敌敌畏	0.01～0.03	稻瘟净	0.01～0.03
乐果	0.01～0.03	杀螟硫磷	0.01～0.03
马拉硫磷	0.01～0.03	倍硫磷	0.01～0.03
对硫磷	0.01～0.03	虫螨磷	0.01～0.03
甲拌磷	0.01～0.03		

注：该最低检出浓度适用食品类别为蔬菜、稻谷、小麦、玉米、植物油。

2.2.56　糙米中 50 种有机磷农药残留量的测定

该测定技术采用《糙米中 50 种有机磷农药残留量的测定》（GB/T 5009.207—2008）。

1. 适用范围

规定了糙米中 50 种有机磷农药残留量的测定方法，适用于糙米。

2. 方法原理

样品用乙酸乙酯提取，经凝胶渗透色谱仪净化，用配有氮磷检测器的气相色谱仪（GC-NPD，色谱柱：HP-5）测定，外标法定量。

3. 灵敏度

农药 / 代谢物名称	检出限 /（mg/kg）	农药 / 代谢物名称	检出限 /（mg/kg）
氧化乐果	0.01	嘧啶磷	0.005
甲基乙拌磷	0.01	硫环磷	0.005
砜吸磷	0.01	地安磷	0.005
溴硫磷	0.01	毒虫畏	0.005
甲基吡噁磷	0.01	灭蚜磷	0.005
敌敌畏	0.005	杀扑磷	0.005
速灭磷	0.005	乙基溴硫磷	0.005
甲基内吸磷	0.005	蚜灭磷	0.005
灭线磷	0.005	杀虫畏	0.005
二溴磷	0.005	灭菌磷	0.005
久效磷	0.005	碘硫磷	0.005
甲拌磷	0.005	丙环磷	0.005
乐果	0.005	丙溴磷	0.005
特丁硫磷	0.005	乙硫磷	0.005
乙拌磷	0.005	硫丙磷	0.005
乙嘧硫磷	0.005	敌瘟磷	0.005
除线磷	0.005	亚胺硫磷	0.005
甲基对硫磷	0.005	苯硫膦	0.005
皮蝇磷	0.005	保棉磷	0.005
杀螟硫磷	0.005	溴苯膦	0.005
甲基嘧啶磷	0.005	吡菌磷	0.005
马拉硫磷	0.005	吡唑硫磷	0.005
毒死蜱	0.005	蝇毒磷	0.005
水胺硫磷	0.005	敌杀磷	0.005
毒壤膦	0.005	双硫磷	0.005

注：该检出限适用食品类别为糙米。

2.2.57　粮谷中敌菌灵残留量的测定

该测定技术采用《粮谷中敌菌灵残留量的测定》（GB/T 5009.220—2008）。

1. 适用范围

规定了粮谷中敌菌灵残留量的测定方法，适用于玉米、大米。

2. 方法原理

试样用乙腈提取，提取液经二氯甲烷反提取，旋转蒸干后用正己烷溶解，用带电子捕获检测器的气相色谱仪（GC-ECD，色谱柱：DB-1701）测定，外标法定量。

3. 灵敏度

农药 / 代谢物名称	食品类别 / 名称	检出限 /（mg/kg）
敌菌灵	玉米、大米	0.002

2.2.58　粮食中二溴乙烷残留量的测定

该测定技术采用《粮食中二溴乙烷残留量的测定》（GB/T 5009.73—2003）。

1. 适用范围

规定了用二溴乙烷熏蒸的粮食中二溴乙烷残留量的测定方法，适用于粮食。

2. 方法原理

①浸渍法：试样经丙酮-水溶液提取，振摇、吸取上清液用带电子捕获检测器的气相色谱仪（GC-ECD，色谱柱：不锈钢柱）测定，外标法定量。②蒸馏法：试样加入水、己烷溶液，蒸馏后用带电子捕获检测器的气相色谱仪（GC-ECD，色谱柱：不锈钢柱）测定，外标法定量。

3. 灵敏度

无。

2.2.59　植物源性食品中沙蚕毒素类农药残留量的测定

该测定技术采用《食品安全国家标准　植物源性食品中沙蚕毒素类农药残留量的测定　气相色谱法》（GB 23200.119—2021）。

1. 适用范围

规定了植物源性食品中杀虫单、杀虫双、杀虫环、杀螟丹残留量的气相色谱测定方法。适用于植物源性食品（韭菜除外），其他食品可参照执行。

2. 方法原理

试样中杀虫单、杀虫双、杀虫环、杀螟丹用含有半胱氨酸盐酸盐的盐酸溶液提取，在碱性条件下用氯化镍催化衍生转化成沙蚕毒素，用带电子捕获检测器的气相色谱仪（GC-ECD，色谱柱：HP-5）测定，外标法定量。

3. 灵敏度

农药 / 代谢物名称	食品类别 / 名称	定量限 /（mg/kg）
杀虫单	蔬菜、水果、食用菌、谷物、油料、坚果、植物油、茶叶、香辛料	0.05
杀虫双	蔬菜、水果、食用菌、谷物、油料、坚果、植物油、茶叶、香辛料	0.05
杀虫环	蔬菜、水果、食用菌、谷物、油料、坚果、植物油、茶叶、香辛料	0.05
杀螟丹	蔬菜、水果、食用菌、谷物、油料、坚果、植物油、茶叶、香辛料	0.05

2.2.60 粮食中七氯、艾氏剂、狄氏剂残留量的测定

该测定技术采用《粮食卫生标准的分析方法》（GB/T 5009.36—2003）。

1. 适用范围

规定了原粮和成品粮中七氯、艾氏剂、狄氏剂的分析方法，适用于原粮和成品粮。

2. 方法原理

样品用石油醚提取，经液液分配净化、硅镁型吸附剂净化，用带有电子捕获检测器的气相色谱仪（GC-ECD，色谱柱：不锈钢柱）测定，外标法定量。

3. 灵敏度

无。

2.3 动物源性食品中农药残留量的测定

2.3.1 食品中噻节因残留量的测定

该测定技术采用《食品安全国家标准　食品中噻节因残留量的检测方法》（GB 23200.41—2016）。

1. 适用范围

规定了食品中噻节因残留量的气相色谱测定方法。适用于鸡肉、鱼肉、猪肉、牛肉、猪肝、蜂蜜、鸡蛋和牛奶，其他食品可参照执行。

2. 方法原理

试样用甲醇–水混合溶剂振荡提取，提取液用正己烷和三氯甲烷进行液液分配后，经串联弗罗里硅土和中性氧化铝固相萃取柱净化，用带电子捕获检测器的气相色谱仪（GC-ECD，色谱柱：HP-5）测定，用气相色谱–负化学离子源质谱仪（GC-NCI-SIM，色谱柱：HP-5）确证，外标法定量。

3. 灵敏度

农药 / 代谢物名称	食品类别 / 名称	定量限 /（mg/kg）
噻节因	鸡肉、鱼肉、猪肉、牛肉、猪肝、蜂蜜、鸡蛋、牛奶	0.01

2.3.2 食品中炔草酯残留量的测定

该测定技术采用《食品安全国家标准　食品中炔草酯残留量的检测方法》（GB 23200.60—2016）。

1. 适用范围

规定了食品中炔草酯残留量的气相色谱测定、气相色谱–质谱确证的方法。适用于蜂蜜、兔肉、鸡肝、虾仁和鸡肉，其他食品可参照执行。

2. 方法原理

蜂蜜用水溶解和稀释后，过 HLB 固相萃取柱净化；其他食品用乙腈提取，提取液用凝胶渗透色谱仪（GPC）净化，用带电子捕获检测器的气相色谱仪（GC-ECD，色谱柱：DB-1301）测定，外标法定量，阳性样品用气相色谱–电子轰击离子源质谱仪（GC-EI-SIM，色谱柱：HP-5MS）确证。

3. 灵敏度

农药 / 代谢物名称	食品类别 / 名称	定量限 /（mg/kg）
炔草酯	蜂蜜、兔肉、鸡肝、虾仁、鸡肉	0.01

2.3.3　食品中氟啶虫酰胺残留量的测定

该测定技术采用《食品安全国家标准　食品中氟啶虫酰胺残留量的检测方法》（GB 23200.75—2016）。

1. 适用范围

规定了食品中氟啶虫酰胺残留量的气相色谱法测定、液相色谱–质谱 / 质谱确证方法。适用于牛肉、羊肝、鸡肉、罗非鱼、蜂蜜，其他食品可参照执行。

2. 方法原理

蜂蜜样品用水溶解和稀释后，过氨基固相萃取柱净化，其他试样经乙酸乙酯提取后，通过凝胶渗透色谱仪和氨基固相萃取柱净化，用带电子捕获检测器的气相色谱仪（GC-ECD，色谱柱:DB-1701）外标法定量测定，用高效液相色谱–质谱 / 质谱仪（HPLC-ESI-MRM，色谱柱：Waters Atlantis HILIC Silica）确证。

3. 灵敏度

农药 / 代谢物名称	食品类别 / 名称	定量限 /（μg/kg）
氟啶虫酰胺	牛肉、羊肝、鸡肉	20.0
	罗非鱼、蜂蜜	10.0

2.3.4　食品中苄螨醚残留量的测定

该测定技术采用《食品安全国家标准　食品中苄螨醚残留量的检测方法》（GB 23200.77—2016）。

1. 适用范围

规定了食品中苄螨醚残留量的气相色谱测定、气相色谱–质谱确证方法。适用于蜂蜜、兔肉、鸡肝、虾仁、鸡肉，其他食品可参照执行。

2. 方法原理

蜂蜜用水溶解和稀释后，过 HLB 固相萃取柱净化；其他动物源性食品用乙腈提取，提取液用凝胶渗透色谱仪（GPC）净化，用带电子捕获检测器的气相色谱仪（GC-ECD，色谱柱：

DB-1301）测定，外标法定量，阳性样品用气相色谱-电子轰击离子源质谱仪（GC-EI-SIM，色谱柱：HP-5MS）确证。

3. 灵敏度

农药 / 代谢物名称	食品类别 / 名称	定量限 /（mg/kg）
苄螨醚	蜂蜜、兔肉、鸡肝、虾仁、鸡肉	0.01

2.3.5 肉及肉制品中巴毒磷残留量的测定

该测定技术采用《食品安全国家标准　肉及肉制品中巴毒磷残留量的测定　气相色谱法》（GB 23200.78—2016）。

1. 适用范围

规定了肉及肉制品中巴毒磷残留量的测定方法。适用于猪肉、香肠和午餐肉等肉及肉制品，其他食品可参照执行。

2. 方法原理

试样用环己烷-乙酸乙酯混合溶剂提取，提取液经凝胶渗透色谱仪净化，用带火焰光度检测器（磷滤光片）的气相色谱仪（GC-FPD，色谱柱：HP-5）测定，外标法定量。如有必要，可用气相色谱-电子轰击离子源质谱仪（GC-EI-SIM，色谱柱：Rtx-5MS）确证。

3. 灵敏度

农药 / 代谢物名称	食品类别 / 名称	定量限 /（mg/kg）
巴毒磷	猪肉、香肠、午餐肉等肉及肉制品	0.01

2.3.6 肉及肉制品中吡菌磷残留量的测定

该测定技术采用《食品安全国家标准　肉及肉制品中吡菌磷残留量的测定　气相色谱法》（GB 23200.79—2016）。

1. 适用范围

规定了肉及肉制品中吡菌磷残留量的气相色谱测定方法。适用于猪肉、鸡肉和牛肉，其他食品可参照执行。

2. 方法原理

试样用环己烷-乙酸乙酯（1∶1，*v/v*）均质提取，提取液用凝胶渗透色谱仪净化，浓缩、定容后用带火焰光度检测器（磷滤光片）的气相色谱仪（GC-FPD，色谱柱：HP-5）测定，外标法定量。

3. 灵敏度

农药 / 代谢物名称	食品类别 / 名称	定量限 /（mg/kg）
吡菌磷	猪肉、鸡肉、牛肉	0.01

2.3.7 肉及肉制品中西玛津残留量的测定

该测定技术采用《食品安全国家标准　肉及肉制品中西玛津残留量的检测方法》（GB 23200.81—2016）。

1. 适用范围

规定了肉及肉制品中西玛津残留量的气相色谱检测方法，适用于牛肉，其他食品可参照执行。

2. 方法原理

试样经二氯甲烷–甲醇混合溶液提取，提取液经弗罗里硅土玻璃柱层析净化，用配有氮磷检测器的气相色谱仪（GC-NPD，色谱柱：HP-1）测定，外标法定量。

3. 灵敏度

农药 / 代谢物名称	食品类别 / 名称	定量限 /（mg/kg）
西玛津	牛肉	0.02

2.3.8　肉及肉制品中乙烯利残留量的测定

该测定技术采用《食品安全国家标准　肉及肉制品中乙烯利残留量的检测方法》（GB 23200.82—2016）。

1. 适用范围

规定了肉及肉制品中乙烯利残留量检测的试样制备、气相色谱测定方法。适用于猪肉、牛肉、鸡肉，其他食品可参照执行。

2. 方法原理

试样中的乙烯利残留用甲醇提取，提取液经冷冻除去脂肪和蜡质，然后浓缩，待测物再用乙醚提取并经重氮甲烷衍生化，使乙烯利衍生成二甲基乙烯利后，用配有氮磷检测器的气相色谱仪（GC-NPD，色谱柱：不锈钢柱）测定，外标法定量。

3. 灵敏度

农药 / 代谢物名称	食品类别 / 名称	定量限 /（mg/kg）
乙烯利	猪肉、牛肉、鸡肉	0.01

2.3.9　水产品中多种有机氯农药残留量的测定

该测定技术采用《食品安全国家标准　水产品中多种有机氯农药残留量的检测方法》（GB 23200.88—2016）。

1. 适用范围

规定了水产品中 14 种有机氯农药残留量检验的抽样、制样和气相色谱测定方法。适用于出口鳗鱼，其他食品可参照执行。

2. 方法原理

试样经与无水硫酸钠一起研磨干燥后，用丙酮–石油醚提取农药残留，提取液经弗罗里硅土柱层析净化，净化后样液用带电子捕获检测器的气相色谱仪（GC-ECD，色谱柱：SGE）测定，外标法定量。

3. 灵敏度

农药 / 代谢物名称	定量限 /（mg/kg）	农药 / 代谢物名称	定量限 /（mg/kg）
α-六六六	0.005	环氧七氯	0.02
六氯苯	0.005	狄氏剂	0.01
γ-六六六	0.005	p,p'-滴滴伊	0.02
β-六六六	0.005	异狄氏剂	0.02
δ-六六六	0.005	o,p'-滴滴涕	0.025
七氯	0.01	p,p'-滴滴滴	0.025
艾氏剂	0.01	p,p'-滴滴涕	0.025

注：该定量限适用食品类别为出口鳄鱼。

2.3.10 动物源性食品中 9 种有机磷农药残留量的测定

该测定技术采用《食品安全国家标准　动物源性食品中 9 种有机磷农药残留量的测定　气相色谱法》（GB 23200.91—2016）。

1. 适用范围

规定了进出口火腿和腌制鱼干（鲞）中 9 种有机磷农药残留量检验的制样与气相色谱检测方法。适用于火腿和腌制鱼干（鲞），其他食品可参照执行。

2. 方法原理

试样用乙腈振荡提取，经凝胶色谱柱净化，用带火焰光度检测器（磷滤光片）的气相色谱仪（GC-FPD，色谱柱：DB-1701）测定，外标法定量。

3. 灵敏度

农药 / 代谢物名称	食品类别 / 名称	定量限 /（mg/kg）
敌敌畏	火腿 腌制鱼干（鲞）	0.01 0.05
甲胺磷	火腿 腌制鱼干（鲞）	0.01 0.05
乙酰甲胺磷	火腿 腌制鱼干（鲞）	0.01 0.05
甲基对硫磷	火腿 腌制鱼干（鲞）	0.01 0.05
马拉硫磷	火腿 腌制鱼干（鲞）	0.01 0.05
对硫磷	火腿 腌制鱼干（鲞）	0.01 0.05
喹硫磷	火腿 腌制鱼干（鲞）	0.01 0.05
杀扑磷	火腿 腌制鱼干（鲞）	0.01 0.05
三唑磷	火腿 腌制鱼干（鲞）	0.01 0.05

2.3.11　蜂产品中氟胺氰菊酯残留量的测定

该测定技术采用《食品安全国家标准　蜂产品中氟胺氰菊酯残留量的检测方法》(GB 23200.95—2016)。

1. 适用范围

规定了出口蜂产品中氟胺氰菊酯残留量检验的抽样、制样和气相色谱测定方法。适用于出口蜂蜜，其他食品可参照执行。

2. 方法原理

试样碱化后用正己烷–丙酮提取，提取液经蒸干后用乙腈和正己烷进行液液分配净化，使被测物进入乙腈层。乙腈提取液再经蒸干，用正己烷溶解残渣，溶液用带电子捕获检测器的气相色谱仪（GC-ECD，色谱柱：SE-54）测定，外标法定量。

3. 灵敏度

农药 / 代谢物名称	食品类别 / 名称	定量限 /（mg/kg）
氟胺氰菊酯	蜂蜜	0.02

2.3.12　蜂蜜中 5 种有机磷农药残留量的测定

该测定技术采用《食品安全国家标准　蜂蜜中 5 种有机磷农药残留量的测定　气相色谱法》(GB 23200.97—2016)。

1. 适用范围

规定了蜂蜜中 5 种农药残留量的气相色谱测定方法。适用于蜂蜜，其他食品可参照执行。

2. 方法原理

蜂蜜加水稀释后，用乙酸乙酯提取样品中有机磷农药，低温浓缩，用带火焰光度检测器（磷滤光片）的气相色谱仪（GC-FPD，色谱柱：DB-1701）测定，外标法定量。

3. 灵敏度

农药 / 代谢物名称	定量限 /（mg/kg）	农药 / 代谢物名称	定量限 /（mg/kg）
敌百虫	0.01	马拉硫磷	0.01
皮蝇磷	0.01	蝇毒磷	0.01
毒死蜱	0.01		

注：该定量限适用食品名称为蜂蜜。

2.3.13　蜂王浆中 11 种有机磷农药残留量的测定

该测定技术采用《食品安全国家标准　蜂王浆中 11 种有机磷农药残留量的测定　气相色谱法》(GB 23200.98—2016)。

1. 适用范围

规定了进出口蜂王浆中 11 种有机磷农药残留量测定的制样和气相色谱测定方法。适用于蜂王浆，其他食品可参照执行。

2. 方法原理

用乙腈提取样品中有机磷农药，提取液经凝胶色谱柱净化，用带火焰光度检测器（磷滤光片）的气相色谱仪（GC-FPD，色谱柱：DB-1701）测定，外标法定量。

3. 灵敏度

农药 / 代谢物名称	定量限 / （mg/kg）	农药 / 代谢物名称	定量限 / （mg/kg）
敌敌畏	0.01	马拉硫磷	0.01
甲胺磷	0.01	对硫磷	0.01
灭线磷	0.01	喹硫磷	0.01
甲拌磷	0.01	三唑磷	0.01
乐果	0.01	蝇毒磷	0.01
甲基对硫磷	0.01		

注：该定量限适用食品名称为蜂王浆。

2.3.14　蜂王浆中 9 种菊酯类农药残留量的测定

该测定技术采用《食品安全国家标准　蜂王浆中多种菊酯类农药残留量的测定　气相色谱法》（GB 23200.100—2016）。

1. 适用范围

规定了蜂王浆中 9 种菊酯类农药残留量的气相色谱测定方法。适用于蜂王浆，其他食品可参照执行。

2. 方法原理

试样中的菊酯类农药残留用正己烷–丙酮（1∶1，*v/v*）混合溶剂提取，经弗罗里硅土固相萃取柱净化，用带有电子捕获检测器的气相色谱仪（GC-ECD，色谱柱：HP-50+）测定，外标法定量。

3. 灵敏度

农药 / 代谢物名称	定量限 / （mg/kg）	农药 / 代谢物名称	定量限 / （mg/kg）
联苯菊酯	0.01	氯氰菊酯	0.01
甲氰菊酯	0.01	氟胺氰菊酯	0.01
高效氯氟氰菊酯	0.01	氰戊菊酯	0.01
氯菊酯	0.01	溴氰菊酯	0.01
氟氯氰菊酯	0.01		

注：该定量限适用食品名称为蜂王浆。

2.3.15　肉及肉制品中残杀威残留量的测定

该测定技术采用《食品安全国家标准　肉及肉制品中残杀威残留量的测定　气相色谱法》（GB 23200.106—2016）。

1. 适用范围

规定了肉及肉制品中残杀威残留量的气相色谱测定方法。适用于猪肉、鸡肉和牛肉，其他食品可参照执行。

2. 方法原理

试样用环己烷–乙酸乙酯（1 ∶ 1，*v/v*）均质提取，提取液用凝胶渗透色谱仪净化，浓缩、定容后用配有氮磷检测器的气相色谱仪（GC-NPD，色谱柱：HP-5）测定，外标法定量。

3. 灵敏度

农药 / 代谢物名称	食品类别 / 名称	定量限 /（mg/kg）
残杀威	猪肉、鸡肉、牛肉	0.01

2.3.16　动物中六六六和滴滴涕的测定

该测定技术采用《动、植物中六六六和滴滴涕测定的气相色谱法》（GB/T 14551—2003）。

1. 适用范围

规定了动物（禽、畜、鱼、蚯蚓）中六六六、滴滴涕残留量的气相色谱测定方法，适用于动物性样品（禽、畜、鱼、蚯蚓）。

2. 方法原理

试样用有机溶剂石油醚提取，经液液分配及浓硫酸净化或酸性硅藻土柱层析净化，用带有电子捕获检测器的气相色谱仪（GC-ECD，色谱柱：玻璃柱）检测，通过色谱峰的保留时间定性，外标法定量。

3. 灵敏度

农药 / 代谢物名称	最小检测浓度 /（mg/kg）	农药 / 代谢物名称	最小检测浓度 /（mg/kg）
α-六六六	0.11×10^{-3}	*p,p'*-滴滴伊	0.16×10^{-3}
β-六六六	1.20×10^{-3}	*o,p'*-滴滴涕	1.26×10^{-3}
γ-六六六	0.14×10^{-3}	*p,p'*-滴滴滴	0.71×10^{-3}
δ-六六六	0.20×10^{-3}	*p,p'*-滴滴涕	3.30×10^{-3}

注：该最小检测浓度适用食品类别为猪肉、鱼肉、鹌鹑肉。

2.3.17　动物性食品中有机磷农药多组分残留量的测定

该测定技术采用《动物性食品中有机磷农药多组分残留量的测定》（GB/T 5009.161—2003）。

1. 适用范围

规定了动物性食品中 13 种常用有机磷农药多组分残留的测定方法，适用于畜禽肉及其制品、乳与乳制品、蛋与蛋制品。

2. 方法原理

试样用丙酮提取，经乙酸乙酯–环己烷（1∶1，*v/v*）凝胶柱净化，浓缩、定容后用带火焰光度检测器（磷滤光片）的气相色谱仪（GC-FPD，色谱柱：SE-54）检测，外标法定量。

3. 灵敏度

农药 / 代谢物名称	检出限 /（μg/kg）	农药 / 代谢物名称	检出限 /（μg/kg）
乙拌磷	1.2	马拉硫磷	2.8

农药 / 代谢物名称	检出限 / (μg/kg)	农药 / 代谢物名称	检出限 / (μg/kg)
乙硫磷	1.7	杀螟硫磷	2.9
倍硫磷	2.1	敌敌畏	3.5
甲基嘧啶磷	2.5	甲胺磷	5.7
乐果	2.6	乙酰甲胺磷	10.0
甲基对硫磷	2.6	久效磷	12.0
对硫磷	2.6		

注：该检出限适用食品类别为畜禽肉及其制品、乳与乳制品、蛋与蛋制品。

2.3.18　动物性食品中有机氯农药和拟除虫菊酯类农药多组分残留量的测定

该测定技术采用《动物性食品中有机氯农药和拟除虫菊酯农药多组分残留量的测定》（GB/T 5009.162—2008）。

1. 适用范围

规定了动物性食品中20种有机氯农药和拟除虫菊酯类农药多组分残留量的气相色谱测定方法，适用于肉类、蛋类、乳类等动物性食品。

2. 方法原理

样品用丙酮提取，经液液分配、手动装填凝胶色谱柱净化或凝胶渗透色谱仪净化，浓缩、定容后用带电子捕获检测器的气相色谱仪（GC-ECD，色谱柱：石英弹性毛细管色谱柱）检测，外标法定量。

3. 灵敏度

农药 / 代谢物名称	检出限 / (μg/kg)	农药 / 代谢物名称	检出限 / (μg/kg)
α-六六六	0.25	*o,p'*-滴滴涕	0.50
γ-六六六	0.25	*p,p'*-滴滴伊	0.60
δ-六六六	0.25	*p,p'*-滴滴滴	0.75
五氯硝基苯	0.25	除螨酯	1.25
艾氏剂	0.25	杀螨酯	1.25
狄氏剂	0.50	氯氰菊酯	2.00
β-六六六	0.50	*α*-氰戊菊酯	2.50
七氯	0.50	溴氰菊酯	2.50
环氧七氯	0.50	氯菊酯	7.50
p,p'-滴滴涕	0.50	胺菊酯	12.50

注：该检出限适用食品类别为蛋品、肉品、乳品。

2.3.19　食品中有机氯农药多组分残留量的测定

该测定技术采用《食品中有机氯农药多组分残留量的测定》（GB/T 5009.19—2008）。

2.3.19.1　第一法　毛细管柱气相色谱-电子捕获检测器法

1. 适用范围

规定了食品中26种农药的测定方法，适用于肉类、蛋类、乳类等动物性食品。

2. 方法原理

试样经丙酮提取、凝胶色谱层析净化，用带电子捕获检测器的气相色谱仪（GC-ECD，色谱柱：DM-5）检测，外标法定量。

3. 灵敏度

农药 / 代谢物名称	食品类别 / 名称	检出限 /（μg/kg）
o,p'-滴滴涕	猪肉	0.029
	牛肉	0.147
	羊肉	0.335
	鸡肉	0.138
	鱼肉	0.156
	鸡蛋	0.048
β-硫丹	猪肉	0.03
	牛肉	0.042
	羊肉	0.2
	鸡肉	0.066
	鱼肉	0.063
	鸡蛋	0.08
p,p'-滴滴滴	猪肉	0.032
	牛肉	0.165
	羊肉	0.378
	鸡肉	0.23
	鱼肉	0.211
	鸡蛋	0.151
狄氏剂	猪肉	0.033
	牛肉	0.025
	羊肉	0.024
	鸡肉	0.015
	鱼肉	0.05
	鸡蛋	0.101
异狄氏剂酮	猪肉	0.038
	牛肉	0.061
	羊肉	0.036
	鸡肉	0.054
	鱼肉	0.041
	鸡蛋	0.222
顺-氯丹	猪肉	0.055
	牛肉	0.039
	羊肉	0.029
	鸡肉	0.088
	鱼肉	0.04
	鸡蛋	0.066
环氧七氯	猪肉	0.058
	牛肉	0.034
	羊肉	0.166
	鸡肉	0.042
	鱼肉	0.132
	鸡蛋	0.089
反-氯丹	猪肉	0.071
	牛肉	0.044
	羊肉	0.051
	鸡肉	0.087
	鱼肉	0.048
	鸡蛋	0.094

农药 / 代谢物名称	食品类别 / 名称	检出限 / (μg/kg)
异狄氏剂醛	猪肉	0.072
	牛肉	0.051
	羊肉	0.088
	鸡肉	0.069
	鱼肉	0.078
	鸡蛋	0.072
γ-六六六	猪肉	0.075
	牛肉	0.134
	羊肉	0.118
	鸡肉	0.077
	鱼肉	0.064
	鸡蛋	0.096
氧化氯丹	猪肉	0.087
	牛肉	0.062
	羊肉	0.256
	鸡肉	0.181
	鱼肉	0.187
	鸡蛋	0.126
五氯苯基硫醚	猪肉	0.083
	牛肉	0.089
	羊肉	0.078
	鸡肉	0.05
	鱼肉	0.131
	鸡蛋	0.082
α-硫丹	猪肉	0.088
	牛肉	0.027
	羊肉	0.154
	鸡肉	0.14
	鱼肉	0.06
	鸡蛋	0.191
五氯硝基苯	猪肉	0.089
	牛肉	0.16
	羊肉	0.149
	鸡肉	0.104
	鱼肉	0.04
	鸡蛋	0.114
六氯苯	猪肉	0.114
	牛肉	0.098
	羊肉	0.051
	鸡肉	0.089
	鱼肉	0.03
	鸡蛋	0.06
七氯	猪肉	0.125
	牛肉	0.192
	羊肉	0.079
	鸡肉	0.134
	鱼肉	0.027
	鸡蛋	0.053
灭蚁灵	猪肉	0.133
	牛肉	0.145
	羊肉	0.153
	鸡肉	0.175
	鱼肉	0.167
	鸡蛋	0.276

农药 / 代谢物名称	食品类别 / 名称	检出限 /（μg/kg）
α-六六六	猪肉	0.135
	牛肉	0.034
	羊肉	0.045
	鸡肉	0.018
	鱼肉	0.039
	鸡蛋	0.053
p,p'-滴滴伊	猪肉	0.136
	牛肉	0.183
	羊肉	0.07
	鸡肉	0.046
	鱼肉	0.126
	鸡蛋	0.174
p,p'-滴滴涕	猪肉	0.138
	牛肉	0.086
	羊肉	0.119
	鸡肉	0.168
	鱼肉	0.198
	鸡蛋	0.461
硫丹硫酸盐	猪肉	0.140
	牛肉	0.183
	羊肉	0.153
	鸡肉	0.293
	鱼肉	0.2
	鸡蛋	0.267
艾氏剂	猪肉	0.148
	牛肉	0.095
	羊肉	0.09
	鸡肉	0.034
	鱼肉	0.138
	鸡蛋	0.087
异狄氏剂	猪肉	0.155
	牛肉	0.185
	羊肉	0.131
	鸡肉	0.324
	鱼肉	0.101
	鸡蛋	0.481
β-六六六	猪肉	0.21
	牛肉	0.376
	羊肉	0.107
	鸡肉	0.161
	鱼肉	0.179
	鸡蛋	0.179
五氯苯胺	猪肉	0.284
	牛肉	0.153
	羊肉	0.055
	鸡肉	0.141
	鱼肉	0.139
	鸡蛋	0.291
δ-六六六	猪肉	0.284
	牛肉	0.169
	羊肉	0.045
	鸡肉	0.092
	鱼肉	0.038
	鸡蛋	0.161

2.3.19.2 第二法 填充柱气相色谱-电子捕获检测器法

1. 适用范围

规定了食品中六六六、滴滴涕残留量的测定方法，适用于肉类、蛋类、乳类等动物性食品。

2. 方法原理

试样经丙酮提取、浓硫酸净化后，用带电子捕获检测器的气相色谱仪（GC-ECD，色谱柱：玻璃柱）测定，外标法定量。

3. 灵敏度

农药 / 代谢物名称	检出限 /（μg/kg）	农药 / 代谢物名称	检出限 /（μg/kg）
α-六六六	0.038	p,p'-滴滴伊	0.23
γ-六六六	0.047	o,p'-滴滴涕	0.5
δ-六六六	0.07	p,p'-滴滴滴	1.80
β-六六六	0.16	p,p'-滴滴涕	2.10

注：该检出限适用食品类别为蛋类、肉类、鲜乳。

2.3.20 食品中有机磷农药残留量的测定

该测定技术采用《食品中有机磷农药残留量的测定》（GB/T 5009.20—2003）。

1. 适用范围

规定了肉类、鱼类中 4 种有机磷农药的残留分析方法，适用于肉类、鱼类。

2. 方法原理

样品用有机溶剂丙酮提取，经液液分配后再用中性氧化铝净化，用带火焰光度检测器（磷滤光片）的气相色谱仪（GC-FPD，色谱柱：玻璃柱）测定，外标法定量。

3. 灵敏度

农药 / 代谢物名称	检出限 /（mg/kg）
对硫磷	0.008
乐果	0.015
马拉硫磷	0.015
敌敌畏	0.03

注：该检出限适用食品类别为肉类、鱼类。

2.3.21 肉与肉制品中六六六、滴滴涕残留量的测定

该测定技术采用《肉与肉制品 六六六、滴滴涕残留量测定》（GB/T 9695.10—2008）。

1. 适用范围

规定了肉和肉制品中六六六、滴滴涕残留量的测定方法，适用于肉和肉制品。

2. 方法原理

试样用石油醚提取，提取液加入浓硫酸、硫酸钠溶液振摇使两相分离，旋转蒸发浓缩，用带电子捕获检测器的气相色谱仪（GC-ECD，色谱柱：毛细管柱）测定，外标法定量。

3. 灵敏度

农药 / 代谢物名称	检出限 /（μg/kg）	农药 / 代谢物名称	检出限 /（μg/kg）
α-六六六	1	*p,p'*-滴滴伊	1
β-六六六	1	*o,p'*-滴滴涕	2
γ-六六六	1	*p,p'*-滴滴滴	1
δ-六六六	1	*p,p'*-滴滴涕	3

注：该检出限适用食品类别为肉和肉制品。

2.3.22　水产品中氯氰菊酯、氰戊菊酯、溴氰菊酯多残留的测定

该测定技术采用《食品安全国家标准　水产品中氯氰菊酯、氰戊菊酯、溴氰菊酯多残留的测定　气相色谱法》（GB 29705—2013）。

1. 适用范围

规定了水产品中氯氰菊酯、氰戊菊酯、溴氰菊酯残留的制样和气相色谱测定方法，适用于鱼和虾可食性组织。

2. 方法原理

试料中残留的氯氰菊酯、氰戊菊酯、溴氰菊酯用氯化钠脱水、乙腈提取、正己烷除脂，经 C_{18} 固相萃取柱净化，用带有电子捕获检测器的气相色谱仪（GC-ECD，色谱柱：5% 苯基和 95% 聚二甲基硅氧烷）检测，外标法定量。

3. 灵敏度

农药 / 代谢物名称	食品类别 / 名称	定量限 /（mg/kg）
氯氰菊酯	鱼和虾可食性组织	0.001
氰戊菊酯	鱼和虾可食性组织	0.001
溴氰菊酯	鱼和虾可食性组织	0.001

2.3.23　牛奶中双甲脒残留标志物残留量的测定

该测定技术采用《食品安全国家标准　牛奶中双甲脒残留标志物残留量的测定　气相色谱法》（GB 29707—2013）。

1. 适用范围

规定了牛奶中双甲脒残留标志物的制样和气相色谱测定方法，适用于牛奶。

2. 方法原理

试料中残留的双甲脒用氢氧化钠水溶液提取，经水解、萃取、七氟丁酸酐衍生，用带有电子捕获检测器的气相色谱仪（GC-ECD，色谱柱：Rtx-1）检测，外标法定量。

3. 灵敏度

农药 / 代谢物名称	食品类别 / 名称	定量限 /（mg/kg）
双甲脒	牛奶	0.005

2.3.24　水产品中氟乐灵残留量的测定

该测定技术采用《食品安全国家标准　水产品中氟乐灵残留量的测定　气相色谱法》（GB 31660.3—2019）。

1. 适用范围

规定了水产品中氟乐灵残留的制样和气相色谱测定方法，适用于鱼、虾、蟹、鳖、贝类等水产品的可食组织。

2. 方法原理

试料中氟乐灵残留用丙酮提取，经正己烷液液分配、弗罗里硅土固相萃取柱净化，用带有电子捕获检测器的气相色谱仪（GC-ECD，色谱柱：HP-5MS）检测，外标法定量。

3. 灵敏度

农药 / 代谢物名称	食品类别 / 名称	定量限 /（mg/kg）
氟乐灵	鱼、虾、蟹、鳖、贝类等水产品的可食组织	0.001

第 3 章　液相色谱法

3.1　概　　述

3.1.1　方法原理

液相色谱是以液体作为流动相的色谱方法。气相色谱的流动相载气是惰性的，不参与分配平衡过程，与样品分子无亲和作用，样品分子只与固定相相互作用。而在液相色谱中流动相是各种溶剂，流动相与组分之间也有一定的亲和力，色谱分离的实质是样品分子与流动相及固定相分子间的作用，样品分子与双方作用力的大小决定色谱保留行为，因此，分离过程可以利用样品与流动相、固定相三者之间的选择性作用完成，提高了分离的选择性。根据流动相和固定相的不同，液相色谱主要可以分为正相色谱、反相色谱、亲水作用色谱和离子对色谱。正相色谱出现时间较早，其特点是色谱柱中固定相的极性大于流动相的极性。常见固定相有布满硅羟基的硅胶，流动相有正己烷、石油醚等。在硅胶键合技术出现之后，反相色谱技术得到了很大的发展。反相色谱跟正相色谱相反，流动相是强极性的，如甲醇、水和乙腈，而固定相是弱极性的，如十八烷基键合硅胶（C_{18}）。相较于正相色谱，反相色谱不再使用烃类、氯仿等比较危险的有机溶剂，相对较为安全。此外，反相色谱的流动相有更多的参数选择，如 pH、缓冲盐种类和浓度等，能更好地调整分离效果。因而，目前应用较多的是反相色谱，其占所有液相应用的 80% 以上。正相色谱和反向色谱并不能满足所有化合物的检测，如糖类化合物，其有很多羟基，极性很强，反向分析因相互作用力较弱而出峰太快，达不到分离的效果，正相分析时又由于其不能溶解在正己烷这类非极性流动相中，因此也无法分离。这种情况需要用到亲水作用色谱，也称 HILIC 模式。亲水作用色谱使用类似正相的色谱柱，如硅胶，和传统反向的流动相，如乙腈-水，这种组合既能够溶解样品，也能保留样品，最终使样品得到很好的分离。对于极性非常强、容易电离的化合物，离子对色谱是最佳的选择。通过向流动相中添加离子对试剂，被测组分离子会与离子对试剂形成中性的离子对化合物，这样可以增加分离化合物在固定相中的溶解度，进而提高分离效果。分析离子强度大的酸性物质常用四丁基季铵盐作为离子对试剂，分析离子强度较大的碱性物质常用十二烷基磺酸钠作为离子对试剂。

液相色谱仪的基本组成与气相色谱相同，主要分为流路系统、进样系统、分离系统、检测和记录系统四大部分。分离系统与检测和记录系统是液相色谱仪的核心。分离系统的作用是将目标化合物与基质中的干扰物分离，如何选择合适的固定相、流动相和洗脱方式是能否有效分离的关键。在固定相选择方面：分离中等极性和极性较强的化合物可选择极性键合相，常用的极性键合相主要有氰基（CN）、氨基（NH_2）和二醇基（DIOL）键合相。极性键合相常用作正相色谱，混合物在极性键合相上的分离主要是基于极性键合基团与溶质分子间的氢键作用，极性强的组分保留值较大。氰基键合相对双键异构体或含双键数不等的环状化合物的分离有较好的选择性。氨基键合相具有较强的氢键结合能力，对某些含 F、O、N 的化合物有较好的分离能力；氨基键合相上的氨基能与糖类分子中的烃基产生选择性相互作用，故被广泛用于糖类的分析，但它不能用于分离羰基化合物，因为它们之间会发生反应生成碱。分离非极性和极性较弱的化合物可选择非极性键合相，常用的非极性键合相主要有各种烷基

（C_1～C_{18}）和苯基、苯甲基等，以 C_{18} 应用最广。非极性键合相的烷基链长对样品容量、溶质的保留值和分离选择性都有影响，一般来说，样品容量随烷基链长增加而增大，且长链烷基可使溶质的保留值增大，并常常可改善分离的选择性；但短链烷基键合相具有较高的覆盖度，分离极性化合物时可得到对称性较好的色谱峰。苯基键合相与短链烷基键合相的性质相似，适用于分离芳香化合物。利用特殊的反相色谱技术，如反相离子抑制技术和反相离子对色谱法等，非极性键合相也可用于分离离子型或可离子化的化合物。在流动相选择方面，正相液相色谱的流动相以烷烃类溶剂为主，加入适当的极性溶剂可以获得更好的分离度值，乙醇是一种很强的调节剂，异丙醇和四氢呋喃较弱，三氯甲烷是中等强度的调节剂。反相液相色谱最常用的流动相及其洗脱强度大小顺序为水＜甲醇＜乙腈＜乙醇＜丙醇＜异丙醇＜四氢呋喃，最常用的流动相组成是“甲醇–水”和“乙腈–水”。流动相 pH 对色谱柱性能和目标化合物的保留情形有一定的影响。以硅胶为基质的 C_{18} 填料，一般 pH 为 2～8。流动相的 pH 小于 2 时，会导致键合相的水解；当 pH 大于 7 时，硅胶易溶解。聚合物填料，如聚苯乙烯-二乙烯基苯或聚甲基丙烯酸酯等，pH 为 1～14 时均可使用。无机填料色谱柱的 pH 选择范围也较宽。在反相色谱中常常需要向含水流动相中加入酸、碱或缓冲液，以使流动相的 pH 控制在一定数值，抑制溶质的离子化，减少谱带拖尾，改善峰形，提高分离的选择性。在洗脱方式选择方面，两种洗脱方式较为常用，一种为等度洗脱，另一种为梯度洗脱。用等度洗脱进行色谱分离时，由不同溶剂构成的流动相的组成，如流动相的极性、离子强度、pH 等，在分离的全过程中皆保持不变。用梯度洗脱进行色谱分离时，在洗脱过程中含两种或两种以上不同极性溶剂的流动相组成会连续或间歇地改变，其间可调节流动相的极性，改善样品中各组分间的分离度。使用梯度洗脱时，也会使干扰分离的强保留杂质组分在较短的时间内从柱中清除，使色谱柱保持干净状态，以进行下一次的分析。梯度洗脱一般是指流动相的组成随分析时间的延长呈现线性变化，即线性梯度洗脱，可用于反相和正相高效液相色谱仪及离子对色谱法。

液相色谱仪检测系统的作用是将柱流出物中样品组成和含量的变化转化为可供检测的信号，常用检测器有紫外吸收、荧光、示差折光、化学发光检测器等。

1. 紫外–可见光检测器

紫外–可见光检测器（ultraviolet-visible light detector，UVD）是 HPLC 中应用最广泛的检测器之一，几乎所有的液相色谱仪都配有这种检测器。其特点是灵敏度较高，线性范围宽，噪声低，适用于梯度洗脱，对强吸收物质检测限可达 1ng/kg，检测后不破坏样品，可用于制备样品，并能与任何检测器串联使用。紫外–可见光检测器的工作原理与结构同一般分光光度计相似，实际上就是装有流动池的紫外–可见分光光度计。

（1）紫外吸收检测器

紫外吸收检测器常用氘灯作光源，氘灯则发射出紫外–可见光范围的连续波长，并安装一个光栅型单色器，其波长选择范围宽（190～800nm）。它有两个流通池，一个作参比，一个作测量用，光源发出的紫外光照射到流通池上，若两流通池都通过纯的均匀溶剂，则它们在紫外波长下几乎无吸收，光电管上接收到的辐射强度相等，无信号输出。当组分进入测量池时，吸收一定的紫外光，使两光电管接收到的辐射强度不等，这时有信号输出，输出信号大小与组分浓度有关，如吡虫啉在 269nm 处有最大吸收。

局限：流动相的选择受到一定限制，即具有一定紫外吸收的溶剂不能作流动相，每种溶剂都有截止波长（用 1cm 光程的吸收池，溶剂以空气为参比，改变照射波长，当吸光度值

A=1 时，此时的波长称为该溶剂的截止波长，也称溶剂透过波长下限），当小于该截止波长的紫外光通过溶剂时，溶剂的透光率降至 10% 以下。许多溶剂本身在紫外光区有吸收峰，所以选用的溶剂应不干扰被测组分的测定。因此，紫外吸收检测器的工作波长不能小于溶剂的截止波长。

（2）光电二极管阵列检测器

光电二极管阵列检测器（photodiode array detector，PDAD）也称快速扫描紫外–可见光检测器，是一种新型的光吸收式检测器。它采用光电二极管阵列作为检测元件，构成多通道并行工作，同时检测由光栅分光，再入射到阵列式接收器上全部波长的光信号，然后对二极管阵列快速扫描采集数据，得到吸收值（A）是保留时间（t_R）和波长（λ）函数的三维色谱光谱图。由此可及时观察与每一组分的色谱图相对应的光谱数据，从而迅速决定具有最佳选择性和灵敏度的波长。

单光束二极管阵列检测器光源发出的光先通过检测池，透射光由全息光栅色散成多色光，射到阵列元件上，使所有波长的光在接收器上同时被检测。阵列式接收器上的光信号用电子学的方法快速扫描提取出来，每幅图像仅需要 10ms，远远超过色谱流出峰的速度，因此可随峰扫描。

2. 荧光检测器

荧光检测器（fluorescence detector，FLD）是一种高灵敏度、有选择性的检测器，可检测能产生荧光的化合物。某些不发荧光的物质可通过化学衍生化生成荧光衍生物，再进行荧光检测。其最小检测浓度可达 0.1ng/mL，适用于痕量分析。一般情况下荧光检测器的灵敏度比紫外–可见光检测器约高 2 个数量级，但其线性范围不如紫外–可见光检测器宽。近年来，采用激光作为荧光检测器的光源而产生的激光诱导荧光检测器极大地增强了荧光检测的信噪比，因而具有很高的灵敏度，在痕量和超痕量分析中得到广泛应用。

衍生化技术可分为柱前、柱中和柱后衍生三种。柱中衍生化法主要应用于手性药物对映体的分离，它是基于衍生化试剂和药物对映体反应，形成非对映体的衍生化产物。

柱前衍生化：色谱分析前，使待测物与衍生化试剂反应，待反应完成后，再向色谱系统进样。用于柱前衍生的样品有以下几种情形。

1）原本没有紫外或荧光吸收的物质，经衍生化，键合上发色基团而能被检测出来。

2）使样品中某些组成与衍生化试剂发生选择性反应，与其他组分分开。

3）通过衍生化反应，改变样品中某些组分的性质，从而改变它们在色谱柱中的保留行为，以利于定性鉴定或分离。

柱后衍生化：样品注入色谱柱并经分离，在柱出口与衍生化试剂混合，并进入反应器，在短时间内完成衍生化反应，其衍生化产物再进入检测器检测。由于是在线衍生，要求选用快速的衍生化反应，否则短时间内反应不能进行完全。柱后出口与检测器间的反应器体积要非常小，否则会引起峰形扩展而影响分离效果。

3. 示差折光检测器

示差折光检测器（differential refractive index detector，RID）是一种浓度型通用检测器，对所有溶质都有响应，某些不能用选择性检测器检测的组分，如高分子化合物、糖类、脂肪烷烃等，可用示差折光检测器检测。示差折光检测器是基于连续测定样品流路和参比流路之间折射率的变化来测定样品含量的。光从一种介质进入另一种介质时，由于两种物质的折射率不同，因此就会产生折射。只要样品组分与流动相的折光指数不同，就可被检测，二者相差愈大，灵敏度愈高，在一定浓度范围内检测器的输出与溶质浓度成正比。

4. 电化学检测器

电化学检测器（electrochemical detector，ED）主要有安培、极谱、库仑、电位、电导等检测器，属选择性检测器，可检测具有电活性的化合物。目前它已在各种无机和有机阴阳离子、生物组织与体液的代谢物、食品添加剂、环境污染物、生化制品、农药及医药等的测定中获得了广泛的应用。其中，电化学检测器在离子色谱中应用最多。

电化学检测器的优点：①灵敏度高，最小检测量一般为ng级，有的可达pg级；②选择性好，可测定大量非电活性物质中极痕量的电活性物质；③线性范围宽，一般为4～5个数量级；④设备简单，成本较低；⑤易于自动操作。

5. 化学发光检测器

化学发光检测器（chemiluminescence detector，CD）是近年来发展起来的一种快速、灵敏的新型检测器，其具有设备简单、价廉、线性范围宽等优点。其原理是基于某些物质在常温下进行化学反应，生成处于激发态势的反应中间体或反应产物，当它们从激发态返回基态时，就发射出光子。由于物质激发态的能量是来自化学反应，因此称作化学发光。当分离组分从色谱柱中洗脱出来后，立即与适当的化学发光试剂混合，引起化学反应，导致发光物质产生辐射，其光强度与该物质的浓度成正比。

这种检测器不需要光源，也不需要复杂的光学系统，只要有恒流泵，将化学发光试剂以一定的流速泵入混合器中，使之与柱流出物迅速而又均匀地混合产生化学发光响应，通过光电倍增管将光信号变成电信号，就可进行检测。这种检测器的最小检出量可达10^{-12}g。

6. 蒸发光散射检测器

蒸发光散射检测器（evaporative light-scattering detector，ELSD）是通用型检测器，能检测不含发色团的化合物，如碳水化合物、脂类、聚合物、未衍生脂肪酸和氨基酸、表面活性剂、药物（人参皂苷、黄芪甲苷），并在没有标准品和化合物结构参数未知的情况下检测未知化合物。

不同于紫外和荧光检测器，ELSD的响应不依赖于样品的光学特性，任何挥发性低于流动相的样品均能被检测，不受其官能团的影响。灵敏度比示差折光检测器高，对温度变化不敏感，基线稳定，适合与梯度洗脱液相色谱联用。

3.1.2　发展历程

1941年，马丁（Martin）和辛格（Synge）使用一根装满硅胶微粒的色谱柱，成功地完成了乙酰化氨基酸混合物的分离，建立了液液分配色谱方法，也因此获得了1952年诺贝尔化学奖。1944年，康斯坦因（Consden）和马丁（Martin）建立了纸色谱法。1949年，马丁建立了色谱保留值与热力学常数之间的基本关系式，奠定了物化色谱的基础。1952年，马丁和辛格创立了气液色谱法，成功地分离了脂肪酸和脂肪胺系列，并对此法的理论与实验做了精辟的论述，建立了塔板理论。1956年，施塔尔（Stahl）建立了薄层色谱法。同年，范第姆特（Van Deemter）提出了色谱理论方程，后来吉丁斯（Giddings）对此方程作了进一步改进，并提出了折合参数的概念。该系列色谱技术和理论的发展为HPLC的研制奠定了扎实基础。

HPLC 的雏形是由斯坦因（Stein）和莫尔（Moore）于 1958 年开发的氨基酸分析仪（AAA），这种仪器能够进行自动分离和蛋白质水解产物的分析，这种研究具有重要性，吸引了众多其他研究者的参与，促成了 HPLC 方法的建立。其间，哈密顿（Hamiton）在柱效率和选择性方面的成就特别突出。在 20 世纪 60 年代早期的相关进展是莫尔（Moore）发展起来了凝胶渗透色谱（GPC）法。1963 年，沃特世公司（Waters）开发出了世界上首台商品化的高压凝胶渗透色谱仪 GPC-100，开创了液相色谱的时代，并于 1964 年的 Pittcon 大会上将其推向市场。当时仪器售价 12 500 美元，当年共卖出 40 套。1968 年，Waters 于 Pittcon 大会发布全世界首台商品化 HPLC—— ALC100 HPLC，其于 1969 年正式面世。该系统搭载 Milton Roy 泵、针式进样器、示差折光和紫外两台检测器。

Modern Practice of Liquid Chromatography（《现代液相色谱实践》）一书的出版是 HPLC 发展史上的一个重要里程碑。该书源于三天一期的 HPLC 课程，由杜邦公司仪器产品局和特拉华色谱论坛牵头主办，于 1970 年 4 月开始，由科克兰、斯尼德等主讲，他们于 1971 年完成了 *Modern Practice of Liquid Chromatography* 一书的出版，该书对萌芽时期的 HPLC 作了详细而准确的总结。1971 年，戴安（Dionex，后被 Thermo Fisher 收购）发布世界首款商品化离子交换色谱（基于电荷量分离离子和极性分子）。

1971 年，Cecil Instruments 发布首款商品化用于 HPLC 的可变波长检测器（variable wavelength detector，VWD）—— CE 212。1972 年，Waters 推出用于 HPLC 系统的 M6000 高压泵，并于 1973 年 Pittcon 大会发布。这款可精准控制 0.1～9.9mL/min 流体的 41.37MPa 高压泵的推出是 HPLC 技术史上的里程碑，使得 HPLC 仪器在全球范围内的实验室中推广开来。

HPLC 是 High Pressure Liquid Chromatography 的缩写，即高压液相色谱。随着 M6000 高压泵、U6K 高压进样系统和 μBondapak 单官能团键合硅胶颗粒色谱柱的问世，沃特世改写了原有 HPLC 中“P”的意义，此后，HPLC 被重新定义为 High Performance Liquid Chromatography（高效液相色谱）。

1973 年，惠普（Agilent 前身）收购 Hupe & Busch 公司进入 LC 市场。1975 年，Jasco 开始分析仪器代工生产业务。1976 年，惠普推出了全球首台微机控制的液相色谱仪。1978 年，Waters 推出首款商品化 SPE 产品—— Sep-Pak 系列。1979 年，惠普推出用于化学分析的光电二极管阵列检测器（photodiode array detector，PDAD），其可同时测量多波长光线，快速获得结果，终产品于 1982 年问世。20 世纪 70 年代末，全球 LC 市场据估计达 1 亿～1.5 亿美元，沃特世公司占据 50% 的市场份额。1982 年，ESA Biosciences 公司（2009 年被 Dionex 收购）开发出新型电化学检测器 Coulochem 并申请专利。1982 年，法玛西亚（Pharmacia，后被 GE 收购）开发出分离蛋白质的液相色谱方法——快速蛋白液相色谱（fast protein liquid chromatography）。1995 年，惠普发布 1100 系列液相色谱。1100 系列液相色谱是销量最多的 HPLC 产品之一，到 2006 年 1100 系列已售出 50 000 余套。1996 年，分析仪器史上最成功的产品—— Waters Alliance HPLC 问世。Alliance 达到了当时 HPLC 仪器所能达到的性能，并在之后几十年中一直影响各种 HPLC 产品的演进。至今 Alliance 仍然为最受欢迎的 HPLC 仪器之一，20 多年间整体仪器无很大改动，仅在 2013 年时重新更换了外壳设计及部分内部模块。1999 年，Waters 发布 XTerra 色谱柱。XTerra 色谱柱拥有快速、峰形尖锐、pH 适用范围广等新性能，满足了当时医药研究人员的迫切需要。2002 年，JASCO 推出首款超高效 HPLC 泵。

2004 年，Waters 推出世界上首款超高效液相色谱—— ACQUITY UPLC，开创了 UPLC 这个新的品类。UPLC 具有超低扩散体积（小于 15μL），可将亚–w2μm 色谱柱性能发挥到极致。色谱工作者使用 UPLC 结合小颗粒色谱柱可以获得更好的分离度、灵敏度和更快的分析速度。2005 年，ESA Biosciences 公司推出电喷雾检测器（charged aerosol detection，CAD）。电喷雾检测结果与分析物颗粒有关，信号电流与样品中分析物的质量成正比，因此无论何种化合物，只要进样质量相同，响应都基本一致。电喷雾检测技术是 UVD 和质谱检测器的强有力补充，适用于任何非挥发或半挥发性化合物。2006 年，Agilent 发布 1200 系列液相色谱系统，取代了之前的 1100 系列。2009 年，Agilent 1290 Infinity 液相色谱系统发布。1290 Infinity 可与非 Agilent UHPLC 和 HPLC 系统进行方法的相互转移，是目前 Agilent 主推的液相色谱产品。2009 年，Dionex 宣布收购 ESA Biosciences 公司 HPLC 相关产品线。2010 年，Phenomenex 推出 Kinetex 核壳色谱柱。核壳色谱柱通过将多孔硅壳熔融到实心的硅核表面制备而成，具有极窄的粒径分布和扩散路径，可以同时减小轴向和纵向扩散范围，允许使用更短的色谱柱和较高的流速以实现快速、高分离度分离。2010 年底，赛默飞世尔科技（Thermo Fisher Scientific）对美国戴安公司（Dionex）提出收购邀约，于 2011 年完成收购。20 世纪末，LC 由 HPLC 迈入 UPLC/UHPLC 时代，各仪器公司飞速发展，全球 LC 市场据估计超过 60 亿美元。2014 年，安捷伦将其前电子测量业务部分拆分为是德科技公司。安捷伦将专注于发展化学分析与生命科学、医疗诊断业务。2016 年，丹纳赫（Danaher）宣布收购分离科学耗材制造商 Phenomenex 公司，完善其在分析领域的布局。

HPLC 在我国的发展历史要追溯到 20 世纪 70 年代初期，中国科学院大连化学物理研究所开展了 HPLC 的研究，与工厂合作生产出了液相色谱固定相，并编写了高效液相色谱的新型固定相论文集，以及高效液相色谱讲义，同时还举办了全国性的色谱学习班。80 年代初，卢佩章院士等开展智能色谱的研究，1984～1989 年研制成功了我国第一台智能高效液相色谱仪。20 世纪 80 年代后科学家开发出了液相色谱与质谱、电感耦合等离子体发射光谱、傅里叶变换红外光谱原子吸收光谱核磁共振谱等联用技术。这对于仅限于单一检测的高效液相色谱仪来说，也是一个新的挑战和研究点。就高效液相色谱仪市场来说，在当前的中国市场上，主流厂商主要是沃特世、安捷伦、岛津、赛默飞、日立高新等外国品牌。国产品牌高效液相色谱仪主要是上海伍丰、大连依利特、山东鲁创等知名厂家的产品，但是市场占有率还比较低。

3.1.3 液相色谱在食品农药残留检测上的应用

20 世纪初，液相色谱开始出现，但它的发展速度非常缓慢，在相当长的一段时间内没有得到广泛应用。直到 60 年代中后期，出现了高效液相色谱后，液相色谱才得到了飞速的发展。自 20 世纪 80 年代以来，高效液相色谱法开始在农药残留分析中广泛应用。相较于气相色谱，液相色谱在检测农药残留时，不受待测物热稳定性和挥发性的限制，同时液相色谱的流动相和固定相选择范围大、适用种类多，因而其可分析的农药种类更广。

目前，液相色谱法已经成为农药残留国家检测标准中普遍采用的方法之一。国家标准液相色谱检测方法中，主要采用紫外–可见光检测器，原因主要有两点：①大部分农药含有苯环或杂环等芳香结构，此类结构中的共轭双键是一种生色团，在紫外及可见光区具有光吸收，因而大部分农药可被检测，应用范围广。②紫外–可见光检测器灵敏度较高，线性范围宽，噪声低，适用于梯度洗脱，分析时间较短。除了紫外–可见光检测器外，国家标准分析方法中还采用了荧光检测器（FLD），由于一些农药自身不带有荧光基团，需要一步衍生化的过程，将荧光基团结合在农药上从而进行检测，如国家标准《食品安全国家标准　蔬菜中非草隆等 15 种取代脲类除草剂残留量的测定　液相色谱法》（GB 23200.18—2016）就是运用了柱后衍生的方法，运用荧光基团标记 15 种取代脲类除草剂，从而完成分析检测。国家标准液相色谱检测方法中，检测的农药既包括气相色谱法可检测的农药，也包括气相色谱难检测的农药，如热不稳定的氨基甲酸酯类和拟除虫菊酯类农药。例如，国家标准《动物性食品中氨基甲酸酯类农药多组分残留高效液相色谱测定》（GB/T 5009.163—2003）运用紫外–可见光检测器，检测 5 种氨基甲酸酯类农药在动物源性食品中的残留。本书共收集了 31 个液相色谱检测方法，其中涉及植物源性食品中农药残留检测方法的有 21 个，动物源性食品中农药残留检测方法的有 10 个。

3.2　植物源性食品中农药残留量的测定

3.2.1　水果、蔬菜中噻菌灵残留量的测定

该测定技术采用《食品安全国家标准　水果、蔬菜中噻菌灵残留量的测定　液相色谱法》（GB 23200.17—2016）。

1. 适用范围

规定了蔬菜和水果中噻菌灵残留量的高效液相色谱测定方法，适用于蔬菜和水果。

2. 方法原理

试样用甲醇提取后，根据噻菌灵在酸性条件下溶于水、碱性条件下溶于乙酸乙酯的原理进行净化，先加盐酸，用乙酸乙酯萃取杂质，再用氢氧化钠调节 pH 为弱碱性，再次用乙酸乙酯萃取农药，最后反相色谱分离，用紫外–可见光检测器（HPLC-UV，色谱柱：C_{18}）在 300nm 处检测，外标法定量。

3. 灵敏度

农药 / 代谢物名称	食品类别 / 名称	定量限 /（mg/kg）
噻菌灵	水果、蔬菜	0.05

3.2.2　蔬菜中非草隆等 16 种取代脲类除草剂残留量的测定

该测定技术采用《食品安全国家标准　蔬菜中非草隆等 16 种取代脲类除草剂残留量的测定　液相色谱法》（GB 23200.18—2016）。

1. 适用范围

规定了蔬菜中 16 种取代脲类除草剂残留量的液相色谱测定方法，适用于蔬菜。

2. 方法原理

试样经乙腈匀浆提取，提取液经盐析，用弗罗里硅土固相萃取柱净化，样品经浓缩后，采用液相色谱（LC-FLD，色谱柱：C_{18}）进样，样品过光解反应器分解成伯胺，与 OPA 反应生成荧光物质，在激发波长 350nm、发射波长 450nm 处测定，根据保留时间定性，外标法定量。

3. 灵敏度

农药 / 代谢物名称	定量限 /（mg/kg）	农药 / 代谢物名称	定量限 /（mg/kg）
甲氧隆	0.015	绿谷隆	0.03
灭草隆	0.015	炔草隆	0.03

农药 / 代谢物名称	定量限 / (mg/kg)	农药 / 代谢物名称	定量限 / (mg/kg)
绿麦隆	0.015	利谷隆	0.03
氟草隆	0.015	溴谷隆	0.06
异丙隆	0.015	环草隆Ⅰ	0.06
敌草隆	0.015	环草隆Ⅱ	0.06
草不隆	0.015	氯溴隆	0.06
非草隆	0.03	丁噻隆	0.15

注：该定量限适用食品类别为蔬菜。

3.2.3 水果和蔬菜中阿维菌素残留量的测定

该测定技术采用《食品安全国家标准　水果和蔬菜中阿维菌素残留量的测定　液相色谱法》(GB 23200.19—2016)。

1. 适用范围

规定了水果及蔬菜中阿维菌素残留的制样和液相色谱检测方法。适用于苹果、菠菜，其他食品可参照执行。

2. 方法原理

试样用丙酮提取，经 SPE C_{18} 柱净化，用甲醇洗脱。洗脱液经浓缩、定容、过滤后，用配有紫外–可见光检测器的高效液相色谱仪（HPLC-UV，色谱柱：C_{18}）测定，外标法定量。

3. 灵敏度

农药 / 代谢物名称	食品类别 / 名称	定量限 / (mg/kg)
阿维菌素	苹果、菠菜	0.01

3.2.4 坚果及坚果制品中抑芽丹残留量的测定

该测定技术采用《食品安全国家标准　坚果及坚果制品中抑芽丹残留量的测定　液相色谱法》(GB 23200.22—2016)。

1. 适用范围

规定了坚果及坚果制品中抑芽丹残留的制样和液相色谱测定方法。适用于核桃及其制品、板栗及其制品，其他食品可参照执行。

2. 方法原理

试样用正己烷脱脂，甲醇提取，C_{18} 柱净化，用高效液相色谱–紫外–可见光检测器（HPLC-UV 或 PDA，色谱柱：硅胶柱）测定，外标法定量。

3. 灵敏度

农药 / 代谢物名称	食品类别 / 名称	定量限 / (mg/kg)
抑芽丹	核桃及其制品、板栗及其制品	0.2

3.2.5 水果和蔬菜中唑螨酯残留量的测定

该测定技术采用《食品安全国家标准　水果和蔬菜中唑螨酯残留量的测定　液相色谱法》

（GB 23200.29—2016）。

1. 适用范围

规定了水果、蔬菜中唑螨酯残留量的高效液相色谱测定方法。适用于柑、白菜，其他食品可参照执行。

2. 方法原理

试样用甲醇提取，正己烷反萃取，中性氧化铝柱净化，以带紫外-可见光检测器的高效液相色谱仪（HPLC-UV，色谱柱：C_{18}）检测，外标法定量。

3. 灵敏度

农药 / 代谢物名称	食品类别 / 名称	定量限 /（mg/kg）
唑螨酯	柑、白菜	0.02

3.2.6　食品中喹氧灵残留量的测定

该测定技术采用《食品安全国家标准　食品中喹氧灵残留量的检测方法》（GB 23200.56—2016）。

1. 适用范围

规定了进出口食品中喹氧灵残留量的液相色谱检测方法。适用于大豆、花椰菜、樱桃、木耳、葡萄酒和茶叶，其他食品可参照执行。

2. 方法原理

试样中残留的喹氧灵采用乙酸乙酯振荡或饱和碳酸氢钠溶液-乙酸乙酯提取，NH_2 固相萃取小柱净化或凝胶渗透色谱仪结合 NH_2 固相萃取小柱净化，用液相色谱仪（LC-UV，色谱柱：C_{18}）检测，外标法定量。

3. 灵敏度

农药 / 代谢物名称	食品类别 / 名称	定量限 /（mg/kg）
喹氧灵	大豆、花椰菜、樱桃、木耳、葡萄酒、茶叶	0.01

3.2.7　植物源性食品中 12 种氨基甲酸酯类农药及其代谢物残留量的测定

该测定技术采用《食品安全国家标准　植物源性食品中 9 种氨基甲酸酯类农药及其代谢物残留量的测定　液相色谱-柱后衍生法》（GB 23200.112—2018）。

1. 适用范围

规定了植物源性食品中 12 种氨基甲酸酯类农药及其代谢物残留量的液相色谱-柱后衍生测定方法，适用于植物源性食品。

2. 方法原理

试样用乙腈提取，蔬菜、水果、食用菌、谷物提取液经固相萃取柱（NH_2）净化，茶叶和香辛料提取液经固相萃取柱（GCB、NH_2）净化，油料、坚果、植物油提取液经 PSA 和 C_{18} 吸附剂净化，使用带荧光检测器和柱后衍生系统的高效液相色谱仪（HPLC-FLD，色谱柱：C_{18}）检测，外标法定量。

3. 灵敏度

农药 / 代谢物名称	定量限 /（mg/kg）	农药 / 代谢物名称	定量限 /（mg/kg）
涕灭威	0.01	三羟基克百威	0.01
涕灭威砜	0.01	仲丁威	0.01
涕灭威亚砜	0.01	异丙威	0.01
甲萘威	0.01	灭多威	0.01
克百威	0.01	速灭威	0.01
混杀威	0.01	残杀威	0.01

注：该定量限适用食品类别为蔬菜、水果、食用菌、谷物、茶叶、香辛料、油料、坚果、植物油。

3.2.8　植物源性食品中喹啉铜残留量的测定

该测定技术采用《食品安全国家标准　植物源性食品中喹啉铜残留量的测定　高效液相色谱法》（GB 23200.117—2019）。

1. 适用范围

规定了植物源性食品中喹啉铜残留量的高效液相色谱测定方法，适用于植物源性食品。

2. 方法原理

试样中残留的喹啉铜用 1% 草酸溶液提取，经 HLB 固相萃取柱净化、1% 草酸水溶液复溶，用带有紫外–可见光检测器的高效液相色谱仪（HPLC-UV 或 PDA，色谱柱：C_{18}）测定，外标法定量。

3. 灵敏度

农药 / 代谢物名称	食品类别 / 名称	定量限 /（mg/kg）
喹啉铜	蔬菜、水果、植物油、食用菌、谷物、油料、坚果、茶叶、香辛料	0.1

3.2.9　大米、蔬菜、水果中氯氟吡氧乙酸残留量的测定

该测定技术采用《大米、蔬菜、水果中氯氟吡氧乙酸残留量的测定》（GB/T 22243—2008）。

1. 适用范围

规定了大米、蔬菜、水果中氯氟吡氧乙酸残留量的测定方法，适用于大米、蔬菜、水果。

2. 方法原理

试样用乙酸乙酯提取，将氯氟吡氧乙酸成盐并溶于水中，硫酸酸化水相后用三氯甲烷萃取，萃取液浓缩至干后用甲醇溶液溶解，用高效液相色谱仪（HPLC-UV，色谱柱：C_{18}）测定，外标法定量。

3. 灵敏度

农药 / 代谢物名称	食品类别 / 名称	检出浓度 /（mg/kg）
氯氟吡氧乙酸	大米、蔬菜、水果	0.006

3.2.10 水果、蔬菜及茶叶中吡虫啉残留的测定

该测定技术采用《水果、蔬菜及茶叶中吡虫啉残留的测定 高效液相色谱法》(GB/T 23379—2009)。

1. 适用范围

规定了水果、蔬菜、茶叶中吡虫啉农药残留的测定方法。适用于苹果、梨、香蕉等水果，以及蔬菜、茶叶。

2. 方法原理

吡虫啉农药残留通过乙腈提取，盐析，浓缩液经固相萃取柱(ENVI-18柱)净化，乙腈洗脱，用高效液相色谱仪（HPLC-UV或PDA，色谱柱：C_{18}）检测，外标法定量。

3. 灵敏度

农药/代谢物名称	食品类别/名称	检出限/(mg/kg)
吡虫啉	水果	0.02
	蔬菜、茶叶	0.05

3.2.11 水果、蔬菜中多菌灵残留的测定

该测定技术采用《水果、蔬菜中多菌灵残留的测定 高效液相色谱法》(GB/T 23380—2009)。

1. 适用范围

规定了水果、蔬菜中多菌灵残留量的高效液相色谱测定方法，适用于水果和蔬菜。

2. 方法原理

水果、蔬菜样品中多菌灵用加速溶剂萃取仪（ASE）萃取，萃取液经固相萃取柱（MCX：混合型阳离子交换柱）分离、净化、浓缩、定容后，用高效液相色谱仪（HPLC-PDA或UV，色谱柱：C_{18}）检测，外标法定量。

3. 灵敏度

农药/代谢物名称	食品类别/名称	检出限/(mg/kg)
多菌灵	水果、蔬菜	0.02

3.2.12 食品中6-苄基腺嘌呤的测定

该测定技术采用《食品中6-苄基腺嘌呤的测定 高效液相色谱法》(GB/T 23381—2009)。

1. 适用范围

规定了食品中6-苄基腺嘌呤(6-BA)含量的高效液相色谱测定方法，适用于果蔬类(豆芽、黄瓜、番茄、香菇、草莓、橙类)等植物性食品及其制品。

2. 方法原理

试样经甲醇提取、浓缩并经C_{18}固相萃取柱净化后，用高效液相色谱仪（HPLC-PDA或UV，色谱柱：C_{18}）检测，外标法定量。

3. 灵敏度

农药 / 代谢物名称	食品类别 / 名称	检出限 /（mg/kg）
6-苄基腺嘌呤	豆芽、黄瓜、番茄、香菇、草莓、橙类	0.02

3.2.13　大豆中三嗪类除草剂残留量的测定

该测定技术采用《大豆中三嗪类除草剂残留量的测定》（GB/T 23816—2009）。

1. 适用范围

规定了大豆中 13 种三嗪类除草剂残留的高效液相色谱测定方法，适用于大豆。

2. 方法原理

试样中三嗪类除草剂用乙腈提取，经凝胶渗透色谱仪及中性氧化铝柱净化后，用高效液相色谱仪（HPLC-PDA，色谱柱：C_{18}）测定，外标法定量。

3. 灵敏度

农药 / 代谢物名称	定量限 /（mg/kg）	农药 / 代谢物名称	定量限 /（mg/kg）
西玛通	0.02	扑灭通	0.02
西玛津	0.02	特丁通	0.02
氰草津	0.02	莠灭净	0.02
莠去通	0.02	特丁津	0.02
嗪草酮	0.02	扑草净	0.02
西草净	0.02	异丙净	0.02
莠去津	0.02		

注：该定量限适用食品名称为大豆。

3.2.14　大豆中磺酰脲类除草剂残留量的测定

该测定技术采用《大豆中磺酰脲类除草剂残留量的测定》（GB/T 23817—2009）。

1. 适用范围

本标准规定了大豆产品中 10 种磺酰脲类除草剂残留的高效液相色谱测定方法，适用于大豆。

2. 方法原理

试样中磺酰脲类除草剂用乙腈提取，经弗罗里硅土柱净化后，用高效液相色谱仪（HPLC-PDA，色谱柱：C_{18}）测定，外标法定量。

3. 灵敏度

农药 / 代谢物名称	定量限 /（mg/kg）	农药 / 代谢物名称	定量限 /（mg/kg）
环氧嘧磺隆	0.02	苄嘧磺隆	0.02
噻吩磺隆	0.02	氟磺隆	0.02
甲磺隆	0.02	吡嘧磺隆	0.02
醚苯磺隆	0.02	氯嘧磺隆	0.02
氯磺隆	0.02	氟嘧磺隆	0.02

注：该定量限适用食品名称为大豆。

3.2.15　大豆中咪唑啉酮类除草剂残留量的测定

该测定技术采用《大豆中咪唑啉酮类除草剂残留量的测定》（GB/T 23818—2009）。

1. 适用范围

规定了大豆籽粒中 5 种咪唑啉酮类除草剂残留的高效液相色谱测定方法，适用于大豆籽粒。

2. 方法原理

试样用二氯甲烷提取，经凝胶渗透色谱和乙腈-正己烷液液分配净化，用高效液相色谱仪（HPLC-UV，色谱柱：C_{18}）测定，外标法定量。

3. 灵敏度

农药 / 代谢物名称	食品类别 / 名称	定量限 /（mg/kg）
咪唑烟酸	大豆籽粒	0.05
甲基咪草烟	大豆籽粒	0.05
咪草酸甲酯	大豆籽粒	0.05
咪唑乙烟酸	大豆籽粒	0.05
咪唑喹啉酸	大豆籽粒	0.05

3.2.16　大豆及谷物中氟磺胺草醚残留量的测定

该测定技术采用《大豆及谷物中氟磺胺草醚残留量的测定》（GB/T 5009.130—2003）。

1. 适用范围

规定了大豆及谷物中氟磺胺草醚残留量的高效液相色谱测定方法，适用于大豆、谷物。

2. 方法原理

试样中氟磺胺草醚用丙酮提取，经乙醚液液分配、硅镁吸附柱净化除去干扰物质后，以高效液相色谱仪（HPLC-UV，色谱柱：C_{18}）测定，外标法定量。

3. 灵敏度

农药 / 代谢物名称	食品类别 / 名称	检出限 /（mg/kg）
氟磺胺草醚	大豆、谷物	0.02

3.2.17　植物性食品中灭幼脲残留量的测定

该测定技术采用《植物性食品中灭幼脲残留量的测定》（GB/T 5009.135—2003）。

1. 适用范围

规定了植物性食品中灭幼脲残留量的测定方法，适用于粮食、蔬菜、水果。

2. 方法原理

试样中的灭幼脲经二氯甲烷-石油醚（3∶4，*v/v*）提取，硅镁吸附剂型预处理小柱净化后，用高效液相色谱仪（HPLC-UV，色谱柱：C_{18}）测定，外标法定量。

3. 灵敏度

农药 / 代谢物名称	食品类别 / 名称	检出限 /（mg/kg）
灭幼脲	粮食、蔬菜、水果	0.03

3.2.18　植物性食品中除虫脲残留量的测定

该测定技术采用《植物性食品中除虫脲残留量的测定》（GB/T 5009.147—2003）。

1. 适用范围

规定了植物性食品中除虫脲残留量的测定方法，适用于粮食、蔬菜、水果。

2. 方法原理

试样中的除虫脲经二氯甲烷−石油醚（3∶4，*v/v*）提取，硅镁吸附剂型预处理小柱净化后，用高效液相色谱仪（HPLC-UV，色谱柱：C_{18}）测定，外标法定量。

3. 灵敏度

农药 / 代谢物名称	食品类别 / 名称	检出限 /（mg/kg）
除虫脲	粮食、蔬菜、水果	0.04

3.2.19　水果中单甲脒残留量的测定

该测定技术采用《水果中单甲脒残留量的测定》（GB/T 5009.160—2003）。

1. 适用范围

规定了水果中单甲脒残留量的测定方法，适用于水果。

2. 方法原理

样品中的单甲脒经盐酸提取、二氯甲烷萃取净化后，用高效液相色谱仪（HPLC-UV，色谱柱：C_{18}）测定，外标法定量。

3. 灵敏度

农药 / 代谢物名称	食品类别 / 名称	检出限 /（mg/kg）
单甲脒	橘子、苹果	0.025

3.2.20　梨果类、柑橘类水果中噻螨酮残留量的测定

该测定技术采用《梨果类、柑橘类水果中噻螨酮残留量的测定》（GB/T 5009.173—2003）。

1. 适用范围

规定了梨果类、柑橘类水果中噻螨酮残留量的测定方法，适用于梨果类、柑橘类水果。

2. 方法原理

试样中的噻螨酮经甲醇提取、硅镁吸附剂型小柱净化后，用高效液相色谱仪（HPLC-UV，色谱柱：C_{18}）测定，外标法定量。

3. 灵敏度

农药 / 代谢物名称	食品类别 / 名称	检出限 /ng
噻螨酮	梨果类、柑橘类水果	0.126

3.2.21　粮、油、菜中甲萘威残留量的测定

该测定技术采用《粮、油、菜中甲萘威残留量的测定》（GB/T 5009.21—2003）。

1. 适用范围

规定了粮食、油料、油脂、蔬菜中甲萘威残留量的高效液相色谱测定方法，适用于粮食、油料、油脂及蔬菜。

2. 方法原理

含有甲萘威的粮食用苯提取，经弗罗里硅土净化后，用 KD 浓缩器进行浓缩，定容后用高效液相色谱仪（HPLC-UV，色谱柱：C_{18}）测定，外标法定量。

3. 灵敏度

农药 / 代谢物名称	食品类别 / 名称	检出限 /（mg/kg）
甲萘威	粮食、油料、油脂、蔬菜	0.5

3.3　动物源性食品中农药残留量的测定

3.3.1　食品中喹氧灵残留量的测定

该测定技术采用《食品安全国家标准　食品中喹氧灵残留量的检测方法》（GB 23200.56—2016）。

1. 适用范围

规定了进出口食品中喹氧灵残留量的液相色谱检测方法。适用于蜂蜜、猪肝、鸡肉和鳗鱼，其他食品可参照执行。

2. 方法原理

试样中残留的喹氧灵采用乙酸乙酯振荡或饱和碳酸氢钠溶液–乙酸乙酯提取，经 NH_2 固相萃取小柱净化或凝胶渗透色谱仪结合 NH_2 固相萃取小柱净化，用液相色谱仪（LC-UV，色谱柱：C_{18}）检测，外标法定量。

3. 灵敏度

农药 / 代谢物名称	食品类别 / 名称	定量限 /（mg/kg）
喹氧灵	蜂蜜、猪肝、鸡肉、鳗鱼	0.01

3.3.2　动物源性食品中乙氧喹啉残留量的测定

该测定技术采用《食品安全国家标准　动物源性食品中乙氧喹啉残留量的测定　液相色谱法》（GB 23200.89—2016）。

1. 适用范围

规定了动物源性食品中乙氧喹啉残留量的液相色谱测定、高效液相色谱–质谱确证方法。适用于猪肉、猪肝、猪肾、鸡肉、鱼肉、鸡蛋、蜂蜜、牛奶，其他食品可参照执行。

2. 方法原理

试样加入碳酸钠溶液、丙酮振荡提取后，用正己烷液液分配净化，提取液经浓缩定容后，用配有荧光检测器的高效液相色谱仪测定，用高效液相色谱–质谱 / 质谱仪（HPLC-ESI-MRM，色谱柱：C_{18}）确证，外标法定量。

3. 灵敏度

农药 / 代谢物名称	食品类别 / 名称	定量限 /（mg/kg）
乙氧喹啉	猪肉、猪肝、猪肾、鸡肉、鱼肉、鸡蛋、蜂蜜、牛奶	0.01

3.3.3　肉及肉制品中甲萘威残留量的测定

该测定技术采用《食品安全国家标准　肉及肉制品中甲萘威残留量的测定　液相色谱–柱后衍生荧光检测法》（GB 23200.105—2016）。

1. 适用范围

规定了进出口肉及肉制品中甲萘威残留量的液相色谱–柱后衍生荧光检测法。适用于进出口牛肉、鸡肉、虾肉、鱼肉及火腿罐头，其他食品可参照执行。

2. 方法原理

用丙酮 石油醚混合溶液提取样品中的甲萘威残留物，经凝胶层析柱净化后，浓缩，用高效液相色谱分离，经柱后衍生后，用荧光检测器（HPLC-FLD，色谱柱：C_{18}）检测，外标法定量。

3. 灵敏度

农药 / 代谢物名称	食品类别 / 名称	定量限 /（mg/kg）
甲萘威	进出口牛肉、鸡肉、虾肉、鱼肉、火腿罐头	0.005

3.3.4　蜂蜜中双甲脒及其代谢物残留量的测定

该测定技术采用《蜂蜜中双甲脒及其代谢物残留量测定　液相色谱法》（GB/T 21169—2007）。

1. 适用范围

规定了蜂蜜中双甲脒及其代谢物残留量的液相色谱测定方法提要、测定步骤、结果计算，适用于蜂蜜。

2. 方法原理

试样用正己烷、异丙醇混合提取液提取，提取液浓缩后依次用乙腈、水定容，高效液相色谱仪（HPLC-UV，色谱柱：C_{18}）测定，外标法定量。

3. 灵敏度

农药 / 代谢物名称	食品类别 / 名称	检测低限 /（mg/kg）
双甲脒	蜂蜜	0.01
2,4-二甲基苯胺	蜂蜜	0.02

3.3.5　动物性食品中氨基甲酸酯类农药多组分残留的测定

该测定技术采用《动物性食品中氨基甲酸酯类农药多组分残留高效液相色谱测定》（GB/T 5009.163—2003）。

1. 适用范围

规定了动物性食品中 5 种农药残留量的高效液相色谱测定方法，适用于肉类、蛋类及乳类食品。

2. 方法原理

试样经水–丙酮振摇提取、凝胶柱净化、浓缩、定容，用高效液相色谱仪（HPLC-UV，色谱柱：C_{18}）测定，外标法定量。

3. 灵敏度

农药 / 代谢物名称	食品类别 / 名称	检出限 /（μg/kg）
甲萘威	蛋品、肉品、乳品	3.2
克百威	蛋品、肉品、乳品	7.3
速灭威	蛋品、肉品、乳品	7.8
涕灭威	蛋品、肉品、乳品	9.8
异丙威	蛋品、肉品、乳品	13.3

3.3.6　肉与肉制品中甲萘威残留量的测定

该测定技术采用《肉与肉制品中甲萘威残留量的测定》（GB/T 20796—2006）。

1. 适用范围

规定了肉及肉制品中甲萘威残留的抽样和测定方法，适用于肉及肉制品。

2. 方法原理

样品经乙酸乙酯提取，后经乙腈–石油醚液液净化，浓缩定容后，用带有紫外–可见光检测器的高效液相色谱仪（HPLC-UV，色谱柱：C_{18}）检测，外标法定量。

3. 灵敏度

农药 / 代谢物名称	食品类别 / 名称	检出限 /（mg/kg）
甲萘威	肉及肉制品	0.03

3.3.7　肉与肉制品中 2,4-滴残留量的测定

该测定技术采用《肉与肉制品中 2,4-滴残留量的测定》（GB/T 20798—2006）。

1. 适用范围

规定了肉及肉制品中2,4-滴残留的抽样和测定方法，适用于肉及肉制品。

2. 方法原理

样品经二氯甲烷提取，转移至碱液，用无水乙醚洗涤而后酸化，再经二氯甲烷提取，去除溶剂后用乙腈定容作为待测溶液，用带有紫外–可见光检测器的高效液相色谱仪（HPLC-UV，色谱柱：C_{18}）检测，外标法定量。

3. 灵敏度

农药 / 代谢物名称	食品类别 / 名称	检出限 /（mg/kg）
2,4-滴	肉及肉制品	0.03

3.3.8 动物源食品中阿维菌素类药物残留量的测定

该测定技术采用《动物源食品中阿维菌素类药物残留量的测定　免疫亲和–液相色谱法》（GB/T 21321—2007）。

1. 适用范围

规定了动物源食品中阿维菌素类药物残留量的免疫亲和–液相色谱测定法，适用于牛肝脏和牛肌肉组织。

2. 方法原理

试样用甲醇提取，经免疫亲和色谱柱净化，用甲醇洗脱，氮吹，试样残渣进行衍生化反应，用高效液相色谱–荧光检测法（HPLC-FD，色谱柱：C_{18}）测定，外标法定量。

3. 灵敏度

农药 / 代谢物名称	食品类别 / 名称	检测限 /（μg/kg）
阿维菌素	牛肝脏和牛肌肉组织	1
伊维菌素	牛肝脏和牛肌肉组织	1
多拉菌素	牛肝脏和牛肌肉组织	1
埃普利诺菌素	牛肝脏和牛肌肉组织	1

3.3.9 水产品中阿维菌素和伊维菌素多残留的测定

该测定技术采用《食品安全国家标准　水产品中阿维菌素和伊维菌素多残留的测定　高效液相色谱法》（GB 29695—2013）。

1. 适用范围

规定了水产品中阿维菌素、伊维菌素残留的制样和高效液相色谱测定方法，适用于鱼的可食性组织。

2. 方法原理

试料中残留的阿维菌素和伊维菌素，用乙腈提取，正己烷除脂，碱性氧化铝柱净化，*N*-甲基咪唑和三氟乙酸酐衍生化，用高效液相色谱仪（HPLC-FLD，色谱柱：C_{18}）检测，外标法定量。

3. 灵敏度

农药 / 代谢物名称	食品类别 / 名称	定量限 /（mg/kg）
阿维菌素	鱼的可食性组织	0.004
伊维菌素	鱼的可食性组织	0.004

3.3.10　牛奶中阿维菌素类药物多残留的测定

该测定技术采用《食品安全国家标准　牛奶中阿维菌素类药物多残留的测定　高效液相色谱法》（GB 29696—2013）。

1. 适用范围

规定了牛奶中阿维菌素类药物残留的制样和高效液相色谱测定方法，适用于牛奶。

2. 方法原理

试料中残留的阿维菌素类药物用乙腈提取，C_{18} 柱净化，三氟乙酸酐和 *N*-甲基咪唑衍生化，用高效液相色谱仪（HPLC-FLD，色谱柱：C_{18}）检测，外标法定量。

3. 灵敏度

农药 / 代谢物名称	食品类别 / 名称	定量限 /（mg/kg）
埃普利诺菌素	牛奶	0.002
阿维菌素	牛奶	0.002
多拉菌素	牛奶	0.002
伊维菌素	牛奶	0.002

第 4 章　气相色谱–质谱法

4.1　概　　述

4.1.1　方法原理

质谱分析是将待测物离子化后，按离子的质荷比分离，然后测量各种离子谱峰的强度而实现分析目的的一种分析方法。以检测器检测到的离子信号强度为纵坐标，离子质荷比为横坐标所作的条状图为质谱图。区分不同质荷比离子的构件称作质量分析器，常见的质量分析器主要有单四极杆（Q）质谱、三重四极杆（QQQ）质谱、离子阱（ion trap，IT）质谱、飞行时间（time-of-flight，TOF）质谱、傅里叶变换离子回旋共振（Fourier transform ion cyclotron resonance，FTICR）质谱等（邱永红，2014）。

单四极杆（Q）质谱由四根棒状电极组成，两对电极中间施加交变射频场，在一定射频电压与射频频率下，只允许一定质量的离子通过四极杆分析器而达到检测器。其突出优点是仪器结构简单，体积小，没有磁铁作分析器，所以没有磁滞效应，扫描响应速度快。其缺点是分辨率比较低。

三重四极杆（QQQ）质谱是最为常见的二级质谱，其一般由三段构成：第一段和第三段是两个单极杆，第二段是碰撞室，主要作用是通过一定的碰撞气（一般为氦气）体，将第一段选取的离子打碎，以便获得更多的碎片信息。

离子阱（IT）质谱由环行电极和上、下两个端盖电极构成的三维四极场。在环形电极射频电压的作用下，离子聚集在阱中心运动，在端盖电极上加电压可以选择出不同共振频率的离子到阱外进行检测，也可以将一种离子留在阱中，再用高速惰性气体碰撞诱导解离产生碎片离子，进行串联分析。

飞行时间（TOF）质谱是根据不同质荷比离子在真空飞行管中的飞行时间不同而进行分离的质量分析器（褚莹倩等，2018）。飞行时间质谱的质量分析器由调制区、加速区、无场飞行空间和检测器等部分组成。样品分子电离以后，将离子加速并通过一个无场区，不同质量的离子具有不同的能量，通过无场区的飞行时间不同，可以依次被收集检测出来。最先进的飞行时间质谱仪测得的分子质量准确度非常高，分辨率能够高达 20 000Da。飞行时间质谱常与四极杆串联，形成串联型质谱仪（Q-TOF），其主要优势是可以选择前体离子进行多级质谱分析，提高了分析的特异性。由于 Q-TOF 的高精确度、高选择性、能够产生多级质谱等优点，其常被用于解析化合物的元素组成和结构，在化学成分定性方面有很大的优势（李丹等，2020）。

傅里叶变换离子回旋共振（FTICR）质谱是根据离子在磁场中会进行回旋运动的特性设计的质量分析器。其具有超高的分辨率和质量正确度，核心部分是由超导磁体组成的强磁场和置于磁场中的 ICR 盒。FTICR 因有超导体存在，必须在液氦的温度和超高真空的真空系统下工作，因此对环境的要求非常高。其具有高分辨率和高准确度的优势，目前被广泛应用于生物大分子的研究。

不同的质量分析器工作时可以有不同的工作模式，也就是不同的离子扫描模式，包括全扫描模式、子离子扫描模式、母离子扫描模式、中性丢失扫描模式、选择离子监测模式、多反应监测模式，最常用的有全扫描模式、选择离子监测模式、多反应监测模式 3 种。

1. 全扫描模式

全扫描（full scan）方式是先设定质量范围，如 50～1200Da，然后监测此范围内的所有离子的扫描方式。一般对于未知物，全扫描可获得化合物的准分子离子，从而获得化合物的分子质量。对于二级质谱或多级质谱，全扫描可获得化合物的所有碎片离子。

2. 选择离子监测模式

选择离子监测（selected ion monitoring，SIM）不是连续扫描某一质量范围，而是在设定的时间内扫描某几个选定的质量，得到的不是化合物的全谱，不能进行谱库检索。SIM 主要用于有标品化合物的定性、定量分析，一般至少要选择 3 个特征离子进行扫描，3 个特征离子的质荷比及丰度比均与标品匹配才可定性。

3. 多反应监测模式

多反应监测（multiple reaction monitoring，MRM）模式是串联质谱才具有的工作模式，先由 Q1 全扫描确定质量为 m_1 的母离子，经碰撞室 Q2 发生诱导解离，在 Q3 做子离子扫描，从子离子谱中选择特征子离子 m_2，这样 m_1 和 m_2 之间就组成了离子对，只有同时满足 m_1 和 m_2 特征质量的离子才能被检测到，多个离子对同时监测即为 MRM 模式。MRM 模式主要用于有标品化合物的定性、定量分析，一般一个母体化合物至少选择两个离子对进行监测，离子对质荷比及丰度比均与标品匹配才可定性，是特异性较高的质谱检测模式。

气相色谱–质谱法，是用气相色谱进行分离，质谱系统进行检测的分析技术。气相色谱–质谱仪的前端是去掉检测器的气相色谱，后端是上述各种质量分析器。经气相色谱柱分离的组分在流出色谱柱时还是气态分子，但质量分析器只能区分带电荷的离子，因而气相色谱和质谱不能直接相连，而是需要先通过一个构件将各种气态分子进行电离，再输送到质量分析器检测，这个起承接作用的关键部件就是离子源。气相色谱–质谱仪常用的离子源有电子轰击离子源（electron impact ion source，EI）和化学电离源（chemical ionization source，CI）。电子轰击离子源（EI）是应用最为广泛的离子源，主要由电离室（离子盒）、灯丝、离子聚焦透镜和一对磁极组成。由 GC 或直接进样杆导入的样品分子，以气态形式进入离子源，被加热灯丝发出的电子轰击电离，得到的离子被聚焦、加速聚焦成离子束进入质量分析器。电子轰击离子源主要适用于易挥发有机物的电离，GC-MS 联用仪中都配有这种离子源，其优点是方法的重现性好，离子化效率高，检测灵敏度也高，有标准质谱图可以检索，碎片离子可提供丰富的结构信息。缺点是只适用于能气化的有机化合物的分析，并且仅形成正离子，对一些稳定性差的化合物得不到分子离子。化学电离源（CI）结构和 EI 相似，也是由电离室、灯丝、离子聚焦透镜和一对磁极组成。化学离子化与电子轰击离子化相比，其是在真空度相对较低（0.1～100Pa）的条件下进行的，离子化室的气密性比 EI 好，以保证通入离子源的反应试剂有足够压力。CI 工作过程中要引进一种反应气体，根据被分析样品的性质，可选择不同的反应气试剂，常用甲烷、异丁烷、氨气等，多数化学电离源是以甲烷为反应气体。因为化学电离源采用能量较低的二次离子，是一种软电离方式，化学键断裂的可能性小，碎片峰的数量随之减少。由于 CI 得到的质谱不是标准质谱，因此不能进行标准谱谱库检索。

4.1.2　发展历程

质谱技术的发展已经有一个多世纪，气相色谱作为色谱技术的一个重要分支，从 20 世纪

50 年代第一台气相色谱仪器出现后，分析化学家意识到这两种技术联用的潜力，而致力于气相色谱–质谱技术的研究（Gudzinowicz et al.，1977）。在色谱联用仪中，气相色谱–质谱仪是开发最早的。自 1957 年霍姆斯（Holmes）和莫雷尔（Morrell）首次实现气相色谱与质谱联用以后（McFadden，1973；Kitson et al.，1998），这一技术不断发展。全二维气相色谱作为一种创新型色谱技术（Liu and Philips，1991；Meinert and Meierhenrich，2012；Nolvacha et al.，2015），因其强大的分离能力也可以与质谱完美结合起来进行现代分析（陈晓水等，2013；张茜等，2018），从而广泛应用于石油化工、食品安全（李晓娟等，2011）、生物医疗（胡玉熙等，2008）、环境检测等多个领域中，成为这些领域里新兴有效的分析方法。

气相色谱–质谱技术的发展，主要是围绕以下 3 个问题的解决而不断取得进展的：①如何实现气相色谱柱出口气体压力和质谱正常工作所需要的高真空的适配；②如何实现质谱扫描速度和色谱峰流出时间的相互适应；③如何实现同时检验色谱和质谱信号，获得完整的色谱、质谱图。3 个问题都与色谱、质谱仪器的结构和功能有关，因此联用技术的发展和完善有赖于气相色谱、质谱仪器性能的提高，随着气相色谱、质谱技术的不断发展，联用技术也不断得到完善。此外，真空技术、电子技术、计算机科学等各项技术的发展也是 GC-MS 技术日臻完善的重要因素。电子技术和计算机技术的发展，使联用仪器趋于小型化，而功能增强，计算机的应用使仪器整体性能、稳定性、可靠性大为提高，强大的软件功能也大大增强了仪器的自动化水平以及操作的灵活性和可实用性。

我国现在已经成为全球高端质谱应用中心，但并不是科学仪器技术中心。目前，质谱仪器国产研制水平与国际先进水平有较大差距，国产质谱仪的发展形势严峻，主要体现在精密机械加工、离子碎裂机理、软件设计、自动控制等方面能力落后。早在 1962 年，我国就生产出第一台质谱仪，北京分析仪器厂就研制了同位素质谱计。但由于历史原因，研发停滞，没有延续。21 世纪以来，中国科学院大连化学物理研究所、厦门大学、复旦大学、清华大学、中国科学院化学研究所等科研院所和高等院校单位组建了相关研发团队，有望在质谱仪器研究领域有所突破。国家为了强化中国科学仪器的发展，专门设立了“国家重大科学仪器设备开发专项”和“国家重大科研仪器设备研制专项”，投入资金大，其中较大比例用于质谱仪研制。同时，我国民营企业也致力于质谱仪研制，具有一定规模的国内生产厂商有：聚光科技（杭州）股份有限公司，成立于 2002 年，为海外回国留学人员创办企业，有 500 人的研发团队，技术服务人员超过 1000 人，目前有两款质谱产品——Mars-400 便携式 GC-MS、Mars-6100 台式 GC-MS；江苏天瑞仪器股份有限公司，成立于 1992 年，2012 年生产推出 GC-MS6800、LC-MS1000、ICP-MS2000 三款仪器，均为国内首创，拥有多项专利技术；北京普析通用仪器有限责任公司，成立于 1991 年，职工 800 余人，目前产品有单四极杆型 GC-MS M6 和 M7；北京东西分析仪器有限公司，成立于 1988 年，在气相色谱仪器生产方面比较突出，许多地市级检测单位在用该公司的产品，2006 年推出单四极杆型 GC-MS 3100；广州禾信仪器股份有限公司，成立于 2004 年，在 TOF 类质谱领域处于国内领先水平，相关产品在研制中。目前我国国产质谱仪制造商一直未进入世界仪器公司排名前 25 位，创制质谱仪器任重道远，关键技术急需突破。

4.1.3 气相色谱–质谱法在食品农药残留检测中的应用

气相色谱–质谱法（简称“气质联用”）具有灵敏度高、定性能力强等优点。气相色谱分离效率高，两者联用，既可发挥色谱法的高分离能力，又可发挥质谱法的高鉴别能力，适用于多组分混合物中未知物的定性鉴定，可以判定化合物的分子结构、准确定量组分中化合物的含量，因此，气质联用被广泛应用到食品农药残留检测中。气质联用仪用于检测农药残留具有气相色谱不可比拟的优越性。主要表现在以下几个方面：①定性能力强。用化合物分子的指纹质谱图鉴定组分，可靠性大大优于依据色谱保留时间的定性，定性准确。②色谱未能分离的组分，可以采用质谱的提取离子色谱法、选择离子监测法等技术将总离子流色谱图上尚未分离或被噪声掩盖的色谱峰分离。③选择离子监测和多级质谱技术提高了复杂基质中痕量组分检测的准确性与灵敏度。在国家标准中，气质联用方法也被推荐使用，气相色谱–质谱法应用于植物源性食品农药残留检测的现行有效的国家标准就有 42 项，应用于动物源性食品农药残留检测的现行有效的国家标准有 36 项。气相色谱–质谱法检测食品中农药残留，可以涵盖很多种食品基质、很多种农药种类，可以同时检测百余种农药，极大地提高了农药残留检测分析效率。

例如，GB 23200.8—2016 中规定了苹果、柑、葡萄、甘蓝、芹菜、番茄中 500 种农药及相关化学品残留量的气相色谱–质谱测定方法。GB 23200.9—2016 中规定了大麦、小麦、燕麦、大米、玉米中 475 种农药及相关化学品残留量的气相色谱–质谱测定方法。GB 23200.7—2016 中规定了果汁、果酒中 497 种农药及相关化学品残留量的气相色谱–质谱测定方法，方法的检出限为 0.002～0.066mg/kg。可见气相色谱–质谱法已广泛应用于蔬菜、水果、谷物、油料作物、食用菌、饮料类、药用植物、动物源性食品、坚果、香辛料等食品基质中农药残留的检测，逐步构建了多种食品多种农药残留的同步检测技术体系，为我国食品安全检测提供了强有力的技术支撑。

4.2　植物源性食品中农药残留量的测定

4.2.1　食用菌中 477 种农药及相关化学品残留量的测定

该测定技术采用《食品安全国家标准　食用菌中 503 种农药及相关化学品残留量的测定　气相色谱–质谱法》（GB 23200.15—2016）。

1. 适用范围

规定了食用菌中 477 种农药及相关化学品残留量的气相色谱–质谱测定方法。适用于滑子菇、金针菇、黑木耳、香菇中 477 种农药及相关化学品的定性鉴别、453 种农药及相关化学品的定量测定，其他食用菌可参照执行。

2. 方法原理

试样用乙腈匀浆提取，盐析离心后，经 Sep-Pak Carbon NH_2 固相萃取柱净化，用乙腈–甲苯（3∶1，*v/v*）洗脱农药及相关化学品，用气相色谱–电子轰击离子源质谱仪（GC-EI-SIM，色谱柱：DB-1701）测定，内标法定量。

3. 灵敏度

农药 / 代谢物名称	定量限 /（μg/kg）	农药 / 代谢物名称	定量限 /（μg/kg）
敌草腈	0.0026	倍硫磷	0.0126
4-氯苯氧乙酸	0.0062	乙基溴硫磷	0.0126
避蚊胺	0.0100	喹硫磷	0.0126

农药 / 代谢物名称	定量限 /（μg/kg）	农药 / 代谢物名称	定量限 /（μg/kg）
苯胺灵	0.0126	反-氯丹	0.0126
环草敌	0.0126	丙硫磷	0.0126
联苯二胺[a]	0.0126	腐霉利	0.0126
杀虫脒	0.0126	噁草酮	0.0126
甲拌磷	0.0126	杀螨氯硫	0.0126
甲基乙拌磷	0.0126	乙嘧酚磺酸酯	0.0126
脱乙基阿特拉津[a]	0.0126	氟酰胺	0.0126
异噁草松	0.0126	*p,p′*-滴滴滴	0.0126
二嗪磷	0.0126	腈菌唑	0.0126
地虫硫膦	0.0126	禾草灵	0.0126
乙嘧硫磷	0.0126	联苯菊酯	0.0126
胺丙畏	0.0126	灭蚁灵	0.0126
仲丁通	0.0126	噁霜灵	0.0126
炔丙烯草胺	0.0126	氟草敏	0.0126
除线磷	0.0126	哒嗪硫磷	0.0126
扑草净	0.0126	三氯杀螨砜	0.0126
环丙津	0.0126	顺-氯菊酯	0.0126
乙烯菌核利	0.0126	反-氯菊酯	0.0126
β-六六六	0.0126	氯苯甲醚	0.0126
毒死蜱	0.0126	六氯苯	0.0126
蒽醌	0.0126	治螟磷	0.0126
α-六六六	0.0126	醚菊酯	0.0126
扑灭津	0.0126	五氯苯	0.0126
特丁津	0.0126	三异丁基磷酸盐	0.0126
甲基毒死蜱	0.0126	鼠立死	0.0126
敌草净	0.0126	燕麦酯	0.0126
甲基嘧啶磷	0.0126	虫线磷	0.0126
异丙甲草胺	0.0126	2,3,5,6-四氯苯胺	0.0126
p,p′-滴滴伊	0.0126	2,3,4,5-四氯甲氧基苯	0.0126
o,p′-滴滴滴	0.0126	五氯甲氧基苯	0.0126
丙酯杀螨醇	0.0126	阿特拉通	0.0126
麦草氟甲酯	0.0126	七氟菊酯	0.0126
麦草氟异丙酯	0.0126	溴烯杀	0.0126
苯霜灵	0.0126	草达津	0.0126
苯腈膦	0.0126	2,4,4′-三氯联苯	0.0126
联苯	0.0126	2,4,5-三氯联苯	0.0126
灭草敌	0.0126	五氯苯胺	0.0126
3,5-二氯苯胺	0.0126	另丁津	0.0126

农药 / 代谢物名称	定量限 /（μg/kg）	农药 / 代谢物名称	定量限 /（μg/kg）
虫螨畏[a]	0.0126	2,2′,5,5′-四氯联苯	0.0126
禾草敌	0.0126	苄草丹	0.0126
邻苯基苯酚	0.0126	二甲吩草胺	0.0126
乙丁氟灵	0.0126	八氯苯乙烯	0.0126
嘧霉胺	0.0126	异艾氏剂	0.0126
乙拌磷[a]	0.0126	毒壤膦	0.0126
莠去净	0.0126	敌草索	0.0126
四氟苯菊酯	0.0126	4,4′-二氯二苯甲酮	0.0126
丁苯吗啉	0.0126	吡咪唑	0.0126
甲基立枯磷	0.0126	嘧菌环胺	0.0126
异丙草胺	0.0126	2 甲 4 氯丁氧乙基酯	0.0126
异丙净	0.0126	2,2′,4,5,5′-五氯联苯	0.0126
芬螨酯	0.0126	呋菌胺	0.0126
o,p′-滴滴伊	0.0126	甲拌磷砜	0.0126
双苯酰草胺	0.0126	杀螨醇	0.0126
醚菌酯	0.0126	反-九氯	0.0126
吡氟禾草灵	0.0126	溴苯烯磷	0.0126
乙酯杀螨醇	0.0126	乙滴涕	0.0126
三氟硝草醚	0.0126	灭菌磷	0.0126
增效醚	0.0126	2,3,4,4′,5-五氯联苯	0.0126
灭锈胺	0.0126	4,4′-二溴二苯甲酮	0.0126
吡氟酰草胺	0.0126	顺-燕麦敌	0.0250
咯菌腈	0.0126	氟乐灵	0.0250
喹螨醚	0.0126	反-燕麦敌	0.0250
苯醚菊酯	0.0126	氯苯胺灵	0.0250
高效氯氟氰菊酯	0.0126	菜草畏	0.0250
哒螨灵	0.0126	特丁硫磷	0.0250
2,2′,4,4′,5,5′-六氯联苯	0.0126	氯炔灵	0.0250
2,2′,3,4,4′,5-六氯联苯	0.0126	氯硝胺（dicloron）	0.0250
环丙唑	0.0126	特丁净	0.0250
酞酸甲苯基丁酯	0.0126	丙硫特普	0.0250
三氟苯唑	0.0126	杀草丹	0.0250
氟草烟-1-甲庚酯	0.0126	三氯杀螨醇	0.0250
三苯基磷酸盐	0.0126	嘧啶磷	0.0250
2,2′,3,4,4′,5,5′-七氯联苯	0.0126	溴硫磷	0.0250
吡螨胺	0.0126	乙氧呋草黄	0.0250
解草酯	0.0126	异丙乐灵	0.0250
氟喹唑	0.0126	敌稗	0.0250

农药 / 代谢物名称	定量限 / （μg/kg）	农药 / 代谢物名称	定量限 / （μg/kg）
菲	0.0126	异柳磷	0.0250
抑草磷	0.0126	顺-氯丹	0.0250
苯氧喹啉	0.0126	丁草胺	0.0250
咪唑菌酮	0.0126	乙菌利[a]	0.0250
环酯草醚	0.0126	碘硫磷	0.0250
氟硅菊酯	0.0126	噻嗪酮	0.0250
氟丙嘧草酯	0.0126	杀螨酯[a]	0.0250
苯磺隆[a]	0.0126	氟咯草酮（fluorochloridone）	0.0250
异戊乙净	0.0126	o,p'-滴滴涕	0.0250
二丙烯草胺	0.0250	三硫磷	0.0250
氯甲硫磷	0.0250	p,p'-滴滴涕	0.0250
五氯硝基苯	0.0250	敌瘟磷	0.0250
艾氏剂	0.0250	氯杀螨砜	0.0250
皮蝇磷	0.0250	溴螨酯	0.0250
δ-六六六	0.0250	甲氰菊酯	0.0250
杀螟硫磷	0.0250	溴苯膦	0.0250
三唑酮	0.0250	治草醚	0.0250
杀螨醚	0.0250	伏杀硫磷	0.0250
稻丰散	0.0250	氯苯嘧啶醇	0.0250
狄氏剂	0.0250	益棉磷	0.0250
杀扑磷[a]	0.0250	仲丁威	0.0250
乙硫磷	0.0250	野麦畏	0.0250
硫丙磷	0.0250	林丹	0.0250
丰索磷	0.0250	氯唑磷	0.0250
氟苯嘧啶醇	0.0250	三氯杀虫酯	0.0250
胺菊酯	0.0250	西草净	0.0250
亚胺硫磷	0.0250	哌草丹	0.0250
吡菌磷	0.0250	丁基嘧啶磷	0.025
速灭磷	0.0250	苯锈啶	0.025
四氯硝基苯	0.0250	氯硝胺（dichloran）	0.025
丙虫磷	0.025	抗蚜威	0.025
氟节胺	0.025	解草嗪	0.025
丙草胺	0.025	乙草胺	0.025
炔螨特	0.025	戊草丹	0.025
莎稗磷	0.025	甲呋酰胺	0.025
氟丙菊酯	0.025	活化酯	0.025
氯菊酯	0.025	精甲霜灵	0.025
顺-氯氰菊酯	0.025	氯酞酸甲酯	0.025

农药 / 代谢物名称	定量限 /（μg/kg）	农药 / 代谢物名称	定量限 /（μg/kg）
氟氰戊菊酯	0.025	硅氟唑	0.025
丙炔氟草胺	0.025	特草净	0.025
氟烯草酸	0.025	噻唑烟酸	0.025
4-溴-3,5-二甲苯基-*N*-甲基氨基甲酸酯	0.025	甲基毒虫畏	0.025
三正丁基磷酸盐	0.025	苯酰草胺	0.025
牧草胺	0.025	氰菌胺	0.025
西玛通	0.025	呋霜灵	0.025
2,6-二氯苯甲酰胺	0.025	除草定	0.025
脱乙基另丁津[a]	0.025	啶氧菌酯	0.025
2,3,4,5-四氯苯胺	0.025	稻瘟灵	0.025
庚酰草胺	0.025	炔咪菊酯	0.025
丁嗪草酮	0.025	稗草丹	0.025
酞菌酯	0.025	吡草醚	0.025
水胺硫磷	0.025	噻吩草胺	0.025
脱叶磷	0.025	吡丙醚	0.025
氟咯草酮（flurochloridone）	0.025	呋草酮	0.025
地胺磷	0.025	嘧螨醚	0.025
粉唑醇	0.025	氟啶草酮	0.025
乙拌磷砜	0.025	邻苯二甲酰亚胺[a]	0.025
炔草酸	0.025	螺环菌胺	0.025
糠菌唑	0.025	苯虫醚	0.025
腈苯唑	0.025	生物苄呋菊酯	0.025
残杀威	0.025	唑酮草酯	0.025
灭除威	0.025	氰氟草酯	0.025
异丙威	0.025	苄螨醚	0.025
特草灵	0.025	烯酰吗啉	0.025
驱虫特	0.025	土菌灵	0.0376
吡唑草胺[a]	0.0376	兹克威	0.0376
整形醇	0.0376	甲霜灵	0.0376
敌草胺	0.0376	氟啶脲	0.0376
氰草津[a]	0.0376	氟硅唑	0.0376
苯线磷[a]	0.0376	烯唑醇	0.0376
乙环唑	0.0376	双甲脒[a]	0.0376
丙环唑	0.0376	苯噻酰草胺	0.0376
麦锈灵	0.0376	联苯三唑醇	0.0376
戊唑醇	0.0376	甲氟磷	0.0376
氯氰菊酯	0.0376	环莠隆	0.0376
茵草敌	0.0376	咪草酸	0.0376

农药 / 代谢物名称	定量限 /（μg/kg）	农药 / 代谢物名称	定量限 /（μg/kg）
丁草敌[a]	0.0376	吡唑解草酯	0.0376
克草敌	0.0376	呋酰胺	0.0376
三氯甲基吡啶	0.0376	哌草磷	0.0376
庚烯磷	0.0376	甲萘威	0.0376
灭线磷	0.0376	拌种胺	0.0376
毒草胺	0.0376	十二环吗啉	0.0376
特丁通[a]	0.0376	乙丁烯氟灵	0.05
氟虫脲	0.0376	乐果	0.05
二甲草胺	0.0376	氨氟灵	0.05
甲草胺	0.0376	甲基对硫磷	0.05
毒虫畏	0.0376	马拉硫磷[a]	0.05
杀虫畏	0.0376	利谷隆[a]	0.05
多效唑	0.0376	二甲戊灵	0.05
盖草津	0.0376	氰戊菊酯	0.05
虫螨磷	0.0376	环丙氟灵	0.05
三唑磷	0.0376	敌噁磷	0.05
硫丹硫酸盐	0.0376	绿谷隆	0.05
新燕灵	0.0376	烯虫酯	0.05
环嗪酮	0.0376	乙氧氟草醚	0.05
霜霉威	0.0376	苯硫膦	0.05
四氢邻苯二甲酰亚胺	0.0376	氯乙氟灵	0.05
扑灭通	0.0376	生物烯丙菊酯	0.05
异稻瘟净	0.0376	灭蚜磷	0.05
莠灭净	0.0376	噁唑隆	0.05
嗪草酮	0.0376	*S*-氰戊菊酯	0.05
噻节因	0.0376	苄氯三唑醇	0.05
戊菌唑	0.0376	倍硫磷亚砜[a]	0.05
四氟醚唑	0.0376	倍硫磷砜	0.05
三唑醇	0.0376	苯线磷砜	0.05
烯丙菊酯	0.05	拌种咯	0.05
灭藻醌	0.05	丁噻隆	0.05
苯氧菌胺	0.05	戊菌隆	0.05
抑霉唑	0.05	甲基内吸磷	0.05
肟菌酯	0.05	叠氮津	0.1
脱苯甲基亚胺唑	0.05	唑螨酯	0.1
烯草酮	0.05	氟噻草胺	0.1
伐灭磷	0.05	嘧菌胺	0.1
异菌脲	0.05	氟虫腈	0.1

农药 / 代谢物名称	定量限 /（μg/kg）	农药 / 代谢物名称	定量限 /（μg/kg）
避蚊酯	0.05	氟环唑	0.1
硫线磷	0.05	三甲苯草酮[a]	0.1
氧皮蝇磷	0.05	螺螨酯	0.1
仲丁灵	0.05	二氧威	0.1
缬霉威	0.05	百治磷	0.1
戊环唑	0.05	丁酰肼	0.1
去甲基氟草敏	0.05	啶斑肟	0.1
metoconazole	0.05	溴虫腈	0.1
啶虫脒	0.05	联苯肼酯	0.1
烟酰碱	0.05	四溴菊酯	0.1
丁脒酰胺	0.0626	咯喹酮	0.1008
麦穗灵	0.0626	蔬果磷	0.125
异氯磷	0.0626	甲基苯噻隆	0.125
溴氰菊酯	0.075	苯嗪草酮	0.125
育畜磷	0.075	环草定	0.125
硫丹	0.075	甲磺乐灵	0.125
丙溴磷	0.075	乙硫苯威	0.125
除草醚	0.075	螺甲螨酯	0.125
保棉磷	0.075	异狄氏剂	0.15
咪鲜胺	0.075	氟氯氰菊酯	0.15
蝇毒磷	0.075	氟胺氰菊酯	0.15
敌敌畏	0.075	乙羧氟草醚	0.15
氟铃脲	0.075	乙拌磷亚砜	0.2
溴谷隆	0.075	乙基杀扑磷	0.2
乙霉威	0.075	苄呋菊酯	0.2
苯氧威	0.075	氯氧磷	0.2
苯醚甲环唑	0.075	二溴磷	0.2
乙螨唑	0.075	炔苯酰草胺	0.2
3-苯基苯酚	0.075	灭草环	0.2
三环唑[a]	0.075	呋草黄	0.2
敌菌丹[a]	0.225	马拉氧磷	0.2
甲氧滴滴涕	0.1	环氟菌胺	0.2
乙酰甲胺磷[a]	0.25	sobutylazine	0.2
2,4-滴	0.25	异狄氏剂酮	0.2
2,4,5-涕	0.25	苯氟磺胺	0.6
八氯二甲醚	0.25	家蝇磷	0.6
甜菜安	0.25	磷胺	0.8
噻菌灵	0.25	吡唑硫磷	0.8

农药 / 代谢物名称	定量限 /（μg/kg）	农药 / 代谢物名称	定量限 /（μg/kg）
苯甲醚	0.25	烯禾啶	0.9
萎锈灵	0.3	噻草酮[a]	1.2
甲苯氟磺胺	0.3	克菌丹	1.6
氯溴隆	0.3	苯噻硫氰	1.6
对氧磷	0.4	吡唑醚菊酯	2.4
苯线磷亚砜	0.4	氯亚胺硫磷	3.2
噻虫嗪	0.4	内吸磷	0.4
氟菌唑	0.4		

注：a 为仅可定性鉴别的农药和相关化学品；该定量限适用食品类别均为滑子菇、金针菇、黑木耳、香菇。

4.2.2　粮谷及油籽中酰胺类除草剂残留量的测定

该测定技术采用《食品安全国家标准　除草剂残留量检测方法　第 1 部分：气相色谱–质谱法测定　粮谷及油籽中酰胺类除草剂残留量》（GB 23200.1—2016）。

1. 适用范围

规定了粮谷、油籽中 11 种酰胺类除草剂残留量的气相色谱–质谱测定方法。适用于大米、大豆，其他食品可参照执行。

2. 方法原理

试样中除草剂用丙酮和水提取，把提取液中丙酮减压去除后加入氯化钠溶液，用正己烷反萃取，浓缩正己烷提取液，然后用乙腈提取、弗罗里硅土固相萃取柱净化，样液供气相色谱–质谱仪（GC-EI-MRM，色谱柱：HP-1701）测试，外标法定量。

3. 灵敏度

农药 / 代谢物名称	定量限 /（mg/kg）	农药 / 代谢物名称	定量限 /（mg/kg）
毒草胺	0.02	二甲吩草胺	0.02
莠去津	0.02	敌稗	0.02
乙草胺	0.02	嗪草酮	0.02
异丙甲草胺	0.02	甲草胺	0.05
丙草胺	0.02	丁草胺	0.05
敌草胺	0.02		

注：该定量限适用食品类别均为大米、大豆。

4.2.3　粮谷及油籽中二苯醚类除草剂残留量的测定

该测定技术采用《食品安全国家标准　除草剂残留量检测方法　第 2 部分：气相色谱–质谱法测定　粮谷及油籽中二苯醚类除草剂残留量》（GB 23200.2—2016）。

1. 适用范围

规定了粮谷、油籽中 9 种二苯醚类除草剂残留量的气相色谱–质谱检测方法。适用于大米、大豆中 9 种二苯醚类除草剂残留量的检测与确证，其他食品可参照执行。

2. 方法原理

试样用乙腈提取，弗罗里硅土固相萃取柱净化，气相色谱–质谱仪（GC-EI-MRM，色谱柱：HP-5MS）测定，外标法定量。

3. 灵敏度

农药 / 代谢物名称	定量限 /（mg/kg）	农药 / 代谢物名称	定量限 /（mg/kg）
环庚草醚	0.025	甲氧除草醚	0.025
三氟硝草醚	0.025	甲羧除草醚	0.025
乙氧氟草醚	0.025	乳氟禾草灵	0.025
除草醚	0.025	乙羧氟草醚	0.025
苯草醚	0.025		

注：该定量限适用食品类别均为大米、大豆。

4.2.4 食品中芳氧苯氧丙酸酯类除草剂残留量的测定

该测定技术采用《食品安全国家标准 除草剂残留量检测方法 第 4 部分：气相色谱–质谱 / 质谱法测定 食品中芳氧苯氧丙酸酯类除草剂残留量》（GB 23200.4—2016）。

1. 适用范围

规定了食品中 8 种芳氧苯氧丙酸酯类除草剂残留量的气相色谱–质谱 / 质谱检测方法。适用于大豆、大麦茶、粳米、胡萝卜、菠菜、青刀豆、蒜苗、草莓、蜂蜜，其他食品可参照执行。

2. 方法原理

试样用经正己烷饱和过的乙腈（含 1% 冰醋酸）提取，胡萝卜、青刀豆、蒜苗、草莓、菠菜、大麦茶提取液用 PSA 和石墨化炭黑净化，大豆、粳米、蜂蜜提取液用 PSA、石墨化炭黑和 C_{18} 净化，用气相色谱–质谱 / 质谱仪（GC-EI-MRM，色谱柱：DB-5MS）测定，外标法定量。

3. 灵敏度

农药 / 代谢物名称	定量限 /（mg/kg）	农药 / 代谢物名称	定量限 /（mg/kg）
2,4-滴丁酯	0.005	禾草灵	0.005
氟吡禾灵	0.005	氰氟草酯	0.005
吡氟禾草灵	0.005	噁唑禾草灵	0.005
炔草酯	0.005	精喹禾灵	0.005

注：该定量限适用食品类别均为大豆、大麦茶、粳米、胡萝卜、菠菜、青刀豆、蒜苗、草莓、蜂蜜。

4.2.5 果汁和果酒中 480 种农药及相关化学品残留量的测定

该测定技术采用《食品安全国家标准 蜂蜜、果汁和果酒中 497 种农药及相关化学品残留量的测定 气相色谱–质谱法》（GB 23200.7—2016）。

1. 适用范围

规定了果汁和果酒中 480 种农药及相关化学品残留量的气相色谱–质谱测定方法。适用于果汁和果酒，其他食品可参照执行。

2. 方法原理

试样用二氯甲烷提取，经串联 Envi-Carb 和 Sep-Pak NH_2 柱净化，用乙腈–甲苯溶液（3 ∶ 1，*v/v*）洗脱农药及相关化学品，用气相色谱–电子轰击离子源质谱仪（GC-EI-SIM，色谱柱：DB-1701）检测，内标法定量。

3. 灵敏度

农药 / 代谢物名称	定量限 /（mg/kg）	农药 / 代谢物名称	定量限 /（mg/kg）
敌草腈	0.002	联苯	0.008
杀螨氯硫	0.008	邻苯基苯酚	0.008
杀螨特	0.008	嘧霉胺	0.008
氟酰胺	0.008	醚菊酯	0.008
p,p'-滴滴滴	0.008	五氯苯	0.008
禾草灵	0.008	三异丁基磷酸盐	0.008
灭蚁灵	0.008	鼠立死	0.008
燕麦酯	0.008	吡咪唑	0.008
虫线磷	0.008	嘧菌环胺	0.008
2,3,5,6-四氯苯胺	0.008	2,2′,4,5,5′-五氯联苯	0.008
2,3,4,5-四氯甲氧基苯	0.008	2 甲 4 氯丁氧乙基酯	0.008
五氯甲氧基苯	0.008	甲拌磷砜	0.008
阿特拉通	0.008	杀螨醇	0.008
特丁硫磷砜	0.008	反-九氯	0.008
七氟菊酯	0.008	溴苯烯磷	0.008
溴烯杀	0.008	乙滴涕	0.008
草达津	0.008	2,3,4,4′,5-五氯联苯	0.008
氧乙嘧硫磷	0.008	4,4′-二溴二苯甲酮	0.008
2,4,4′-三氯联苯	0.008	2,2′,4,4′,5,5′-六氯联苯	0.008
2,4,5-三氯联苯	0.008	2,2′,3,4,4′,5-六氯联苯	0.008
五氯苯胺	0.008	环菌唑	0.008
另丁津	0.008	酞酸苯甲基丁酯	0.008
2,2′,5,5′-四氯联苯	0.008	三氟苯唑	0.008
苄草丹	0.008	氟草烟-1-甲庚酯	0.008
二甲吩草胺	0.008	三苯基磷酸盐	0.008
碳氯灵	0.008	2,2′,3,4,4′,5,5′-七氯联苯	0.008
八氯苯烯	0.008	吡螨胺	0.008
嘧啶磷（pyrimitate）	0.008	解草酯	0.008
异艾氏剂	0.008	脱溴溴苯膦	0.008
毒壤膦	0.008	氟喹唑	0.008
敌草索	0.008	二氢苊	0.008
4,4′-二氯二苯甲酮	0.008	phenanthrene（菲）	0.008

农药 / 代谢物名称	定量限 /（mg/kg）	农药 / 代谢物名称	定量限 /（mg/kg）
异戊乙净	0.008	咯喹酮	0.008
嘧菌胺	0.008	溴丁酰草胺	0.008
抑草磷	0.008	氟硫草定	0.008
苯氧喹啉	0.008	吡氟酰草胺	0.012
吡丙醚	0.008	喹螨醚	0.012
氟吡酰草胺	0.008	苯醚菊酯	0.012
氯甲酰草胺	0.008	哒螨灵	0.012
咪唑菌酮	0.008	硫丙磷	0.014
萘丙胺	0.008	氟苯嘧啶醇	0.014
环酯草醚	0.008	胺菊酯	0.014
氟硅菊酯	0.008	吡菌磷	0.014
氟丙嘧草酯	0.008	乙基溴硫磷	0.016
整形醇	0.01	喹硫磷	0.016
萎锈灵	0.01	丙硫磷	0.016
反-氯丹	0.012	腐霉利	0.016
苯硫威	0.012	噁草酮	0.016
乙嘧酚磺酸酯	0.012	乙硫磷	0.016
联苯菊酯	0.012	腈菌唑	0.016
三氯杀螨砜	0.012	麦锈灵	0.016
丁苯吗啉	0.012	甲氧滴滴涕	0.016
异丙草胺	0.012	噁霜灵	0.016
o,p'-滴滴伊	0.012	氟草敏	0.016
芬螨酯	0.012	哒嗪硫磷	0.016
双苯酰草胺	0.012	亚胺硫磷	0.016
醚菌酯	0.012	顺-氯菊酯	0.016
吡氟禾草灵	0.012	反-氯菊酯	0.016
乙酯杀螨醇	0.012	氯苯甲醚	0.016
增效醚	0.012	六氯苯	0.016
灭锈胺	0.012	治螟磷	0.016
敌草净	0.016	扑灭津	0.016
甲基嘧啶磷	0.016	特丁津	0.016
异丙甲草胺	0.016	甲基毒死蜱	0.016
p,p'-滴滴伊	0.016	乙拌磷亚砜	0.016
o,p'-滴滴滴	0.016	4-溴-3,5-二甲苯基-*N*-甲基氨基甲酸酯-1	0.016
丙酯杀螨醇	0.016	三正丁基磷酸盐	0.016
麦草氟甲酯	0.016	牧草胺	0.016
麦草氟异丙酯	0.016	西玛通	0.016
苯霜灵	0.016	2,6-二氯苯甲酰胺	0.016

农药 / 代谢物名称	定量限 /（mg/kg）	农药 / 代谢物名称	定量限 /（mg/kg）
苯腈膦	0.016	脱乙基另丁津	0.016
灭草敌	0.016	2,3,4,5-四氯苯胺	0.016
3,5-二氯苯胺	0.016	氧皮蝇磷	0.016
禾草敌	0.016	4-溴-3,5-二甲苯基-*N*-甲基氨基甲酸酯-2	0.016
虫螨畏	0.016	甲基对氧磷	0.016
仲丁威	0.016	庚酰草胺	0.016
乙丁氟灵	0.016	丁嗪草酮	0.016
扑灭通	0.016	酞菌酯	0.016
野麦畏	0.016	水胺硫磷	0.016
林丹	0.016	脱叶磷	0.016
乙拌磷	0.016	氟咯草酮（fluorochloridone）	0.016
莠去净	0.016	粉唑醇	0.016
四氟苯菊酯	0.016	地胺磷	0.016
甲基立枯磷	0.016	乙基杀扑磷	0.016
西草净	0.016	乙拌磷砜	0.016
异丙净	0.016	威菌磷	0.016
咯菌腈	0.016	苄呋菊酯	0.016
高效氯氟氰菊酯	0.016	炔草酸	0.016
氯菊酯	0.016	糠菌唑	0.016
顺-氯氰菊酯	0.016	甲醚菊酯	0.016
腈苯唑	0.016	氰菌胺	0.016
残杀威	0.016	呋霜灵	0.016
异丙威	0.016	picoxystrobin（啶氧菌酯）	0.016
驱虫特	0.016	稻瘟灵	0.016
邻苯二甲酰亚胺	0.016	苯虫醚	0.016
氯氧磷	0.016	双苯噁唑酸	0.016
戊菌隆	0.016	炔咪菊酯	0.016
螺环菌胺	0.016	唑酮草酯	0.016
丁基嘧啶磷	0.016	吡草醚	0.016
苯锈啶	0.016	稗草丹	0.016
氯硝胺（dicloran）	0.016	噻吩草胺	0.016
炔苯酰草胺	0.016	氟啶草酮	0.016
抗蚜威	0.016	吡唑草胺	0.02
解草嗪	0.016	敌草胺	0.02
乙草胺	0.016	丁硫克百威	0.02
特草灵	0.016	二甲草胺	0.02
戊草丹	0.016	双甲脒	0.02
甲呋酰胺	0.016	联苯三唑醇	0.02

农药 / 代谢物名称	定量限 / （mg/kg）	农药 / 代谢物名称	定量限 / （mg/kg）
活化酯	0.016	二甲戊灵	0.022
呋草黄	0.016	杀扑磷	0.022
精甲霜灵	0.016	丰索磷	0.022
硅氟唑	0.016	乙环唑	0.024
氯酞酸甲酯	0.016	丙环唑	0.024
噻唑烟酸	0.016	戊唑醇	0.024
甲基毒虫畏	0.016	炔丙烯草胺	0.034
苯酰草胺	0.016	扑草净	0.034
氧化萎锈灵	0.024	环丙津	0.034
茵草敌	0.024	乙烯菌核利	0.034
丁草敌	0.024	*β*-六六六	0.034
克草敌	0.024	毒死蜱	0.034
毒草胺	0.024	蒽醌	0.034
特丁通	0.024	倍硫磷	0.034
环嗪酮	0.024	三唑酮	0.034
氰草津	0.026	杀螨醚	0.034
甲氟磷	0.026	稻丰散	0.034
环莠隆	0.026	狄氏剂	0.034
咪草酸	0.026	苯线磷	0.034
吡唑解草酯	0.026	氰戊菊酯	0.034
哌草磷	0.026	速灭磷	0.034
呋酰胺	0.026	四氯硝基苯	0.034
烯丙酰草胺	0.034	燕麦敌	0.034
苯胺灵	0.034	氟乐灵	0.034
环草敌	0.034	氯苯胺灵	0.034
联苯二胺	0.034	菜草畏	0.034
杀虫脒	0.034	*α*-六六六	0.034
甲拌磷	0.034	特丁硫磷	0.034
甲基乙拌磷	0.034	特丁净	0.034
脱乙基阿特拉津	0.034	杀草丹	0.034
异噁草松	0.034	丙硫特普	0.034
二嗪磷	0.034	三氯杀螨醇	0.034
地虫硫膦	0.034	氧化氯丹	0.034
乙嘧硫磷	0.034	嘧啶磷（pirimiphos-ethy）	0.034
胺丙畏	0.034	溴硫磷	0.034
仲丁通	0.034	嗪草酮	0.034
除线磷	0.034	*ε*-六六六	0.034
乙氧呋草黄	0.034	安硫磷	0.034

农药 / 代谢物名称	定量限 /（mg/kg）	农药 / 代谢物名称	定量限 /（mg/kg）
异丙乐灵	0.034	特草定	0.034
敌稗	0.034	哌草丹	0.034
异柳磷	0.034	氯硫磷	0.034
顺-氯丹	0.034	炔丙菊酯	0.034
丁草胺	0.034	戊菌唑	0.034
乙菌利	0.034	灭蚜磷	0.034
碘硫磷	0.034	丙虫磷	0.034
氟咯草酮（flurochloridone）	0.034	氟节胺	0.034
噻嗪酮	0.034	丙草胺	0.034
杀螨酯	0.034	烯效唑	0.034
o,p'-滴滴涕	0.034	炔螨特	0.034
抑草蓬	0.034	莎稗磷	0.034
p,p'-滴滴涕	0.034	氟丙菊酯	0.034
三硫磷	0.034	氟氰戊菊酯	0.034
敌瘟磷	0.034	丙炔氟草胺	0.034
氯杀螨砜	0.034	氟烯草酸	0.034
溴螨酯	0.034	苄氯三唑醇	0.034
甲氰菊酯	0.034	倍硫磷亚砜	0.034
溴苯膦	0.034	倍硫磷砜	0.034
甲羧除草醚	0.034	苯线磷亚砜	0.034
伏杀硫磷	0.034	苯线磷砜	0.034
氯苯嘧啶醇	0.034	拌种咯	0.034
益棉磷	0.034	丁噻隆	0.034
敌敌畏	0.034	甲基内吸磷	0.034
异稻瘟净	0.034	硫线磷	0.034
氯唑磷	0.034	茉莉酮	0.034
三氯杀虫酯	0.034	杀虫畏	0.05
莠灭净	0.034	多效唑	0.05
灭草环	0.034	盖草津	0.05
仲丁灵	0.034	虫螨磷	0.05
烯丙菊酯	0.034	三唑磷	0.05
灭藻醌	0.034	硫丹硫酸盐	0.05
四氯苯酞	0.034	新燕灵	0.05
苯氧菌胺	0.034	四氢邻苯二甲酰亚胺	0.05
抑霉唑	0.034	七氯	0.05
嘧草醚	0.034	乙霉威	0.05
肟菌酯	0.034	四氟醚唑	0.05
脱苯甲基亚胺唑	0.034	三唑醇	0.05

农药 / 代谢物名称	定量限 /（mg/kg）	农药 / 代谢物名称	定量限 /（mg/kg）
烯草酮	0.034	氟啶脲	0.05
伐灭磷	0.034	氟硅唑	0.05
异菌脲	0.034	烯唑醇	0.05
异狄氏剂酮	0.034	苯噻酰草胺	0.05
苄螨醚	0.034	乙螨唑	0.05
呋草酮	0.034	二丙烯草胺	0.066
嘧螨醚	0.034	氯甲硫磷	0.066
苯氧威	0.04	五氯硝基苯	0.066
丁脒酰胺	0.042	艾氏剂	0.066
麦穗宁	0.042	皮蝇磷	0.066
异氯磷	0.042	百菌清	0.066
氯氰菊酯	0.05	δ-六六六	0.066
三氯甲基吡啶	0.05	杀螟硫磷	0.066
庚烯磷	0.05	对氧磷	0.066
灭线磷	0.05	对硫磷	0.066
甲草胺	0.05	利谷隆	0.066
毒虫畏	0.05	环丙氟灵	0.066
甲苯氟磺胺	0.05	联苯肼酯	0.066
氯炔灵	0.066	乳氟禾草灵	0.066
氯硝胺（dichloran）	0.066	三甲苯草酮	0.066
绿谷隆	0.066	吡唑硫磷	0.066
杀螟腈	0.066	氯亚胺硫磷	0.066
烯虫酯	0.066	螺螨酯	0.066
乙氧氟草醚	0.066	噻草酮	0.08
苯硫膦	0.066	蔬果磷	0.084
氯乙氟灵	0.066	甲基苯噻隆	0.084
生物烯丙菊酯	0.066	苯嗪草酮	0.084
三氟硝草醚	0.066	环草定	0.084
噁唑隆	0.066	甲磺乐灵	0.084
S-氰戊菊酯	0.066	土菌灵	0.1
苯醚甲环唑	0.066	兹克威	0.1
脱异丙基莠去津	0.066	甲霜灵	0.1
叠氮津	0.066	溴氰菊酯	0.1
噻螨酮	0.066	氟虫脲	0.1
唑螨酯	0.066	苯氟磺胺	0.1
磷胺	0.066	硫丹 I	0.1
啶斑肟	0.066	育畜磷	0.1
氟噻草胺	0.066	巴毒磷	0.1

农药 / 代谢物名称	定量限 /（mg/kg）	农药 / 代谢物名称	定量限 /（mg/kg）
除草定	0.066	丙溴磷	0.1
甲硫威砜	0.066	己唑醇	0.1
噁唑磷	0.066	除草醚	0.1
溴虫腈	0.066	保棉磷	0.1
氟虫腈	0.066	咪鲜胺	0.1
氟环唑-1	0.066	蝇毒磷	0.1
氟铃脲	0.1	氟胺氰菊酯	0.1
溴谷隆	0.1	霜霉威	0.1
噻节因	0.1	马拉氧磷	0.134
乙羧氟草醚	0.1	苯噻硫氰	0.134
苯酮唑	0.1	环氟菌胺	0.134
乙丁烯氟灵	0.132	敌噁磷	0.136
乐果	0.132	烯禾啶	0.152
氨氟灵	0.132	西玛津	0.16
甲基对硫磷	0.132	灭菌丹	0.2
马拉硫磷	0.132	异狄氏剂	0.2
吡唑醚菊酯	0.2	氟氯氰菊酯	0.2
氯溴隆	0.408	敌菌丹	0.6

注：该定量限适用食品类别均为果汁、果酒。

4.2.6　水果和蔬菜中 479 种农药及相关化学品残留量的测定

该测定技术采用《食品安全国家标准　水果和蔬菜中 500 种农药及相关化学品残留量的测定　气相色谱–质谱法》（GB 23200.8—2016）。

1. 适用范围

规定了苹果、柑、葡萄、甘蓝、芹菜、番茄中 479 种农药及相关化学品残留量的气相色谱–质谱测定方法。适用于苹果、柑、葡萄、甘蓝、芹菜、番茄，其他蔬菜和水果可参照执行。

2. 方法原理

试样用乙腈匀浆提取，盐析离心后，取上清液，经 C_{18}、石墨化炭黑–氨基串联柱净化，用气相色谱–电子轰击离子源质谱仪（GC-EI-SIM，色谱柱：DB-1701）检测。

3. 灵敏度

农药 / 代谢物名称	定量限 /（mg/kg）	农药 / 代谢物名称	定量限 /（mg/kg）
敌草腈	0.0026	喹硫磷	0.0126
苯胺灵	0.0126	反-氯丹	0.0126
环草敌	0.0126	丙硫磷	0.0126
联苯二胺	0.0126	腐霉利	0.0126
杀虫脒	0.0126	噁草酮	0.0126
甲拌磷	0.0126	杀螨氯硫	0.0126

农药 / 代谢物名称	定量限 /（mg/kg）	农药 / 代谢物名称	定量限 /（mg/kg）
甲基乙拌磷	0.0126	杀螨特	0.0126
脱乙基阿特拉津	0.0126	乙嘧酚磺酸酯	0.0126
异噁草松	0.0126	氟酰胺	0.0126
二嗪磷	0.0126	*p,p'*-滴滴滴	0.0126
地虫硫膦	0.0126	腈菌唑	0.0126
乙嘧硫磷	0.0126	禾草灵	0.0126
西玛津	0.0126	联苯菊酯	0.0126
胺丙畏	0.0126	灭蚁灵	0.0126
仲丁通	0.0126	噁霜灵	0.0126
除线磷	0.0126	氟草敏	0.0126
炔丙烯草胺	0.0126	哒嗪硫磷	0.0126
扑草净	0.0126	三氯杀螨砜	0.0126
环丙津	0.0126	顺-氯菊酯	0.0126
乙烯菌核利	0.0126	反-氯菊酯	0.0126
β-六六六	0.0126	氯苯甲醚	0.0126
毒死蜱	0.0126	六氯苯	0.0126
蒽醌	0.0126	治螟磷	0.0126
倍硫磷	0.0126	*α*-六六六	0.0126
乙基溴硫磷	0.0126	扑灭津	0.0126
甲基毒死蜱	0.0126	特丁津	0.0126
敌草净	0.0126	醚菌酯	0.0126
甲基嘧啶磷	0.0126	吡氟禾草灵	0.0126
异丙甲草胺	0.0126	乙酯杀螨醇	0.0126
氧化氯丹	0.0126	三氟硝草醚	0.0126
p,p'-滴滴伊	0.0126	增效醚	0.0126
o,p'-滴滴滴	0.0126	灭锈胺	0.0126
丙酯杀螨醇	0.0126	吡氟酰草胺	0.0126
麦草氟甲酯	0.0126	喹螨醚	0.0126
麦草氟异丙酯	0.0126	苯醚菊酯	0.0126
苯霜灵	0.0126	咯菌腈	0.0126
苯腈膦	0.0126	高效氯氟氰菊酯	0.0126
联苯	0.0126	哒螨灵	0.0126
灭草敌	0.0126	醚菊酯	0.0126
禾草敌	0.0126	五氯苯	0.0126
虫螨畏	0.0126	三异丁基磷酸盐	0.0126
邻苯基苯酚	0.0126	鼠立死	0.0126
乙丁氟灵	0.0126	燕麦酯	0.0126
嘧霉胺	0.0126	虫线磷	0.0126

农药 / 代谢物名称	定量限 / (mg/kg)	农药 / 代谢物名称	定量限 / (mg/kg)
乙拌磷	0.0126	2,3,5,6-四氯苯胺	0.0126
莠去净	0.0126	2,3,4,5-四氯甲氧基苯	0.0126
丁苯吗啉	0.0126	五氯甲氧基苯	0.0126
四氟苯菊酯	0.0126	阿特拉通	0.0126
甲基立枯磷	0.0126	特丁硫磷砜	0.0126
异丙草胺	0.0126	七氟菊酯	0.0126
异丙净	0.0126	溴烯杀	0.0126
o,p'-滴滴伊	0.0126	草达津	0.0126
芬螨酯	0.0126	氧乙嘧硫磷	0.0126
双苯酰草胺	0.0126	2,4,4'-三氯联苯	0.0126
五氯苯胺	0.0126	2,4,5-三氯联苯	0.0126
另丁津	0.0126	4,4'-二溴二苯甲酮	0.0126
2,2',5,5'-四氯联苯	0.0126	2,2',3,4,4',5-六氯联苯	0.0126
苄草丹	0.0126	环丙唑	0.0126
二甲吩草胺	0.0126	酞酸甲苯基丁酯	0.0126
碳氯灵	0.0126	三氟苯唑	0.0126
八氯苯乙烯	0.0126	氟草烟-1-甲庚酯	0.0126
嘧啶磷（pyrimitate）	0.0126	三苯基磷酸盐	0.0126
异艾氏剂	0.0126	2,2',3,4,4',5,5'-七氯联苯	0.0126
毒壤膦	0.0126	吡螨胺	0.0126
敌草索	0.0126	解草酯	0.0126
4,4'-二氯二苯甲酮	0.0126	脱溴溴苯膦	0.0126
吡咪唑	0.0126	氟喹唑	0.0126
嘧菌环胺	0.0126	二氢苊	0.0126
2,2',4,5,5'-五氯联苯	0.0126	菲	0.0126
2 甲 4 氯丁氧乙基酯	0.0126	咯喹酮	0.0126
甲拌磷砜	0.0126	溴丁酰草胺	0.0126
杀螨醇	0.0126	氟硫草定	0.0126
反-九氯	0.0126	异戊乙净	0.0126
溴苯烯磷	0.0126	嘧菌胺	0.0126
乙滴涕	0.0126	抑草磷	0.0126
灭菌磷	0.0126	苯氧喹啉	0.0126
2,3,4,4',5-五氯联苯	0.0126	吡丙醚	0.0126
2,2',4,4',5,5'-六氯联苯	0.0126	氟吡酰草胺	0.0126
二丙烯草胺	0.025	氯甲酰草胺	0.0126
烯丙酰草胺	0.025	咪唑菌酮	0.0126
氯甲硫磷	0.025	萘丙胺	0.0126
五氯硝基苯	0.025	环酯草醚	0.0126

农药 / 代谢物名称	定量限 /（mg/kg）	农药 / 代谢物名称	定量限 /（mg/kg）
艾氏剂	0.025	氟硅菊酯	0.0126
皮蝇磷	0.025	氟丙嘧草酯	0.0126
δ-六六六	0.025	氯炔灵	0.025
杀螟硫磷	0.025	氯硝胺（dicloran）	0.025
三唑酮	0.025	杀螟腈	0.025
杀螨醚	0.025	特丁净	0.025
稻丰散	0.025	杀草丹	0.025
苯硫威	0.025	丙硫特普	0.025
狄氏剂	0.025	三氯杀螨醇	0.025
杀扑磷	0.025	嘧啶磷（pirimiphos-ethyl）	0.025
乙硫磷	0.025	溴硫磷	0.025
硫丙磷	0.025	乙氧呋草黄	0.025
丰索磷	0.025	异丙乐灵	0.025
氟苯嘧啶醇	0.025	敌稗	0.025
胺菊酯	0.025	异柳磷	0.025
亚胺硫磷	0.025	顺-氯丹	0.025
吡菌磷	0.025	丁草胺	0.025
速灭磷	0.025	乙菌利	0.025
四氯硝基苯	0.025	碘硫磷	0.025
顺-燕麦敌	0.025	氟咯草酮（fluorochloridone）	0.025
反-燕麦敌	0.025	噻嗪酮	0.025
氟乐灵	0.025	杀螨酯	0.025
氯苯胺灵	0.025	*o,p'*-滴滴涕	0.025
菜草畏	0.025	抑草蓬	0.025
特丁硫磷	0.025	*p,p'*-滴滴涕	0.025
伏杀硫磷	0.025	三硫磷	0.025
氯苯嘧啶醇	0.025	敌瘟磷	0.025
益棉磷	0.025	氯杀螨砜	0.025
仲丁威	0.025	溴螨酯	0.025
野麦畏	0.025	甲氰菊酯	0.025
林丹	0.025	溴苯膦	0.025
氯唑磷	0.025	牧草胺	0.025
三氯杀虫酯	0.025	西玛通	0.025
西草净	0.025	2,6-二氯苯甲酰胺	0.025
ε-六六六	0.025	脱乙基另丁津	0.025
安硫磷	0.025	2,3,4,5-四氯苯胺	0.025
哌草丹	0.025	氧皮蝇磷	0.025
氯硫磷	0.025	甲基对氧磷	0.025

农药 / 代谢物名称	定量限 /（mg/kg）	农药 / 代谢物名称	定量限 /（mg/kg）
丙虫磷	0.025	庚酰草胺	0.025
氟节胺	0.025	丁嗪草酮	0.025
丙草胺	0.025	酞菌酯	0.025
烯效唑	0.025	氧异柳磷	0.025
炔螨特	0.025	水胺硫磷	0.025
莎稗磷	0.025	脱叶磷	0.025
氟丙菊酯	0.025	氟咯草酮（flurochloridone）	0.025
氯菊酯	0.025	粉唑醇	0.025
顺-氯氰菊酯	0.025	地胺磷	0.025
氟氰戊菊酯	0.025	乙基杀扑磷	0.025
丙炔氟草胺	0.025	乙拌磷砜	0.025
氟烯草酸	0.025	威菌磷	0.025
乙拌磷亚砜	0.025	炔草酸	0.025
4-溴-3,5-二甲苯基-*N*-甲基氨基甲酸酯	0.025	糠菌唑	0.025
三正丁基磷酸盐	0.025	腈苯唑	0.025
戊菌隆	0.025	残杀威	0.025
螺环菌胺	0.025	异丙威	0.025
丁基嘧啶磷	0.025	驱虫特	0.025
苯锈啶	0.025	邻苯二甲酰亚胺	0.025
氯硝胺（dichloran）	0.025	氯氧磷	0.025
炔苯酰草胺	0.025	双苯噁唑酸	0.025
抗蚜威	0.025	炔咪菊酯	0.025
解草嗪	0.025	唑酮草酯	0.025
乙草胺	0.025	吡草醚	0.025
特草灵	0.025	稗草丹	0.025
戊草丹	0.025	噻吩草胺	0.025
甲呋酰胺	0.025	土菌灵	0.0376
活化酯	0.025	兹克威	0.0376
呋草黄	0.025	甲霜灵	0.0376
精甲霜灵	0.025	吡唑草胺	0.0376
硅氟唑	0.025	整形醇	0.0376
氯酞酸甲酯	0.025	氰草津	0.0376
噻唑烟酸	0.025	敌草胺	0.0376
甲基毒虫畏	0.025	苯线磷	0.0376
苯酰草胺	0.025	乙环唑-1	0.0376
甲醚菊酯-1	0.025	丙环唑	0.0376
氰菌胺	0.025	麦锈灵	0.0376
呋霜灵	0.025	戊唑醇	0.0376

农药 / 代谢物名称	定量限 /（mg/kg）	农药 / 代谢物名称	定量限 /（mg/kg）
啶氧菌酯	0.025	氯氰菊酯	0.0376
稻瘟灵	0.025	茵草敌	0.0376
苯虫醚	0.025	丁草敌	0.0376
特丁通	0.0376	克草敌	0.0376
氟虫脲	0.0376	三氯甲基吡啶	0.0376
二甲草胺	0.0376	庚烯磷	0.0376
甲草胺	0.0376	灭线磷	0.0376
毒虫畏	0.0376	毒草胺	0.0376
杀虫畏	0.0376	环莠隆	0.0376
多效唑	0.0376	咪草酸	0.0376
盖草津	0.0376	吡唑解草酯	0.0376
虫螨磷	0.0376	哌草磷	0.0376
三唑磷	0.0376	呋酰胺	0.0376
硫丹硫酸盐	0.0376	乙丁烯氟灵	0.05
新燕灵	0.0376	氨氟灵	0.05
环嗪酮	0.0376	甲基对硫磷	0.05
扑灭通	0.0376	马拉硫磷	0.05
七氯	0.0376	对硫磷	0.05
异稻瘟净	0.0376	二甲戊灵	0.05
莠灭净	0.0376	利谷隆	0.05
嗪草酮	0.0376	氰戊菊酯	0.05
噻节因	0.0376	环丙氟灵	0.05
炔丙菊酯	0.0376	敌噁磷	0.05
戊菌唑	0.0376	绿谷隆	0.05
四氟醚唑	0.0376	烯虫酯	0.05
三唑醇	0.0376	乙氧氟草醚	0.05
氟啶脲	0.0376	苯硫膦	0.05
氟硅唑	0.0376	四氢邻苯二甲酰亚胺	0.05
烯唑醇	0.0376	氯乙氟灵	0.05
苯噻酰草胺	0.0376	生物烯丙菊酯	0.05
联苯三唑醇	0.0376	灭蚜磷	0.05
甲氟磷	0.0376	噁唑隆	0.05
倍硫磷亚砜	0.05	*S*-氰戊菊酯	0.05
倍硫磷砜	0.05	苄氯三唑醇	0.05
苯线磷砜	0.05	异氯磷	0.0626
拌种咯	0.05	氧化萎锈灵	0.075
丁噻隆	0.05	溴氰菊酯	0.075
甲基内吸磷	0.05	硫丹	0.075

农药 / 代谢物名称	定量限 / （mg/kg）	农药 / 代谢物名称	定量限 / （mg/kg）
硫线磷	0.05	育畜磷	0.075
茉莉酮	0.05	巴毒磷	0.075
灭草环	0.05	丙溴磷	0.075
仲丁灵	0.05	己唑醇	0.075
烯丙菊酯	0.05	除草醚	0.075
灭藻醌	0.05	保棉磷	0.075
四氯苯酞	0.05	咪鲜胺	0.075
噻虫嗪	0.05	蝇毒磷	0.075
苯氧菌胺	0.05	敌敌畏	0.075
抑霉唑	0.05	氟铃脲	0.075
嘧草醚	0.05	溴谷隆	0.075
肟菌酯	0.05	乙霉威	0.075
脱苯甲基亚胺唑	0.05	苯氧威	0.075
烯草酮	0.05	苯醚甲环唑	0.075
伐灭磷	0.05	乙螨唑	0.075
异菌脲	0.05	甲氧滴滴涕	0.1
异狄氏剂酮	0.05	3,5-二氯苯胺	0.1
苄螨醚	0.05	脱异丙基莠去津	0.1
呋草酮	0.05	叠氮津	0.1
嘧螨醚	0.05	唑螨酯	0.1
丁脒酰胺	0.0626	磷胺	0.1
麦穗宁	0.0626	啶斑肟	0.1
除草定	0.1	氟噻草胺	0.1
噁唑磷	0.1	氟胺氰菊酯	0.15
噻呋酰胺	0.1	乙羧氟草醚	0.15
溴虫腈	0.1	苯酮唑	0.15
氟虫腈	0.1	苄呋菊酯	0.2
氟环唑	0.1	马拉氧磷	0.2
联苯肼酯	0.1	苯噻硫氰	0.2
乳氟禾草灵	0.1	环氟菌胺	0.2
三甲苯草酮	0.1	萎锈灵	0.3
吡唑硫磷	0.1	甲苯氟磺胺	0.3
氯亚胺硫磷	0.1	氯溴隆	0.3
螺螨酯	0.1	吡唑醚菊酯	0.3
氟啶草酮	0.1	对氧磷	0.4
蔬果磷	0.125	苯线磷亚砜	0.4
甲基苯噻隆	0.125	甲胺磷	0.4
消螨通	0.125	啶虫脒	0.4

农药 / 代谢物名称	定量限 /（mg/kg）	农药 / 代谢物名称	定量限 /（mg/kg）
苯嗪草酮	0.125	苯氟磺胺	0.6
环草定	0.125	克菌丹	0.8
甲磺乐灵	0.125	烯禾啶	0.9
异狄氏剂	0.15	噻草酮	1.2
氟氯氰菊酯	0.15	甲硫威砜	1.6
噻螨酮	0.1		

注：该定量限适用食品类别均为苹果、柑、葡萄、甘蓝、芹菜、番茄。

4.2.7　粮谷中 457 种农药及相关化学品残留量的测定

该测定技术采用《食品安全国家标准　粮谷中 475 种农药及相关化学品残留量的测定　气相色谱–质谱法》（GB 23200.9—2016）。

1. 适用范围

规定了大麦、小麦、燕麦、大米、玉米中 457 种农药及相关化学品残留量的气相色谱–质谱测定方法。适用于大麦、小麦、燕麦、大米、玉米，其他食品可参照执行。

2. 方法原理

试样于加速溶剂萃取仪中用乙腈提取，提取液经 C_{18}、石墨化炭黑–氨基串联柱净化后，用气相色谱–电子轰击离子源质谱仪（GC-EI-SIM，色谱柱：DB-1701）检测。

3. 灵敏度

农药 / 代谢物名称	定量限 /（mg/kg）	农药 / 代谢物名称	定量限 /（mg/kg）
苯胺灵	0.025	乙烯菌核利	0.025
环草敌	0.025	*β*-六六六	0.025
联苯二胺	0.025	毒死蜱	0.025
甲拌磷	0.025	蒽醌	0.025
甲基乙拌磷	0.025	倍硫磷	0.025
脱乙基阿特拉津	0.025	乙基溴硫磷	0.025
异噁草松	0.025	喹硫磷	0.025
二嗪磷	0.025	反-氯丹	0.025
地虫硫膦	0.025	丙硫磷	0.025
乙嘧硫磷	0.025	腐霉利	0.025
西玛津	0.025	噁草酮	0.025
胺丙畏	0.025	杀螨氯硫	0.025
仲丁通	0.025	杀螨特	0.025
除线磷	0.025	乙嘧酚磺酸酯	0.025
炔丙烯草胺	0.025	氟酰胺	0.025
扑草净	0.025	*p,p'*-滴滴滴	0.025
禾草灵	0.025	腈菌唑	0.025
联苯菊酯	0.025	灭草敌	0.025

农药 / 代谢物名称	定量限 /（mg/kg）	农药 / 代谢物名称	定量限 /（mg/kg）
灭蚁灵	0.025	3,5-二氯苯胺	0.025
甲氧滴滴涕	0.025	禾草敌	0.025
噁霜灵	0.025	虫螨畏	0.025
氟草敏	0.025	邻苯基苯酚	0.025
哒嗪硫磷	0.025	乙丁氟灵	0.025
三氯杀螨砜	0.025	嘧霉胺	0.025
顺-氯菊酯	0.025	乙拌磷	0.025
反-氯菊酯	0.025	莠去净	0.025
氯苯甲醚	0.025	四氟苯菊酯	0.025
六氯苯	0.025	甲基立枯磷	0.025
治螟磷	0.025	异丙草胺	0.025
α-六六六	0.025	o,p'-滴滴伊	0.025
扑灭津	0.025	芬螨酯	0.025
特丁津	0.025	双苯酰草胺	0.025
甲基毒死蜱	0.025	醚菌酯	0.025
敌草净	0.025	吡氟禾草灵	0.025
甲基嘧啶磷	0.025	乙酯杀螨醇	0.025
异丙甲草胺	0.025	三氟硝草醚	0.025
氧化氯丹	0.025	增效醚	0.025
p,p'-滴滴伊	0.025	灭锈胺	0.025
o,p'-滴滴滴	0.025	吡氟酰草胺	0.025
丙酯杀螨醇	0.025	苯醚菊酯	0.025
麦草氟甲酯	0.025	咯菌腈	0.025
麦草氟异丙酯	0.025	高效氯氟氰菊酯	0.025
苯霜灵	0.025	哒螨灵	0.025
苯腈膦	0.025	醚菊酯	0.025
联苯	0.025	五氯苯	0.025
鼠立死	0.025	三异丁基磷酸盐	0.025
燕麦酯	0.025	4,4'-二氯二苯甲酮	0.025
虫线磷	0.025	嘧菌环胺	0.025
2,3,5,6-四氯苯胺	0.025	2,2',4,5,5'-五氯联苯	0.025
2,3,4,5-四氯甲氧基苯	0.025	2 甲 4 氯丁氧乙基酯	0.025
五氯甲氧基苯	0.025	甲拌磷砜	0.025
阿特拉通	0.025	杀螨醇	0.025
特丁硫磷砜	0.025	反-九氯	0.025
七氟菊酯	0.025	消螨通	0.025
溴烯杀	0.025	溴苯烯磷	0.025
草达津	0.025	乙滴涕	0.025

农药 / 代谢物名称	定量限 /（mg/kg）	农药 / 代谢物名称	定量限 /（mg/kg）
氧乙嘧硫磷	0.025	2,3′,4,4′,5-五氯联苯	0.025
2,4,4′-三氯联苯	0.025	4,4′-二溴二苯甲酮	0.025
2,4′,5-三氯联苯	0.025	2,2′,4,4′,5,5′-六氯联苯	0.025
五氯苯胺	0.025	2,2′,3,4,4′,5′-六氯联苯	0.025
另丁津	0.025	环菌唑	0.025
2,2′,5,5′-四氯联苯	0.025	三氟苯唑	0.025
苄草丹	0.025	氟草烟-1-甲庚酯	0.025
二甲吩草胺	0.025	三苯基磷酸盐	0.025
碳氯灵	0.025	2,2′,3,4,4′,5,5′-七氯联苯	0.025
八氯苯乙烯	0.025	吡螨胺	0.025
嘧啶磷	0.025	脱溴溴苯膦	0.025
异艾氏剂	0.025	二氢苊	0.025
毒壤膦	0.025	菲	0.025
敌草索	0.025	咯喹酮	0.025
嘧菌胺	0.025	溴丁酰草胺	0.025
抑草磷	0.025	氟硫草定	0.025
苯氧喹啉	0.025	异戊乙净	0.025
吡丙醚	0.025	胺菊酯	0.05
氟吡酰草胺	0.025	亚胺硫磷	0.05
氯甲酰草胺	0.025	吡菌磷	0.05
咪唑菌酮	0.025	敌草腈	0.005
萘丙胺	0.025	速灭磷	0.05
环酯草醚	0.025	四氯硝基苯	0.05
氟硅菊酯	0.025	顺-燕麦敌	0.05
氟丙嘧草酯	0.025	反-燕麦敌	0.05
二丙烯草胺	0.05	氟乐灵	0.05
烯丙酰草胺	0.05	氯苯胺灵	0.05
氯甲硫磷	0.05	菜草畏	0.05
五氯硝基苯	0.05	特丁硫磷	0.05
艾氏剂	0.05	氯炔灵	0.05
皮蝇磷	0.05	氯硝胺（dicloran）	0.05
δ-六六六	0.05	杀螟腈	0.05
杀螟硫磷	0.05	特丁净	0.05
三唑酮	0.05	杀草丹	0.05
杀螨醚	0.05	丙硫特普	0.05
稻丰散	0.05	溴硫磷	0.05
苯硫威	0.05	乙氧呋草黄	0.05
狄氏剂	0.05	异丙乐灵	0.05

农药 / 代谢物名称	定量限 /（mg/kg）	农药 / 代谢物名称	定量限 /（mg/kg）
杀扑磷	0.05	敌稗	0.05
乙硫磷	0.05	异柳磷	0.05
硫丙磷	0.05	顺-氯丹	0.05
丰索磷	0.05	丁草胺	0.05
氟苯嘧啶醇	0.05	乙菌利	0.05
o,p'-滴滴涕	0.05	碘硫磷	0.05
p,p'-滴滴涕	0.05	氟咯草酮（fluorochloridone）	0.05
三硫磷	0.05	杀螨酯	0.05
敌瘟磷	0.05	氟氰戊菊酯	0.05
氯杀螨砜	0.05	丙炔氟草胺	0.05
溴螨酯	0.05	氟烯草酸	0.05
甲氰菊酯	0.05	乙拌磷亚砜	0.05
溴苯膦	0.05	4-溴-3,5-二甲苯基-*N*-甲基氨基甲酸酯	0.05
伏杀硫磷	0.05	三正丁基磷酸盐	0.05
氯苯嘧啶醇	0.05	牧草胺	0.05
益棉磷	0.05	西玛通	0.05
仲丁威	0.05	2,6-二氯苯甲酰胺	0.05
野麦畏	0.05	脱乙基另丁津	0.05
林丹	0.05	2,3,4,5-四氯苯胺	0.05
氯唑磷	0.05	氧皮蝇磷	0.05
三氯杀虫酯	0.05	吡咪唑	0.025
ε-六六六	0.05	庚酰草胺	0.05
安硫磷	0.05	丁嗪草酮	0.05
哌草丹	0.05	酞菌酯	0.05
氯硫磷	0.05	氧异柳磷	0.05
丙虫磷	0.05	水胺硫磷	0.05
氟节胺	0.05	脱叶磷	0.05
丙草胺	0.05	氟咯草酮（flurochloridone）	0.05
烯效唑	0.05	粉唑醇	0.05
炔螨特	0.05	地胺磷	0.05
莎稗磷	0.05	乙基杀扑磷	0.05
氟丙菊酯	0.05	乙拌磷砜	0.05
氯菊酯	0.05	炔草酸	0.05
α-氯氰菊酯	0.05	糠菌唑	0.05
腈苯唑	0.05	稻瘟灵	0.05
残杀威	0.05	苯虫醚	0.05
异丙威	0.05	双苯噁唑酸	0.05
驱虫特	0.05	炔咪菊酯	0.05

农药 / 代谢物名称	定量限 /（mg/kg）	农药 / 代谢物名称	定量限 /（mg/kg）
邻苯二甲酰亚胺	0.05	唑酮草酯	0.05
氯氧磷	0.05	吡草醚	0.05
丁基嘧啶磷	0.05	稗草丹	0.05
氯硝胺（dichloran）	0.05	噻吩草胺	0.05
炔苯酰草胺	0.05	氟啶草酮	0.05
解草嗪	0.05	土菌灵	0.075
乙草胺	0.05	兹克威	0.075
特草灵	0.05	甲霜灵	0.075
戊草丹	0.05	吡唑草胺	0.075
甲呋酰胺	0.05	整形醇	0.075
活化酯	0.05	敌草胺	0.075
呋草黄	0.05	苯线磷	0.075
精甲霜灵	0.05	萎锈灵	0.075
硅氟唑	0.05	乙环唑	0.075
氯酞酸甲酯	0.05	丙环唑	0.075
噻唑烟酸	0.05	麦锈灵	0.075
甲基毒虫畏	0.05	戊唑醇	0.075
苯酰草胺	0.05	氯氰菊酯	0.075
甲醚菊酯	0.05	茵草敌	0.075
氰菌胺	0.05	丁草敌	0.075
呋霜灵	0.05	克草敌	0.075
啶氧菌酯	0.05	三氯甲基吡啶	0.075
庚烯磷	0.075	联苯三唑醇	0.075
灭线磷	0.075	环莠隆	0.075
毒草胺	0.075	咪草酸	0.075
特丁通	0.075	吡唑解草酯	0.075
氟虫脲	0.075	哌草磷	0.075
二甲草胺	0.075	呋酰胺	0.075
甲草胺	0.075	乙丁烯氟灵	0.1
毒虫畏	0.075	氨氟灵	0.1
甲苯氟磺胺	0.075	甲基对硫磷	0.1
杀虫畏	0.075	马拉硫磷	0.1
多效唑	0.075	对氧磷	0.1
盖草津	0.075	对硫磷	0.1
虫螨磷	0.075	二甲戊灵	0.1
三唑磷	0.075	利谷隆	0.1
硫丹硫酸盐	0.075	氰戊菊酯	0.1
新燕灵	0.075	环丙氟灵	0.1

农药 / 代谢物名称	定量限 /（mg/kg）	农药 / 代谢物名称	定量限 /（mg/kg）
环嗪酮	0.075	敌噁磷	0.1
四氢邻苯二甲酰亚胺	0.075	绿谷隆	0.1
七氯	0.075	烯虫酯	0.1
异稻瘟净	0.075	乙氧氟草醚	0.1
嗪草酮	0.075	苯硫膦	0.1
炔丙菊酯	0.075	氯乙氟灵	0.1
戊菌唑	0.075	生物烯丙菊酯	0.1
四氟醚唑	0.075	灭蚜磷	0.1
三唑醇	0.075	噁唑隆	0.1
氟啶脲	0.075	*S*-氰戊菊酯	0.1
氟硅唑	0.075	苄氯三唑醇	0.1
烯唑醇	0.075	倍硫磷亚砜	0.1
苯噻酰草胺	0.075	硫丹Ⅰ	0.15
倍硫磷砜	0.1	育畜磷	0.15
苯线磷砜	0.1	巴毒磷	0.15
拌种咯	0.1	丙溴磷	0.15
丁噻隆	0.1	己唑醇	0.15
甲基内吸磷	0.1	除草醚	0.15
硫线磷	0.1	硫丹Ⅱ	0.15
苯莉酮	0.1	保棉磷	0.15
抗蚜威	0.1	蝇毒磷	0.15
灭草环	0.1	氟铃脲	0.15
仲丁灵	0.1	溴谷隆	0.15
烯丙菊酯	0.1	乙霉威	0.15
灭藻醌	0.1	苯氧威	0.15
四氯苯酞	0.1	苯醚甲环唑	0.15
噻虫嗪	0.1	乙螨唑	0.15
苯氧菌胺	0.1	环丙津	0.2
嘧草醚	0.1	脱异丙基莠去津	0.2
肟菌酯	0.1	叠氮津	0.2
脱苯甲基亚胺唑	0.1	噻螨酮	0.2
伐灭磷	0.1	戊菌隆	0.2
异菌脲	0.1	唑螨酯	0.2
异狄氏剂酮	0.1	磷胺	0.2
苄螨醚	0.1	啶斑肟	0.2
呋草酮	0.1	氟噻草胺	0.2
丁脒酰胺	0.125	除草定	0.2
异氯磷	0.125	抑霉唑	0.2

农药 / 代谢物名称	定量限 / （mg/kg）	农药 / 代谢物名称	定量限 / （mg/kg）
氧化萎锈灵	0.15	噁唑磷	0.2
溴氰菊酯	0.15	烯禾啶	0.225
噻呋酰胺	0.2	氟胺氰菊酯	0.3
溴虫腈	0.2	乙羧氟草醚	0.3
氟虫腈	0.2	啶虫脒	0.3
氟环唑	0.2	苯酮唑	0.3
烯草酮	0.2	三氯杀螨醇	0.4
联苯肼酯	0.2	甲基对氧磷	0.4
乳氟禾草灵	0.2	马拉氧磷	0.4
吡唑硫磷	0.2	苯噻硫氰	0.4
氯亚胺硫磷	0.2	环氟菌胺	0.4
螺螨酯	0.2	氯溴隆	0.6
嘧螨醚	0.2	甲氟磷	0.6
蔬果磷	0.25	吡唑醚菊酯	0.6
甲基苯噻隆	0.25	苯线磷亚砜	0.8
苯嗪草酮	0.25	甲胺磷	0.8
环草定	0.25	三甲苯草酮	0.8
甲磺乐灵	0.25	敌敌畏	1.2
异狄氏剂	0.3	甲硫威砜	1.6
氟氯氰菊酯	0.3	噻草酮	2.4
氟喹唑	0.025		

注：该定量限适用食品类别均为大麦、小麦、燕麦、大米、玉米。

4.2.8　桑枝、金银花、枸杞子和荷叶中 484 种农药及相关化学品残留量的测定

该测定技术采用《食品安全国家标准　桑枝、金银花、枸杞子和荷叶中 488 种农药及相关化学品残留量的测定　气相色谱–质谱法》（GB 23200.10—2016）。

1. 适用范围

规定了桑枝、金银花、枸杞子、荷叶中 484 种农药及相关化学品残留量的气相色谱–质谱测定方法。适用于桑枝、金银花、枸杞子、荷叶中 484 种农药及相关化学品的定性鉴别、429 种农药及相关化学品的定量测定，其他食品可参照执行。

2. 方法原理

试样用乙腈匀浆提取，经 TPH 固相萃取柱净化，用气相色谱–电子轰击离子源质谱仪（GC-EI-SIM，色谱柱：DB-1701）测定，内标法定量。

3. 灵敏度

农药 / 代谢物名称	定量限 / （mg/kg）	农药 / 代谢物名称	定量限 / （mg/kg）
二丙烯草胺	0.05	增效醚[a]	0.025
烯丙酰草胺	0.05	噁唑隆	0.1

农药 / 代谢物名称	定量限 / （mg/kg）	农药 / 代谢物名称	定量限 / （mg/kg）
土菌灵	0.075	炔螨特	0.05
氯甲硫磷	0.05	灭锈胺[a]	0.025
苯胺灵	0.025	吡氟酰草胺[a]	0.025
环草敌	0.025	咯菌腈	0.025
联苯二胺	0.025	喹螨醚	0.025
杀虫脒	0.025	苯醚菊酯	0.025
乙丁烯氟灵	0.1	稀禾啶[a]	1.8
甲拌磷	0.025	莎稗磷	0.05
甲基乙拌磷	0.025	氟丙菊酯	0.05
五氯硝基苯	0.05	高效氯氟氰菊酯	0.025
脱乙基阿特拉津	0.025	苯噻酰草胺	0.075
异噁草松	0.025	氯菊酯	0.05
二嗪磷	0.025	哒螨灵	0.025
地虫硫磷	0.025	乙羧氟草醚	0.3
乙嘧硫磷	0.025	联苯三唑醇	0.075
胺丙畏	0.025	醚菊酯	0.025
仲丁通	0.025	噻草酮[a]	2.4
炔丙烯草胺	0.025	α-氯氰菊酯	0.05
除线磷	0.025	氟氰戊菊酯	0.05
兹克威	0.075	氟氰戊菊酯	0.05
乐果[a]	0.1	*S*-氰戊菊酯	0.1
氨氟灵	0.1	苯醚甲环唑-2	0.15
艾氏剂	0.05	苯醚甲环唑-1	0.15
皮蝇磷	0.05	丙炔氟草胺	0.05
扑草净	0.025	氟烯草酸	0.05
环丙津	0.025	甲氟磷[a]	0.075
乙烯菌核利	0.025	乙拌磷亚砜	0.05
β-六六六	0.025	五氯苯	0.025
甲霜灵	0.075	鼠立死	0.025
甲基对硫磷	0.1	4-溴-3,5-二甲苯基-*N*-甲基氨基甲酸酯-1	0.05
毒死蜱	0.025	燕麦酯	0.025
δ-六六六	0.05	虫线磷	0.025
倍硫磷	0.025	2,3,5,6-四氯苯胺	0.025
马拉硫磷	0.1	三正丁基磷酸盐	0.05
对氧磷	0.8	2,3,4,5-四氯甲氧基苯	0.025
杀螟硫磷	0.05	五氯甲氧基苯	0.025
三唑酮	0.05	牧草胺	0.05
利谷隆	0.1	甲基苯噻隆	0.25

农药 / 代谢物名称	定量限 / （mg/kg）	农药 / 代谢物名称	定量限 / （mg/kg）
二甲戊灵	0.1	西玛通	0.05
杀螨醚	0.05	阿特拉通	0.025
乙基溴硫磷	0.025	七氟菊酯	0.025
喹硫磷	0.025	溴烯杀	0.025
反-氯丹	0.025	草达津	0.025
稻丰散	0.05	环莠隆	0.075
吡唑草胺	0.075	2,4,4′-三氯联苯	0.025
丙硫磷	0.025	2,4,5-三氯联苯	0.025
整形醇	0.075	2,3,4,5-四氯苯胺	0.05
腐霉利	0.025	五氯苯胺	0.025
狄氏剂	0.05	叠氮津	0.2
杀扑磷[a]	0.05	丁咪酰胺	0.125
敌草胺	0.075	另丁津	0.025
氰草津	0.075	2,2′,5,5′-四氯联苯	0.025
噁草酮	0.025	苄草丹	0.025
苯线磷	0.075	二甲吩草胺	0.025
杀螨氯硫	0.025	4-溴-3,5-二甲苯基-*N*-甲基氨基甲酸酯-2	0.05
乙嘧酚磺酸酯	0.025	庚酰草胺	0.05
氟酰胺[a]	0.025	碳氯灵	0.025
萎锈灵[a]	0.6	八氯苯乙烯	0.025
p,p′-滴滴滴	0.025	异艾氏剂	0.025
乙硫磷	0.05	丁嗪草酮	0.05
乙环唑-1	0.075	毒壤磷	0.025
硫丙磷	0.05	敌草索	0.025
乙环唑-2	0.075	4,4′-二氯二苯甲酮	0.025
腈菌唑	0.025	酞菌酯	0.05
丰索磷	0.05	吡咪唑[a]	0.025
禾草灵	0.025	嘧菌环胺	0.025
丙环唑-1	0.075	麦穗灵[a]	0.125
丙环唑-2	0.075	异氯磷	0.125
联苯菊酯	0.025	2-甲-4-氯丁氧乙基酯	0.025
灭蚁灵	0.025	2,2′,4,5,5′-五氯联苯	0.025
丁硫克百威	0.075	水胺硫磷	0.05
氟苯嘧啶醇	0.05	甲拌磷砜	0.025
麦锈灵	0.075	杀螨醇	0.025
甲氧滴滴涕	0.2	反-九氯	0.025
噁霜灵	0.025	脱叶磷	0.05
戊唑醇	0.075	氟咯草酮	0.05

农药 / 代谢物名称	定量限 /（mg/kg）	农药 / 代谢物名称	定量限 /（mg/kg）
胺菊酯	0.05	溴苯烯磷	0.025
氟草敏	0.025	乙滴涕	0.025
哒嗪硫磷	0.025	2,3,4,4′,5-五氯联苯	0.025
三氯杀螨砜	0.025	地胺磷	0.05
顺-氯菊酯	0.025	4,4′-二溴二苯甲酮	0.025
吡菌磷	0.05	粉唑醇	0.05
反-氯菊酯	0.025	2,2′,4,4′,5,5′-六氯联苯	0.025
氯氰菊酯	0.075	苄氯三唑醇	0.1
氰戊菊酯-1	0.1	乙拌磷砜[a]	0.05
氰戊菊酯-2[a]	0.1	噻螨酮	0.2
溴氰菊酯	0.15	2,2′,3,4,4′,5-六氯联苯	0.025
茵草敌	0.075	环丙唑	0.025
丁草敌	0.075	苄呋菊酯-1[a]	0.4
敌草腈	0.005	苄呋菊酯-2[a]	0.4
克草敌	0.075	酞酸甲苯基丁酯	0.025
三氯甲基吡啶	0.075	炔草酸	0.05
速灭磷	0.05	倍硫磷亚砜	0.1
氯苯甲醚	0.025	三氟苯唑	0.025
四氯硝基苯	0.05	氟草烟-1-甲庚酯	0.025
庚烯磷	0.075	倍硫磷砜	0.1
灭线磷	0.075	苯嗪草酮[a]	0.25
六氯苯[a]	0.025	三苯基磷酸盐	0.025
毒草胺	0.075	2,2′,3,4,4′,5,5′-七氯联苯	0.025
顺-燕麦敌	0.05	吡螨胺	0.025
氟乐灵	0.05	解草酯	0.025
反-燕麦敌	0.05	环草定	0.25
氯苯胺灵	0.05	糠菌唑-1	0.05
治螟磷	0.025	糠菌唑-2	0.05
菜草畏	0.05	甲磺乐灵	0.25
α-六六六	0.025	苯线磷亚砜[a]	0.8
特丁硫磷	0.05	苯线磷砜[a]	0.1
环丙氟灵	0.1	拌种咯[a]	0.1
敌噁磷[a]	0.1	氟喹唑	0.025
扑灭津	0.025	腈苯唑	0.05
氯炔灵	0.05	残杀威-1	0.05
氯硝胺	0.05	灭除威	0.05
特丁津	0.025	异丙威-1	0.05
绿谷隆	0.1	二氢苊[a]	0.025

农药 / 代谢物名称	定量限 / （mg/kg）	农药 / 代谢物名称	定量限 / （mg/kg）
氟虫脲	0.075	特草灵-1	0.05
甲基毒死蜱	0.025	氯氧磷	0.05
敌草净	0.025	异丙威-2	0.05
二甲草胺	0.075	丁噻隆	0.1
甲草胺	0.075	戊菌隆	0.1
甲基嘧啶磷	0.025	甲基内吸磷	0.1
特丁净	0.05	二溴磷[a]	0.4
丙硫特普	0.05	菲	0.025
杀草丹	0.05	唑螨酯	0.2
三氯杀螨醇	0.05	丁基嘧啶磷	0.05
异丙甲草胺	0.025	茉莉酮	0.1
嘧啶磷	0.05	苯锈啶	0.05
苯氟磺胺[a]	1.2	氯硝胺	0.05
烯虫酯	0.1	咯喹酮	0.025
溴硫磷	0.05	炔苯酰草胺	0.05
乙氧呋草黄	0.05	抗蚜威	0.05
异丙乐灵	0.05	溴丁酰草胺	0.025
敌稗	0.05	灭草环	0.1
育畜磷	0.15	戊草丹[a]	0.05
异柳磷	0.05	特草灵-2	0.05
硫丹-1	0.15	甲呋酰胺[a]	0.05
毒虫畏	0.075	活化酯	0.05
甲苯氟磺胺[a]	0.6	呋草黄	0.05
顺-氯丹	0.05	精甲霜灵	0.05
丁草胺	0.05	马拉氧磷	0.4
乙菌利[a]	0.05	磷胺-2[a]	0.2
p,p'-滴滴伊	0.025	氯酞酸甲酯	0.05
碘硫磷	0.05	硅氟唑	0.05
杀虫畏	0.075	特草净	0.05
氯溴隆	0.6	噻唑烟酸	0.05
丙溴磷	0.15	甲基毒虫畏	0.05
噻嗪酮	0.05	苯酰草胺	0.05
己唑醇[a]	0.15	烯丙菊酯	0.1
o,p'-滴滴滴	0.025	灭藻醌[a]	0.1
杀螨酯	0.05	氰菌胺	0.05
氟咯草酮	0.05	呋霜灵	0.05
异狄氏剂	0.3	除草定	0.05
多效唑	0.075	啶氧菌酯	0.05

农药 / 代谢物名称	定量限 /（mg/kg）	农药 / 代谢物名称	定量限 /（mg/kg）
o,p'-滴滴涕	0.05	抑草磷	0.025
盖草津	0.075	咪草酸	0.075
丙酯杀螨醇	0.025	灭梭威砜	0.8
麦草氟甲酯	0.025	苯噻硫氰	0.4
除草醚	0.15	苯氧菌胺	0.1
乙氧氟草醚	0.1	抑霉唑	0.1
虫螨磷	0.075	稻瘟灵	0.05
麦草氟异丙酯	0.025	环氟菌胺	0.4
硫丹-2	0.15	噁唑磷	0.2
三硫磷	0.05	苯氧喹啉	0.025
p,p'-滴滴涕	0.05	肟菌酯	0.1
苯霜灵	0.025	脱苯甲基亚胺唑[a]	0.1
敌瘟磷	0.05	氟虫腈	0.2
三唑磷	0.075	氟环唑-1	0.2
苯腈磷	0.025	稗草丹	0.05
氯杀螨砜	0.05	吡草醚	0.05
硫丹硫酸盐	0.075	噻吩草胺	0.05
溴螨酯	0.05	烯草酮[a]	0.1
新燕灵	0.075	吡唑解草酯	0.075
甲氰菊酯	0.05	乙螨唑	0.15
苯硫膦	0.1	氟环唑-2	0.2
环嗪酮[a]	0.075	伐灭磷	0.1
溴苯磷	0.05	吡丙醚	0.05
治草醚	0.05	异菌脲	0.1
伏杀硫磷	0.05	呋酰胺	0.075
保棉磷	0.15	哌草磷	0.075
氯苯嘧啶醇	0.05	氯甲酰草胺	0.025
益棉磷	0.05	咪唑菌酮	0.025
氟氯氰菊酯	0.3	三甲苯草酮	0.2
咪鲜胺	0.15	吡唑硫磷	0.2
蝇毒磷	0.15	螺螨酯[a]	0.2
氟胺氰菊酯	0.3	呋草酮	0.05
敌敌畏[a]	0.15	环酯草醚	0.025
联苯	0.025	氟硅菊酯	0.025
霜霉威	0.075	嘧螨醚	0.05
灭草敌	0.025	氟丙嘧草酯	0.025
3,5-二氯苯胺	0.025	氟啶草酮[a]	0.05
虫螨畏	0.025	苯磺隆[a]	0.025

农药 / 代谢物名称	定量限 /（mg/kg）	农药 / 代谢物名称	定量限 /（mg/kg）
禾草敌	0.025	乙硫苯威 [a]	0.25
邻苯基苯酚 [a]	0.025	二氧威 [a]	0.2
四氢邻苯二甲酰亚胺	0.075	避蚊酯	0.1
仲丁威	0.05	4-氯苯氧乙酸	0.0126
乙丁氟灵	0.025	邻苯二甲酰亚胺 [a]	0.05
氟铃脲	0.15	避蚊胺	0.02
扑灭通	0.075	2,4-滴	0.5
野麦畏	0.05	甲萘威	0.075
嘧霉胺	0.025	硫线磷	0.1
林丹	0.05	螺环菌胺-1	0.05
乙拌磷	0.025	百治磷 [a]	0.2
莠去净	0.025	2,4,5-涕	0.5
异稻瘟净	0.075	3-苯基苯酚	0.15
七氯	0.075	拌种胺 [a]	0.075
氯唑磷	0.05	螺环菌胺-2	0.05
三氯杀虫酯	0.05	丁酰肼 [a]	0.2
氯乙氟灵	0.1	sobutylazine [a]	0.05
四氟苯菊酯	0.025	八氯二甲醚-1	0.5
丁苯吗啉	0.025	八氯二甲醚-2	0.5
甲基立枯磷	0.025	十二环吗啉	0.075
异丙草胺	0.025	甜菜安 [a]	0.5
溴谷隆	0.15	氧皮蝇磷	0.1
莠灭净	0.075	枯莠隆 [a]	0.2
西草净	0.05	仲丁灵	0.1
嗪草酮	0.075	异戊乙净	0.025
噻节因 [a]	0.075	啶斑肟-1	0.2
异丙净	0.025	缬酶威-1	0.1
安硫磷	0.05	戊环唑 [a]	0.1
乙霉威	0.15	缬酶威-2	0.1
哌草丹	0.05	苯虫醚-1	0.05
生物烯丙菊酯-1	0.1	苯虫醚-2	0.05
生物烯丙菊酯-2	0.1	苯甲醚	0.5
芬螨酯	0.025	溴虫腈	0.2
o,p'-滴滴伊	0.025	生物苄呋菊酯	0.05
双苯酰草胺	0.025	双苯噁唑酸	0.05
戊菌唑	0.075	唑酮草酯	0.05
四氟醚唑	0.075	氯吡嘧磺隆 [a]	0.5
灭蚜磷	0.1	三环唑 [a]	0.15

农药 / 代谢物名称	定量限 /（mg/kg）	农药 / 代谢物名称	定量限 /（mg/kg）
丙虫磷	0.05	环酰菌胺[a]	0.5
氟节胺	0.05	螺甲螨酯	0.25
三唑醇-1	0.075	联苯肼酯	0.2
三唑醇-2	0.075	异狄氏剂酮	0.4
丙草胺	0.05	精高效氨氟氰菊酯-1	0.02
醚菌酯	0.025	metoconazole	0.1
吡氟禾草灵	0.025	氰氟草酯	0.05
氟啶脲	0.075	精高效氨氟氰菊酯-2	0.02
乙酯杀螨醇	0.025	苄螨醚	0.05
氟哇唑	0.075	啶虫脒	0.1
三氟硝草醚	0.025	烟酰碱	0.1
烯唑醇	0.075	烯酰吗啉[a]	0.05

注：该定量限适用食品类别均为桑枝、金银花、枸杞子、荷叶；a 为仅可在牛奶基质中定性鉴别的农药和相关化学品。

4.2.9　粮谷和大豆中 11 种除草剂残留量的测定

该测定技术采用《食品安全国家标准　粮谷和大豆中 11 种除草剂残留量的测定　气相色谱–质谱法》（GB 23200.24—2016）。

1. 适用范围

规定了粮谷、大豆中 11 种除草剂残留量的气相色谱–质谱检测方法。适用于大米、玉米、小麦、人豆，其他食品可参照执行。

2. 方法原理

试样中残留的除草剂用正己烷和丙酮提取，提取液浓缩后，经中性氧化铝固相萃取柱或弗罗里硅土固相萃取柱净化，用气相色谱–电子轰击离子源质谱仪（GC-EI-SIM，色谱柱：DB-5MS）检测和确证，外标法定量。

3. 灵敏度

农药 / 代谢物名称	定量限 /（mg/kg）	农药 / 代谢物名称	定量限 /（mg/kg）
乙草胺	0.01	氟酰胺	0.01
戊草丹	0.01	丙草胺	0.01
甲草胺	0.01	灭锈胺	0.01
异丙甲草胺	0.01	吡氟酰草胺	0.01
二甲戊灵	0.01	苯噻酰草胺	0.01
丁草胺	0.01		

注：该定量限适用食品类别均为大米、玉米、小麦、大豆。

4.2.10　水果中噁草酮残留量的测定

该测定技术采用《食品安全国家标准　水果中噁草酮残留量的检测方法》（GB 23200.25—2016）。

1. 适用范围

规定了水果中噁草酮残留的抽样、制样和气相色谱–质谱测定及确证方法。适用于柑、苹果，其他食品可参照执行。

2. 方法原理

试样中噁草酮残留物用苯–正己烷提取，然后过活性炭小柱净化，用配有质量选择性检测器的气相色谱–质谱仪（GC-EI-SIM，色谱柱：HP-5）测定及确证，外标法定量。

3. 灵敏度

农药 / 代谢物名称	食品类别 / 名称	定量限 /（mg/kg）
噁草酮	柑、苹果	0.010

4.2.11　茶叶中 9 种有机杂环类农药残留量的测定

该测定技术采用《食品安全国家标准　茶叶中 9 种有机杂环类农药残留量的检测方法》（GB 23200.26—2016）。

1. 适用范围

规定了茶叶中 9 种有机杂环类农药残留的抽样、制样、测定方法和测定低限及回收率。适用于茶叶，其他食品可参照执行。

2. 方法原理

试样中被测物用丙酮–正己烷提取，采用活性炭小柱和中性氧化铝小柱净化，用丙酮–正己烷洗脱。净化后用配有质谱检测器的气相色谱–质谱仪（GC-EI-SIM，色谱柱：石英毛细管柱，5% 苯基甲基聚硅氧烷固定相）测定，外标法定量。

3. 灵敏度

农药 / 代谢物名称	定量限 /（mg/kg）	农药 / 代谢物名称	定量限 /（mg/kg）
噻嗪酮	0.01	抑霉唑	0.05
莠去津	0.02	丙环唑	0.05
乙烯菌核利	0.02	氟菌唑	0.38
腐霉利	0.02	哒螨灵	0.5
氯苯嘧啶醇	0.02		

注：该定量限适用食品类别均为茶叶。

4.2.12　水果中 4,6-二硝基邻甲酚残留量的测定

该测定技术采用《食品安全国家标准　水果中 4,6-二硝基邻甲酚残留量的测定　气相色谱–质谱法》（GB 23200.27—2016）。

1. 适用范围

规定了水果中 4,6-二硝基邻甲酚残留量的气相色谱–质谱检验方法。适用于苹果、梨，其他食品可参照执行。

2. 方法原理

水果样品中 4,6-二硝基邻甲酚残留物用二氯甲烷提取，吹氮至干后以乙腈溶解，用 *N*-(特丁基二甲基硅)-*N*-甲基三氟乙酸胺（MTBSTFA）衍生化，用气相色谱−电子轰击离子源质谱仪（GC-EI-SIM，色谱柱：HP-5MS）测定，外标法定量。

3. 灵敏度

农药 / 代谢物名称	食品类别 / 名称	定量限 /（mg/kg）
4,6-二硝基邻甲酚	苹果、梨	0.01

4.2.13　食品中多种醚类除草剂残留量的测定

该测定技术采用《食品安全国家标准　食品中多种醚类除草剂残留量的测定　气相色谱−质谱法》（GB 23200.28—2016）。

1. 适用范围

规定了食品中 11 种苯醚类除草剂残留的气相色谱−负化学离子源质谱检测方法。适用于大米、大豆、菠菜、大葱、辣椒、草莓、甜豌豆、绿茶，其他食品可参照执行。

2. 方法原理

被测物用经正己烷饱和过的乙腈（含 1% 冰醋酸）提取，再经分散固相萃取净化，用气相色谱−负化学离子源质谱仪（GC-NCI-SIM，色谱柱：DB-17MS）测定与确证，外标法定量。

3. 灵敏度

农药 / 代谢物名称	定量限 /（mg/kg）	农药 / 代谢物名称	定量限 /（mg/kg）
三氟硝草醚	0.01	氟乳醚	0.01
乙氧氟草醚	0.01	甲氧除草醚	0.01
除草醚	0.01	甲羧除草醚	0.01
苯草醚	0.01	乳氟禾草灵	0.01
吡草醚	0.01	乙羧氟草醚	0.01
喹氧灵	0.01		

注：该定量限适用食品类别均为大米、大豆、菠菜、大葱、辣椒、草莓、甜豌豆、绿茶。

4.2.14　食品中环氟菌胺残留量的测定

该测定技术采用《食品安全国家标准　食品中环氟菌胺残留量的测定　气相色谱−质谱法》（GB 23200.30—2016）。

1. 适用范围

规定了食品中环氟菌胺残留的制样和气相色谱−质谱检测方法。适用于小麦、玉米、花生、菠萝、苹果、青葱、胡萝卜、紫苏叶、金银花、姜粉、花椒粉、茶叶，其他食品可参照执行。

2. 方法原理

样品用乙腈（或丙酮−正己烷混合液）提取，提取液加入氯化钠脱水后，用石墨化炭黑−氨基串联柱或 C_{18} 固相萃取柱或弗罗里硅土层析柱净化，用气相色谱−电子轰击离子源质谱仪（GC-EI-SIM，色谱柱：DB-35MS）测定，外标法定量。

3. 灵敏度

农药 / 代谢物名称	食品类别 / 名称	定量限 /（mg/kg）
环氟菌胺	紫苏叶、金银花、姜粉、花椒粉、茶叶	0.010
	小麦、玉米、花生、菠萝、苹果、青葱、胡萝卜	0.005

4.2.15　食品中丙炔氟草胺残留量的测定

该测定技术采用《食品安全国家标准　食品中丙炔氟草胺残留量的测定　气相色谱–质谱法》（GB 23200.31—2016）。

1. 适用范围

规定了食品中丙炔氟草胺残留的制样和气相色谱–质谱检测方法。适用于苹果、菠菜、姜、大豆、大米、杏仁，其他食品可参照执行。

2. 方法原理

试样用乙腈或乙酸乙酯提取，经氨基固相萃取柱净化，洗脱液浓缩后定容，用气相色谱–电子轰击离子源质谱仪（GC-EI-SIM，色谱柱：DB-5MS）测定，外标法定量。

3. 灵敏度

农药 / 代谢物名称	食品类别 / 名称	定量限 /（mg/kg）
丙炔氟草胺	苹果、菠菜、姜、大豆、大米、杏仁	0.010

4.2.16　食品中丁酰肼残留量的测定

该测定技术采用《食品安全国家标准　食品中丁酰肼残留量的测定　气相色谱–质谱法》（GB 23200.32—2016）。

1. 适用范围

规定了食品中丁酰肼残留量的气相色谱–质谱检测方法。适用于花生、大米、大豆、欧芹、苹果、茶叶，其他食品可参照执行。

2. 方法原理

试样中的丁酰肼残留物用水提取，经水蒸气蒸馏、水杨醛衍生化为 1,1′-二甲基联氨，经硅胶固相萃取柱净化，用气相色谱–电子轰击离子源质谱仪（GC-EI-SIM，色谱柱：DB-5MS）测定，外标法定量。

3. 灵敏度

农药 / 代谢物名称	食品类别 / 名称	定量限 /（mg/kg）
1,1′-二甲基联氨（丁酰肼衍生化后实测物）	花生、大米、大豆、欧芹、苹果、茶叶	0.01

4.2.17　食品中解草嗪、莎稗磷、二丙烯草胺等 110 种农药残留量的测定

该测定技术采用《食品安全国家标准　食品中解草嗪、莎稗磷、二丙烯草胺等 110 种农药残留量的测定　气相色谱–质谱法》（GB 23200.33—2016）。

1. 适用范围

规定了食品中解草嗪、莎稗磷、二丙烯草胺等 110 种农药残留量的气相色谱-质谱检测方法。适用于大米、糙米、大麦、小麦、玉米，其他食品可参照执行。

2. 方法原理

试样加水浸泡后用丙酮振荡提取，然后经二氯甲烷液液分配后氮吹干、环己烷-乙酸乙酯复溶后先经凝胶渗透色谱净化，再用石墨化炭黑-氨基串联柱净化，用气相色谱-电子轰击离子源质谱仪（GC-EI-SIM，色谱柱：DB-5MS）检测，外标法定量。

3. 灵敏度

农药 / 代谢物名称	定量限 /（mg/kg）	农药 / 代谢物名称	定量限 /（mg/kg）
烯丙菊酯	0.01	乙丁氟灵	0.01
二丙烯草胺	0.01	解草嗪	0.01
莠灭净	0.01	啶酰菌胺	0.01
莎稗磷	0.01	乙基溴硫磷	0.01
莠去津	0.01	乙嘧酚磺酸酯	0.01
氧环唑	0.01	噻嗪酮	0.01
保棉磷	0.01	氟丙嘧草酯	0.01
萎锈灵	0.01	硫线磷	0.01
杀螨醚	0.01	丁硫克百威	0.01
氯氧磷	0.01	乙氧呋草黄	0.01
虫螨腈	0.01	乙螨唑	0.01
杀螨酯	0.01	咪唑菌酮	0.01
氯草敏	0.01	苯线磷	0.01
氯苯甲醚	0.01	苯线磷砜	0.01
氯酞酸甲酯	0.01	腈苯唑	0.01
炔草酸	0.01	皮蝇磷	0.01
氯甲酰草胺	0.01	嘧螨酯	0.01
解草酯	0.01	吡氟禾草灵	0.01
杀螟腈	0.01	氟噻草胺	0.01
环草敌	0.01	氟烯草酸	0.01
环氟菌胺	0.01	丙炔氟草胺	0.01
燕麦敌	0.01	嗪草酸	0.01
禾草灵	0.01	粉唑醇	0.01
百治磷	0.01	噻唑磷	0.01
哌草丹	0.01	解草噁唑	0.01
乐果	0.01	苄螨醚	0.01
烯酰吗啉	0.01	氟吡禾灵	0.01
苯虫醚	0.01	七氯	0.01
敌噁磷	0.01	六氯苯	0.01

农药 / 代谢物名称	定量限 /（mg/kg）	农药 / 代谢物名称	定量限 /（mg/kg）
双苯酰草胺	0.01	抑霉唑	0.01
乙拌磷	0.01	茚草酮	0.01
硫丹硫酸盐	0.01	茚虫威	0.01
氟环唑	0.01	氯唑磷	0.01
S-氰戊菊酯	0.01	异丙威	0.01
乙丁烯氟灵	0.01	稻瘟灵	0.01
乙硫磷	0.01	双苯噁唑酸	0.01
嘧菌胺	0.01	乳氟禾草灵	0.01
甲霜灵	0.01	吡咯二酸二乙酯	0.01
虫螨畏	0.01	苯胺灵	0.01
异丙甲草胺	0.01	吡菌磷	0.01
速灭磷	0.01	吡丙醚	0.01
敌草胺	0.01	咯喹酮	0.01
三氯甲基吡啶	0.01	五氯硝基苯	0.01
氟草敏	0.01	精喹禾灵	0.01
乙氧氟草醚	0.01	硅氟唑	0.01
二甲戊灵	0.01	硫丙磷	0.01
苯醚菊酯	0.01	丁噻隆	0.01
甲拌磷	0.01	四氯硝基苯	0.01
磷胺	0.01	唑虫酰胺	0.01
哌草磷	0.01	三唑酮	0.01
茉莉酮	0.01	三唑醇	0.01
毒草胺	0.01	野麦畏	0.01
敌稗	0.01	脱叶磷	0.01
丙虫磷	0.01	三环唑	0.01
苯酰菌胺	0.01	灭除威	0.01

注：该定量限适用食品类别均为大米、糙米、大麦、小麦、玉米。

4.2.18　食品中嘧霉胺、嘧菌胺、腈菌唑、嘧菌酯残留量的测定

该测定技术采用《食品安全国家标准　食品中嘧霉胺、嘧菌胺、腈菌唑、嘧菌酯残留量的测定　气相色谱–质谱法》（GB 23200.46—2016）。

1. 适用范围

规定了试样的制备方法和保存条件，以及食品中嘧霉胺、嘧菌胺、腈菌唑、嘧菌酯残留量的气相色谱–质谱测定方法。适用于大米、茄子、苹果、板栗、茶叶，其他食品可参照执行。

2. 方法原理

试样用丙酮或乙酸乙酯、丙酮和氯化钠水溶液提取，经液液分配、石墨化炭黑–氨基串联柱净化，用气相色谱–电子轰击离子源质谱仪（GC-EI-SIM，色谱柱：DB-5MS）检测，外标法定量。

3. 灵敏度

农药 / 代谢物名称	食品类别 / 名称	定量限 /（mg/kg）
嘧霉胺	大米、茄子、苹果、板栗、茶叶	0.01
嘧菌胺	大米、茄子、苹果、板栗、茶叶	0.01
腈菌唑	大米、茄子、苹果、板栗、茶叶	0.01
嘧菌酯	大米、茄子、苹果、板栗、茶叶	0.005

4.2.19　食品中四螨嗪残留量的测定

该测定技术采用《食品安全国家标准　食品中四螨嗪残留量的测定　气相色谱–质谱法》（GB 23200.47—2016）。

1. 适用范围

规定了食品中四螨嗪残留量的气相色谱–质谱检测方法。适用于柑橘、苹果、菠菜、西兰花，其他食品可参照执行。

2. 方法原理

试样用水–丙酮（1∶4，*v/v*）振荡提取，经二氯甲烷液液分配，以凝胶色谱柱净化，再经弗罗里硅土固相柱净化，洗脱液浓缩并溶解定容后，用气相色谱–电子轰击离子源质谱仪（GC-EI-SIM，色谱柱：DB-5MS）检测，外标法定量。

3. 灵敏度

农药 / 代谢物名称	食品类别 / 名称	定量限 /（mg/kg）
四螨嗪	柑橘、苹果、菠菜、西兰花	0.010

4.2.20　食品中野燕枯残留量的测定

该测定技术采用《食品安全国家标准　食品中野燕枯残留量的测定　气相色谱–质谱法》（GB 23200.48—2016）。

1. 适用范围

规定了食品中野燕枯残留量的气相色谱–质谱检测方法。适用于小麦、玉米，其他食品可参照执行。

2. 方法原理

试样用水–丙酮振荡提取，经二氯甲烷液液分配，以凝胶色谱柱净化，再经弗罗里硅土固相柱净化，洗脱液浓缩并溶解定容后，用气相色谱–电子轰击离子源质谱仪（GC-EI-SIM，色谱柱：DB-5MS）检测，外标法定量。

3. 灵敏度

农药 / 代谢物名称	食品类别 / 名称	定量限 /（mg/kg）
野燕枯	小麦、玉米	0.010

4.2.21　食品中苯醚甲环唑残留量的测定

该测定技术采用《食品安全国家标准　食品中苯醚甲环唑残留量的测定　气相色谱–质谱法》（GB 23200.49—2016）。

1. 适用范围

规定了食品中苯醚甲环唑残留的制样、气相色谱–质谱检测和确证方法。适用于豌豆、紫苏、胡萝卜、菠菜、大米、黄豆、中药、茶叶、杏仁、西柚、菠萝、草莓、酱油、醋，其他食品可参照执行。

2. 方法原理

试样中的苯醚甲环唑用乙酸乙酯提取，经串联活性炭和中性氧化铝双柱法或弗罗里硅土单柱法固相萃取净化，用气相色谱–电子轰击离子源质谱仪（GC-EI-SIM，色谱柱：DB-17MS）测定与确证，外标法定量。

3. 灵敏度

农药 / 代谢物名称	食品类别 / 名称	定量限 /（mg/kg）
苯醚甲环唑	豌豆、紫苏、胡萝卜、菠菜、大米、黄豆、中药、茶叶、杏仁、西柚、菠萝、草莓、酱油、醋	0.005

4.2.22　食品中嘧菌环胺残留量的测定

该测定技术采用《食品安全国家标准　食品中嘧菌环胺残留量的测定　气相色谱–质谱法》（GB 23200.52—2016）。

1. 适用范围

规定了食品中嘧菌环胺残留量的气相色谱–质谱检测及确证方法。适用于大米、大豆、小菘菜、甜豌豆、梨、柑、花生、茶叶，其他食品可参照执行。

2. 方法原理

试样中残留的嘧菌环胺用正己烷–丙酮（1∶1，*v/v*）提取，经凝胶渗透色谱仪和丙磺酰基甲硅烷基硅胶阳离子交换柱净化，用气相色谱–电子轰击离子源质谱仪（GC-EI-SIM，色谱柱：DB-5MS）测定和确证，外标法定量。

3. 灵敏度

农药 / 代谢物名称	食品类别 / 名称	定量限 /（mg/kg）
嘧菌环胺	大米、大豆、小菘菜、甜豌豆、梨、柑、花生、茶叶	0.01

4.2.23　食品中氟硅唑残留量的测定

该测定技术采用《食品安全国家标准　食品中氟硅唑残留量的测定　气相色谱–质谱法》（GB 23200.53—2016）。

1. 适用范围

规定了食品中氟硅唑残留量的气相色谱–质谱检测及确证方法。适用于大米、大豆、小菘菜、鲜豌豆、梨、柑橘、花生、茶叶，其他食品可参照执行。

2. 方法原理

样品用乙腈提取，水果、蔬菜经石墨化炭黑-氨基固相萃取串联柱净化，粮谷、坚果、茶叶经弗罗里硅土固相萃取柱净化，用气相色谱-电子轰击离子源质谱仪（GC-EI-SIM，色谱柱：DB-5MS）检测和确证，外标法定量。

3. 灵敏度

农药 / 代谢物名称	食品类别 / 名称	定量限 /（mg/kg）
氟硅唑	大米、大豆、小菘菜、鲜豌豆、梨、柑橘、花生、茶叶	0.01

4.2.24 食品中甲氧基丙烯酸酯类杀菌剂残留量的测定

该测定技术采用《食品安全国家标准　食品中甲氧基丙烯酸酯类杀菌剂残留量的测定　气相色谱-质谱法》（GB 23200.54—2016）。

1. 适用范围

规定了食品中 11 种甲氧基丙烯酸酯类杀菌剂残留的制样和测定方法。适用于苹果、梨、葡萄、甘蓝、黄瓜、蘑菇、橙汁、茶饮料、大米、板栗，其他食品可参照执行。

2. 方法原理

试样用有机溶剂超声提取（水果、蔬菜、饮料类样品用环己烷-乙酸乙酯超声提取；粮谷类样品、坚果类样品用乙腈超声提取），凝胶渗透色谱系统净化，洗脱液浓缩并定容后，用气相色谱-电子轰击离子源质谱仪（GC-EI-SIM，色谱柱：HP-5MS）测定，外标法定量。

3. 灵敏度

农药 / 代谢物名称	食品类别 / 名称	定量限 /（mg/kg）
啶氧菌酯	苹果、葡萄、梨、甘蓝、黄瓜、蘑菇、橙汁、茶饮料、板栗、大米	0.010
(*E*)-苯氧菌胺	苹果、葡萄、梨、甘蓝、黄瓜、蘑菇、橙汁、茶饮料、板栗、大米	0.005
醚菌酯	黄瓜	0.05
	苹果、葡萄、梨、甘蓝、蘑菇、橙汁、茶饮料、板栗、大米	0.005
(*Z*)-苯氧菌胺	苹果、葡萄、梨、甘蓝、黄瓜、蘑菇、橙汁、茶饮料、板栗、大米	0.01
嘧螨酯	苹果、葡萄、梨、甘蓝、黄瓜、蘑菇、橙汁、茶饮料、板栗、大米	0.005
肟菌酯	甘蓝	0.05
	苹果、葡萄、梨、黄瓜、蘑菇、橙汁、茶饮料、板栗、大米	0.005
醚菌胺	苹果、葡萄、梨、甘蓝、黄瓜、蘑菇、橙汁、茶饮料、板栗、大米	0.008
肟醚菌胺	苹果、葡萄、梨、甘蓝、黄瓜、蘑菇、橙汁、茶饮料、板栗、大米	0.005
吡唑醚菌酯	苹果、葡萄、梨、甘蓝、黄瓜、蘑菇、橙汁、茶饮料、板栗、大米	0.010
氟嘧菌酯	苹果	0.050
	葡萄、梨、甘蓝、黄瓜、蘑菇、橙汁、茶饮料、板栗、大米	0.005
嘧菌酯	苹果、葡萄、梨、甘蓝、黄瓜、蘑菇、橙汁、茶饮料、板栗、大米	0.010

4.2.25　食品中乙草胺残留量的测定

该测定技术采用《食品安全国家标准　食品中乙草胺残留量的检测方法》（GB 23200.57—2016）。

1. 适用范围

规定了食品中乙草胺残留的制样、气相色谱–质谱测定和确证方法。适用于花生、大豆、玉米、小麦、洋葱、海菜、腰果、松茸，其他食品可参照执行。

2. 方法原理

试样中的乙草胺残留物用乙腈或乙酸乙酯提取，经凝胶渗透色谱仪和（或）硅胶固相萃取柱净化，用气相色谱–电子轰击离子源质谱仪（GC-EI-SIM，色谱柱：DB-5）确证，外标法定量。

3. 灵敏度

农药 / 代谢物名称	食品类别 / 名称	定量限 /（mg/kg）
乙草胺	花生、大豆、玉米、小麦、洋葱、海菜、腰果、松茸	0.01

4.2.26　食品中敌草腈残留量的测定

该测定技术采用《食品安全国家标准　食品中敌草腈残留量的测定　气相色谱–质谱法》（GB 23200.59—2016）。

1. 适用范围

规定了食品中敌草腈残留量的气相色谱–质谱测定方法。适用于大米、大豆、栗子、菠菜、洋葱、香菇、番茄、芒果、橙子、黑莓、西瓜，其他食品可参照执行。

2. 方法原理

试样中残留的敌草腈用乙腈提取，经 C_{18} 或石墨化炭黑固相萃取柱净化，用高效液相色谱–质谱 / 质谱仪（HPLC-ESI-MRM，色谱柱：DB-5MS）检测，外标法定量。

3. 灵敏度

农药 / 代谢物名称	食品类别 / 名称	定量限 /（μg/kg）
敌草腈	大米、大豆、栗子、菠菜、洋葱、香菇、番茄、芒果、橙子、黑莓、西瓜	5

4.2.27　食品中苯胺灵残留量的测定

该测定技术采用《食品安全国家标准　食品中苯胺灵残留量的测定　气相色谱–质谱法》（GB 23200.61—2016）。

1. 适用范围

规定了食品中苯胺灵残留量的气相色谱–质谱测定方法，适用于毛豆、芥末菜、芦柑、花生、茶叶、姜、香菇、大米、大豆等，其他食品可参照执行。

2. 方法原理

试样用乙酸乙酯–正己烷混合溶剂（1∶1，*v/v*）提取，石墨化炭黑固相萃取小柱净化，含脂量高的食品以凝胶渗透色谱仪净化，用气相色谱–电子轰击离子源质谱仪（GC-EI-SIM，色谱柱：DB-5MS）测定，外标法定量。

3. 灵敏度

农药 / 代谢物名称	食品类别 / 名称	定量限 /（mg/kg）
苯胺灵	毛豆、芥末菜、芦柑、花生、茶叶、姜、香菇、大米、大豆等	0.005

4.2.28　食品中氟烯草酸残留量的测定

该测定技术采用《食品安全国家标准　食品中氟烯草酸残留量的测定　气相色谱–质谱法》（GB 23200.62—2016）。

1. 适用范围

规定了食品中氟烯草酸残留量的气相色谱–质谱检测方法，适用于玉米、芹菜、苹果、花生、茶叶、大豆，其他食品可参照执行。

2. 方法原理

试样用乙酸乙酯或乙腈提取，提取后的有机相蒸干，残渣用乙酸乙酯–环己烷（1∶1，*v/v*）溶解后用凝胶渗透色谱仪净化，洗脱液蒸干定容，用气相色谱–电子轰击离子源质谱仪（GC-EI-SIM，色谱柱：DB-5MS）进行选择离子监测，外标法定量。

3. 灵敏度

农药 / 代谢物名称	食品类别 / 名称	定量限 /（mg/kg）
氟烯草酸	玉米、芹菜、苹果、花生、茶叶、大豆	0.005

4.2.29　食品中四氟醚唑残留量的测定

该测定技术采用《食品安全国家标准　食品中四氟醚唑残留量的检测方法》（GB 23200.65—2016）。

1. 适用范围

规定了食品中四氟醚唑残留量的气相色谱–质谱检测和确证方法，适用于菠菜、藕、草莓、花生、板栗、茶叶、酱油，其他食品可参照执行。

2. 方法原理

试样用乙腈提取，经正己烷液液分配、硅酸镁固相萃取柱净化，用气相色谱–负化学离子源质谱仪（GC-NCI-SIM，色谱柱：HP-5MS）测定，外标法定量。

3. 灵敏度

农药 / 代谢物名称	食品类别 / 名称	定量限 /（μg/kg）
四氟醚唑	菠菜、藕、草莓、花生、板栗、茶叶、酱油	2

4.2.30　食品中吡螨胺残留量的测定

该测定技术采用《食品安全国家标准　食品中吡螨胺残留量的测定　气相色谱–质谱法》（GB 23200.66—2016）。

1. 适用范围

规定了食品中吡螨胺残留量的气相色谱–质谱检测和确证方法，适用于菠菜、藕、草莓、花生、板栗、茶叶，其他食品可参照执行。

2. 方法原理

试样用乙腈提取，经正己烷液液分配、硅酸镁固相萃取柱净化，用气相色谱–负化学离子源质谱仪（GC-NCI-SIM，色谱柱：HP-5MS）测定，外标法定量。

3. 灵敏度

农药 / 代谢物名称	食品类别 / 名称	定量限 /（μg/kg）
吡螨胺	菠菜、藕、草莓、花生、板栗、茶叶	2

4.2.31　食品中炔苯酰草胺残留量的测定

该测定技术采用《食品安全国家标准　食品中炔苯酰草胺残留量的测定　气相色谱–质谱法》（GB 23200.67—2016）。

1. 适用范围

规定了食品中炔苯酰草胺残留量的气相色谱–质谱检测方法。适用于菠菜、胡萝卜、草莓、花生、葱、板栗、茶叶，其他食品可参照执行。

2. 方法原理

试样用乙腈提取，经液液分配、乙二胺-*N*-丙基硅烷硅胶（PSA）固相萃取柱净化，用气相色谱–电子轰击离子源质谱仪（GC-EI-SIM，色谱柱：HP-5MS）测定，外标法定量。

3. 灵敏度

农药 / 代谢物名称	食品类别 / 名称	定量限 /（mg/kg）
炔苯酰草胺	菠菜、胡萝卜、草莓、花生、葱、板栗、茶叶	0.01

4.2.32　食品中啶酰菌胺残留量的测定

该测定技术采用《食品安全国家标准　食品中啶酰菌胺残留量的测定　气相色谱–质谱法》（GB 23200.68—2016）。

1. 适用范围

规定了食品中啶酰菌胺残留量的气相色谱–质谱检测方法。适用于菠菜、胡萝卜、草莓、花生、板栗、茶叶、葱，其他食品可参照执行。

2. 方法原理

试样用乙腈提取，经液液分配、乙二胺-*N*-丙基硅烷硅胶（PSA）固相萃取柱净化，用气相色谱–电子轰击离子源质谱仪（GC-EI-SIM，色谱柱：HP-5MS）测定，外标法定量。

3. 灵敏度

农药 / 代谢物名称	食品类别 / 名称	定量限 /（mg/kg）
啶酰菌胺	菠菜、胡萝卜、草莓、花生、板栗、茶叶、葱	0.01

4.2.33 食品中二缩甲酰亚胺类农药残留量的测定

该测定技术采用《食品安全国家标准 食品中二缩甲酰亚胺类农药残留量的测定 气相色谱–质谱法》(GB 23200.71—2016)。

1. 适用范围

规定了食品中 4 种二缩甲酰亚胺类农药残留量的气相色谱–质谱检测方法。适用于茶叶、大米、大蒜、苹果、菠菜、板栗、葡萄酒，其他食品可参照执行。

2. 方法原理

试样用丙酮–正己烷混合溶剂提取，经凝胶色谱柱、石墨化炭黑固相萃取柱净化，用气相色谱–电子轰击离子源质谱仪（GC-EI-SIM，色谱柱：DB-5MS）测定，外标法定量。

3. 灵敏度

农药 / 代谢物名称	食品类别 / 名称	定量限 /（mg/kg）
乙烯菌核利	茶叶	0.025
	大米、板栗	0.005
	葡萄酒、大蒜、苹果、菠菜	0.01
乙菌利	茶叶	0.025
	大米、板栗	0.005
	葡萄酒、大蒜、苹果、菠菜	0.01
腐霉利	茶叶	0.025
	大米、板栗	0.005
	葡萄酒、大蒜、苹果、菠菜	0.01
异菌脲	茶叶	0.05
	大米、板栗	0.01
	葡萄酒、大蒜、苹果、菠菜	0.02

4.2.34 食品中苯酰胺类农药残留量的测定

该测定技术采用《食品安全国家标准 食品中苯酰胺类农药残留量的测定 气相色谱–质谱法》(GB 23200.72—2016)。

1. 适用范围

规定了进出口食品中 25 种苯酰胺类农药残留量的气相色谱–质谱检测方法。适用于玉米、菠菜、蘑菇、苹果、大豆、板栗、茶叶，其他食品可参照执行。

2. 方法原理

试样用丙酮–正己烷振荡提取，经石墨化炭黑固相萃取柱或中性氧化铝固相萃取柱净化，用气相色谱–电子轰击离子源质谱仪（GC-EI-SIM，色谱柱：HP-1701MS）测定和确证，外标法定量。

3. 灵敏度

农药 / 代谢物名称	定量限 /（mg/kg）	农药 / 代谢物名称	定量限 /（mg/kg）
毒草胺	0.01	丁草胺	0.01
氯苯胺灵	0.01	丙草胺	0.01
炔苯酰草胺	0.01	敌草胺	0.01

农药 / 代谢物名称	定量限 /（mg/kg）	农药 / 代谢物名称	定量限 /（mg/kg）
二甲酚草胺	0.01	环氟菌胺	0.01
甲草胺	0.01	异丙菌胺	0.01
甲呋酰胺	0.01	萎锈灵	0.01
异丙甲草胺	0.01	氟酰胺	0.01
呋菌胺	0.01	噻呋酰胺	0.01
氟噻草胺	0.01	苯霜灵	0.01
敌稗	0.01	稻瘟酰胺	0.01
双苯酰草胺	0.01	灭锈胺	0.01
吡唑草胺	0.01	噻吩草胺	0.01
吡螨胺	0.01		

注：该定量限适用食品类别均为玉米、菠菜、蘑菇、苹果、大豆、板栗、茶叶。

4.2.35　食品中异稻瘟净残留量的测定

该测定技术采用《食品安全国家标准　食品中异稻瘟净残留量的检测方法》（GB 23200.83—2016）。

1. 适用范围

规定了食品中异稻瘟净残留量的气相色谱-质谱检测方法。适用于茶叶、菠菜、荞头、苹果、板栗、食醋、大米，其他食品可参照执行。

2. 方法原理

试样中残留的异稻瘟净采用丙酮-正己烷（1∶2，*v/v*）振荡提取，经石墨化炭黑固相萃取柱或中性氧化铝固相萃取柱净化，洗脱液浓缩并定容后，用气相色谱-电子轰击离子源质谱仪（GC-EI-SIM，色谱柱：HP-5MS）测定和确证，外标法定量。

3. 灵敏度

农药 / 代谢物名称	食品类别 / 名称	定量限 /（mg/kg）
异稻瘟净	茶叶、菠菜、荞头、苹果、板栗、食醋、大米	0.005

4.2.36　植物源性食品中 208 种农药及其代谢物残留量的测定

该测定技术采用《食品安全国家标准　植物源性食品中 208 种农药及其代谢物残留量的测定　气相色谱-质谱联用法》（GB 23200.113—2018）。

1. 适用范围

规定了植物源性食品中 208 种农药及其代谢物残留量的气相色谱-质谱测定方法，适用于植物源性食品。

2. 方法原理

试样用乙腈提取，经固相萃取或分散固相萃取净化（植物油试样经凝胶渗透色谱净化），用气相色谱-质谱仪（GC-EI-MRM，色谱柱：14% 腈丙基苯基-86% 二甲基聚硅氧烷石英毛细管柱）检测，内标法或外标法定量。

3. 灵敏度

农药 / 代谢物名称	食品类别 / 名称	定量限 / （mg/kg）
乙酰甲胺磷	蔬菜、水果、食用菌	0.01
	谷物、油料、植物油	0.02
	茶叶、香辛料	0.05
乙草胺	蔬菜、水果、食用菌	0.01
	谷物、油料、植物油	0.02
	茶叶、香辛料	0.05
苯草醚	蔬菜、水果、食用菌	0.01
	谷物、油料、植物油	0.02
	茶叶、香辛料	0.05
甲草胺	蔬菜、水果、食用菌	0.01
	谷物、油料、植物油	0.02
	茶叶、香辛料	0.05
烯丙菊酯	蔬菜、水果、食用菌	0.01
	谷物、油料、植物油	0.02
	茶叶、香辛料	0.05
α-六六六	蔬菜、水果、食用菌、谷物、油料、植物油、茶叶、香辛料	0.01
α-硫丹	蔬菜、水果、食用菌、谷物、油料、茶叶、香辛料	0.01
	植物油	0.02
莎稗磷	蔬菜、水果、食用菌	0.01
	谷物、油料、植物油	0.02
	茶叶、香辛料	0.05
脱乙基莠去津	蔬菜、水果、食用菌	0.01
	谷物、油料、植物油	0.02
	茶叶、香辛料	0.05
β-硫丹	蔬菜、水果、食用菌、谷物、油料、茶叶、香辛料	0.01
	植物油	0.02
联苯菊酯	蔬菜、水果、食用菌	0.01
	谷物、油料、植物油	0.02
	茶叶、香辛料	0.05
啶酰菌胺	蔬菜、水果、食用菌	0.01
	谷物、油料、植物油	0.02
	茶叶、香辛料	0.05
除草定	蔬菜、水果、食用菌	0.01
	谷物、油料、植物油	0.02
	茶叶、香辛料	0.05
溴苯烯磷	蔬菜、水果、食用菌	0.01
	谷物、油料、植物油	0.02
	茶叶、香辛料	0.05
溴硫磷	蔬菜、水果、食用菌	0.01
	谷物、油料、植物油	0.02
	茶叶、香辛料	0.05
溴螨酯	蔬菜、水果、食用菌	0.01
	谷物、油料、植物油	0.02
	茶叶、香辛料	0.05
乙嘧酚磺酸酯	蔬菜、水果、食用菌	0.01
	谷物、油料、植物油	0.02
	茶叶、香辛料	0.05

农药 / 代谢物名称	食品类别 / 名称	定量限 / (mg/kg)
三硫磷	蔬菜、水果、食用菌	0.01
	谷物、油料、植物油	0.02
	茶叶、香辛料	0.05
虫螨磷	蔬菜、水果、食用菌	0.01
	谷物、油料、植物油	0.02
	茶叶、香辛料	0.05
环草敌	蔬菜、水果、食用菌	0.01
	谷物、油料、植物油	0.02
	茶叶、香辛料	0.05
环氟菌胺	蔬菜、水果、食用菌	0.01
	谷物、油料、植物油	0.02
	茶叶、香辛料	0.05
氯氰菊酯	蔬菜、水果、食用菌	0.01
	谷物、油料、植物油	0.02
	茶叶、香辛料	0.05
脱叶磷	蔬菜、水果、食用菌	0.01
	谷物、油料、植物油	0.02
	茶叶、香辛料	0.05
溴氰菊酯	蔬菜、水果、食用菌、谷物、油料	0.01
	茶叶、香辛料	0.05
	植物油	0.02
除线磷	蔬菜、水果、食用菌	0.01
	谷物、油料、植物油	0.02
	茶叶、香辛料	0.05
敌草腈	蔬菜、水果、食用菌	0.01
	谷物、油料、植物油	0.02
	茶叶、香辛料	0.05
敌敌畏	蔬菜、水果、食用菌	0.01
	谷物、油料、植物油	0.02
	茶叶、香辛料	0.05
氯硝胺	蔬菜、水果、食用菌	0.01
	谷物、油料、植物油	0.02
	茶叶、香辛料	0.05
三氯杀螨醇	蔬菜、水果、食用菌、茶叶、香辛料	0.01
	谷物、油料、植物油	0.02
乐果	蔬菜、水果、食用菌	0.01
	谷物、油料、植物油	0.02
	茶叶、香辛料	0.05
敌噁磷	蔬菜、水果、食用菌	0.01
	谷物、油料、植物油	0.02
	茶叶、香辛料	0.05
灭菌磷	蔬菜、水果、食用菌	0.01
	谷物、油料、植物油	0.02
	茶叶、香辛料	0.05
敌瘟磷	蔬菜、水果、食用菌	0.01
	谷物、油料、植物油	0.02
	茶叶、香辛料	0.05
异狄氏剂	蔬菜、水果、食用菌、谷物、油料、茶叶、香辛料、植物油	0.01

农药 / 代谢物名称	食品类别 / 名称	定量限 / （mg/kg）
苯硫膦	蔬菜、水果、食用菌	0.01
	谷物、油料、植物油	0.02
	茶叶、香辛料	0.05
氟环唑	蔬菜、水果、食用菌	0.01
	谷物、油料、植物油	0.02
	茶叶、香辛料	0.05
乙丁烯氟灵	蔬菜、水果、食用菌	0.01
	谷物、油料、植物油	0.02
	茶叶、香辛料	0.05
灭线磷	蔬菜、水果、食用菌、茶叶、香辛料	0.01
	谷物、油料、植物油	0.02
咪唑菌酮	蔬菜、水果、食用菌	0.01
	谷物、油料、植物油	0.02
	茶叶、香辛料	0.05
氯苯嘧啶醇	蔬菜、水果、食用菌	0.01
	谷物、油料、植物油	0.02
	茶叶、香辛料	0.05
苯硫威	蔬菜、水果、食用菌	0.01
	谷物、油料、植物油	0.02
	茶叶、香辛料	0.05
丰索磷	蔬菜、水果、食用菌	0.01
	谷物、油料、植物油	0.02
	茶叶、香辛料	0.05
倍硫磷	蔬菜、水果、食用菌、植物油	0.01
	谷物、油料	0.02
	茶叶、香辛料	0.05
氰戊菊酯	蔬菜、水果、食用菌、茶叶、香辛料	0.01
	谷物、油料、植物油	0.02
氟酰胺	蔬菜、水果、食用菌	0.01
	谷物、油料、植物油	0.02
	茶叶、香辛料	0.05
地虫硫膦	蔬菜、水果、食用菌	0.01
	谷物、油料、植物油	0.02
	茶叶、香辛料	0.05
安硫磷	蔬菜、水果、食用菌	0.01
	谷物、油料、植物油	0.02
	茶叶、香辛料	0.05
噻唑磷	蔬菜、水果、食用菌	0.01
	谷物、油料、植物油	0.02
	茶叶、香辛料	0.05
六氯苯	蔬菜、水果、食用菌	0.01
	谷物、油料、植物油	0.02
	茶叶、香辛料	0.05
环嗪酮	蔬菜、水果、食用菌	0.01
	谷物、油料、植物油	0.02
	茶叶、香辛料	0.05
抑霉唑	蔬菜、水果、食用菌、谷物、油料	0.01
	茶叶、香辛料	0.05
	植物油	0.02

农药 / 代谢物名称	食品类别 / 名称	定量限 / （mg/kg）
异稻瘟净	蔬菜、水果、食用菌	0.01
	谷物、油料、植物油	0.02
	茶叶、香辛料	0.05
异柳磷	蔬菜、水果、食用菌	0.01
	谷物、油料、植物油	0.02
	茶叶、香辛料	0.05
甲基异柳磷	蔬菜、水果、食用菌、茶叶、香辛料	0.01
	谷物、油料、植物油	0.02
异丙威	蔬菜、水果、食用菌	0.01
	谷物、油料、植物油	0.02
	茶叶、香辛料	0.05
噁唑啉	蔬菜、水果、食用菌	0.01
	谷物、油料、植物油	0.02
	茶叶、香辛料	0.05
醚菌酯	蔬菜、水果、食用菌	0.01
	谷物、油料、植物油	0.02
	茶叶、香辛料	0.05
嘧菌胺	蔬菜、水果、食用菌	0.01
	谷物、油料、植物油	0.02
	茶叶、香辛料	0.05
地胺磷	蔬菜、水果、食用菌	0.01
	谷物、油料、植物油	0.02
	茶叶、香辛料	0.05
甲霜灵	蔬菜、水果、食用菌	0.01
	谷物、油料、植物油	0.02
	茶叶、香辛料	0.05
虫螨畏	蔬菜、水果、食用菌	0.01
	谷物、油料、植物油	0.02
	茶叶、香辛料	0.05
甲胺磷	蔬菜、水果、食用菌、谷物、油料、茶叶、香辛料、植物油	0.01
异丙甲草胺	蔬菜、水果、食用菌	0.01
	谷物、油料、植物油	0.02
	茶叶、香辛料	0.05
嗪草酮	蔬菜、水果、食用菌	0.01
	谷物、油料、植物油	0.02
	茶叶、香辛料	0.05
速灭磷	蔬菜、水果、食用菌	0.01
	谷物、油料、植物油	0.02
	茶叶、香辛料	0.05
禾草敌	蔬菜、水果、食用菌	0.01
	谷物、油料、植物油	0.02
	茶叶、香辛料	0.05
久效磷	蔬菜、水果、食用菌、谷物、油料、茶叶、香辛料、植物油	0.01
2,4′-滴滴滴	蔬菜、水果、食用菌、谷物、油料、茶叶、香辛料、植物油	0.01
2,4′-滴滴涕	蔬菜、水果、食用菌、谷物、油料、茶叶、香辛料、植物油	0.01
噁草酮	蔬菜、水果、食用菌	0.01
	谷物、油料、植物油	0.02
	茶叶、香辛料	0.05

农药 / 代谢物名称	食品类别 / 名称	定量限 / （mg/kg）
乙氧氟草醚	蔬菜、水果、食用菌	0.01
	谷物、油料、植物油	0.02
	茶叶、香辛料	0.05
4,4′-滴滴滴	蔬菜、水果、食用菌、谷物、油料、茶叶、香辛料、植物油	0.01
4,4′-滴滴伊	蔬菜、水果、食用菌、谷物、油料、茶叶、香辛料、植物油	0.01
对氧磷	蔬菜、水果、食用菌	0.01
	谷物、油料、植物油	0.02
	茶叶、香辛料	0.05
甲基对氧磷	蔬菜、水果、食用菌	0.01
	谷物、油料、植物油	0.02
	茶叶、香辛料	0.05
对硫磷	蔬菜、水果、食用菌、谷物、油料、茶叶、香辛料、植物油	0.01
戊菌唑	蔬菜、水果、食用菌	0.01
	谷物、油料、植物油	0.02
	茶叶、香辛料	0.05
氯菊酯	蔬菜、水果、食用菌	0.01
	谷物、油料、植物油	0.02
	茶叶、香辛料	0.05
甲拌磷砜	蔬菜、水果、食用菌、茶叶、香辛料	0.01
	谷物、油料、植物油	0.02
甲拌磷亚砜	蔬菜、水果、食用菌、茶叶、香辛料	0.01
	谷物、油料、植物油	0.02
增效醚	蔬菜、水果、食用菌	0.01
	谷物、油料、植物油	0.02
	茶叶、香辛料	0.05
哌草磷	蔬菜、水果、食用菌	0.01
	谷物、油料、植物油	0.02
	茶叶、香辛料	0.05
抗蚜威	蔬菜、水果、食用菌	0.01
	谷物、油料、植物油	0.02
	茶叶、香辛料	0.05
甲基嘧啶磷	蔬菜、水果、食用菌	0.01
	谷物、油料、植物油	0.02
	茶叶、香辛料	0.05
丙草胺	蔬菜、水果、食用菌	0.01
	谷物、油料、植物油	0.02
	茶叶、香辛料	0.05
环丙氟灵	蔬菜、水果、食用菌	0.01
	谷物、油料、植物油	0.02
	茶叶、香辛料	0.05
扑灭津	蔬菜、水果、食用菌	0.01
	谷物、油料、植物油	0.02
	茶叶、香辛料	0.05
胺丙畏	蔬菜、水果、食用菌	0.01
	谷物、油料、植物油	0.02
	茶叶、香辛料	0.05
残杀威	蔬菜、水果、食用菌	0.01
	谷物、油料、植物油	0.02
	茶叶、香辛料	0.05

农药 / 代谢物名称	食品类别 / 名称	定量限 / (mg/kg)
吡菌磷	蔬菜、水果、食用菌	0.01
	谷物、油料、植物油	0.02
	茶叶、香辛料	0.05
哒螨灵	蔬菜、水果、食用菌	0.01
	谷物、油料、植物油	0.02
	茶叶、香辛料	0.05
吡丙醚	蔬菜、水果、食用菌、植物油	0.01
	谷物、油料	0.02
	茶叶、香辛料	0.05
喹硫磷	蔬菜、水果、食用菌	0.01
	谷物、油料、植物油	0.02
	茶叶、香辛料	0.05
喹氧灵	蔬菜、水果、食用菌、谷物、油料	0.01
	茶叶、香辛料	0.05
	植物油	0.02
治螟磷	蔬菜、水果、食用菌、谷物、油料、茶叶、香辛料、植物油	0.01
戊唑醇	蔬菜、水果、食用菌	0.01
	谷物、油料、植物油	0.02
	茶叶、香辛料	0.05
吡螨胺	蔬菜、水果、食用菌	0.01
	谷物、油料、植物油	0.02
	茶叶、香辛料	0.05
丁基嘧啶磷	蔬菜、水果、食用菌	0.01
	谷物、油料、植物油	0.02
	茶叶、香辛料	0.05
特丁硫磷	蔬菜、水果、食用菌、谷物、油料、茶叶、香辛料、植物油	0.01
特丁硫磷砜	蔬菜、水果、食用菌、谷物、油料、茶叶、香辛料、植物油	0.01
三氯杀螨砜	蔬菜、水果、食用菌	0.01
	谷物、油料、植物油	0.02
	茶叶、香辛料	0.05
胺菊酯	蔬菜、水果、食用菌	0.01
	谷物、油料、植物油	0.02
	茶叶、香辛料	0.05
禾草丹	蔬菜、水果、食用菌	0.01
	谷物、油料、植物油	0.02
	茶叶、香辛料	0.05
三唑酮	蔬菜、水果、食用菌	0.01
	谷物、油料、植物油	0.02
	茶叶、香辛料	0.05
三唑醇	蔬菜、水果、食用菌	0.01
	谷物、油料、植物油	0.02
	茶叶、香辛料	0.05
野麦畏	蔬菜、水果、食用菌	0.01
	谷物、油料、植物油	0.02
	茶叶、香辛料	0.05
三唑磷	蔬菜、水果、食用菌	0.01
	谷物、油料、植物油	0.02
	茶叶、香辛料	0.05

农药 / 代谢物名称	食品类别 / 名称	定量限 / （mg/kg）
肟菌酯	蔬菜、水果、食用菌	0.01
	谷物、油料、植物油	0.02
	茶叶、香辛料	0.05
乙烯菌核利	蔬菜、水果、食用菌	0.01
	谷物、油料、植物油	0.02
	茶叶、香辛料	0.05
氟丙菊酯	蔬菜、水果、食用菌	0.01
	谷物、油料、植物油	0.02
	茶叶、香辛料	0.05
艾氏剂	蔬菜、水果、食用菌、谷物、油料、茶叶、香辛料、植物油	0.01
莠灭净	蔬菜、水果、食用菌	0.01
	谷物、油料、植物油	0.02
	茶叶、香辛料	0.05
阿特拉通	蔬菜、水果、食用菌	0.01
	谷物、油料、植物油	0.02
	茶叶、香辛料	0.05
莠去津	蔬菜、水果、食用菌	0.01
	谷物、油料、植物油	0.02
	茶叶、香辛料	0.05
益棉磷	蔬菜、水果、食用菌	0.01
	谷物、油料、植物油	0.02
	茶叶、香辛料	0.05
氟丁酰草胺	蔬菜、水果、食用菌	0.01
	谷物、油料、植物油	0.02
	茶叶、香辛料	0.05
苯霜灵	蔬菜、水果、食用菌	0.01
	谷物、油料、植物油	0.02
	茶叶、香辛料	0.05
乙丁氟灵	蔬菜、水果、食用菌	0.01
	谷物、油料、植物油	0.02
	茶叶、香辛料	0.05
β-六六六	蔬菜、水果、食用菌、谷物、油料、茶叶、香辛料、植物油	0.01
甲羧除草醚	蔬菜、水果、食用菌	0.01
	谷物、油料、植物油	0.02
	茶叶、香辛料	0.05
联苯	蔬菜、水果、食用菌	0.01
	谷物、油料、植物油	0.02
	茶叶、香辛料	0.05
乙基溴硫磷	蔬菜、水果、食用菌	0.01
	谷物、油料、植物油	0.02
	茶叶、香辛料	0.05
丁草胺	蔬菜、水果、食用菌	0.01
	谷物、油料、植物油	0.02
	茶叶、香辛料	0.05
抑草磷	蔬菜、水果、食用菌	0.01
	谷物、油料、植物油	0.02
	茶叶、香辛料	0.05
克百威	蔬菜、水果、食用菌、茶叶、香辛料	0.01
	谷物、油料、植物油	0.02

农药 / 代谢物名称	食品类别 / 名称	定量限 / (mg/kg)
反-氯丹	蔬菜、水果、食用菌	0.01
	谷物、油料、植物油	0.02
	茶叶、香辛料	0.05
杀螨酯	蔬菜、水果、食用菌	0.01
	谷物、油料、植物油	0.02
	茶叶、香辛料	0.05
毒虫畏	蔬菜、水果、食用菌	0.01
	谷物、油料、植物油	0.02
	茶叶、香辛料	0.05
乙酯杀螨醇	蔬菜、水果、食用菌	0.01
	谷物、油料、植物油	0.02
	茶叶、香辛料	0.05
氯苯甲醚	蔬菜、水果、食用菌	0.01
	谷物、油料、植物油	0.02
	茶叶、香辛料	0.05
氯苯胺灵	蔬菜、水果、食用菌	0.01
	谷物、油料、植物油	0.02
	茶叶、香辛料	0.05
毒死蜱	蔬菜、水果、食用菌	0.01
	谷物、油料、植物油	0.02
	茶叶、香辛料	0.05
甲基毒死蜱	蔬菜、水果、食用菌	0.01
	谷物、油料、植物油	0.02
	茶叶、香辛料	0.05
异噁草酮	蔬菜、水果、食用菌	0.01
	谷物、油料、植物油	0.02
	茶叶、香辛料	0.05
蝇毒磷	蔬菜、水果、食用菌、谷物、油料、茶叶、香辛料、植物油	0.01
氟氯氰菊酯	蔬菜、水果、食用菌	0.01
	谷物、油料、植物油	0.02
	茶叶、香辛料	0.05
环丙唑醇	蔬菜、水果、食用菌	0.01
	谷物、油料、植物油	0.02
	茶叶、香辛料	0.05
嘧菌环胺	蔬菜、水果、食用菌	0.01
	谷物、油料、植物油	0.02
	茶叶、香辛料	0.05
δ-六六六	蔬菜、水果、食用菌、谷物、油料、茶叶、香辛料、植物油	0.01
敌草净	蔬菜、水果、食用菌	0.01
	谷物、油料、植物油	0.02
	茶叶、香辛料	0.05
二嗪磷	蔬菜、水果、食用菌	0.01
	谷物、油料、植物油	0.02
	茶叶、香辛料	0.05
禾草灵	蔬菜、水果、食用菌	0.01
	谷物、油料、植物油	0.02
	茶叶、香辛料	0.05
百治磷	蔬菜、水果、食用菌	0.01
	谷物、油料、植物油	0.02
	茶叶、香辛料	0.05

农药 / 代谢物名称	食品类别 / 名称	定量限 / (mg/kg)
狄氏剂	蔬菜、水果、食用菌、谷物、油料、茶叶、香辛料、植物油	0.01
苯醚甲环唑	蔬菜、水果、食用菌	0.01
	谷物、油料、植物油	0.02
	茶叶、香辛料	0.05
烯唑醇	蔬菜、水果、食用菌	0.01
	谷物、油料、植物油	0.02
	茶叶、香辛料	0.05
二苯胺	蔬菜、水果、食用菌	0.01
	谷物、油料、植物油	0.02
	茶叶、香辛料	0.05
异丙净	蔬菜、水果、食用菌	0.01
	谷物、油料、植物油	0.02
	茶叶、香辛料	0.05
硫草敌	蔬菜、水果、食用菌	0.01
	谷物、油料、植物油	0.02
	茶叶、香辛料	0.05
乙硫磷	蔬菜、水果、食用菌	0.01
	谷物、油料、植物油	0.02
	茶叶、香辛料	0.05
乙氧呋草黄	蔬菜、水果、食用菌	0.01
	谷物、油料、植物油	0.02
	茶叶、香辛料	0.05
乙螨唑	蔬菜、水果、食用菌	0.01
	谷物、油料、植物油	0.02
	茶叶、香辛料	0.05
土菌灵	蔬菜、水果、食用菌	0.01
	谷物、油料、植物油	0.02
	茶叶、香辛料	0.05
乙嘧硫磷	蔬菜、水果、食用菌	0.01
	谷物、油料、植物油	0.02
	茶叶、香辛料	0.05
伐灭磷	蔬菜、水果、食用菌	0.01
	谷物、油料、植物油	0.02
	茶叶、香辛料	0.05
腈苯唑	蔬菜、水果、食用菌	0.01
	谷物、油料、植物油	0.02
	茶叶、香辛料	0.05
杀螟硫磷	蔬菜、水果、食用菌	0.01
	谷物、油料、植物油	0.02
	茶叶、香辛料	0.05
仲丁威	蔬菜、水果、食用菌	0.01
	谷物、油料、植物油	0.02
	茶叶、香辛料	0.05
甲氰菊酯	蔬菜、水果、食用菌	0.01
	谷物、油料、植物油	0.02
	茶叶、香辛料	0.05
倍硫磷砜	蔬菜、水果、食用菌	0.01
	谷物、油料、植物油	0.02
	茶叶、香辛料	0.05

农药 / 代谢物名称	食品类别 / 名称	定量限 / (mg/kg)
倍硫磷亚砜	蔬菜、水果、食用菌	0.01
	谷物、油料、植物油	0.02
	茶叶、香辛料	0.05
氟虫腈	蔬菜、水果、食用菌、谷物、油料、茶叶、香辛料、植物油	0.01
吡氟禾草灵	蔬菜、水果、食用菌	0.01
	谷物、油料、植物油	0.02
	茶叶、香辛料	0.05
氟氰戊菊酯	蔬菜、水果、食用菌	0.01
	谷物、油料、植物油	0.02
	茶叶、香辛料	0.05
咯菌腈	蔬菜、水果、食用菌	0.01
	谷物、油料、植物油	0.02
	茶叶、香辛料	0.05
三氟硝草醚	蔬菜、水果、食用菌	0.01
	谷物、油料、植物油	0.02
	茶叶、香辛料	0.05
氟喹唑	蔬菜、水果、食用菌	0.01
	谷物、油料、植物油	0.02
	茶叶、香辛料	0.05
氟胺氰菊酯	蔬菜、水果、食用菌	0.01
	谷物、油料、植物油	0.02
	茶叶、香辛料	0.05
γ-六六六	蔬菜、水果、食用菌、谷物、油料	0.01
	茶叶、香辛料	0.05
	植物油	0.02
己唑醇	蔬菜、水果、食用菌	0.01
	谷物、油料、植物油	0.02
	茶叶、香辛料	0.05
异菌脲	蔬菜、水果、食用菌	0.01
	谷物、油料、植物油	0.02
	茶叶、香辛料	0.05
氯唑磷	蔬菜、水果、食用菌、茶叶、香辛料	0.01
	谷物、油料、植物油	0.02
水胺硫磷	蔬菜、水果、食用菌	0.01
	谷物、油料、植物油	0.02
	茶叶、香辛料	0.05
氧异柳磷	蔬菜、水果、食用菌	0.01
	谷物、油料、植物油	0.02
	茶叶、香辛料	0.05
稻瘟灵	蔬菜、水果、食用菌	0.01
	谷物、油料、植物油	0.02
	茶叶、香辛料	0.05
高效氯氟氰菊酯	蔬菜、水果、食用菌	0.01
	谷物、油料、植物油	0.02
	茶叶、香辛料	0.05
溴苯膦	蔬菜、水果、食用菌	0.01
	谷物、油料、植物油	0.02
	茶叶、香辛料	0.05

农药 / 代谢物名称	食品类别 / 名称	定量限 / （mg/kg）
马拉氧磷	蔬菜、水果、食用菌	0.01
	谷物、油料、植物油	0.02
	茶叶、香辛料	0.05
马拉硫磷	蔬菜、水果、食用菌	0.01
	谷物、油料、植物油	0.02
	茶叶、香辛料	0.05
苯噻酰草胺	蔬菜、水果、食用菌	0.01
	谷物、油料、植物油	0.02
	茶叶、香辛料	0.05
杀扑磷	蔬菜、水果、食用菌	0.01
	谷物、油料、植物油	0.02
	茶叶、香辛料	0.05
烯虫酯	蔬菜、水果、食用菌	0.01
	谷物、油料、植物油	0.02
	茶叶、香辛料	0.05
甲氧滴滴涕	蔬菜、水果、食用菌、谷物、油料、茶叶、香辛料、植物油	0.01
绿谷隆	蔬菜、水果、食用菌	0.01
	谷物、油料、植物油	0.02
	茶叶、香辛料	0.05
腈菌唑	蔬菜、水果、食用菌	0.01
	谷物、油料、植物油	0.02
	茶叶、香辛料	0.05
二溴磷	蔬菜、水果、食用菌	0.01
	谷物、油料、植物油	0.02
	茶叶、香辛料	0.05
敌草胺	蔬菜、水果、食用菌	0.01
	谷物、油料、植物油	0.02
	茶叶、香辛料	0.05
除草醚	蔬菜、水果、食用菌	0.01
	谷物、油料、植物油	0.02
	茶叶、香辛料	0.05
2,4′-滴滴伊	蔬菜、水果、食用菌、谷物、油料、茶叶、香辛料、植物油	0.01
氧乐果	蔬菜、水果、食用菌	0.01
	谷物、油料、植物油	0.02
	茶叶、香辛料	0.05
噁霜灵	蔬菜、水果、食用菌	0.01
	谷物、油料、植物油	0.02
	茶叶、香辛料	0.05
4,4′-滴滴涕	蔬菜、水果、食用菌、谷物、油料、茶叶、香辛料、植物油	0.01
多效唑	蔬菜、水果、食用菌	0.01
	谷物、油料、植物油	0.02
	茶叶、香辛料	0.05
甲基对硫磷	蔬菜、水果、食用菌、谷物、油料、茶叶、香辛料、植物油	0.01
二甲戊灵	蔬菜、水果、食用菌	0.01
	谷物、油料、植物油	0.02
	茶叶、香辛料	0.05
五氯苯胺	蔬菜、水果、食用菌	0.01
	谷物、油料、植物油	0.02
	茶叶、香辛料	0.05

农药 / 代谢物名称	食品类别 / 名称	定量限 /（mg/kg）
五氯硝基苯	蔬菜、水果、食用菌、谷物、油料、植物油	0.01
	茶叶、香辛料	0.05
甲拌磷	蔬菜、水果、食用菌、茶叶、香辛料	0.01
	谷物、油料、植物油	0.02
伏杀硫磷	蔬菜、水果、食用菌	0.01
	谷物、油料、植物油	0.02
	茶叶、香辛料	0.05
硫环磷	蔬菜、水果、食用菌、茶叶、香辛料	0.01
	谷物、油料、植物油	0.02
亚胺硫磷	蔬菜、水果、食用菌	0.01
	谷物、油料、植物油	0.02
	茶叶、香辛料	0.05
磷胺	蔬菜、水果、食用菌	0.01
	谷物、油料、植物油	0.02
	茶叶、香辛料	0.05
嘧啶磷	蔬菜、水果、食用菌	0.01
	谷物、油料、植物油	0.02
	茶叶、香辛料	0.05
腐霉利	蔬菜、水果、食用菌	0.01
	谷物、油料、植物油	0.02
	茶叶、香辛料	0.05
丙溴磷	蔬菜、水果、食用菌	0.01
	谷物、油料、植物油	0.02
	茶叶、香辛料	0.05
扑草净	蔬菜、水果、食用菌	0.01
	谷物、油料、植物油	0.02
	茶叶、香辛料	0.05
炔苯酰草胺	蔬菜、水果、食用菌	0.01
	谷物、油料、植物油	0.02
	茶叶、香辛料	0.05
敌稗	蔬菜、水果、食用菌	0.01
	谷物、油料、植物油	0.02
	茶叶、香辛料	0.05
丙环唑	蔬菜、水果、食用菌	0.01
	谷物、油料、植物油	0.02
	茶叶、香辛料	0.05
丙硫磷	蔬菜、水果、食用菌	0.01
	谷物、油料、植物油	0.02
	茶叶、香辛料	0.05
哒嗪硫磷	蔬菜、水果、食用菌	0.01
	谷物、油料、植物油	0.02
	茶叶、香辛料	0.05
嘧霉胺	蔬菜、水果、食用菌	0.01
	谷物、油料、植物油	0.02
	茶叶、香辛料	0.05
皮蝇磷	蔬菜、水果、食用菌	0.01
	谷物、油料、植物油	0.02
	茶叶、香辛料	0.05

农药 / 代谢物名称	食品类别 / 名称	定量限 /（mg/kg）
西玛津	蔬菜、水果、食用菌	0.01
	谷物、油料、植物油	0.02
	茶叶、香辛料	0.05
四氯硝基苯	蔬菜、水果、食用菌	0.01
	谷物、油料、植物油	0.02
	茶叶、香辛料	0.05
特丁津	蔬菜、水果、食用菌	0.01
	谷物、油料、植物油	0.02
	茶叶、香辛料	0.05
特丁净	蔬菜、水果、食用菌	0.01
	谷物、油料、植物油	0.02
	茶叶、香辛料	0.05
杀虫畏	蔬菜、水果、食用菌	0.01
	谷物、油料、植物油	0.02
	茶叶、香辛料	0.05
四氟醚唑	蔬菜、水果、食用菌	0.01
	谷物、油料、植物油	0.02
	茶叶、香辛料	0.05
虫线磷	蔬菜、水果、食用菌	0.01
	谷物、油料、植物油	0.02
	茶叶、香辛料	0.05
甲基立枯磷	蔬菜、水果、食用菌	0.01
	谷物、油料、植物油	0.02
	茶叶、香辛料	0.05
毒壤膦	蔬菜、水果、食用菌	0.01
	谷物、油料、植物油	0.02
	茶叶、香辛料	0.05

4.2.37　茶叶中 495 种农药及相关化学品残留量的测定

该测定技术采用《茶叶中 519 种农药及相关化学品残留量的测定　气相色谱-质谱法》（GB/T 23204—2008）。

1. 适用范围

规定了绿茶、红茶、普洱茶、乌龙茶中 466 种农药及相关化学品残留量的气相色谱-质谱测定方法，以及绿茶、红茶、普洱茶、乌龙茶中 29 种酸性除草剂残留量的气相色谱-质谱测定方法。适用于绿茶、红茶、普洱茶、乌龙茶中 495 种农药及相关化学品残留量的定性鉴别，463 种农药的定量测定。

2. 方法原理

试样用乙腈均质提取，Cleanert TPT 固相萃取柱净化，用乙腈-甲苯洗脱农药及相关化学品，用气相色谱-电子轰击离子源质谱仪（GC-EI-SIM，色谱柱：DB-1701）检测，内标法定量。

3. 灵敏度

466 种农药及相关化学品残留量气相色谱-质谱测定方法的灵敏度

农药 / 代谢物名称	检出限 /（mg/kg）	农药 / 代谢物名称	检出限 /（mg/kg）
敌草腈 [a]	0.001	生物苄呋菊酯	0.01

农药 / 代谢物名称	检出限 / （mg/kg）	农药 / 代谢物名称	检出限 / （mg/kg）
避蚊胺	0.004	双苯噁唑酸	0.01
精高效氨氟氰菊酯	0.004	唑酮草酯	0.01
苯胺灵	0.005	氰氟草酯	0.01
环草敌	0.005	烯酰吗啉	0.01
联苯二胺	0.005	蒽醌	0.0125
杀虫脒	0.005	胺菊酯	0.0125
甲拌磷	0.005	反-氯菊酯	0.0125
甲基乙拌磷	0.005	特丁津	0.0125
脱乙基阿特拉津[a]	0.005	氧化氯丹	0.0125
异噁草松	0.005	3,5-二氯苯胺[a]	0.0125
二嗪磷	0.005	禾草敌	0.0125
地虫硫膦	0.005	*o,p'*-滴滴伊	0.0125
乙嘧硫磷	0.005	炔螨特	0.0125
胺丙畏	0.005	咯菌腈[a]	0.0125
密草通	0.005	苯醚菊酯	0.0125
炔丙烯草胺	0.005	醚菊酯	0.0125
除线磷	0.005	阿特拉通	0.0125
扑草净	0.005	乙滴涕	0.0125
环丙津	0.005	2,2',3,4,4',5-六氯联苯	0.0125
乙烯菌核利	0.005	环丙唑	0.0125
β-六六六	0.005	氯硝胺（dicloran）	0.0125
毒死蜱	0.005	磷胺	0.0125
倍硫磷	0.005	咪唑菌酮	0.0125
乙基溴硫磷	0.005	环酯草醚	0.0125
喹硫磷	0.005	氟硅菊酯	0.0125
反-氯丹	0.005	土菌灵	0.015
丙硫磷	0.005	兹克威	0.015
腐霉利	0.005	甲霜灵	0.015
噁草酮	0.005	吡唑草胺	0.015
杀螨氯硫	0.005	整形醇	0.015
乙嘧酚磺酸酯	0.005	敌草胺	0.015
氟酰胺	0.005	氰草津	0.015
p,p'-滴滴滴	0.005	苯线磷	0.015
腈菌唑	0.005	萎锈灵[a]	0.015
禾草灵	0.005	乙环唑	0.015
联苯菊酯	0.005	丙环唑	0.015
灭蚁灵	0.005	丁硫克百威	0.015
甲氧滴滴涕	0.005	麦锈灵	0.015

农药 / 代谢物名称	检出限 /（mg/kg）	农药 / 代谢物名称	检出限 /（mg/kg）
噁霜灵	0.005	氯氰菊酯	0.015
氟草敏	0.005	茵草敌[a]	0.015
哒嗪硫磷	0.005	丁草敌	0.015
三氯杀螨砜	0.005	克草敌	0.015
顺-氯菊酯	0.005	三氯甲基吡啶[a]	0.015
氯苯甲醚	0.005	庚烯磷	0.015
六氯苯[a]	0.005	灭线磷	0.015
治螟磷	0.005	毒草胺	0.015
α-六六六	0.005	氟虫脲	0.015
扑灭津	0.005	二甲草胺	0.015
甲基毒死蜱	0.005	甲草胺	0.015
敌草净	0.005	毒虫畏	0.015
甲基嘧啶磷	0.005	甲苯氟磺胺[a]	0.015
异丙甲草胺	0.005	杀虫畏	0.015
p,p'-滴滴伊	0.005	多效唑	0.015
o,p'-滴滴滴	0.005	盖草津	0.015
丙酯杀螨醇	0.005	虫螨磷	0.015
麦草氟甲酯	0.005	三唑磷	0.015
麦草氟异丙酯	0.005	硫丹硫酸盐	0.015
苯霜灵	0.005	新燕灵	0.015
苯腈膦	0.005	环嗪酮	0.015
联苯	0.005	霜霉威[a]	0.015
灭草敌	0.005	四氢邻苯二甲酰亚胺[a]	0.015
虫螨畏	0.005	扑灭通	0.015
邻苯基苯酚	0.005	异稻瘟净	0.015
乙丁氟灵	0.005	七氯	0.015
嘧霉胺	0.005	莠灭净	0.015
乙拌磷	0.005	嗪草酮	0.015
莠去津	0.005	戊菌唑	0.015
三氯杀虫酯	0.005	四氟醚唑	0.015
四氟苯菊酯	0.005	三唑醇	0.015
甲基立枯磷	0.005	氟啶脲[a]	0.015
异丙草胺	0.005	氟硅唑	0.015
异丙净	0.005	烯唑醇	0.015
芬螨酯	0.005	双甲脒[a]	0.015
双苯酰草胺	0.005	苯噻酰草胺	0.015
亚胺菌	0.005	联苯三唑醇	0.015
吡氟禾草灵	0.005	甲氟磷[a]	0.015

农药 / 代谢物名称	检出限 /（mg/kg）	农药 / 代谢物名称	检出限 /（mg/kg）
乙酯杀螨醇	0.005	环莠隆	0.015
三氟硝草醚	0.005	咪草酸	0.015
增效醚	0.005	吡唑解草酯	0.015
灭锈胺	0.005	呋酰胺	0.015
吡氟酰草胺	0.005	哌草磷	0.015
喹螨醚	0.005	甲萘威	0.015
高效氯氟氰菊酯	0.005	茂谷乐	0.015
哒螨灵	0.005	十二环吗啉	0.015
五氯苯	0.005	乙丁烯氟灵	0.02
鼠立死	0.005	乐果[a]	0.02
燕麦酯	0.005	氨氟灵	0.02
虫线磷	0.005	甲基对硫磷	0.02
2,3,5,6-四氯苯胺	0.005	马拉硫磷	0.02
五氯甲氧基苯	0.005	利谷隆	0.02
七氟菊酯	0.005	二甲戊灵	0.02
溴烯杀	0.005	氰戊菊酯	0.02
草达津	0.005	环丙氟灵	0.02
2,4,4′-三氯联苯	0.005	绿谷隆	0.02
2,4,5-三氯联苯	0.005	烯虫酯	0.02
五氯苯胺	0.005	乙氧氟草醚	0.02
另丁津	0.005	苯硫膦	0.02
2,2′,5,5′-四氯联苯	0.005	氯乙氟灵	0.02
苄草丹	0.005	灭蚜磷	0.02
二甲吩草胺	0.005	噁唑隆	0.02
碳氯灵	0.005	苄氯三唑醇	0.02
八氯苯乙烯	0.005	倍硫磷砜	0.02
异艾氏剂	0.005	苯线磷砜	0.02
敌草索	0.005	拌种咯[a]	0.02
4,4′-二氯二苯甲酮	0.005	丁噻隆	0.02
吡咪唑	0.005	戊菌隆	0.02
嘧菌环胺	0.005	灭草环	0.02
2,2′,4,5,5′-五氯联苯	0.005	烯丙菊酯	0.02
甲拌磷砜	0.005	灭藻醌[a]	0.02
杀螨醇	0.005	苯氧菌胺	0.02
反-九氯	0.005	抑霉唑	0.02
溴苯烯磷	0.005	肟菌酯	0.02
2,3,4,4′,5-五氯联苯	0.005	脱苯甲基亚胺唑[a]	0.02
4,4′-二溴二苯甲酮	0.005	异菌脲	0.02

农药 / 代谢物名称	检出限 / （mg/kg）	农药 / 代谢物名称	检出限 / （mg/kg）
2,2′,4,4′,5,5′-六氯联苯	0.005	苯酮唑[a]	0.02
酞酸甲苯基丁酯	0.005	避蚊酯	0.02
三氟苯唑	0.005	硫线磷	0.02
氟草烟-1-甲庚酯	0.005	内吸磷	0.02
三苯基磷酸盐	0.005	氧皮蝇磷	0.02
2,2′,3,4,4′,5,5′-七氯联苯	0.005	仲丁灵	0.02
吡螨胺	0.005	缬霉威	0.02
环草定	0.005	戊环唑	0.02
氟喹唑	0.005	metoconazole	0.02
菲	0.005	烟酰碱	0.02
咯喹酮	0.005	杀扑磷	0.025
抑草磷	0.005	丰索磷	0.025
苯氧喹啉	0.005	氯炔灵	0.025
吡丙醚	0.005	益棉磷	0.025
氯甲酰草胺	0.005	安硫磷	0.025
氟丙嘧草酯	0.005	*α*-氯氰菊酯	0.025
苯磺隆[a]	0.005	丁脒酰胺	0.025
2 甲 4 氯丁氧乙基酯	0.005	麦穗灵	0.025
4-氯苯氧乙酸	0.0063	异氯磷	0.025
二丙烯草胺	0.01	乙拌磷砜[a]	0.025
烯丙酰草胺	0.01	苄呋菊酯	0.025
氯甲硫磷	0.01	腈苯唑	0.025
五氯硝基苯	0.01	茉莉酮	0.025
艾氏剂	0.01	抗蚜威	0.025
皮蝇磷	0.01	活化酯	0.025
δ-六六六	0.01	马拉氧磷	0.025
杀螟硫磷	0.01	甲基毒虫畏	0.025
三唑酮	0.01	除草定	0.025
杀螨醚	0.01	稗草丹	0.025
稻丰散	0.01	呋草酮	0.025
狄氏剂	0.01	嘧螨醚[a]	0.025
乙硫磷	0.01	邻苯二甲酰亚胺	0.025
硫丙磷	0.01	环庚草醚	0.025
氟苯嘧啶醇	0.01	苄螨醚	0.025
吡菌磷	0.01	苯氟磺胺[a]	0.03
速灭磷	0.01	育畜磷	0.03
四氯硝基苯	0.01	硫丹 I	0.03
顺-燕麦敌	0.01	丙溴磷	0.03

农药 / 代谢物名称	检出限 / (mg/kg)	农药 / 代谢物名称	检出限 / (mg/kg)
氟乐灵	0.01	己唑醇	0.03
反-燕麦敌	0.01	除草醚	0.03
氯苯胺灵	0.01	蝇毒磷	0.03
菜草畏	0.01	敌敌畏[a]	0.03
特丁硫磷	0.01	氟铃脲	0.03
氯硝胺（dihloran）	0.01	溴谷隆	0.03
杀螟腈	0.01	乙霉威	0.03
特丁净	0.01	苯醚甲环唑	0.03
丙硫特普	0.01	3-苯基苯酚[a]	0.03
杀草丹	0.01	戊唑醇	0.0375
三氯杀螨醇	0.01	乙螨唑	0.0375
嘧啶磷	0.01	脱异丙基莠去津	0.04
溴硫磷	0.01	叠氮津	0.04
乙氧呋草黄	0.01	嗪螨酮	0.04
异丙乐灵	0.01	唑螨酯	0.04
敌稗	0.01	乳氟禾草灵	0.04
异柳磷	0.01	吡唑硫磷	0.04
顺-氯丹	0.01	二氧威	0.04
丁草胺	0.01	百治磷	0.04
乙菌利[a]	0.01	混杀威	0.04
碘硫磷	0.01	丁酰肼	0.04
噻嗪酮	0.01	枯莠隆	0.04
杀螨酯	0.01	啶斑肟	0.04
氟咯草酮（fluorochloridone）	0.01	联苯肼酯	0.04
o,p'-滴滴涕	0.01	敌噁磷	0.05
三硫磷	0.01	生物烯丙菊酯	0.05
p,p'-滴滴涕	0.01	甲基苯噻隆	0.05
敌瘟磷	0.01	倍硫磷亚砜	0.05
氯杀螨砜	0.01	苯嗪草酮[a]	0.05
溴螨酯	0.01	解草酯	0.05
甲氰菊酯	0.01	甲磺乐灵	0.05
溴苯膦	0.01	苯线磷亚砜	0.05
治草醚	0.01	甲基内吸磷	0.05
伏杀硫磷	0.01	乙硫苯威	0.05
氯苯嘧啶醇	0.01	螺甲螨酯[a]	0.05
仲丁威	0.01	氟草敏代谢物	0.05
野麦畏	0.01	异狄氏剂	0.06
林丹	0.01	咪鲜胺	0.06

农药 / 代谢物名称	检出限 /（mg/kg）	农药 / 代谢物名称	检出限 /（mg/kg）
氯唑磷	0.01	氟胺氰菊酯	0.06
丁苯吗啉	0.01	乙羧氟草醚	0.06
哌草丹	0.01	溴氰菊酯	0.075
丙虫磷	0.01	保棉磷	0.075
氟节胺	0.01	环氟菌胺	0.08
丙草胺	0.01	异狄氏剂酮	0.08
莎稗磷	0.01	残杀威	0.1
氯菊酯	0.01	氟噻草胺	0.1
氟氰戊菊酯	0.01	噁唑啉	0.1
S-氰戊菊酯	0.01	氟虫腈	0.1
丙炔氟草胺	0.01	氟环唑	0.1
氟烯草酸	0.01	螺螨酯	0.1
乙拌磷亚砜	0.01	2,4-滴	0.1
4-溴-3,5-二甲苯基-*N*-甲基氨基甲酸酯	0.01	2,4,5-涕	0.1
三正丁基磷酸盐	0.01	久效磷 [a]	0.1
牧草胺	0.01	八氯二甲醚	0.1
西玛通	0.01	噻菌灵 [a]	0.1
2,6-二氯苯甲酰胺	0.01	溴虫腈	0.1
脱乙基另丁津	0.01	氟啶胺	0.1
2,3,4,5-四氯苯胺	0.01	氟氯氰菊酯	0.12
庚酰草胺	0.01	吡唑醚菌酯	0.15
丁嗪草酮	0.01	对氧磷	0.16
酞菌酯	0.01	灭梭威砜	0.16
氧异柳磷	0.01	苯甲醚	0.25
水胺硫磷	0.01	环酰菌胺	0.25
脱叶磷	0.01	氯亚胺硫磷	0.4
地胺磷	0.01	2,3,4,5-四氯甲氧基苯	0.5
粉唑醇	0.01	氟咯草酮（flurochloridone）	0.010
炔草酸	0.01	戊草丹	0.01
糠菌唑	0.01	精甲霜灵	0.01
异丙威	0.01	氯酞酸甲酯	0.01
特草灵	0.01	硅氟唑	0.01
驱虫特	0.01	特草净 [a]	0.01
氯氧磷	0.01	噻唑烟酸	0.01
丁基嘧啶磷	0.01	苯酰草胺	0.01
苯锈啶	0.01	氰菌胺	0.01

农药 / 代谢物名称	检出限 / (mg/kg)	农药 / 代谢物名称	检出限 / (mg/kg)
炔苯酰草胺	0.01	呋霜灵	0.01
解草嗪	0.01	啶氧菌酯	0.01
乙草胺	0.01	稻瘟灵	0.01
螺菌环胺[a]	0.01	炔咪菊酯	0.01
sobutylazine	0.01	吡草醚	0.01
苯虫醚	0.01	噻吩草胺	0.01

注：a 为仅可定性鉴别的农药和相关化学品；该检出限适用食品类别均为绿茶、红茶、普洱茶、乌龙茶。

29 种酸性除草剂残留量气相色谱-质谱测定方法的灵敏度

农药 / 代谢物名称	检出限 / (mg/kg)	农药 / 代谢物名称	检出限 / (mg/kg)
调果酸	0.01	草灭平	0.01
二氯皮考啉酸	0.01	氟草烟	0.01
对氯苯氧乙酸	0.01	碘苯腈	0.01
麦草畏	0.01	苯达松	0.01
2 甲 4 氯	0.01	二氯喹啉酸	0.01
2,4-滴丙酸	0.01	吡氟禾草灵	0.01
溴苯腈	0.01	毒莠定	0.01
2,4-滴	0.01	吡氟氯禾灵	0.01
5-氯苯酚	0.01	麦草氟	0.01
1-萘乙酸	0.01	嘧草硫醚	0.01
三氯吡氧乙酸	0.01	三氟羧草醚	0.01
2,4,5-滴丙酸	0.01	环酰菌胺	0.01
2 甲 4 氯丁酸	0.01	喹禾灵	0.01
2,4,5-涕	0.01	双草醚	0.01
2,4-滴丁酸	0.01		

4.2.38　茶叶中农药多残留的测定

该测定技术采用《茶叶中农药多残留测定　气相色谱 / 质谱法》(GB/T 23376—2009)。

1. 适用范围

规定了茶叶中有机磷、有机氯、拟除虫菊酯等三类 36 种农药残留量的气相色谱-质谱测定方法，适用于茶叶样品。

2. 方法原理

茶叶试样中有机磷、有机氯、拟除虫菊酯类农药经加速溶剂萃取仪（ASE）用乙腈-二氯甲烷（1∶1，*v/v*）提取，提取液经溶剂置换后用凝胶渗透色谱仪净化，浓缩后，用气相色谱-电子轰击离子源质谱仪（GC-EI-SIM，色谱柱：DB-17MS）检测，选择离子和色谱保留时间定性，外标法定量。

3. 灵敏度

农药 / 代谢物名称	检出限 / (mg/kg)	农药 / 代谢物名称	检出限 / (mg/kg)
δ-六六六	0.005	三唑磷	0.01
γ-六六六	0.005	甲氰菊酯	0.01
β-六六六	0.005	氯氟氰菊酯	0.01
α-六六六	0.005	苯硫膦	0.01
敌敌畏	0.01	三氯杀螨砜	0.01
甲拌磷	0.01	氯菊酯	0.01
异稻瘟净	0.01	哒螨酮	0.01
八氯二丙醚	0.01	甲胺磷	0.02
毒死蜱	0.01	乙酰甲胺磷	0.02
杀螟硫磷	0.01	乐果	0.02
水胺硫磷	0.01	三氯杀螨醇	0.02
喹硫磷	0.01	α-硫丹	0.02
p,p'-滴滴伊	0.01	β-硫丹	0.02
o,p'-滴滴伊	0.01	氟氰戊菊酯	0.02
噻嗪酮	0.01	氯氰菊酯	0.05
o,p'-滴滴涕	0.01	氟胺氰菊酯	0.05
p,p'-滴滴涕	0.01	氰戊菊酯	0.05
联苯菊酯	0.01	溴氰菊酯	0.05

注：该检出限适用食品类别均为茶叶。

4.2.39　植物性产品中草甘膦残留量的测定

该测定技术采用《植物性产品中草甘膦残留量的测定　气相色谱–质谱法》（GB/T 23750—2009）。

1. 适用范围

规定了植物性产品中草甘膦（PMG）及其降解产物氨甲基膦酸（AMPA）残留量的气相色谱–质谱测定方法，适用于粮谷（大豆、小麦）、水果（甘蔗、柑橙类）等植物性食品。

2. 方法原理

样品用水提取，经阳离子交换柱（CAX）净化，与七氟丁醇（HFB）和三氟乙酸酐（TFAA）衍生化反应后，用气相色谱–电子轰击离子源质谱仪（GC-EI-SIM，色谱柱：DB-5MS）测定，外标法定量。

3. 灵敏度

农药 / 代谢物名称	食品类别 / 名称	定量限 / (mg/kg)
草甘膦	大豆、小麦、甘蔗、柑橙类	0.05
氨甲基膦酸	大豆、小麦、甘蔗、柑橙类	0.05

4.2.40　水果和蔬菜中多种农药残留量的测定

该测定技术采用《水果和蔬菜中多种农药残留量的测定》(GB/T 5009.218—2008)。

4.2.40.1　第一法　224 种农药的测定

1. 适用范围

规定了水果、蔬菜中 224 种农药残留量的测定方法，适用于菠菜、大葱、番茄、柑橘、苹果。

2. 方法原理

试样用水–丙酮均质提取，经二氯甲烷液液分配，以凝胶色谱柱净化，再经活性炭固相柱净化，洗脱液浓缩并溶解定容后，用气相色谱–电子轰击离子源质谱仪（GC-EI-SIM，色谱柱：DB-5MS）测定和确证，外标法定量。

3. 灵敏度

农药 / 代谢物名称	定量限 / (μg/g)	农药 / 代谢物名称	定量限 / (μg/g)
敌敌畏	0.01	杀虫畏	0.05
灭草敌	0.01	丙溴磷	0.05
林丹	0.01	氟硅唑	0.05
甲草胺	0.01	苯氧菊酯	0.05
皮蝇磷	0.01	乐杀螨	0.05
毒死蜱	0.01	β-硫丹	0.05
喹硫磷	0.01	噁霜灵	0.05
灭线磷	0.01	敌瘟磷	0.05
环丙唑醇	0.01	氟菌唑	0.05
丁草敌	0.01	环嗪酮	0.05
α-六六六	0.01	顺-灭虫菊酯	0.05
δ-六六六	0.01	反-灭虫菊酯	0.05
甲基毒死蜱	0.01	异菌脲	0.05
七氯	0.01	吡菌磷	0.05
异丙甲草胺	0.01	氟丙菊酯	0.05
丙硫磷	0.01	丙氯灵	0.05
噻呋酰胺	0.01	氟氯氰菊酯Ⅰ	0.05
环唑醇	0.01	氟氯氰菊酯Ⅱ	0.05
克草敌	0.02	氟氯氰菊酯Ⅲ	0.05
禾草特	0.02	氟氯氰菊酯Ⅳ	0.05
异丙威	0.02	氯氰菊酯Ⅰ	0.05
仲丁威	0.02	氯氰菊酯Ⅱ	0.05
苯敌草	0.02	氯氰菊酯Ⅲ	0.05
丙硫克百威	0.02	氯氰菊酯Ⅳ	0.05
异噁草酮	0.02	氟氯戊菊酯Ⅰ	0.05

农药 / 代谢物名称	定量限 / (μg/g)	农药 / 代谢物名称	定量限 / (μg/g)
乙拌磷	0.02	氟氯戊菊酯Ⅱ	0.05
七氟菊酯	0.02	四溴菊酯	0.05
甲基立枯磷	0.02	噁虫威	0.05
甲霜灵	0.02	乙酰甲胺磷	0.05
禾草丹	0.02	苯胺灵	0.05
甲基溴硫磷	0.02	四氯硝基苯	0.05
乙基嘧啶磷	0.02	二溴磷	0.05
敌菌灵	0.02	氟乐灵	0.05
戊菌唑	0.02	乐果	0.05
噻菌灵	0.02	氯草灵	0.05
毒虫畏	0.02	敌杀磷	0.05
反丙烯除虫菊酯	0.02	特丁磷	0.05
o,p′-滴滴伊	0.02	地虫硫膦	0.05
p,p′-滴滴伊	0.02	乙基对氧磷	0.05
o,p′-滴滴滴	0.02	砜吸磷	0.05
噻嗪酮	0.02	杀螟硫磷	0.05
p,p′-滴滴滴	0.02	抑菌磷	0.05
异狄氏剂酮	0.02	三唑酮	0.05
溴螨酯	0.02	毒壤膦	0.05
苯硫膦	0.02	胺硝草	0.05
甲氰菊酯	0.02	环氧七氯	0.05
吡螨胺	0.02	棉胺磷	0.05
三氯杀螨砜	0.02	灭蚜磷	0.05
灭蚁灵	0.02	稻丰散	0.05
氯氟氰菊酯	0.02	敌草胺	0.05
哒螨灵	0.02	脱叶磷	0.05
氰戊菊酯Ⅰ	0.02	噁草酮	0.05
氰戊菊酯Ⅱ	0.02	除草醚	0.05
苯醚甲环唑Ⅰ	0.02	丰索磷	0.05
苯醚甲环唑Ⅱ	0.02	苯霜灵	0.05
毒草胺	0.02	丙环唑Ⅰ	0.05
六氯苯	0.02	丙环唑Ⅱ	0.05
莠去津	0.02	吡氟氯禾灵	0.05
扑灭津	0.02	溴苯膦	0.05
二嗪磷	0.02	益棉磷	0.05
百菌清	0.02	吡唑硫磷	0.05
野麦畏	0.02	噻草酮	0.05
苯虫威	0.02	蝇毒磷	0.05

农药 / 代谢物名称	定量限 / (μg/g)	农药 / 代谢物名称	定量限 / (μg/g)
除线磷	0.02	氟胺氰菊酯Ⅰ	0.05
赛克津	0.02	氟胺氰菊酯Ⅱ	0.05
乙烯菌核利	0.02	残杀威	0.05
甲基嘧啶磷	0.02	克百威	0.1
艾氏剂	0.02	甲萘威	0.1
倍硫磷	0.02	磷胺Ⅰ	0.1
三氯杀螨醇	0.02	磷胺Ⅱ	0.1
对硫磷	0.02	乙草胺	0.1
丙胺磷	0.02	甲基对硫磷	0.1
丁草胺	0.02	灭虫威	0.1
腈菌唑	0.02	蔬草灭	0.1
氯苯胺灵	0.02	氯杀螨	0.1
o,p'-滴滴涕	0.02	抗倒胺	0.1
吡氟酰草胺	0.02	狄氏剂	0.1
增效醚	0.02	丙草胺	0.1
胺菊酯Ⅰ	0.02	三硫磷	0.1
胺菊酯Ⅱ	0.02	保棉磷	0.1
联苯菊酯	0.02	伏杀硫磷	0.1
氯菊酯Ⅰ	0.02	双苯酰肼	0.1
氯菊酯Ⅱ	0.02	甲胺磷	0.1
禾草克	0.02	特普	0.1
醚菊酯	0.02	氧乐果	0.1
吡啶草酮	0.02	久效磷	0.1
哒草特	0.03	异艾氏剂	0.1
丙草丹	0.04	地安磷	0.1
特草定	0.04	杀螨特	0.1
速灭磷	0.05	三唑磷	0.1
甲基内吸磷	0.05	亚胺硫磷	0.1
百治磷	0.05	呋线威	0.1
戊菌隆	0.05	苯噻酰草胺	0.1
甲拌磷	0.05	溴氰菊酯	0.1
氯硝胺	0.05	甲基乙拌磷	0.2
五氯硝基苯	0.05	西玛津	0.2
胺丙畏	0.05	噻节因	0.2
拿草特	0.05	敌稗	0.2
敌乐胺	0.05	水胺硫磷	0.2
乙嘧硫磷	0.05	碘硫磷	0.2
溴烯杀	0.05	氟酰胺	0.2

农药 / 代谢物名称	定量限 / (μg/g)	农药 / 代谢物名称	定量限 / (μg/g)
溴灭净	0.05	萎锈灵	0.2
扑草净	0.05	甲基吡噁磷	0.2
特丁净	0.05	百草敌	0.2
马拉硫磷	0.05	伐灭磷	0.2
乙霉威	0.05	环草定	0.2
甲基毒虫畏	0.05	苯醚菊酯 Ⅰ	0.2
灭草松	0.05	苯醚菊酯 Ⅱ	0.2
三唑醇	0.05	联苯三唑醇	0.3
灭螨猛	0.05	定虫隆	0.5
杀扑磷	0.05	克螨特	0.5
α-硫丹	0.05	异嘧菌醇	0.5

注：该定量限适用食品类别均为菠菜、大葱、番茄、柑橘、苹果。

4.2.40.2 第二法 107 种农药的测定

1. 适用范围

规定了水果、蔬菜中 107 种农药残留量的测定方法，适用于苹果、梨、白菜、萝卜、藕、大葱、菠菜、洋葱。

2. 方法原理

试样用丙酮提取，再经二氯甲烷液液分配去除干扰物质，用气相色谱–电子轰击离子源质谱仪（GC-EI-SIM，色谱柱：DB-5MS）测定，当被测组分不能满足分离条件时，更换不同极性色谱柱加以分离，内标法定量。

3. 灵敏度

农药 / 代谢物名称	定量限 / (mg/kg)	农药 / 代谢物名称	定量限 / (mg/kg)
狄氏剂	0.005	腈菌唑	0.01
灭梭威	0.005	多效唑	0.01
甲基对硫磷	0.005	对硫磷	0.01
五氯硝基苯	0.005	配那唑	0.01
甲草胺	0.01	二甲戊乐灵	0.01
艾氏剂	0.01	氯菊酯	0.01
噁虫威	0.01	稻丰散	0.01
α-六六六	0.01	甲拌磷	0.01
β-六六六	0.01	抗蚜威	0.01
林丹	0.01	虫螨磷	0.01
δ-六六六	0.01	丙氯灵	0.01
甲羧除草酰	0.01	氧环三宝	0.01
双苯三唑醇	0.01	啶斑肟	0.01
仲丁威	0.01	哒螨酮	0.01

农药 / 代谢物名称	定量限 / （mg/kg）	农药 / 代谢物名称	定量限 / （mg/kg）
丁胺磷	0.01	喹禾灵	0.01
丁草特	0.01	烯禾啶	0.01
敌菌丹	0.01	立克莠	0.01
克菌丹	0.01	特氯啶	0.01
甲萘威	0.01	叔丁硫磷	0.01
灭螨猛	0.01	杀草丹	0.01
毒虫畏	0.01	二甲硫吸磷	0.01
乙酯杀螨醇	0.01	甲基托氯磷	0.01
氯苯胺灵	0.01	三氟草灵	0.01
毒死蜱	0.01	蚜灭多	0.01
噻草酮	0.01	乙酰甲胺磷	0.02
环唑醇	0.01	苯达松	0.02
溴氰菊酯	0.01	氟氯氰菊酯	0.02
二嗪磷	0.01	灭百可	0.02
苯氟磺胺	0.01	甲基内吸磷	0.02
敌粉威	0.01	异狄氏剂	0.02
苯醚甲环唑	0.01	丰索磷	0.02
敌莠氟芬	0.01	氟硅唑	0.02
噻节因	0.01	氟酰胺	0.02
乐果	0.01	茉莉菊酯Ⅰ	0.02
甲基毒虫畏	0.01	杀线威	0.02
苯硫膦	0.01	除虫菊酯Ⅰ	0.02
丙草丹	0.01	除虫菊酯Ⅱ	0.02
乙硫苯威	0.01	三唑醇	0.02
乙硫磷	0.01	滴滴滴	0.05
丙线磷	0.01	滴滴伊	0.05
乙嘧硫磷	0.01	*o,p'*-滴滴涕	0.05
氯苯嘧啶醇	0.01	*p,p'*-滴滴涕	0.05
杀螟硫磷	0.01	敌百虫	0.05
倍硫磷	0.01	敌敌畏	0.1
氰戊菊酯	0.01	三氯杀螨醇	0.1
氟胺氰菊酯	0.01	敌瘟磷	0.1
七氯	0.01	益灭菌唑	0.1
异菌脲	0.01	异丙威	0.1
稻土磷	0.01	特富灵	0.1
马拉硫磷	0.01	瓜菊酯Ⅰ	0.2
甲胺磷	0.01	瓜菊酯Ⅱ	0.2
杀扑磷	0.01	茉莉菊酯Ⅱ	0.2

农药 / 代谢物名称	定量限 /（mg/kg）	农药 / 代谢物名称	定量限 /（mg/kg）
异丙甲草胺	0.01	灭菌丹	0.5
嗪草酮	0.01		

注：该定量限适用食品类别均为苹果、梨、白菜、萝卜、藕、大葱、菠菜、洋葱。

4.2.41　粮谷中矮壮素残留量的测定

该测定技术采用《粮谷中矮壮素残留量的测定》（GB/T 5009.219—2008）。

1. 适用范围

规定了粮谷中矮壮素残留量的测定方法，适用于玉米、荞麦。

2. 方法原理

试样经甲醇提取，经氧化铝柱净化，与苯硫钠反应生成衍生物，用气相色谱–电子轰击离子源质谱仪（GC-EI-SIM，色谱柱：HP-5MS）测定，外标法定量。

3. 灵敏度

农药 / 代谢物名称	食品类别 / 名称	检出限 /（mg/kg）
矮壮素	玉米、荞麦	0.01

4.2.42　粮谷中敌草快残留量的测定

该测定技术采用《粮谷中敌草快残留量的测定》（GB/T 5009.221—2008）。

1. 适用范围

规定了粮谷中敌草快残留量的测定方法，适用于玉米、大麦。

2. 方法原理

试样经 95% 乙醇提取，与硼氢化钠反应，经三氯甲烷萃取，用气相色谱–电子轰击离子源质谱仪（GC-EI-SIM，色谱柱：HP-5MS）测定，外标法定量。

3. 灵敏度

农药 / 代谢物名称	食品类别 / 名称	检出限 /（mg/kg）
敌草快	玉米、大麦	0.005

4.3　动物源性食品中农药残留量的测定

4.3.1　食品中 11 种醚类除草剂残留量的测定

该测定技术采用《食品安全国家标准　食品中多种醚类除草剂残留量的测定　气相色谱–质谱法》（GB 23200.28—2016）。

1. 适用范围

规定了食品中 11 种醚类除草剂残留量的气相色谱–负化学离子源质谱检测方法。适用于龙虾仁、鳗鱼、猪肉、蜂蜜，其他食品可参照执行。

2. 方法原理

试样用经正己烷饱和过的乙腈（含 1% 冰醋酸）提取，再经分散固相萃取净化，用气相色谱–负化学离子源质谱仪（GC-NCI-SIM，色谱柱：DB-17MS）测定、确证，外标法定量。

3. 灵敏度

农药 / 代谢物名称	定量限 /（mg/kg）	农药 / 代谢物名称	定量限 /（mg/kg）
三氟硝草醚	0.01	氟乳醚	0.01
乙氧氟草醚	0.01	甲氧除草醚	0.01
除草醚	0.01	甲羧除草醚	0.01
苯草醚	0.01	乳氟禾草灵	0.01
吡草醚	0.01	乙羧氟草醚	0.01
喹氧灵	0.01		

注：该定量限适用食品类别均为龙虾仁、鳗鱼、猪肉、蜂蜜。

4.3.2　食品中丙炔氟草胺残留量的测定

该测定技术采用《食品安全国家标准　食品中丙炔氟草胺残留量的测定　气相色谱–质谱法》（GB 23200.31—2016）。

1. 适用范围

规定了食品中丙炔氟草胺残留的制样和气相色谱–质谱检测方法。适用于鱼、鸡肉、猪肉、猪肝，其他食品可参照执行。

2. 方法原理

试样经乙腈提取，氨基固相萃取柱净化，洗脱液浓缩后定容，用气相色谱–电子轰击离子源质谱仪（GC-EI-SIM，色谱柱：DB-5MS）测定，外标法定量。

3. 灵敏度

农药 / 代谢物名称	食品类别 / 名称	定量限 /（mg/kg）
丙炔氟草胺	鱼、鸡肉、猪肉、猪肝	0.01

4.3.3　食品中丁酰肼残留量的测定

该测定技术采用《食品安全国家标准　食品中丁酰肼残留量的测定　气相色谱–质谱法》（GB 23200.32—2016）。

1. 适用范围

规定了食品中丁酰肼残留量的气相色谱–质谱检测方法。适用于鱼、鸡肉、蜂蜜，其他食品可参照执行。

2. 方法原理

试样中的丁酰肼残留物用水提取，经水蒸气蒸馏、水杨醛衍生化为 1,1′-二甲基联氨，硅胶固相萃取柱净化，用气相色谱–电子轰击离子源质谱仪（GC-EI-SIM，色谱柱：DB-5MS）测定，外标法定量。

3. 灵敏度

农药 / 代谢物名称	食品类别 / 名称	定量限 /（mg/kg）
1,1′-二甲基联氨（丁酰肼衍生化后实测物）	鱼、鸡肉、蜂蜜	0.01

4.3.4 食品中嘧霉胺、嘧菌胺、腈菌唑、嘧菌酯残留量的测定

该测定技术采用《食品安全国家标准 食品中嘧霉胺、嘧菌胺、腈菌唑、嘧菌酯残留量的测定 气相色谱–质谱法》（GB 23200.46—2016）。

1. 适用范围

规定了试样的制备方法和保存条件，以及食品中嘧霉胺、嘧菌胺、腈菌唑、嘧菌酯残留量的气相色谱–质谱测定方法。适用于牛肉、鸡肉、鱼、蜂蜜，其他食品可参照执行。

2. 方法原理

试样用丙酮或乙酸乙酯、丙酮和氯化钠水溶液提取，经液液分配、石墨化炭黑–氨基串联柱净化，用气相色谱–电子轰击离子源质谱仪（GC-EI-SIM，色谱柱：DB-5MS）检测，外标法定量。

3. 灵敏度

农药 / 代谢物名称	食品类别 / 名称	定量限 /（mg/kg）
嘧霉胺	牛肉、鸡肉、鱼、蜂蜜	0.01
嘧菌胺	牛肉、鸡肉、鱼、蜂蜜	0.01
腈菌唑	牛肉、鸡肉、鱼、蜂蜜	0.01
嘧菌酯	牛肉、鸡肉、鱼、蜂蜜	0.005

4.3.5 食品中四螨嗪残留量的测定

该测定技术采用《食品安全国家标准 食品中四螨嗪残留量的测定 气相色谱–质谱法》（GB 23200.47—2016）。

1. 适用范围

规定了食品中四螨嗪残留量的气相色谱–质谱检测方法。适用于牛肝、鸡肾，其他食品可参照执行。

2. 方法原理

试样用水–丙酮（1∶4，*v/v*）振荡提取，经二氯甲烷液液分配，以凝胶色谱柱净化，再经弗罗里硅土固相柱净化，洗脱液浓缩并溶解定容后，用气相色谱–电子轰击离子源质谱仪（GC-EI-SIM，色谱柱：DB-5MS）检测，外标法定量。

3. 灵敏度

农药 / 代谢物名称	食品类别 / 名称	定量限 /（mg/kg）
四螨嗪	牛肝、鸡肾	0.010

4.3.6　食品中野燕枯残留量的测定

该测定技术采用《食品安全国家标准　食品中野燕枯残留量的测定　气相色谱–质谱法》（GB 23200.48—2016）。

1. 适用范围

规定了食品中野燕枯残留量的气相色谱–质谱检测方法。适用于猪肉、牛肉，其他食品可参照执行。

2. 方法原理

试样用水–丙酮振荡提取，经二氯甲烷液液分配，以凝胶色谱柱净化，再经弗罗里硅土固相柱净化，洗脱液浓缩并溶解定容后，用气相色谱–电子轰击离子源质谱仪（GC-EI-SIM，色谱柱：DB-5MS）检测，外标法定量。

3. 灵敏度

农药 / 代谢物名称	食品类别 / 名称	定量限 /（mg/kg）
野燕枯	猪肉、牛肉	0.010

4.3.7　食品中苯醚甲环唑残留量的测定

该测定技术采用《食品安全国家标准　食品中苯醚甲环唑残留量的测定　气相色谱–质谱法》（GB 23200.49—2016）。

1. 适用范围

规定了食品中苯醚甲环唑残留的制样、气相色谱–质谱检测和确证方法。适用于蜂蜜、王浆干粉、猪肉、牛肉、鸡肉、鳗鱼、龙虾仁，其他食品可参照执行。

2. 方法原理

试样中的苯醚甲环唑用乙酸乙酯提取，经串联活性炭和中性氧化铝双柱法或弗罗里硅土单柱法固相萃取净化，用气相色谱–电子轰击离子源质谱仪（GC-EI-SIM，色谱柱：DB-17MS）测定与确证，外标法定量。

3. 灵敏度

农药 / 代谢物名称	食品类别 / 名称	定量限 /（mg/kg）
苯醚甲环唑	蜂蜜、王浆干粉、猪肉、牛肉、鸡肉、鳗鱼、龙虾仁	0.005

4.3.8　食品中嘧菌环胺残留量的测定

该测定技术采用《食品安全国家标准　食品中嘧菌环胺残留量的测定　气相色谱–质谱法》（GB 23200.52—2016）。

1. 适用范围

规定了食品中嘧菌环胺残留量的气相色谱–质谱检测及确证方法。适用于牛肉、鸡肉、虾肉、蜂蜜，其他食品可参照执行。

2. 方法原理

试样中残留的嘧菌环胺用正己烷–丙酮（1∶1，*v/v*）提取，经凝胶渗透色谱仪和丙磺酰基甲硅烷基硅胶阳离子交换柱净化，用气相色谱–电子轰击离子源质谱仪（GC-EI-SIM，色谱柱：DB-5MS）检测和确证，外标法定量。

3. 灵敏度

农药 / 代谢物名称	食品类别 / 名称	定量限 /（mg/kg）
嘧菌环胺	蜂蜜、虾肉	0.0004
	牛肉、鸡肉	0.01

4.3.9　食品中氟硅唑残留量的测定

该测定技术采用《食品安全国家标准　食品中氟硅唑残留量的测定　气相色谱–质谱法》（GB 23200.53—2016）。

1. 适用范围

规定了食品中氟硅唑残留量的气相色谱–质谱检测及确证方法。适用于牛肉、鸡肉、虾肉、蜂蜜，其他食品可参照执行。

2. 方法原理

样品用乙腈提取，经弗罗里硅土固相萃取柱净化，用气相色谱–电子轰击离子源质谱仪（GC-EI-SIM，色谱柱：DB-5MS）检测和确证，外标法定量。

3. 灵敏度

农药 / 代谢物名称	食品类别 / 名称	定量限 /（mg/kg）
氟硅唑	牛肉、鸡肉、虾肉、蜂蜜	0.01

4.3.10　食品中甲氧基丙烯酸酯类杀菌剂残留量的测定

该测定技术采用《食品安全国家标准　食品中甲氧基丙烯酸酯类杀菌剂残留量的测定　气相色谱–质谱法》（GB 23200.54—2016）。

1. 适用范围

规定了食品中 11 种甲氧基丙烯酸酯类杀菌剂残留的制样和测定方法。适用于牛肉、猪肉、鸡肉、鸡蛋、牛奶，其他食品可参照执行。

2. 方法原理

试样用有机溶剂超声提取（肉类和动物内脏用乙腈超声提取；蛋类、奶类样品用甲醇和三氯甲烷提取），凝胶渗透色谱系统净化，洗脱液浓缩并定容后，用气相色谱–电子轰击离子源质谱仪（GC-EI-SIM，色谱柱：HP-5MS）测定，外标法定量。

3. 灵敏度

农药 / 代谢物名称	定量限 /（mg/kg）	农药 / 代谢物名称	定量限 /（mg/kg）
啶氧菌酯	0.005	醚菌胺	0.005
(*E*)-苯氧菌胺	0.005	肟醚菌胺	0.005

农药 / 代谢物名称	定量限 /（mg/kg）	农药 / 代谢物名称	定量限 /（mg/kg）
醚菌酯	0.005	吡唑醚菌酯	0.005
(Z)-苯氧菌胺	0.005	氟嘧菌酯	0.005
嘧螨酯	0.005	嘧菌酯	0.005
肟菌酯	0.005		

注：该定量限适用食品类别均为鸡肉、猪肉、牛肉、鸡蛋、牛奶。

4.3.11　食品中乙草胺残留量的测定

该测定技术采用《食品安全国家标准　食品中乙草胺残留量的检测方法》（GB 23200.57—2016）。

1. 适用范围

规定了食品中乙草胺残留的制样、气相色谱–质谱检测和确证方法。适用于鸡肉、猪肉，其他食品可参照执行。

2. 方法原理

试样中的乙草胺残留物用乙腈提取，经凝胶渗透色谱仪净化，用气相色谱–电子轰击离子源质谱仪（GC-EI-SIM，色谱柱：DB-5）确证，外标法定量。

3. 灵敏度

农药 / 代谢物名称	食品类别 / 名称	定量限 /（mg/kg）
乙草胺	鸡肉、猪肉	0.01

4.3.12　食品中敌草腈残留量的测定

该测定技术采用《食品安全国家标准　食品中敌草腈残留量的测定　气相色谱–质谱法》（GB 23200.59—2016）。

1. 适用范围

规定了食品中敌草腈残留量的气相色谱–质谱测定方法。适用于猪肉、牛奶，其他食品可参照执行。

2. 方法原理

试样中残留的敌草腈用乙腈提取，经固相萃取（SPE）柱净化，用气相色谱–电子轰击离子源质谱仪（GC-EI-SIM，色谱柱：DB-5MS）检测，外标法定量。

3. 灵敏度

农药 / 代谢物名称	食品类别 / 名称	定量限 /（μg/kg）
敌草腈	猪肉、牛奶	5

4.3.13　食品中苯胺灵残留量的测定

该测定技术采用《食品安全国家标准　食品中苯胺灵残留量的测定　气相色谱–质谱法》（GB 23200.61—2016）。

1. 适用范围

规定了食品中苯胺灵残留量的气相色谱–质谱测定方法。适用于鳗鱼、猪肉、鸡肝等进出口食品，其他食品可参照执行。

2. 方法原理

试样用乙酸乙酯–正己烷（1∶1，*v/v*）混合溶剂提取，凝胶渗透色谱仪净化，用气相色谱–电子轰击离子源质谱仪（GC-EI-SIM，色谱柱：DB-5MS）测定，外标法定量。

3. 灵敏度

农药 / 代谢物名称	食品类别 / 名称	定量限 /（mg/kg）
苯胺灵	鳗鱼、猪肉、鸡肝等	0.005

4.3.14　食品中氟烯草酸残留量的测定

该测定技术采用《食品安全国家标准　食品中氟烯草酸残留量的测定　气相色谱–质谱法》（GB 23200.62—2016）。

1. 适用范围

规定了食品中氟烯草酸残留量的气相色谱–质谱检测方法。适用于牛肉、鸡肝、鱼、蜂蜜、牛奶，其他食品可参照执行。

2. 方法原理

试样用乙酸乙酯或乙腈提取，提取后的有机相蒸干，残渣用乙酸乙酯–环己烷（1∶1，*v/v*）溶解后用凝胶渗透色谱仪净化，洗脱液蒸干定容，用气相色谱–电子轰击离子源质谱仪（GC-EI-SIM，色谱柱：DB-5MS）测定，外标法定量。

3. 灵敏度

农药 / 代谢物名称	食品类别 / 名称	定量限 /（mg/kg）
氟烯草酸	牛肉、鸡肝、鱼、蜂蜜、牛奶	0.005

4.3.15　食品中四氟醚唑残留量的测定

该测定技术采用《食品安全国家标准　食品中四氟醚唑残留量的检测方法》（GB 23200.65—2016）。

1. 适用范围

规定了食品中四氟醚唑残留量的气相色谱–质谱检测和确证方法。适用于鸡肉、猪肉、鳕鱼、蜂蜜，其他食品可参照执行。

2. 方法原理

试样经乙腈提取，以正己烷液液分配和硅酸镁固相萃取柱净化，用气相色谱–负化学离子源质谱仪（GC-NCI-SIM，色谱柱：HP-5MS）测定，外标法定量。

3. 灵敏度

农药 / 代谢物名称	食品类别 / 名称	定量限 /（μg/kg）
四氟醚唑	鸡肉、猪肉、鳕鱼、蜂蜜	2

4.3.16　食品中吡螨胺残留量的测定

该测定技术采用《食品安全国家标准　食品中吡螨胺残留量的测定　气相色谱–质谱法》（GB 23200.66—2016）。

1. 适用范围

规定了食品中吡螨胺残留量的气相色谱–质谱检测和确证方法。适用于鸡肉、猪肉、鳕鱼、蜂蜜，其他食品可参照执行。

2. 方法原理

试样用乙腈提取，经正己烷液液分配和硅酸镁固相萃取柱净化，用气相色谱–负化学离子源质谱仪（GC-NCI-SIM，色谱柱：HP-5MS）测定，外标法定量。

3. 灵敏度

农药 / 代谢物名称	食品类别 / 名称	定量限 / (μg/kg)
吡螨胺	鸡肉、猪肉、鳕鱼、蜂蜜	2

4.3.17　食品中炔苯酰草胺残留量的测定

该测定技术采用《食品安全国家标准　食品中炔苯酰草胺残留量的测定　气相色谱–质谱法》（GB 23200.67—2016）。

1. 适用范围

规定了食品中炔苯酰草胺残留量的气相色谱–质谱检测方法。适用于鸡肉、鳕鱼、蜂蜜，其他食品可参照执行。

2. 方法原理

试样用乙腈提取，经液液分配和乙二胺-*N*-丙基硅烷硅胶（PSA）固相萃取柱净化，用气相色谱–电子轰击离子源质谱仪（GC-EI-SIM，色谱柱：HP-5MS）测定，外标法定量。

3. 灵敏度

农药 / 代谢物名称	食品类别 / 名称	定量限 / (mg/kg)
炔苯酰草胺	鸡肉、鳕鱼、蜂蜜	0.01

4.3.18　食品中啶酰菌胺残留量的测定

该测定技术采用《食品安全国家标准　食品中啶酰菌胺残留量的测定　气相色谱–质谱法》（GB 23200.68—2016）。

1. 适用范围

规定了食品中啶酰菌胺残留量的气相色谱–质谱检测方法。适用于鸡肉、鳕鱼、蜂蜜，其他食品可参照执行。

2. 方法原理

试样用乙腈提取，经液液分配和乙二胺-*N*-丙基硅烷硅胶（PSA）固相萃取柱净化，用气相色谱–电子轰击离子源质谱仪（GC-EI-SIM，色谱柱：HP-5MS）测定，外标法定量。

3. 灵敏度

农药 / 代谢物名称	食品类别 / 名称	定量限 /（mg/kg）
啶酰菌胺	鸡肉、鳕鱼、蜂蜜	0.01

4.3.19　食品中二缩甲酰亚胺类农药残留量的测定

该测定技术采用《食品安全国家标准　食品中二缩甲酰亚胺类农药残留量的测定　气相色谱–质谱法》(GB 23200.71—2016)。

1. 适用范围

规定了食品中 4 种二缩甲酰亚胺类农药残留量的气相色谱–质谱检测方法。适用于蜂蜜、鱼肉、鸡肉、猪肾、猪肉，其他食品可参照执行。

2. 方法原理

试样用丙酮–正己烷混合溶剂提取，经凝胶色谱柱和石墨化炭黑固相萃取柱净化，用气相色谱–电子轰击离子源质谱仪（GC-EI-SIM，色谱柱：DB-5MS）测定，外标法定量。

3. 灵敏度

农药 / 代谢物名称	食品类别 / 名称	定量限 /（mg/kg）
乙菌利	蜂蜜	0.005
	鱼肉、鸡肉、猪肾、猪肉	0.01
腐霉利	蜂蜜	0.005
	鱼肉、鸡肉、猪肾、猪肉	0.01
异菌脲	蜂蜜	0.01
	鱼肉、鸡肉、猪肾、猪肉	0.02
乙烯菌核利	蜂蜜	0.005
	鱼肉、鸡肉、猪肾、猪肉	0.01

4.3.20　食品中苯酰胺类农药残留量的测定

该测定技术采用《食品安全国家标准　食品中苯酰胺类农药残留量的测定　气相色谱–质谱法》(GB 23200.72—2016)。

1. 适用范围

规定了进出口食品中.25 种苯酰胺类农药残留量的气相色谱–质谱检测方法。适用于牛肉、牛肝、鸡肉、鱼肉、牛奶，其他食品可参照执行。

2. 方法原理

试样用丙酮–正己烷振荡提取，经石墨化炭黑固相萃取柱或中性氧化铝固相萃取柱净化，用气相色谱–电子轰击离子源质谱仪（GC-EI-SIM，色谱柱：HP-1701MS）测定和确证，外标法定量。

3. 灵敏度

农药 / 代谢物名称	定量限 /（mg/kg）	农药 / 代谢物名称	定量限 /（mg/kg）
毒草胺	0.01	丙草胺	0.01
氯苯胺灵	0.01	敌草胺	0.01

农药 / 代谢物名称	定量限 /（mg/kg）	农药 / 代谢物名称	定量限 /（mg/kg）
炔苯酰草胺	0.01	环氟菌胺	0.01
二甲酚草胺	0.01	异丙菌胺	0.01
甲草胺	0.01	萎锈灵	0.01
甲呋酰胺	0.01	氟酰胺	0.01
异丙甲草胺	0.01	噻呋酰胺	0.01
呋菌胺	0.01	苯霜灵	0.01
氟噻草胺	0.01	稻瘟酰胺	0.01
敌稗	0.01	灭锈胺	0.01
双苯酰草胺	0.01	噻吩草胺	0.01
吡唑草胺	0.01	吡螨胺	0.01
丁草胺	0.01		

注：该定量限适用食品类别均为牛肉、牛肝、鸡肉、鱼肉、牛奶。

4.3.21　肉及肉制品中双硫磷残留量的测定

该测定技术采用《食品安全国家标准　肉及肉制品中双硫磷残留量的检测方法》（GB 23200.80—2016）。

1. 适用范围

规定了出口肉及肉制品中双硫磷残留量的气相色谱–质谱测定方法。适用于出口猪肉，其他食品可参照执行。

2. 方法原理

试样中残留的双硫磷用乙腈–甲醇混合液（4∶1，*v/v*）提取，提取液用三氯甲烷萃取，三氯甲烷经浓缩至干，残渣用正己烷溶解，溶液过弗罗里硅土柱净化，用乙酸乙酯–正己烷混合液（3∶7，*v/v*）洗脱，洗脱液经浓缩用正己烷定容后，用气相色谱–电子轰击离子源质谱仪（GC-EI-SIM，色谱柱：HP-5MS）测定，外标法定量。

3. 灵敏度

农药 / 代谢物名称	食品类别 / 名称	定量限 /（mg/kg）
双硫磷	猪肉	0.1

4.3.22　食品中异稻瘟净残留量的测定

该测定技术采用《食品安全国家标准　食品中异稻瘟净残留量的检测方法》（GB 23200.83—2016）。

1. 适用范围

规定了食品中异稻瘟净残留量的气相色谱–质谱检测方法。适用于蜂蜜、鸡肉、牛肉、鱼肉，其他食品可参照执行。

2. 方法原理

试样中残留的异稻瘟净采用丙酮–正己烷（1∶2，*v/v*）振荡提取，经石墨化炭黑固相萃取柱或中性氧化铝固相萃取柱净化，洗脱液浓缩并定容后，用气相色谱–电子轰击离子源质谱仪（GC-EI-SIM，色谱柱：HP-5MS）测定和确证，外标法定量。

3. 灵敏度

农药 / 代谢物名称	食品类别 / 名称	定量限 /（mg/kg）
异稻瘟净	蜂蜜、鸡肉、牛肉、鱼肉	0.005

4.3.23 肉品中甲氧滴滴涕残留量的测定

该测定技术采用《食品安全国家标准 肉品中甲氧滴滴涕残留量的测定 气相色谱–质谱法》（GB 23200.84—2016）。

1. 适用范围

规定了肉品中甲氧滴滴涕残留量的气相色谱–质谱检测方法。适用于鸡肉、鸭肉、猪肉，其他食品可参照执行。

2. 方法原理

样品中的甲氧滴滴涕经乙酸乙酯–环己烷（1∶1，*v/v*）提取，提取液浓缩后经凝胶渗透色谱系统净化，用乙酸乙酯–环己烷（1∶1，*v/v*）洗脱，洗脱液浓缩至干，定容后，用气相色谱–电子轰击离子源质谱仪（GC-EI-SIM，色谱柱：DB-35MS）进行选择离子监测，外标法定量。

3. 灵敏度

农药 / 代谢物名称	食品类别 / 名称	定量限 /（mg/kg）
甲氧滴滴涕	鸡肉、鸭肉、猪肉	0.005

4.3.24 乳及乳制品中 17 种拟除虫菊酯类农药残留量的测定

该测定技术采用《食品安全国家标准 乳及乳制品中多种拟除虫菊酯农药残留量的测定 气相色谱–质谱法》（GB 23200.85—2016）。

1. 适用范围

规定了进出口乳及乳制品中 17 种多组分农药残留量的气相色谱–质谱检测方法。适用于液体乳、乳粉、炼乳、乳脂肪、干酪、乳冰淇淋、乳清粉，其他食品可参照执行。

2. 方法原理

试样采用氯化钠盐析，乙腈匀浆提取，分取乙腈层，分别用 C_{18} 固相萃取柱和弗罗里硅土固相萃取柱净化，洗脱液浓缩溶解定容后，用气相色谱–电子轰击离子源质谱仪（GC-EI-SIM，色谱柱：TR-5MS）检测和确证，外标法定量。

3. 灵敏度

农药 / 代谢物名称	定量限 /（mg/kg）	农药 / 代谢物名称	定量限 /（mg/kg）
2,6-二异丙基萘	0.005	氯菊酯（Ⅰ，Ⅱ）	0.01
七氯菊酯	0.005	氟氯氰菊酯（Ⅰ，Ⅱ，Ⅲ，Ⅳ）	0.02
生物丙烯菊酯	0.01	氯氰菊酯（Ⅰ，Ⅱ，Ⅲ，Ⅳ）	0.02
烯虫酯	0.01	氟氯戊菊酯（Ⅰ，Ⅱ）	0.01

农药 / 代谢物名称	定量限 /（mg/kg）	农药 / 代谢物名称	定量限 /（mg/kg）
苄呋菊酯	0.01	醚菊酯	0.01
联苯菊酯	0.005	氰戊菊酯（Ⅰ，Ⅱ）	0.01
甲氰菊酯	0.01	氟胺氰菊酯（Ⅰ，Ⅱ）	0.01
氯氟氰菊酯	0.01	溴氰菊酯	0.01
氟丙菊酯	0.01		

注：该定量限适用食品类别均为牛奶、冰淇淋、奶粉、奶酪。

4.3.25　乳及乳制品中 30 种有机氯农药残留量的测定

该测定技术采用《食品安全国家标准　乳及乳制品中多种有机氯农药残留量的测定　气相色谱–质谱 / 质谱法》（GB 23200.86—2016）。

1. 适用范围

规定了乳及乳制品中 30 种有机氯农药残留量的气相色谱–质谱 / 质谱检测方法。适用于液态奶、奶粉、酸奶（半固态）、冰淇淋、奶糖等乳及乳制品，其他食品可参照执行。

2. 方法原理

试样用正己烷–丙酮溶液（1∶1，*v*/*v*）提取，提取液经浓缩后，经凝胶渗透色谱和弗罗里硅土柱净化，用气相色谱–质谱 / 质谱仪（GC-EI-SRM，色谱柱：TR-35MS）测定和确证，外标峰面积法定量。

3. 灵敏度

农药 / 代谢物名称	定量限 /（μg/kg）	农药 / 代谢物名称	定量限 /（μg/kg）
α-六六六	0.8	异狄氏剂	0.8
β-六六六	0.8	异狄氏剂醛	0.8
林丹	0.8	异狄氏剂酮	0.8
δ-六六六	0.8	顺-氯丹	0.8
o,p'-滴滴涕	0.8	反-氯丹	0.8
p,p'-滴滴涕	0.8	氧化氯丹	0.8
o,p'-滴滴伊	0.8	*α*-硫丹	0.8
p,p'-滴滴伊	0.8	*β*-硫丹	0.8
o,p'-滴滴滴	0.8	硫丹硫酸盐	0.8
p,p'-滴滴滴	0.8	六氯苯	0.8
甲氧滴滴涕	0.8	四氯硝基苯	0.8
七氯	0.8	五氯硝基苯	0.8
环氧七氯	0.8	五氯苯胺	0.8
艾氏剂	0.8	甲基五氯苯基硫醚	0.8
狄氏剂	0.8	灭蚁灵	0.8

注：该定量限适用食品类别均为液态奶、奶粉、酸奶（半固态）、冰淇淋、奶糖等乳及乳制品。

4.3.26 食品中 10 种有机磷农药残留量的测定

该测定技术采用《食品安全国家标准 食品中有机磷农药残留量的测定 气相色谱–质谱法》(GB 23200.93—2016)。

1. 适用范围

规定了进出口动物源性食品中 10 种有机磷农药残留量的气相色谱–质谱检测方法。适用于清蒸猪肉罐头、猪肉、鸡肉、牛肉、鱼肉,其他食品可参照执行。

2. 方法原理

试样用水–丙酮溶液均质提取,经二氯甲烷液液分配、凝胶色谱柱[GPC,Bio-Beads S-X 3700mm×25mm(内径)]净化,再经石墨化炭黑固相萃取柱净化,用气相色谱–电子轰击离子源质谱仪(GC-EI-SIM,色谱柱:DB-5MS)检测,外标法定量。

3. 灵敏度

农药 / 代谢物名称	定量限 / (μg/g)	农药 / 代谢物名称	定量限 / (μg/g)
敌敌畏	0.02	毒死蜱	0.01
二嗪磷	0.02	倍硫磷	0.02
皮蝇磷	0.02	对硫磷	0.02
杀螟硫磷	0.02	乙硫磷	0.02
马拉硫磷	0.02	蝇毒磷	0.10

注:该定量限适用食品类别均为清蒸猪肉罐头、猪肉、鸡肉、牛肉、鱼肉。

4.3.27 蜂王浆中 8 种杀螨剂残留量的测定

该测定技术采用《食品安全国家标准 蜂王浆中多种杀螨剂残留量的测定 气相色谱–质谱法》(GB 23200.101—2016)。

1. 适用范围

规定了蜂王浆中 8 种杀螨剂残留量的气相色谱–质谱测定和确证方法。适用于蜂王浆,其他食品可参照执行。

2. 方法原理

试样经正己烷–丙酮(1∶1,*v*/*v*)混合溶剂提取,用弗罗里硅土柱净化,用气相色谱–负化学离子源质谱仪(GC-NCI-SIM,色谱柱:DB-5MS)测定,外标法定量。

3. 灵敏度

农药 / 代谢物名称	定量限 / (mg/kg)	农药 / 代谢物名称	定量限 / (mg/kg)
杀螨醚	0.01	乙酯杀螨醇	0.01
灭螨猛	0.01	溴螨酯	0.01
杀螨酯	0.01	三氯杀螨砜	0.01
乐杀螨	0.01	哒螨灵	0.01

注:该定量限适用食品类别均为蜂王浆。

4.3.28　蜂王浆中杀虫脒及其代谢产物残留量的测定

该测定技术采用《食品安全国家标准　蜂王浆中杀虫脒及其代谢产物残留量的测定　气相色谱–质谱法》(GB 23200.102—2016)。

1. 适用范围

规定了蜂王浆中杀虫脒及其代谢产物残留量的气相色谱–质谱测定及确证方法。适用于蜂王浆，其他食品可参照执行。

2. 方法原理

样品用三氯乙酸溶液沉淀蛋白质，在碱性条件下用正己烷–丙酮（1∶1，*v/v*）混合溶剂提取，提取液经正己烷–乙腈液液分配净化后，用气相色谱–电子轰击离子源质谱仪（GC-EI-SIM，色谱柱：DB-5MS）测定和确证，外标法定量。

3. 灵敏度

农药 / 代谢物名称	食品类别 / 名称	定量限 /（mg/kg）
杀虫脒	蜂王浆	0.01
4-氯邻甲苯胺	蜂王浆	0.01

4.3.29　蜂王浆中双甲脒及其代谢产物残留量的测定

该测定技术采用《食品安全国家标准　蜂王浆中双甲脒及其代谢产物残留量的测定　气相色谱–质谱法》(GB 23200.103—2016)。

1. 适用范围

规定了蜂王浆中双甲脒及其代谢产物残留量的气相色谱–质谱测定及确证方法。适用于蜂王浆，其他食品可参照执行。

2. 方法原理

样品经酸水解，碱化后用正己烷–乙醚（2∶1，*v/v*）混合溶剂提取，经酸、碱液液分配净化，用气相色谱–电子轰击离子源质谱仪（GC-EI-SIM，色谱柱：DB-5MS）测定和确证，外标法定量。

3. 灵敏度

农药 / 代谢物名称	食品类别 / 名称	定量限 /（mg/kg）
双甲脒	蜂王浆	0.01
2,4-二甲基苯胺	蜂王浆	0.01

4.3.30　蜂蜜中溴螨酯、4,4′-二溴二苯甲酮残留量的测定

该测定技术采用《蜂蜜中溴螨酯、4,4′-二溴二苯甲酮残留量的测定方法　气相色谱 / 质谱法》(GB/T 18932.10—2002)。

1. 适用范围

规定了蜂蜜中溴螨酯、4,4′-二溴二苯甲酮残留量的气相色谱测定方法。适用于蜂蜜，其他食品可参照执行。

2. 方法原理

试样中残留的溴螨酯和 4,4′-二溴二苯甲酮用甲醇–水提取，经 Oasis HLB 固相萃取柱萃取净化，用气相色谱–电子轰击离子源质谱仪（GC-EI-SIM，色谱柱：DB-5MS）测定，外标法定量，必要时用多反应监测（MRM）确证。

3. 灵敏度

农药 / 代谢物名称	食品类别 / 名称	检出限 /（mg/kg）
溴螨酯	蜂蜜	0.012
4,4′-二溴二苯甲酮	蜂蜜	0.040

4.3.31 动物性食品中有机氯农药和拟除虫菊酯类农药多组分残留量的测定

该测定技术采用《动物性食品中有机氯农药和拟除虫菊酯农药多组分残留量的测定》（GB/T 5009.162—2008）。

1. 适用范围

规定了动物性食品中 36 种有机氯农药和拟除虫菊酯类农药的气相色谱–质谱测定方法，适用于肉类、蛋类、乳类食品、油脂。

2. 方法原理

在均匀的试样溶液中定量加入 ^{13}C-六氯苯和 ^{13}C-灭蚁灵稳定性同位素内标，经有机溶剂振荡提取（蛋类、肉类、乳类样品用丙酮提取，油脂样品用石油醚提取）和凝胶色谱层析净化，用选择离子监测的气相色谱–电子轰击离子源质谱仪（GC-EI-SIM，色谱柱：CP-Sil 8 毛细管柱）测定，内标法定量。

3. 灵敏度

农药 / 代谢物名称	检出限 /（μg/kg）	农药 / 代谢物名称	检出限 /（μg/kg）
α-六六六	0.2	艾氏剂	0.5
β-六六六	0.2	环氧七氯	0.5
γ-六六六	0.2	*α*-硫丹	0.5
δ-六六六	0.2	异狄氏剂	0.5
六氯苯	0.2	*β*-硫丹	0.5
氧化氯丹	0.2	异狄氏剂醛	0.5
反-氯丹	0.2	硫丹硫酸盐	0.5
顺-氯丹	0.2	异狄氏剂酮	0.5
p,p′-滴滴伊	0.2	除螨酯	0.5
狄氏剂	0.2	丙烯菊酯	0.5
p,p′-滴滴滴	0.2	杀螨蟥	0.5
o,p′-滴滴涕	0.2	杀螨酯	0.5
p,p′-滴滴涕	0.2	胺菊酯	1
灭蚁灵	0.2	甲氰菊酯	1
五氯硝基苯	0.5	氯菊酯	1

农药 / 代谢物名称	检出限 /（μg/kg）	农药 / 代谢物名称	检出限 /（μg/kg）
七氯	0.5	氯氰菊酯	2
五氯苯基硫醚	0.5	氰戊菊酯	2
五氯苯胺	0.5	溴氰菊酯	2

注：该检出限适用食品类别均为蛋类、肉类、生乳、油脂。

4.3.32 冻兔肉中有机氯农药和拟除虫菊酯类农药残留的测定

该测定技术采用《冻兔肉中有机氯及拟除虫菊酯类农药残留的测定方法　气相色谱 / 质谱法》（GB/T 2795—2008）。

1. 适用范围

规定了冻兔肉中有机氯农药和拟除虫菊酯类农药残留量的气相色谱–质谱测定方法，适用于冻兔肉。

2. 方法原理

试样用环己烷–乙酸乙酯混合溶剂均质提取，提取液浓缩后经凝胶渗透色谱和氧化铝固相萃取柱净化，氮吹浓缩，用气相色谱–电子轰击离子源质谱仪（GC-EI-SIM，色谱柱：DB-1701）检测，外标法定量。

3. 灵敏度

农药 / 代谢物名称	测定低限 /（μg/kg）	农药 / 代谢物名称	测定低限 /（μg/kg）
五氯硝基苯	0.01	氰戊菊酯	0.01
p,p'-滴滴伊	0.01	三氟氯氰菊酯	0.02
o,p'-滴滴滴	0.01	甲氰菊酯	0.05
甲氧滴滴涕	0.01	氯氰菊酯	0.05
α-六六六	0.01	联苯菊酯	0.05
β-六六六	0.01	胺菊酯	0.05
δ-六六六	0.01	氟氯氰菊酯	0.05
α-硫丹	0.01	艾氏剂	0.05
β-硫丹	0.01	三氯杀螨醇	0.05
四氯硝基苯	0.01	氯杀螨	0.05
狄氏剂	0.01	乙酯杀螨醇	0.05
硫丹硫酸盐	0.01	生物苄呋菊酯	0.05
环氧七氯	0.01	氯菊酯	0.05
异狄氏剂	0.01	溴氰菊酯	0.05
o,p'-滴滴涕	0.01	苯醚菊酯	0.05
p,p'-滴滴涕	0.01	溴螨酯	0.05
S-氰戊菊酯	0.01	三氯杀螨砜	0.05
六氯苯	0.01	醚菊酯	0.05
林丹	0.01	氯丹	0.05
七氯	0.01	氟氰戊菊酯	0.05
杀螨特	0.01		

注：该测定低限适用食品类别均为冻兔肉。

4.3.33 动物肌肉中 462 种农药残留量的测定

该测定技术采用《动物肌肉中 478 种农药及相关化学品残留量的测定 气相色谱–质谱法》（GB/T 19650—2006）。

1. 适用范围

规定了动物肌肉中 462 种农药残留量的气相色谱检测方法。适用于猪肉、牛肉、羊肉、大兔肉、鸡肉，其他食品可参照执行。

2. 方法原理

试样经环己烷–乙酸乙酯（1∶1，*v/v*）提取后，通过凝胶渗透色谱仪净化，用气相色谱–电子轰击离子源质谱仪（GC-EI-SIM，色谱柱：DB-1701）测定，内标法定量，内标物为环氧七氯。

3. 灵敏度

农药 / 代谢物名称	检出限 /（mg/kg）	农药 / 代谢物名称	检出限 /（mg/kg）
敌草腈	0.0025	解草嗪	0.025
环草敌	0.0125	乙草胺	0.025
联苯二胺	0.0125	精甲霜灵	0.025
甲拌磷	0.0125	硅氟唑	0.025
甲基乙拌磷	0.0125	氯酞酸甲酯	0.025
脱乙基阿特拉津	0.0125	甲基毒虫畏	0.025
二嗪磷	0.0125	甲醚菊酯	0.025
乙嘧酚磺酸酯	0.0125	稻瘟灵	0.025
嘧啶磷（pyrimitate）	0.0125	苯虫醚	0.025
乙嘧硫磷	0.0125	双苯噁唑酸	0.025
西玛津	0.0125	炔咪菊酯	0.025
密草通	0.0125	唑酮草酯	0.025
丙硫磷	0.0125	吡草醚	0.025
p,p'-滴滴滴	0.0125	氟啶草酮	0.025
灭蚁灵	0.0125	二丙烯草胺	0.025
顺-氯菊酯	0.0125	烯丙酰草胺	0.025
六氯苯	0.0125	氯甲硫磷	0.025
扑灭津	0.0125	五氯硝基苯	0.025
甲基毒死蜱	0.0125	氰菌胺	0.025
敌草净	0.0125	氟咯草酮（fluorochloridone）	0.025
甲基嘧啶磷	0.0125	氯唑磷	0.025
异丙甲草胺	0.0125	*δ*-六六六	0.025
氧化氯丹	0.0125	三唑酮	0.025
p,p'-滴滴伊	0.0125	杀螨醚	0.025
o,p'-滴滴滴	0.0125	速灭磷	0.025

农药 / 代谢物名称	检出限 /（mg/kg）	农药 / 代谢物名称	检出限 /（mg/kg）
虫螨畏	0.0125	四氯硝基苯	0.025
异丙草胺	0.0125	顺-燕麦敌	0.025
异丙净	0.0125	反-燕麦敌	0.025
o,p'-滴滴伊	0.0125	菜草畏	0.025
芬螨酯	0.0125	特丁硫磷	0.025
双苯酰草胺	0.0125	特丁净	0.025
乙酯杀螨醇	0.0125	异柳磷	0.025
增效醚	0.0125	乙菌利	0.025
吡氟酰草胺	0.0125	杀螨酯	0.025
喹螨醚	0.0125	*p,p'*-滴滴涕	0.025
咯菌腈	0.0125	氯杀螨砜	0.025
哒螨灵	0.0125	甲氰菊酯	0.025
五氯苯	0.0125	安硫磷	0.025
燕麦酯	0.0125	丙炔氟草胺	0.025
五氯甲氧基苯	0.0125	氟烯草酸	0.025
溴烯杀	0.0125	三正丁基磷酸盐	0.025
草达津	0.0125	牧草胺	0.025
2,4,4'-三氯联苯	0.0125	脱乙基另丁津	0.025
五氯苯胺	0.0125	2,3,4,5-四氯苯胺	0.025
毒壤膦	0.0125	庚酰草胺	0.025
4,4'-二氯二苯甲酮	0.0125	脱叶磷	0.025
嘧菌环胺	0.0125	粉唑醇	0.025
呋菌胺	0.0125	地胺磷	0.025
2,2',4,5,5'-五氯联苯	0.0125	乙拌磷砜	0.025
甲拌磷砜	0.0125	苄呋菊酯	0.025
杀螨醇	0.0125	炔草酸	0.025
溴苯烯磷	0.0125	糠菌唑	0.025
灭菌磷	0.0125	异丙威	0.025
4,4'-二溴二苯甲酮	0.0125	戊菌隆	0.025
2,2',3,4,4',5'-六氯联苯	0.0125	丁基嘧啶磷	0.025
酞酸苯甲基丁酯	0.0125	苯锈啶	0.025
氟草烟-1-甲庚酯	0.0125	抗蚜威	0.025
氟硫草定	0.0125	特草灵	0.025
氯甲酰草胺	0.0125	戊草丹	0.025
环酯草醚	0.0125	甲呋酰胺	0.025
乙滴涕	0.0125	活化酯	0.025
苯胺灵	0.0125	噻唑烟酸	0.025
杀虫脒	0.0125	苯酰草胺	0.025

农药 / 代谢物名称	检出限 /（mg/kg）	农药 / 代谢物名称	检出限 /（mg/kg）
异噁草松	0.0125	呋霜灵	0.025
地虫硫膦	0.0125	啶氧菌酯	0.025
醚菊酯	0.0125	稗草丹	0.025
胺丙畏	0.0125	噻吩草胺	0.025
除线磷	0.0125	呋草黄	0.025
炔丙酰草胺	0.0125	敌稗	0.025
扑草净	0.0125	甲霜灵	0.0375
环丙津	0.0125	吡唑草胺	0.0375
乙烯菌核利	0.0125	整形醇	0.0375
β-六六六	0.0125	敌草胺	0.0375
毒死蜱	0.0125	乙环唑	0.0375
蒽醌	0.0125	丁硫克百威	0.0375
倍硫磷	0.0125	麦锈灵	0.0375
乙基溴硫磷	0.0125	戊唑醇	0.0375
喹硫磷	0.0125	茵草敌	0.0375
反-氯丹	0.0125	三氯甲基吡啶	0.0375
腐霉利	0.0125	庚烯磷	0.0375
噁草酮	0.0125	灭线磷	0.0375
杀螨氯硫	0.0125	特丁通	0.0375
杀螨特	0.0125	毒虫畏	0.0375
氟酰胺	0.0125	杀虫畏	0.0375
腈菌唑	0.0125	多效唑	0.0375
禾草灵	0.0125	盖草津	0.0375
联苯菊酯	0.0125	虫螨磷	0.0375
甲氧滴滴涕	0.0125	三唑磷	0.0375
噁霜灵	0.0125	硫丹硫酸盐	0.0375
氟草敏	0.0125	新燕灵	0.0375
哒嗪硫磷	0.0125	环嗪酮	0.0375
三氯杀螨砜	0.0125	四氢邻苯二甲酰亚胺	0.0375
反-氯菊酯	0.0125	七氯	0.0375
氯苯甲醚	0.0125	异稻瘟净	0.0375
治螟磷	0.0125	莠灭净	0.0375
α-六六六	0.0125	嗪草酮	0.0375
特丁津	0.0125	炔丙菊酯	0.0375
丙酯杀螨醇	0.0125	戊菌唑	0.0375
麦草氟甲酯	0.0125	四氟醚唑	0.0375
麦草氟异丙酯	0.0125	三唑醇	0.0375
苯霜灵	0.0125	烯唑醇	0.0375

农药 / 代谢物名称	检出限 / （mg/kg）	农药 / 代谢物名称	检出限 / （mg/kg）
苯腈膦	0.0125	苯噻酰草胺	0.0375
联苯	0.0125	联苯三唑醇	0.0375
灭草敌	0.0125	吡唑解草酯	0.0375
3,5-二氯苯胺	0.0125	甲草胺	0.0375
禾草敌	0.0125	土菌灵	0.0375
联苯基苯酚	0.0125	氟硅唑	0.0375
乙丁氟灵	0.0125	萎锈灵	0.0375
嘧霉胺	0.0125	苯线磷	0.0375
乙拌磷	0.0125	丙环唑	0.0375
莠去净	0.0125	氯氰菊酯	0.0375
丁苯吗啉	0.0125	丁草敌	0.0375
四氟苯菊酯	0.0125	克草敌	0.0375
甲基立枯磷	0.0125	毒草胺	0.0375
亚胺菌	0.0125	二甲草胺	0.0375
吡氟禾草灵	0.0125	甲苯氟磺胺	0.0375
灭锈胺	0.0125	扑灭通	0.0375
苯醚菊酯	0.0125	双甲脒	0.0375
三异丁基磷酸盐	0.0125	甲氟磷	0.0375
鼠立死	0.0125	环莠隆	0.0375
虫线磷	0.0125	咪草酸	0.0375
2,3,5,6-四氯苯胺	0.0125	哌草磷	0.0375
2,3,4,5-四氯甲氧基苯	0.0125	呋酰胺	0.0375
阿特拉通	0.0125	兹克威	0.0375
氧乙嘧硫磷	0.0125	乙丁烯氟灵	0.05
2,4′,5-三氯联苯	0.0125	呋草酮	0.05
另丁津	0.0125	马拉硫磷	0.05
2,2′,5,5′-四氯联苯	0.0125	对氧磷	0.05
苄草丹	0.0125	对硫磷	0.05
二甲吩草胺	0.0125	氰戊菊酯	0.05
碳氯灵	0.0125	绿谷隆	0.05
八氯苯乙烯	0.0125	烯虫酯	0.05
异艾氏剂	0.0125	乙氧氟草醚	0.05
敌草索	0.0125	苯硫膦	0.05
吡咪唑	0.0125	生物烯丙菊酯	0.05
2 甲 4 氯丁氧乙基酯	0.0125	灭蚜磷	0.05
反-九氯	0.0125	*S*-氰戊菊酯	0.05
2,3′,4,4′,5-五氯联苯	0.0125	苄氯三唑醇	0.05
2,2′,4,4′,5,5′-六氯联苯	0.0125	倍硫磷砜	0.05

农药 / 代谢物名称	检出限 /（mg/kg）	农药 / 代谢物名称	检出限 /（mg/kg）
环菌唑	0.0125	苯线磷亚砜	0.05
三氯苯唑	0.0125	苯线磷砜	0.05
三苯基磷酸盐	0.0125	丁噻隆	0.05
2,2′,3,4,4′,5,5′-七氯联苯	0.0125	甲基内吸磷	0.05
吡螨胺	0.0125	硫线磷	0.05
解草酯	0.0125	灭草环	0.05
脱溴溴苯膦	0.0125	烯丙菊酯	0.05
二氢苊	0.0125	苯氧菌胺	0.05
菲	0.0125	肟菌酯	0.05
溴丁酰草胺	0.0125	脱苯甲基亚胺唑	0.05
异戊乙净	0.0125	伐灭磷	0.05
嘧菌胺	0.0125	异菌脲	0.05
抑草磷	0.0125	苄螨醚	0.05
苯氧喹啉	0.0125	氟丙嘧草酯	0.05
吡丙醚	0.0125	氨氟灵	0.05
氟吡酰草胺	0.0125	甲基对硫磷	0.05
咪三唑酮	0.0125	二甲戊灵	0.05
萘丙胺	0.0125	利谷隆	0.05
三氟硝草醚	0.0125	环丙氟灵	0.05
氟喹唑	0.0125	敌噁磷	0.05
氟硅菊酯	0.0125	倍硫磷亚砜	0.05
ε-六六六	0.025	拌种咯	0.05
丙硫特普	0.025	甲胺磷	0.05
艾氏剂	0.025	茉莉酮	0.05
皮蝇磷	0.025	仲丁灵	0.05
杀螟硫磷	0.025	灭藻醌	0.05
稻丰散	0.025	四氯苯酞	0.05
苯硫威	0.025	噻虫嗪	0.05
狄氏剂	0.025	抑霉唑	0.05
杀扑磷	0.025	嘧草醚	0.05
乙硫磷	0.025	异狄氏剂酮	0.05
硫丙磷	0.025	嘧螨醚	0.05
丰索磷	0.025	丁脒酰胺	0.0625
氟苯嘧啶醇	0.025	麦穗宁	0.0625
胺菊酯	0.025	异氯磷	0.0625
亚胺硫磷	0.025	氧化萎锈灵	0.075
吡菌磷	0.025	溴氰菊酯	0.075
氟乐灵	0.025	抑菌灵	0.075

农药 / 代谢物名称	检出限 /（mg/kg）	农药 / 代谢物名称	检出限 /（mg/kg）
氯苯胺灵	0.025	育畜磷	0.075
氯炔灵	0.025	己唑醇	0.075
氯硝胺（dicloran）	0.025	除草醚	0.075
杀螟腈	0.025	硫丹 Ⅱ	0.075
杀草丹	0.025	保棉磷	0.075
三氯杀螨醇	0.025	咪鲜胺	0.075
嘧啶磷（pirimiphos-ethyl）	0.025	溴谷隆	0.075
溴硫磷	0.025	乙霉威	0.075
乙氧呋草黄	0.025	苯氧威	0.075
异丙乐灵	0.025	苯醚甲环唑	0.075
顺-氯丹	0.025	敌敌畏	0.075
丁草胺	0.025	乙螨唑	0.075
碘硫磷	0.025	硫丹 Ⅰ	0.075
氟咯草酮（flurochloridone）	0.025	巴毒磷	0.075
噻嗪酮	0.025	丙溴磷	0.075
o,p'-滴滴涕	0.025	蝇毒磷	0.075
抑草蓬	0.025	叠氮津	0.1
三硫磷	0.025	噻螨酮	0.1
敌瘟磷	0.025	磷胺	0.1
溴螨酯	0.025	啶斑肟-1	0.1
溴苯膦	0.025	氟噻草胺	0.1
伏杀硫磷	0.025	啶斑肟-2	0.1
氯苯嘧啶醇	0.025	除草定	0.1
益棉磷	0.025	灭梭威砜	0.1
仲丁威	0.025	噁唑磷	0.1
野麦畏	0.025	氟环唑	0.1
林丹	0.025	烯草酮	0.1
西草净	0.025	联苯肼酯	0.1
哌草丹	0.025	三甲苯草酮	0.1
氯硫磷	0.025	螺螨酯	0.1
氟节胺	0.025	氯亚胺硫磷	0.1
丙草胺	0.025	唑螨酯	0.1
烯效唑	0.025	溴虫腈	0.1
炔螨特	0.025	吡唑硫磷	0.1
莎稗磷	0.025	烯禾啶	0.1125
氯菊酯	0.025	蔬果磷	0.125
顺-氯氰菊酯	0.025	消螨通	0.125
乙拌磷亚砜	0.025	苯嗪草酮	0.125

农药 / 代谢物名称	检出限 /（mg/kg）	农药 / 代谢物名称	检出限 /（mg/kg）
4-溴-3,5-二甲苯基-*N*-甲基氨基甲酸酯	0.025	甲磺乐灵	0.125
西玛通	0.025	甲基苯噻隆	0.125
2,6-二氯苯甲酰胺	0.025	环草定	0.125
氧皮蝇磷	0.025	异狄氏剂	0.15
甲基对氧磷	0.025	乙羧氟草醚	0.15
丁嗪草酮	0.025	噻草酮	0.15
酞菌酯	0.025	啶虫脒	0.15
氧异柳磷	0.025	苯酮唑	0.15
水胺硫磷	0.025	氟氯氰菊酯	0.15
乙基杀扑磷	0.025	马拉氧磷	0.2
威菌磷	0.025	乳氟禾草灵	0.2
氰苯唑	0.025	苯噻硫氰	0.2
残杀威	0.025	吡唑酰菊酯	0.3
驱虫特	0.025	氯溴隆	0.3
邻苯二甲酰亚胺	0.025	氯氧磷	0.025
炔苯烯草胺	0.025	氯硝胺（dichloran）	0.025

注：该检出限适用食品类别均为猪肉、牛肉、羊肉、大兔肉、鸡肉。

4.3.34　牛奶和奶粉中啶酰菌胺残留量的测定

该测定技术采用《牛奶和奶粉中啶酰菌胺残留量的测定　气相色谱–质谱法》（GB/T 22979—2008）。

1. 适用范围

规定了牛奶、奶粉中啶酰菌胺残留量的气相色谱–质谱测定方法，适用于牛奶、奶粉。

2. 方法原理

试样中的啶酰菌胺用乙腈提取，提取液经盐析、离心、浓缩和溶剂交换后，经凝胶渗透色谱净化，用气相色谱–质谱仪（GC-MS-EI-SIM，色谱柱：HP-5MS）检测，外标法定量。

3. 灵敏度

农药 / 代谢物名称	食品类别 / 名称	检出限 /（mg/kg）
啶酰菌胺	牛奶	0.010
	奶粉	0.080

4.3.35　河豚鱼、鳗鱼和对虾中 460 种农药及相关化学品残留量的测定

该测定技术采用《河豚鱼、鳗鱼和对虾中 485 种农药及相关化学品残留量的测定　气相色谱–质谱法》（GB/T 23207—2008）。

1. 适用范围

规定了河豚鱼、鳗鱼、对虾中 460 种农药及相关化学品残留量的气相色谱–质谱测定方法。适用于河豚鱼、鳗鱼、对虾，对其中 385 种农药及相关化学品可定量测定。

2. 方法原理

试样用环己烷–乙酸乙酯（1∶1，*v/v*）均质提取，凝胶渗透色谱净化，气相色谱–质谱仪（GC-MS-EI-SIM，色谱柱：DB-1701）检测，内标法定量。

3. 灵敏度

农药 / 代谢物名称	检出限 /（mg/kg）	农药 / 代谢物名称	检出限 /（mg/kg）
二丙烯草胺	0.025	吡氟酰草胺[a]	0.0125
烯丙酰草胺	0.025	咯菌腈[a]	0.0125
土菌灵	0.0375	喹螨醚	0.0125
氯甲硫磷	0.025	苯醚菊酯	0.0125
苯胺灵	0.0125	莎稗磷	0.025
环草敌	0.0125	高效氯氟氰菊酯[a]	0.0125
联苯二胺	0.0125	苯噻酰草胺	0.0375
杀虫脒	0.0125	氯菊酯	0.025
乙丁烯氟灵	0.05	哒螨灵	0.0125
甲拌磷	0.0125	乙羧氟草醚[a]	0.15
甲基乙拌磷	0.0125	联苯三唑醇[a]	0.0375
五氯硝基苯	0.025	醚菊酯	0.0125
脱乙基阿特拉津	0.0125	噻草酮	0.15
异噁草松	0.0125	*α*-氯氰菊酯[a]	0.025
二嗪磷	0.0125	氟氰戊菊酯[a]	0.025
地虫硫膦	0.0125	*S*-氰戊菊酯[a]	0.05
乙嘧硫磷	0.0125	苯醚甲环唑	0.075
胺丙畏	0.0125	丙炔氟草胺	0.1
密草通	0.0125	氟烯草酸	0.025
炔丙烯草胺	0.0125	甲氟磷	0.0375
除线磷	0.0125	乙拌磷亚砜	0.025
兹克威	0.0375	五氯苯	0.0125
乐果	0.05	鼠立死	0.0125
氨氟灵[a]	0.05	4-溴-3,5-二甲苯基-*N*-甲基氨基甲酸酯	0.025
艾氏剂	0.025	燕麦酯	0.0125
皮蝇磷	0.025	虫线磷	0.0125
扑草净	0.0125	2,3,5,6-四氯苯胺	0.0125
环丙津	0.0125	三正丁基磷酸盐[a]	0.025
乙烯菌核利	0.0125	2,3,4,5-四氯甲氧基苯	0.0125
β-六六六	0.0125	五氯甲氧基苯	0.0125
甲霜灵	0.0375	牧草胺	0.025
甲基对硫磷	0.05	甲基苯噻隆	0.125
毒死蜱	0.0125	脱异丙基莠去津	0.1

农药 / 代谢物名称	检出限 /（mg/kg）	农药 / 代谢物名称	检出限 /（mg/kg）
δ-六六六	0.025	西玛通	0.025
倍硫磷	0.0125	阿特拉通	0.0125
马拉硫磷	0.05	七氟菊酯[a]	0.0125
对氧磷	0.4	溴烯杀	0.0125
杀螟硫磷	0.025	草达津	0.0125
三唑酮[a]	0.025	2,6-二氯苯甲酰胺	0.025
利谷隆	0.2	环莠隆	0.0375
二甲戊灵	0.05	2,4,4′-三氯联苯	0.0125
杀螨醚	0.025	2,4,5-三氯联苯	0.0125
乙基溴硫磷	0.0125	脱乙基另丁津[a]	0.025
喹硫磷	0.0125	2,3,4,5-四氯苯胺	0.025
反-氯丹	0.0125	五氯苯胺	0.0125
稻丰散	0.0125	叠氮津	0.1
吡唑草胺	0.0375	丁脒酰胺	0.0625
丙硫磷	0.0125	另丁津[a]	0.0125
整形醇	0.0375	2,2′,5,5′-四氯联苯	0.0125
灭菌丹	0.6	苄草丹	0.0125
腐霉利	0.0125	二甲吩草胺	0.0125
狄氏剂	0.025	庚酰草胺[a]	0.025
杀扑磷	0.025	碳氯灵	0.0125
敌草胺	0.0375	八氯苯乙烯	0.0125
氰草津	0.15	异艾氏剂	0.0125
噁草酮	0.0125	丁嗪草酮	0.025
苯线磷	0.0375	毒壤膦	0.0125
杀螨氯硫	0.0125	敌草索	0.0125
乙嘧酚磺酸酯	0.0125	4,4′-二氯二苯甲酮	0.0125
氟酰胺	0.0125	酞菌酯[a]	0.025
萎锈灵[a]	0.3	吡咪唑	0.0125
p,p'-滴滴滴	0.0125	嘧菌环胺	0.0125
乙硫磷	0.025	氧异柳磷	0.025
乙环唑	0.0375	麦穗灵	0.0625
硫丙磷	0.025	异氯磷	0.0625
腈菌唑	0.0125	2甲4氯丁氧乙基酯	0.0125
禾草灵	0.0125	2,2′,4,5,5′-五氯联苯	0.0125
丙环唑	0.0375	水胺硫磷	0.025
联苯菊酯[a]	0.0125	甲拌磷砜	0.0125
灭蚁灵	0.0125	杀螨醇	0.0125
丁硫克百威	0.0375	反-九氯[a]	0.0125

农药 / 代谢物名称	检出限 / (mg/kg)	农药 / 代谢物名称	检出限 / (mg/kg)
氟苯嘧啶醇	0.025	脱叶磷	0.025
麦锈灵	0.0375	氟咯草酮[a]	0.025
甲氧滴滴涕	0.1	溴苯烯磷	0.0125
噁霜灵	0.0125	乙滴涕	0.0125
戊唑醇	0.0375	灭菌磷	0.0125
胺菊酯	0.025	2,3,4,4′,5-五氯联苯	0.0125
氟草敏	0.0125	地胺磷	0.025
哒嗪硫磷	0.0125	4,4′-二溴二苯甲酮	0.0125
亚胺硫磷	0.025	粉唑醇	0.025
三氯杀螨砜	0.0125	2,2′,4,4′,5,5′-六氯联苯	0.0125
氧化萎锈灵	0.075	苄氯三唑醇[a]	0.05
顺-氯菊酯	0.0125	乙拌磷砜	0.1
吡菌磷	0.025	噻螨酮	0.1
反-氯菊酯	0.0125	2,2′,3,4,4′,5-六氯联苯	0.0125
氯氰菊酯	0.0375	环丙唑	0.0125
氰戊菊酯	0.05	苄呋菊酯	0.2
溴氰菊酯[a]	0.075	酞酸甲苯基丁酯	0.0125
茵草敌	0.0375	炔草酸	0.025
丁草敌	0.0375	倍硫磷亚砜	0.05
敌草腈	0.0025	三氟苯唑	0.0125
克草敌	0.0375	氟草烟-1-甲庚酯[a]	0.0125
三氯甲基吡啶	0.0375	倍硫磷砜	0.05
速灭磷	0.025	苯嗪草酮	0.125
氯苯甲醚	0.0125	三苯基磷酸盐	0.0125
四氯硝基苯	0.025	2,2′,3,4,4′,5,5′-七氯联苯	0.0125
庚烯磷	0.0375	吡螨胺	0.0125
灭线磷	0.0375	解草酯	0.0125
六氯苯	0.0125	环草定	0.125
毒草胺	0.0375	糠菌唑	0.025
顺-燕麦敌	0.025	甲磺乐灵[a]	0.125
氟乐灵[a]	0.025	苯线磷砜	0.05
反-燕麦敌[a]	0.025	拌种咯	0.05
氯苯胺灵	0.025	氟喹唑	0.0125
治螟磷	0.0125	腈苯唑	0.025
菜草畏	0.025	残杀威-1[a]	0.025
α-六六六	0.0125	灭除威	0.025
特丁硫磷	0.025	异丙威-1[a]	0.025
特丁通	0.15	二氢苊	0.05

农药 / 代谢物名称	检出限 /（mg/kg）	农药 / 代谢物名称	检出限 /（mg/kg）
环丙氟灵[a]	0.05	驱虫特[a]	0.025
敌噁磷	0.05	氯氧磷	0.025
扑灭津[a]	0.0125	丁噻隆	0.05
氯炔灵	0.1	戊菌隆	0.05
氯硝胺（dicloran）	0.025	甲基内吸磷	0.05
特丁津	0.05	菲	0.0125
绿谷隆	0.05	唑螨酯	0.1
杀螟腈	0.025	丁基嘧啶磷[a]	0.025
氟虫脲[a]	0.0375	茉莉酮	0.05
甲基毒死蜱	0.0125	苯锈啶[a]	0.025
敌草净	0.0125	氯硝胺（dichloran）	0.025
二甲草胺	0.0375	炔苯酰草胺[a]	0.025
甲草胺	0.0375	抗蚜威	0.025
甲基嘧啶磷	0.0125	解草嗪	0.025
特丁净	0.025	磷胺	0.1
丙硫特普	0.025	乙草胺	0.025
杀草丹	0.025	灭草环	0.05
三氯杀螨醇	0.025	戊草丹	0.025
异丙甲草胺	0.0125	甲呋酰胺	0.025
嘧啶磷	0.025	活化酯[a]	0.025
氧化氯丹	0.0125	呋草黄	0.025
苯氟磺胺[a]	0.025	精甲霜灵	0.025
烯虫酯[a]	0.05	马拉氧磷	0.2
溴硫磷	0.025	氯酞酸甲酯	0.025
乙氧呋草黄	0.025	硅氟唑[a]	0.025
异丙乐灵[a]	0.025	特草净	0.025
敌稗	0.025	噻唑烟酸[a]	0.025
育畜磷	0.075	苯酰草胺[a]	0.025
异柳磷	0.1	烯丙菊酯[a]	0.05
硫丹	0.075	灭藻醌	0.05
毒虫畏	0.0375	呋霜灵	0.025
甲苯氟磺胺	0.3	噻虫嗪[a]	0.05
顺-氯丹[a]	0.025	除草定	0.025
丁草胺	0.025	啶氧菌酯	0.025
乙菌利	0.025	抑草磷	0.0125
p,p'-滴滴伊	0.0125	咪草酸	0.0375
碘硫磷	0.025	苯噻硫氰	0.2
杀虫畏	0.0375	苯氧菌胺	0.05

农药 / 代谢物名称	检出限 /（mg/kg）	农药 / 代谢物名称	检出限 /（mg/kg）
丙溴磷	0.075	抑霉唑	0.05
噻嗪酮	0.025	稻瘟灵	0.025
己唑醇	0.075	环氟菌胺[a]	0.2
o,p'-滴滴滴	0.0125	噁唑磷	0.1
杀螨酯	0.025	苯氧喹啉	0.0125
氟咯草酮	0.025	肟菌酯	0.05
异狄氏剂	0.15	脱苯甲基亚胺唑[a]	0.05
多效唑	0.15	炔咪菊酯	0.025
o,p'-滴滴涕	0.025	氟环唑	0.1
盖草津	0.0375	稗草丹	0.025
丙酯杀螨醇	0.0125	吡草醚	0.025
麦草氟甲酯	0.0125	噻吩草胺	0.025
除草醚	0.075	烯草酮	0.05
乙氧氟草醚	0.2	吡唑解草酯	0.0375
虫螨磷	0.0375	乙螨唑[a]	0.075
麦草氟异丙酯	0.0125	伐灭磷	0.05
三硫磷	0.025	吡丙醚	0.025
p,p'-滴滴涕[a]	0.025	异菌脲	0.05
苯霜灵	0.0125	呋酰胺	0.0375
敌瘟磷	0.025	哌草磷[a]	0.0375
三唑磷	0.0375	氯甲酰草胺	0.0125
苯腈膦	0.0125	咪唑菌酮	0.0125
氯杀螨砜	0.025	三甲苯草酮	0.1
硫丹硫酸盐	0.0375	吡唑硫磷	0.1
溴螨	0.025	氯亚胺硫磷	0.4
新燕灵	0.0375	螺螨酯	0.1
甲氰菊酯	0.1	呋草酮[a]	0.025
苯硫膦	0.05	环酯草醚	0.0125
环嗪酮	0.0375	氟硅菊酯[a]	0.0125
溴苯膦	0.025	嘧螨醚	0.025
治草醚	0.025	氟丙嘧草酯[a]	0.0125
伏杀硫磷	0.025	苯酮唑[a]	0.05
保棉磷	0.075	苯磺隆	0.0125
氯苯嘧啶醇	0.025	乙硫苯威	0.125
益棉磷	0.025	二氧威	0.1
氟氯氰菊酯	0.6	避蚊酯	0.05
咪鲜胺	0.075	邻苯二甲酰亚胺	0.025
蝇毒磷[a]	0.075	避蚊胺	0.1

农药 / 代谢物名称	检出限 /（mg/kg）	农药 / 代谢物名称	检出限 /（mg/kg）
敌敌畏	0.075	2,4-滴	0.25
联苯	0.0125	甲萘威	0.0375
灭草敌	0.0125	硫线磷	0.05
3,5-二氯苯胺	0.0125	内吸磷	0.05
虫螨畏	0.0125	螺菌环胺	0.025
禾草敌	0.0125	百治磷	0.1
邻苯基苯酚	0.0125	混杀威	0.1
四氢邻苯二甲酰亚胺	0.0375	3-苯基苯酚	0.075
仲丁威	0.025	茂谷乐	0.0375
乙丁氟灵[a]	0.0125	sobutylazine	0.1
扑灭通	0.0375	久效磷	0.25
野麦畏	0.025	八氯二甲醚	0.25
嘧霉胺	0.0125	十二环吗啉	0.0375
林丹	0.025	甜菜安[a]	0.25
乙拌磷	0.0125	氧皮蝇磷	0.05
莠去净[a]	0.0125	枯莠隆[a]	0.1
异稻瘟净[a]	0.0375	仲丁灵	0.05
七氯	0.0375	异戊乙净	0.0125
氯唑磷	0.025	啶斑肟	0.1
三氯杀虫酯	0.025	噻菌灵	0.25
氯乙氟灵	0.05	缬霉威[a]	0.05
四氟苯菊酯[a]	0.0125	戊环唑	0.05
丁苯吗啉[a]	0.0125	苯虫醚	0.025
甲基立枯磷[a]	0.0125	苯甲醚	0.25
异丙草胺	0.0125	生物苄呋菊酯[a]	0.025
莠灭净	0.0375	双苯噁唑酸	0.025
西草净	0.025	唑酮草酯	0.025
嗪草酮	0.0375	异狄氏剂醛[a]	0.25
异丙净[a]	0.0125	氯吡嘧磺隆	0.25
安硫磷	0.025	三环唑	0.3
乙霉威	0.075	环酰菌胺[a]	0.25
哌草丹	0.025	联苯肼酯	0.1
生物烯丙菊酯	0.05	异狄氏剂酮	0.2
芬螨酯	0.0125	metoconazole	0.05
o,p'-滴滴伊	0.0125	氰氟草酯[a]	0.025
双苯酰草胺	0.0125	苄螨醚[a]	0.025
戊菌唑	0.0375	烟酰碱	0.05
四氟醚唑[a]	0.0375	烯酰吗啉	0.025

农药 / 代谢物名称	检出限 /（mg/kg）	农药 / 代谢物名称	检出限 /（mg/kg）
灭蚜磷	0.05	三氟硝草醚[a]	0.0125
丙虫磷	0.025	烯唑醇	0.0375
氟节胺[a]	0.025	增效醚	0.0125
三唑醇[a]	0.0375	炔螨特	0.1
丙草胺	0.025	灭锈胺	0.0125
亚胺菌	0.0125	乙酯杀螨醇	0.0125
吡氟禾草灵[a]	0.0125	氟硅唑	0.0375

注：a 为仅可定性鉴别的农药和相关化学品；该检出限适用食品类别均为河豚鱼、鳗鱼、对虾。

4.3.36　牛奶和奶粉中 507 种农药及相关化学品残留量的测定

该测定技术采用《牛奶和奶粉中 511 种农药及相关化学品残留量的测定　气相色谱–质谱法》（GB/T 23210—2008）。

1. 适用范围

规定了牛奶和奶粉中 507 种农药及相关化学品残留量的气相色谱–质谱测定方法。适用于牛奶中 502 种农药及相关化学品的定性鉴别，484 种农药及相关化学品的定量测定；适用于奶粉中 494 种农药及相关化学品的定性鉴别，485 种农药及相关化学品的定量测定；其他食品可参照执行。

2. 方法原理

牛奶用乙腈振荡提取（奶粉用乙腈均质提取），振荡液浓缩后经 C_{18} 固相萃取柱净化，用乙腈洗脱农药及相关化学品，用气相色谱–电子轰击离子源质谱仪（GC-EI-SIM，色谱柱：DB-1701）测定，内标法定量。

3. 灵敏度

农药 / 代谢物名称	食品类别 / 名称	检出限 /（mg/L 或 mg/kg）
	A 组	
二丙烯草胺	牛奶 奶粉	0.0083 0.0417
烯丙酰草胺	牛奶 奶粉	0.0083 0.0417
土菌灵	牛奶 奶粉	0.0500 0.0625
氯甲硫磷	牛奶 奶粉	0.0332 0.0417
苯胺灵	牛奶 奶粉	0.0042 0.0208
环草敌	牛奶 奶粉	0.0042 0.0208
联苯二胺	牛奶 奶粉	0.0042 0.0208
杀虫脒	牛奶 奶粉	0.0168 0.0832

农药 / 代谢物名称	食品类别 / 名称	检出限 /（mg/L 或 mg/kg）
乙丁烯氟灵	牛奶	0.0167
	奶粉	0.0833
甲拌磷	牛奶	0.0042
	奶粉	0.0208
甲基乙拌磷	牛奶	0.0042
	奶粉	0.0208
五氯硝基苯	牛奶	0.0083
	奶粉	0.0417
脱乙基阿特拉津	牛奶	0.0042
	奶粉	0.0208
异噁草松	牛奶	0.0042
	奶粉	0.0208
二嗪磷	牛奶	0.0042
	奶粉	0.0208
地虫硫膦	牛奶	0.0042
	奶粉	0.0208
乙嘧硫磷	牛奶	0.0042
	奶粉	0.0208
胺丙畏	牛奶	0.0042
	奶粉	0.0208
密草通	牛奶	0.0042
	奶粉	0.0208
炔丙烯草胺	牛奶	0.0042
	奶粉	0.0208
除线磷	牛奶	0.0042
	奶粉	0.0208
兹克威[a]	牛奶	0.0125
	奶粉	0.2500
氨氟灵	牛奶	0.0167
	奶粉	0.0833
乐果	牛奶	0.0167
	奶粉	0.0833
艾氏剂	牛奶	0.0083
	奶粉	0.0417
皮蝇磷	牛奶	0.0083
	奶粉	0.0417
扑草净	牛奶	0.0042
	奶粉	0.0208
环丙津	牛奶	0.0042
	奶粉	0.0208
乙烯菌核利	牛奶	0.0042
	奶粉	0.0208
β-六六六	牛奶	0.0042
	奶粉	0.0208
甲霜灵	牛奶	0.0125
	奶粉	0.0625

农药 / 代谢物名称	食品类别 / 名称	检出限 /（mg/L 或 mg/kg）
甲基对硫磷	牛奶	0.0167
	奶粉	0.0833
毒死蜱	牛奶	0.0042
	奶粉	0.0208
δ-六六六	牛奶	0.0083
	奶粉	0.0417
倍硫磷	牛奶	0.0042
	奶粉	0.0208
马拉硫磷	牛奶	0.0167
	奶粉	0.0833
对氧磷	牛奶	0.1333
	奶粉	0.6667
杀螟硫磷	牛奶	0.0083
	奶粉	0.0417
三唑酮	牛奶	0.0083
	奶粉	0.0417
对硫磷	牛奶	0.0668
	奶粉	0.0833
利谷隆 [c]	牛奶	0.0167
	奶粉	
二甲戊灵	牛奶	0.0167
	奶粉	0.0833
杀螨醚	牛奶	0.0083
	奶粉	0.0417
乙基溴硫磷	牛奶	0.0168
	奶粉	0.0208
喹硫磷	牛奶	0.0042
	奶粉	0.0208
反-氯丹	牛奶	0.0042
	奶粉	0.0208
吡唑草胺	牛奶	0.0125
	奶粉	0.0625
丙硫磷	牛奶	0.0042
	奶粉	0.0208
灭菌丹	牛奶	0.2000
	奶粉	0.2500
整形醇	牛奶	0.0125
	奶粉	0.0625
腐霉利	牛奶	0.0012
	奶粉	0.0208
狄氏剂	牛奶	0.0083
	奶粉	0.0417
杀扑磷 [c]	牛奶	0.0083
	奶粉	
氰草津	牛奶	0.0125
	奶粉	0.0625

农药 / 代谢物名称	食品类别 / 名称	检出限 / （mg/L 或 mg/kg）
敌草胺	牛奶	0.0125
	奶粉	0.0625
噁草酮	牛奶	0.0042
	奶粉	0.0208
杀螨氯硫	牛奶	0.0168
	奶粉	0.0208
苯线磷	牛奶	0.0125
	奶粉	0.0625
乙嘧酚磺酸酯	牛奶	0.0042
	奶粉	0.0208
氟酰胺	牛奶	0.0042
	奶粉	0.0208
萎锈灵	牛奶	0.1000
	奶粉	0.5000
p,p'-滴滴滴	牛奶	0.0042
	奶粉	0.0208
乙硫磷	牛奶	0.0083
	奶粉	0.0417
乙环唑-1	牛奶	0.0500
	奶粉	0.0625
硫丙磷	牛奶	0.0083
	奶粉	0.0417
乙环唑-2	牛奶	0.0125
	奶粉	0.0625
腈菌唑	牛奶	0.0042
	奶粉	0.0208
丰索磷	牛奶	0.0083
	奶粉	0.0417
丙环唑-1	牛奶	0.0125
	奶粉	0.0625
丙环唑-2	牛奶	0.0125
	奶粉	0.0625
联苯菊酯	牛奶	0.0042
	奶粉	0.0208
灭蚁灵	牛奶	0.0168
	奶粉	0.0208
氟苯嘧啶醇	牛奶	0.0083
	奶粉	0.0417
麦锈灵	牛奶	0.0125
	奶粉	0.0625
甲氧滴滴涕	牛奶	0.0333
	奶粉	0.1667
噁霜灵	牛奶	0.0168
	奶粉	0.0208
戊唑醇	牛奶	0.0125
	奶粉	0.0625

农药 / 代谢物名称	食品类别 / 名称	检出限 / （mg/L 或 mg/kg）
胺菊酯	牛奶	0.0083
	奶粉	0.0417
氟草敏	牛奶	0.0042
	奶粉	0.0208
哒嗪硫磷	牛奶	0.0042
	奶粉	0.0208
亚胺硫磷	牛奶	0.0083
	奶粉	0.0417
三氯杀螨砜	牛奶	0.0042
	奶粉	0.0208
吡菌磷	牛奶	0.0083
	奶粉	0.0417
反-氯菊酯	牛奶	0.0042
	奶粉	0.0832
氯氰菊酯	牛奶	0.0125
	奶粉	0.2500
氰戊菊酯-1	牛奶	0.0167
	奶粉	0.0833
氰戊菊酯-2	牛奶	0.0167
	奶粉	0.0833
溴氰菊酯	牛奶	0.0250
	奶粉	0.1250
	B 组	
茵草敌	牛奶	0.0125
	奶粉	0.0625
丁草敌	牛奶	0.0125
	奶粉	0.0625
敌草腈	牛奶	0.0008
	奶粉	0.0042
克草敌	牛奶	0.0125
	奶粉	0.0625
三氯甲基吡啶	牛奶	0.0125
	奶粉	0.0625
速灭磷	牛奶	0.0083
	奶粉	0.0417
氯苯甲醚	牛奶	0.0042
	奶粉	0.0208
四氯硝基苯	牛奶	0.0083
	奶粉	0.0417
庚烯磷	牛奶	0.0125
	奶粉	0.0625
灭线磷	牛奶	0.0125
	奶粉	0.0625
六氧苯[a]	牛奶	0.0042
	奶粉	0.0208
毒草胺	牛奶	0.0125
	奶粉	0.0625

农药 / 代谢物名称	食品类别 / 名称	检出限 /（mg/L 或 mg/kg）
顺-燕麦敌	牛奶	0.0083
	奶粉	0.0417
氟乐灵	牛奶	0.0083
	奶粉	0.0417
反-燕麦敌	牛奶	0.0083
	奶粉	0.0417
氯苯胺灵	牛奶	0.0083
	奶粉	0.0417
治螟磷	牛奶	0.0042
	奶粉	0.0208
菜草畏	牛奶	0.0083
	奶粉	0.0417
α-六六六	牛奶	0.0042
	奶粉	0.0208
特丁硫磷	牛奶	0.0083
	奶粉	0.0417
特丁通	牛奶	0.0500
	奶粉	0.0625
环丙氟灵	牛奶	0.0167
	奶粉	0.0833
敌噁磷	牛奶	0.0167
	奶粉	0.0833
扑灭津	牛奶	0.0042
	奶粉	0.0208
氯炔灵	牛奶	0.0083
	奶粉	0.0417
氯硝胺	牛奶	0.0083
	奶粉	0.0417
特丁津	牛奶	0.0042
	奶粉	0.0208
绿谷隆	牛奶	0.0167
	奶粉	0.0833
杀螟腈	牛奶	0.0833
	奶粉	0.0417
氟虫脲	牛奶	0.0500
	奶粉	0.0625
甲基毒死蜱	牛奶	0.0042
	奶粉	0.0208
敌草净	牛奶	0.0042
	奶粉	0.0208
二甲草胺	牛奶	0.0125
	奶粉	0.0625
甲草胺	牛奶	0.0125
	奶粉	0.0625
甲基嘧啶磷	牛奶	0.0042
	奶粉	0.0208

农药 / 代谢物名称	食品类别 / 名称	检出限 /（mg/L 或 mg/kg）
特丁净	牛奶	0.0083
	奶粉	0.0417
丙硫特普	牛奶	0.0083
	奶粉	0.0417
杀草丹	牛奶	0.0083
	奶粉	0.0417
三氯杀螨醇	牛奶	0.0083
	奶粉	0.0417
异丙甲草胺	牛奶	0.0168
	奶粉	0.0208
嘧啶磷	牛奶	0.0083
	奶粉	0.0417
氧化氯丹	牛奶	0.0168
	奶粉	0.0208
苯氟磺胺	牛奶	0.2000
	奶粉	1.0000
烯虫酯	牛奶	0.0167
	奶粉	0.0833
溴硫磷	牛奶	0.0833
	奶粉	0.0417
乙氧呋草黄	牛奶	0.0833
	奶粉	0.0417
异丙乐灵	牛奶	0.0833
	奶粉	0.0417
敌稗	牛奶	0.0833
	奶粉	0.0417
育畜磷	牛奶	0.0250
	奶粉	0.1250
异柳磷	牛奶	0.0083
	奶粉	0.0417
硫丹 I	牛奶	0.0250
	奶粉	0.1250
毒虫畏	牛奶	0.0125
	奶粉	0.0625
甲苯氟磺胺	牛奶	0.1000
	奶粉	0.5000
顺-氯丹	牛奶	0.0083
	奶粉	0.0417
丁草胺	牛奶	0.0083
	奶粉	0.0417
乙菌利	牛奶	0.0083
	奶粉	0.0417
p,p'-滴滴伊	牛奶	0.0168
	奶粉	0.0208
碘硫磷	牛奶	0.0083
	奶粉	0.0417

农药 / 代谢物名称	食品类别 / 名称	检出限 /（mg/L 或 mg/kg）
杀虫畏	牛奶	0.0125
	奶粉	0.0625
氯溴隆	牛奶	0.1000
	奶粉	0.5000
丙溴磷	牛奶	0.0250
	奶粉	0.1250
噻嗪酮	牛奶	0.0083
	奶粉	0.0417
己唑醇	牛奶	0.0250
	奶粉	0.1250
o,p'-滴滴滴	牛奶	0.0042
	奶粉	0.0208
杀螨酯	牛奶	0.0083
	奶粉	0.0417
氟咯草酮	牛奶	0.0083
	奶粉	0.0417
异狄氏剂	牛奶	0.0500
	奶粉	0.2500
多效唑	牛奶	0.0125
	奶粉	0.0625
o,p'-滴滴涕	牛奶	0.0332
	奶粉	0.0417
盖草津	牛奶	0.0125
	奶粉	0.0625
抑草蓬[a]	牛奶	0.0332
	奶粉	0.0417
丙酯杀螨醇	牛奶	0.0042
	奶粉	0.0208
麦草氟甲酯	牛奶	0.0042
	奶粉	0.0208
除草醚	牛奶	0.0250
	奶粉	0.1250
乙氧氟草醚	牛奶	0.0167
	奶粉	0.0833
虫螨磷	牛奶	0.0125
	奶粉	0.0625
麦草氟异丙酯	牛奶	0.0042
	奶粉	0.0208
硫丹 Ⅱ	牛奶	0.0250
	奶粉	0.1250
三硫磷	牛奶	0.0083
	奶粉	0.0417
p,p'-滴滴涕	牛奶	0.0083
	奶粉	0.0417
苯霜灵	牛奶	0.0042
	奶粉	0.0208

农药 / 代谢物名称	食品类别 / 名称	检出限 /（mg/L 或 mg/kg）
敌瘟磷	牛奶	0.0083
	奶粉	0.0417
三唑磷	牛奶	0.0500
	奶粉	0.0625
苯腈膦	牛奶	0.0042
	奶粉	0.0208
氯杀螨砜	牛奶	0.0083
	奶粉	0.0417
硫丹硫酸盐	牛奶	0.0125
	奶粉	0.0625
溴螨酯	牛奶	0.0083
	奶粉	0.0417
新燕灵	牛奶	0.0125
	奶粉	0.0625
甲氰菊酯	牛奶	0.0083
	奶粉	0.0417
溴苯膦	牛奶	0.0083
	奶粉	0.0417
苯硫膦	牛奶	0.0167
	奶粉	0.0833
敌菌丹	牛奶	0.0750
	奶粉	1.5000
环嗪酮	牛奶	0.0125
	奶粉	0.0625
治草醚	牛奶	0.0083
	奶粉	0.0417
伏杀硫磷	牛奶	0.0083
	奶粉	0.0417
氯苯嘧啶醇	牛奶	0.0083
	奶粉	0.0417
保棉磷	牛奶	0.0250
	奶粉	0.1250
益棉磷	牛奶	0.0083
	奶粉	0.0417
蝇毒磷	牛奶	0.0250
	奶粉	0.5000
氟氯氰菊酯	牛奶	0.0500
	奶粉	0.2500
氟胺氰菊酯	牛奶	0.0500
	奶粉	0.2500
	C 组	
敌敌畏	牛奶	0.0250
	奶粉	0.1250
联苯	牛奶	0.0042
	奶粉	0.0208
灭草敌	牛奶	0.0042
	奶粉	0.0208

农药 / 代谢物名称	食品类别 / 名称	检出限 / （mg/L 或 mg/kg）
3,5-二氯苯胺	牛奶	0.0042
	奶粉	0.0208
虫螨畏	牛奶	0.0042
	奶粉	0.0208
禾草敌	牛奶	0.0042
	奶粉	0.0208
邻苯基苯酚	牛奶	0.0042
	奶粉	0.0208
四氢邻苯二甲酰亚胺	牛奶	0.0125
	奶粉	0.0625
仲丁威	牛奶	0.0083
	奶粉	0.0417
乙丁氟灵	牛奶	0.0042
	奶粉	0.0208
氟铃脲	牛奶	0.0250
	奶粉	0.1250
扑灭通	牛奶	0.0125
	奶粉	0.0625
野麦畏	牛奶	0.0083
	奶粉	0.0417
嘧霉胺	牛奶	0.0042
	奶粉	0.0208
林丹	牛奶	0.0083
	奶粉	0.0417
乙拌磷	牛奶	0.0042
	奶粉	0.0208
莠去津	牛奶	0.0042
	奶粉	0.0208
异稻瘟净	牛奶	0.0125
	奶粉	0.0625
七氯	牛奶	0.0125
	奶粉	0.0625
氯唑磷	牛奶	0.0083
	奶粉	0.0417
三氯杀虫酯	牛奶	0.0083
	奶粉	0.0417
氯乙氟灵	牛奶	0.0167
	奶粉	0.8333
四氟苯菊酯	牛奶	0.0042
	奶粉	0.0208
丁苯吗啉	牛奶	0.0042
	奶粉	0.0208
甲基立枯磷	牛奶	0.0042
	奶粉	0.0208
异丙草胺	牛奶	0.0042
	奶粉	0.0208

农药 / 代谢物名称	食品类别 / 名称	检出限 /（mg/L 或 mg/kg）
莠灭净	牛奶	0.0125
	奶粉	0.0625
嗪草酮	牛奶	0.0125
	奶粉	0.0625
噻节因[c]	牛奶	0.0500
	奶粉	
异丙净	牛奶	0.0042
	奶粉	0.0208
安硫磷	牛奶	0.0083
	奶粉	0.0417
乙霉威	牛奶	0.0250
	奶粉	0.1250
哌草丹	牛奶	0.0083
	奶粉	0.0417
生物烯丙菊酯-1	牛奶	0.0167
	奶粉	0.0833
生物烯丙菊酯-2	牛奶	0.0167
	奶粉	0.0833
芬螨酯	牛奶	0.0042
	奶粉	0.0208
o,p'-滴滴伊	牛奶	0.0042
	奶粉	0.0208
双苯酰草胺	牛奶	0.0042
	奶粉	0.0208
戊菌唑	牛奶	0.0125
	奶粉	0.0625
四氟醚唑	牛奶	0.0125
	奶粉	0.0625
灭蚜磷	牛奶	0.0167
	奶粉	0.0833
丙虫磷	牛奶	0.0083
	奶粉	0.0417
氟节胺	牛奶	0.0083
	奶粉	0.0417
三唑醇-1	牛奶	0.0125
	奶粉	0.0625
三唑醇-2	牛奶	0.0125
	奶粉	0.0625
亚胺菌	牛奶	0.0042
	奶粉	0.0208
吡氟禾草灵	牛奶	0.0042
	奶粉	0.0208
氟啶脲	牛奶	0.0125
	奶粉	0.2500
乙酯杀螨醇	牛奶	0.0042
	奶粉	0.0208

农药 / 代谢物名称	食品类别 / 名称	检出限 /（mg/L 或 mg/kg）
烯效唑	牛奶	0.0083
	奶粉	0.0417
氟硅唑	牛奶	0.0125
	奶粉	0.0625
三氟硝草醚	牛奶	0.0042
	奶粉	0.0208
烯唑醇	牛奶	0.0125
	奶粉	0.0625
增效醚	牛奶	0.0042
	奶粉	0.0208
噁唑隆	牛奶	0.0668
	奶粉	0.3332
炔螨特	牛奶	0.0332
	奶粉	0.1668
灭锈胺	牛奶	0.0042
	奶粉	0.0208
吡氟酰草胺	牛奶	0.0042
	奶粉	0.0208
咯菌腈	牛奶	0.0042
	奶粉	0.0208
喹螨醚	牛奶	0.0042
	奶粉	0.0208
苯醚菊酯	牛奶	0.0042
	奶粉	0.0208
苯氧威	牛奶	0.0250
	奶粉	0.1250
霜霉威	牛奶	0.1250
	奶粉	0.2500
莎稗磷	牛奶	0.0083
	奶粉	0.0417
氟丙菊酯	牛奶	0.0083
	奶粉	0.0417
高效氯氟氰菊酯	牛奶	0.0042
	奶粉	0.0208
苯噻酰草胺	牛奶	0.0500
	奶粉	0.0625
氯菊酯	牛奶	0.0083
	奶粉	0.0417
哒螨灵	牛奶	0.0042
	奶粉	0.0208
乙羧氟草醚	牛奶	0.0500
	奶粉	0.2500
联苯三唑醇	牛奶	0.0125
	奶粉	0.0625
醚菊酯	牛奶	0.0042
	奶粉	0.0208

农药 / 代谢物名称	食品类别 / 名称	检出限 / （mg/L 或 mg/kg）
噻草酮	牛奶	0.4000
	奶粉	2.0000
顺-氯氰菊酯	牛奶	0.0083
	奶粉	0.0417
氟氰戊菊酯-1	牛奶	0.0083
	奶粉	0.0417
氟氰戊菊酯-2	牛奶	0.0083
	奶粉	0.0417
S-氰戊菊酯	牛奶	0.0167
	奶粉	0.0833
苯醚甲环唑-1	牛奶	0.0250
	奶粉	0.1250
苯醚甲环唑-2	牛奶	0.0250
	奶粉	0.1250
丙炔氟草胺	牛奶	0.0083
	奶粉	0.0417
氟烯草酸	牛奶	0.0083
	奶粉	0.0417
	D 组	
甲氟磷	牛奶	0.0125
	奶粉	0.0625
乙拌磷亚砜	牛奶	0.0083
	奶粉	0.0417
五氯苯[a]	牛奶	0.0042
	奶粉	0.0832
鼠立死	牛奶	0.0042
	奶粉	0.0832
4-溴-3,5-二甲苯基-*N*-甲基氨基甲酸酯-1	牛奶	0.0083
	奶粉	0.0417
燕麦酯	牛奶	0.0042
	奶粉	0.0208
虫线磷	牛奶	0.0042
	奶粉	0.0208
2,3,5,6-四氯苯胺	牛奶	0.0042
	奶粉	0.0208
三正丁基磷酸盐	牛奶	0.0083
	奶粉	0.0417
2,3,4,5-四氯甲氧基苯	牛奶	0.0042
	奶粉	0.0208
五氯甲氧基苯	牛奶	0.0042
	奶粉	0.0208
牧草胺	牛奶	0.0083
	奶粉	0.0417
甲基苯噻隆	牛奶	0.0417
	奶粉	0.2083
西玛通	牛奶	0.0083
	奶粉	0.0417

农药 / 代谢物名称	食品类别 / 名称	检出限 /（mg/L 或 mg/kg）
阿特拉通	牛奶	0.0042
	奶粉	0.0208
溴烯杀	牛奶	0.0042
	奶粉	0.0208
七氟菊酯	牛奶	0.0042
	奶粉	0.0208
草达津	牛奶	0.0042
	奶粉	0.0208
2,6-二氯苯甲酰胺	牛奶	0.0083
	奶粉	0.0417
环莠隆	牛奶	0.0125
	奶粉	0.0625
2,4,4′-三氯联苯	牛奶	0.0042
	奶粉	0.0208
2,4,5-三氯联苯	牛奶	0.0083
	奶粉	0.0417
脱乙基另丁津	牛奶	0.0083
	奶粉	0.0417
2,3,4,5-四氯苯胺	牛奶	0.0083
	奶粉	0.0417
五氯苯胺	牛奶	0.0042
	奶粉	0.0208
叠氮津	牛奶	0.0333
	奶粉	0.1667
丁脒酰胺	牛奶	0.0208
	奶粉	0.1042
另丁津	牛奶	0.0042
	奶粉	0.0208
2,2′,5,5′-四氯联苯	牛奶	0.0042
	奶粉	0.0208
苄草丹	牛奶	0.0042
	奶粉	0.0208
二甲吩草胺	牛奶	0.0042
	奶粉	0.0208
4-溴-3,5-二甲苯基-*N*-甲基氨基甲酸酯-2	牛奶	0.0083
	奶粉	0.0417
庚酰草胺	牛奶	0.0083
	奶粉	0.0417
八氯苯乙烯	牛奶	0.0042
	奶粉	0.0208
异艾氏剂	牛奶	0.0042
	奶粉	0.0208
丁嗪草酮	牛奶	0.0083
	奶粉	0.0417
毒壤膦	牛奶	0.0042
	奶粉	0.0208

农药 / 代谢物名称	食品类别 / 名称	检出限 /（mg/L 或 mg/kg）
敌草索	牛奶	0.0042
	奶粉	0.0208
4,4′-二氯二苯甲酮	牛奶	0.0042
	奶粉	0.0208
酞菌酯	牛奶	0.0083
	奶粉	0.0417
吡咪唑	牛奶	0.0042
	奶粉	0.0208
嘧菌环胺	牛奶	0.0042
	奶粉	0.0208
麦穗灵 [d]	牛奶	
	奶粉	0.4168
异氯磷	牛奶	0.0208
	奶粉	0.1042
呋菌胺 [ac]	牛奶	0.0168
	奶粉	
2 甲 4 氯丁氧乙基酯	牛奶	0.0042
	奶粉	0.0208
2,2′,4,5,5′-五氯联苯	牛奶	0.0042
	奶粉	0.0208
水胺硫磷	牛奶	0.0083
	奶粉	0.0417
甲拌磷砜	牛奶	0.0042
	奶粉	0.0208
杀螨醇	牛奶	0.0042
	奶粉	0.0208
反-九氯	牛奶	0.0042
	奶粉	0.0208
消螨通 [ac]	牛奶	0.1668
	奶粉	
脱叶磷	牛奶	0.0083
	奶粉	0.0417
溴苯烯磷	牛奶	0.0042
	奶粉	0.0208
乙滴涕	牛奶	0.0042
	奶粉	0.0208
灭菌磷	牛奶	0.0042
	奶粉	0.0208
2,3,4,4′,5-五氯联苯 [a]	牛奶	0.0042
	奶粉	0.0832
地胺磷	牛奶	0.0083
	奶粉	0.0417
4,4′-二溴二苯甲酮	牛奶	0.0042
	奶粉	0.0208
粉唑醇	牛奶	0.0083
	奶粉	0.0417

农药 / 代谢物名称	食品类别 / 名称	检出限 /（mg/L 或 mg/kg）
2,2′,4,4′,5,5′-六氯联苯	牛奶	0.0042
	奶粉	0.0208
苄氯三唑醇	牛奶	0.0167
	奶粉	0.0833
乙拌磷砜	牛奶	0.0083
	奶粉	0.0417
噻螨酮	牛奶	0.0333
	奶粉	0.1667
2,2′,3,4,4′,5-六氯联苯 [ab]	牛奶	0.0042
	奶粉	0.0208
环丙唑	牛奶	0.0042
	奶粉	0.0208
苄呋菊酯-1	牛奶	0.2668
	奶粉	1.3332
苄呋菊酯-2	牛奶	0.0667
	奶粉	0.3333
酞酸甲苯基丁酯	牛奶	0.0042
	奶粉	0.0417
炔草酸	牛奶	0.0083
	奶粉	0.0417
倍硫磷亚砜	牛奶	0.0167
	奶粉	0.0833
三氟苯唑	牛奶	0.0042
	奶粉	0.0208
氟草烟-1-甲庚酯	牛奶	0.0042
	奶粉	0.0208
倍硫磷砜	牛奶	0.0167
	奶粉	0.0833
三苯基磷酸盐	牛奶	0.0042
	奶粉	0.0208
2,2′,3,4,4′,5,5′-七氯联苯 [a]	牛奶	0.0042
	奶粉	0.0832
吡螨胺	牛奶	0.0042
	奶粉	0.0208
解草酯	牛奶	0.0042
	奶粉	0.0208
环草定	牛奶	0.0417
	奶粉	0.2083
糠菌唑-1	牛奶	0.0083
	奶粉	0.0417
糠菌唑-2	牛奶	0.0083
	奶粉	0.0417
甲磺乐灵	牛奶	0.0417
	奶粉	0.2083
苯线磷亚砜	牛奶	0.1333
	奶粉	0.6667

农药 / 代谢物名称	食品类别 / 名称	检出限 /（mg/L 或 mg/kg）
苯线磷砜	牛奶	0.0167
	奶粉	0.0833
拌种咯	牛奶	0.0167
	奶粉	0.0833
氟喹唑	牛奶	0.0042
	奶粉	0.0208
腈苯唑	牛奶	0.0083
	奶粉	0.0417
	E 组	
残杀威-1	牛奶	0.0083
	奶粉	0.0417
灭除威	牛奶	0.0332
	奶粉	0.0417
异丙威-1	牛奶	0.0083
	奶粉	0.0417
二氢苊[b]	牛奶	0.0042
	奶粉	0.0208
驱虫特	牛奶	0.0083
	奶粉	0.0417
氯氧磷	牛奶	0.0083
	奶粉	0.1668
异丙威-2	牛奶	0.0083
	奶粉	0.0417
丁噻隆	牛奶	0.0167
	奶粉	0.0833
戊菌隆	牛奶	0.0167
	奶粉	0.0833
甲基内吸磷	牛奶	0.0167
	奶粉	0.0833
残杀威-2	牛奶	0.0083
	奶粉	0.0417
菲	牛奶	0.0042
	奶粉	0.0208
螺菌环胺-1	牛奶	0.0083
	奶粉	0.0417
唑螨酯	牛奶	0.0333
	奶粉	0.1667
丁基嘧啶磷	牛奶	0.0833
	奶粉	0.1668
茉莉酮	牛奶	0.0167
	奶粉	0.0833
苯锈啶[c]	牛奶	0.0083
	奶粉	
咯喹酮	牛奶	0.0042
	奶粉	0.0208
草消酚[bd]	牛奶	
	奶粉	0.3332

农药 / 代谢物名称	食品类别 / 名称	检出限 / （mg/L 或 mg/kg）
炔苯酰草胺	牛奶	0.0083
	奶粉	0.0417
解草嗪	牛奶	0.0083
	奶粉	0.0417
磷胺-1	牛奶	0.1332
	奶粉	0.1667
乙草胺	牛奶	0.0083
	奶粉	0.0417
灭草环	牛奶	0.0167
	奶粉	0.0833
活化酯	牛奶	0.0083
	奶粉	0.0417
特草灵-1[ab]	牛奶	0.0083
	奶粉	0.0417
特草灵-2	牛奶	0.0083
	奶粉	0.0417
甲呋酰胺	牛奶	0.0083
	奶粉	0.0417
呋草黄	牛奶	0.0083
	奶粉	0.0412
精甲霜灵	牛奶	0.0083
	奶粉	0.0417
马拉氧磷	牛奶	0.0667
	奶粉	0.3333
磷胺-2	牛奶	0.0333
	奶粉	0.6668
氯酞酸甲酯	牛奶	0.0083
	奶粉	0.0417
硅氟唑	牛奶	0.0083
	奶粉	0.0417
特草净	牛奶	0.0083
	奶粉	0.0417
噻唑烟酸	牛奶	0.0083
	奶粉	0.0417
甲基毒虫畏	牛奶	0.0083
	奶粉	0.0417
苯酰草胺	牛奶	0.0083
	奶粉	0.0417
烯丙菊酯	牛奶	0.0167
	奶粉	0.0833
灭藻醌	牛奶	0.0167
	奶粉	0.0833
甲醚菊酯-1	牛奶	0.0083
	奶粉	0.0417
甲醚菊酯-2	牛奶	0.0083
	奶粉	0.0417

农药 / 代谢物名称	食品类别 / 名称	检出限 /（mg/L 或 mg/kg）
稻丰散	牛奶	0.0083
	奶粉	0.0417
氰菌胺	牛奶	0.0083
	奶粉	0.0417
呋霜灵	牛奶	0.0083
	奶粉	0.0417
噻虫嗪[a]	牛奶	0.0668
	奶粉	0.0833
除草定	牛奶	0.0083
	奶粉	0.0417
啶氧菌酯	牛奶	0.0083
	奶粉	0.0417
抑草磷	牛奶	0.0042
	奶粉	0.0208
咪草酸[c]	牛奶	0.0500
	奶粉	
灭梭威砜	牛奶	0.1333
	奶粉	0.6667
苯噻硫氰[b]	牛奶	0.0667
	奶粉	0.3333
苯氧菌胺	牛奶	0.0167
	奶粉	0.0833
抑霉唑[ab]	牛奶	0.0668
	奶粉	0.0833
稻瘟灵	牛奶	0.0083
	奶粉	0.0417
环氟菌胺	牛奶	0.0667
	奶粉	0.3333
嘧草醚[c]	牛奶	0.0167
	奶粉	
苯氧喹啉	牛奶	0.0042
	奶粉	0.0832
肟菌酯	牛奶	0.0167
	奶粉	0.0832
脱苯甲基亚胺唑	牛奶	0.0668
	奶粉	0.3332
吡草醚	牛奶	0.0083
	奶粉	0.0417
炔咪菊酯-1	牛奶	0.0083
	奶粉	0.0417
氟环唑-1	牛奶	0.0333
	奶粉	0.1667
炔咪菊酯-2	牛奶	0.0083
	奶粉	0.0417
稗草丹	牛奶	0.0083
	奶粉	0.0417

农药 / 代谢物名称	食品类别 / 名称	检出限 / （mg/L 或 mg/kg）
噻吩草胺	牛奶	0.0083
	奶粉	0.0417
烯草酮	牛奶	0.0167
	奶粉	0.0833
苯并菲（屈）	牛奶	0.0042
	奶粉	0.0208
吡唑解草酯	牛奶	0.0125
	奶粉	0.0625
乙螨唑	牛奶	0.0250
	奶粉	0.1250
氟环唑-2	牛奶	0.0333
	奶粉	0.1667
吡丙醚	牛奶	0.0083
	奶粉	0.0417
环虫酰肼	牛奶	0.0333
	奶粉	0.1667
哌草磷	牛奶	0.0125
	奶粉	0.0625
咪唑菌酮	牛奶	0.0042
	奶粉	0.0208
顺-氯菊酯	牛奶	0.0168
	奶粉	0.0208
吡唑醚菊酯	牛奶	0.4000
	奶粉	2.0000
三甲苯草酮	牛奶	0.0333
	奶粉	0.1667
吡唑硫磷	牛奶	0.0333
	奶粉	0.1667
氯亚胺硫磷	牛奶	0.1333
	奶粉	0.6667
螺螨酯	牛奶	0.0333
	奶粉	0.1667
呋草酮	牛奶	0.0332
	奶粉	0.0417
嘧螨醚	牛奶	0.0083
	奶粉	0.0417
氟硅菊酯	牛奶	0.0168
	奶粉	0.0832
氟丙嘧草酯	牛奶	0.0042
	奶粉	0.0208
F 组		
苯碘隆	牛奶	0.0042
	奶粉	0.0208
乙硫苯威	牛奶	0.0417
	奶粉	0.2083

农药 / 代谢物名称	食品类别 / 名称	检出限 /（mg/L 或 mg/kg）
二氧威[ab]	牛奶	0.0333
	奶粉	0.1667
避蚊酯	牛奶	0.0167
	奶粉	0.0823
4-氯苯氧乙酸	牛奶	0.0084
	奶粉	0.0104
邻苯二甲酰亚胺	牛奶	0.0083
	奶粉	0.0417
乙酰甲胺磷	牛奶	0.0833
	奶粉	0.4167
避蚊胺	牛奶	0.0033
	奶粉	0.0167
2,4-滴	牛奶	0.0833
	奶粉	0.4167
甲萘威	牛奶	0.0125
	奶粉	0.0625
硫线磷	牛奶	0.0167
	奶粉	0.0833
草藻灭[d]	牛奶	
	奶粉	0.4167
内吸磷	牛奶	0.0167
	奶粉	0.0833
百治磷[c]	牛奶	0.0333
	奶粉	
混杀威	牛奶	0.0333
	奶粉	0.1667
2,4,5-涕	牛奶	0.0833
	奶粉	1.5668
3-苯基苯酚	牛奶	0.0250
	奶粉	0.1250
茂谷乐[ab]	牛奶	0.0500
	奶粉	0.0625
丁酰肼[d]	牛奶	
	奶粉	0.1667
sobutylazine	牛奶	0.0083
	奶粉	0.0417
环庚草醚[c]	牛奶	0.0083
	奶粉	
抗蚜威[c]	牛奶	0.0083
	奶粉	
八氯二甲醚-1	牛奶	0.0833
	奶粉	0.4167
八氯二甲醚-2	牛奶	0.0833
	奶粉	0.4167
十二环吗啉[ac]	牛奶	0.0125
	奶粉	

农药 / 代谢物名称	食品类别 / 名称	检出限 /（mg/L 或 mg/kg）
甜菜安	牛奶	0.0833
	奶粉	0.4167
氧皮蝇磷	牛奶	0.0167
	奶粉	0.0833
戊草丹	牛奶	0.0083
	奶粉	0.0417
枯莠隆	牛奶	0.0333
	奶粉	0.1667
仲丁灵	牛奶	0.0167
	奶粉	0.0833
异戊乙净	牛奶	0.0042
	奶粉	0.0208
氟噻草胺	牛奶	0.0333
	奶粉	0.6668
啶斑肟-1[ac]	牛奶	0.0333
	奶粉	
地散磷	牛奶	0.0333
	奶粉	0.1667
噻菌灵[a]	牛奶	0.0833
	奶粉	1.6668
缬霉威-1	牛奶	0.0167
	奶粉	0.0833
戊环唑	牛奶	0.0167
	奶粉	0.0833
缬霉威-2	牛奶	0.0167
	奶粉	0.0833
苯虫醚-1	牛奶	0.0083
	奶粉	0.0417
苯虫醚-2	牛奶	0.0083
	奶粉	0.0417
苯甲醚	牛奶	0.0833
	奶粉	0.4167
生物苄呋菊酯	牛奶	0.0332
	奶粉	0.0417
唑酮草酯	牛奶	0.0083
	奶粉	0.0417
异狄氏剂醛	牛奶	0.3332
	奶粉	0.4167
氯吡嘧磺隆[a]	牛奶	0.3332
	奶粉	0.4167
三环唑[b]	牛奶	0.0250
	奶粉	0.1250
环酰菌胺	牛奶	0.0833
	奶粉	0.4167
螺甲螨酯	牛奶	0.0417
	奶粉	0.2083

农药 / 代谢物名称	食品类别 / 名称	检出限 / （mg/L 或 mg/kg）
家蝇磷	牛奶	0.0250
	奶粉	0.1250
伐灭磷	牛奶	0.0167
	奶粉	0.3332
氟啶胺	牛奶	0.1332
	奶粉	0.6668
联苯肼酯	牛奶	0.1332
	奶粉	0.1667
异狄氏剂酮	牛奶	0.0667
	奶粉	0.3333
精高效氨氟氰菊酯-1	牛奶	0.0033
	奶粉	0.0668
氰氟草酯	牛奶	0.0083
	奶粉	0.0417
精高效氨氟氰菊酯-2	牛奶	0.0033
	奶粉	0.0167
畜蜱磷	牛奶	0.0833
	奶粉	0.4160
苄螨醚	牛奶	0.0083
	奶粉	0.0414
环酯草醚	牛奶	0.0042
	奶粉	0.0208
啶虫脒	牛奶	0.0167
	奶粉	0.0833
烟酰碱	牛奶	0.0167
	奶粉	0.0833
四溴菊酯-1	牛奶	0.0042
	奶粉	0.0208
四溴菊酯-2	牛奶	0.0042
	奶粉	0.0832
烯酰吗啉	牛奶	0.0083
	奶粉	0.0417
嘧菌酯[d]	牛奶	
	奶粉	0.2083

注：a 为仅可在牛奶基质中定性鉴别的农药及相关化学品；b 为仅可在奶粉基质中定性鉴别的农药及相关化学品；c 为仅适用于牛奶基质的农药及相关化学品；d 为仅适用于奶粉基质的农药及相关化学品；A、B、C、D、E、F 表示按出峰时间分组，方便仪器检测。

第 5 章　液相色谱–质谱法

5.1　概　　述

5.1.1　方法原理

液相色谱–质谱法，是利用液相色谱进行分离、质谱系统进行检测的分析方法。液相色谱–质谱仪主要由液相色谱、离子源、质谱三大部分组成。样品在液相色谱部分分离之后，通过离子源将液体组成转变为带电的气态离子，再经质谱进行检测。液相色谱–质谱仪的离子源包括以下类型：等离子体喷雾（plasmaspray，PSP）离子源、热喷雾（thermospray，TSP）离子源、大气压离子化（atmospheric pressure ionization，API）离子源、粒子束（particle beam，PB）离子源、快速原子轰击（fast atom bombardment，FAB）离子源（高佳等，2016）。大气压离子化离子源包括电喷雾离子源、大气压化学离子源，这两种是最常见的液质离子源。电喷雾电离（electrospray ionization，ESI）技术起源于 20 世纪 60 年代末，其电离过程是先使样品带电然后雾化，带电样品液滴在去溶剂化过程中形成离子。质谱仪通过测定质荷比完成对化合物的检测，由于在电喷雾离子源处，小分子化合物通常得到 $[M+H]^+$、$[M+Na]^+$ 或 $[M-H]^-$ 单电荷离子，大分子化合物通常产生多电荷离子，因此分子质量为几百到十几万道尔顿的分子均可通过分子质量范围只有几千道尔顿的质谱仪测定。ESI 的显著优势在于可以将质荷比降低到各种不同类型的质量分析器都能检测的程度，在带电状态进行检测从而计算离子的真实分子量，可以生成高度带电且不发生碎裂的粒子，同时，对于分子离子的同位素峰也可以确定其分子量和带电数。ESI 技术是软电离技术，通常只产生分子离子峰，因此可直接测定混合物，并可测定热不稳定的极性化合物。通过其易形成多电荷离子的特性，可分析蛋白质、DNA 等生物大分子。通过调节离子源电压控制离子的碎裂（源内 CID）测定化合物结构。大气压化学电离（atmospheric pressure chemical ionization，APCI）与 ESI 几乎同时发展。APCI 的电离过程是先将样品雾化，然后电晕对雾化后的样品放电，样品被电离后，去溶剂化成离子，整个电离过程是在大气压条件下完成的。APCI 相较于 ESI 具有更强的软电离程度，只产生单电荷峰，适合测定分子质量小于 2000Da 的弱极性的小分子化合物，适应高流量的梯度洗脱，同时也适应高 / 低水溶液比例的流动相，通过调节离子源电压控制离子的碎裂。

液相色谱–质谱法主要适用于：不挥发或难挥发化合物的分析测定；极性化合物的分析测定；热不稳定化合物的分析测定；大分子量化合物（包括蛋白质、多肽、多聚物等）的分析测定（邓晶晶和廖于瑕，2010）。

5.1.2　发展历程

液质联用仪器的发展与接口技术和离子化技术的发展密切相关。自 20 世纪 70 年代初，人们开始致力于液质联用接口技术的研究。前 20 年处于缓慢发展阶段，研制出了许多种联用接口，但均没有应用于商业化生产。直到大气压离子化（API）接口技术的问世，液质联用才得到迅猛发展，广泛用于实验室内分析和应用领域。液质联用接口技术主要有 3 个发展方向：①流动相进入质谱直接离子化，形成了连续流动快速原子轰击（continuous-flow fast atom bombardment，CFFAB）技术；②流动相雾化后除去溶剂，分析物蒸发后再离子化，形成了

“传送带式”接口（moving-belt interface）和离子束接口（particle-beam interface）；③流动相雾化后形成的小液滴解溶剂化，气相离子化或者离子蒸发后再离子化，形成了热喷雾接口（thermospray interface）、电喷雾电离（ESI）和大气压化学电离（APCI）技术等。

目前，应用最广泛的离子源有电喷雾离子源、大气压化学离子源，其共同点是离子化效率高，从而显著增强分析的灵敏度和稳定性，大多与离子阱质谱仪和三重四极杆质量分析器联用。

电喷雾电离（ESI）技术是液质联用技术的关键技术之一，其作为质谱的一种进样方法起源于 20 世纪 60 年代末，直到 1984 年，Fenn 实验组对这一技术的研究取得了突破性进展。1985 年，电喷雾进样与大气压离子源实现了成功连接。1987 年，Bruins 等发展了空气压辅助电喷雾接口，解决了流量限制问题，随后第一台商业化生产的带有 API 源的液质联用仪问世。ESI 的大发展主要源自使用电喷雾电离蛋白质的多电荷离子在四极杆仪器上分析大分子蛋白质，大大拓宽了分析化合物的分子量范围。ESI 源主要由五部分组成：①流动相导入装置；②大气压离子化区域，通过大气压离子化产生离子；③离子取样孔；④大气压到真空的界面；⑤离子光学系统，该区域的离子随后进入质量分析器。在 ESI 中，离子是分析物分子在带电液滴的不断收缩过程中喷射出来的，即离子化过程是在液态下完成的。液相色谱的流动相流入离子源，在氮气流下气化后进入强电场区域，强电场形成的库仑力使小液滴样品离子化，离子表面的液体借助于逆流加热的氮气分子进一步蒸发，使分子离子相互排斥形成微小分子离子颗粒。这些离子可能是单电荷或多电荷，取决于分子中酸性或碱性基团的体积和数量。

大气压化学电离（APCI）技术是液质联用的关键部分之一，其应用于液质联用仪是由 Horning 等于 20 世纪 70 年代初发起的，直到 20 世纪 80 年代末得到突飞猛进的发展，与 ESI 源的发展基本上是同步的。但是 APCI 技术不同于传统的化学电离接口，它是借助于电晕放电启动一系列气相反应以完成离子化过程，因此也称为放电电离或等离子电离。从液相色谱流出的流动相进入一具有雾化气套管的毛细管，被氮气流雾化，通过加热管时被气化。在加热管端进行电晕尖端放电，溶剂分子被电离，充当反应气，与样品气态分子碰撞，经过复杂的反应后生成准分子离子。然后经筛选狭缝进入质谱计。整个电离过程是在大气压条件下完成的。

1977 年，液相色谱–质谱法（liquid chromatography-mass spectroscopy，LC-MS）开始投放市场。1978 年，LC-MS 首次用于生物样品分析。1989 年，LC-MS/MS 研究成功。1991 年，API LC-MS 用于药物开发。1997 年，LC-MS/MS 用于药物动力学高通量筛选。2002 年美国质谱学会统计了药物色谱分析中各种不同方法所占的比例，1990 年 HPLC 高达 85%，而 2000 年下降到 15%；相反，LC-MS 所占的份额从 3% 提高到大约 80%。2002 年，Fenn 和田中耕一因 ESI 质谱与基质辅助激光解吸电离（matrix-assisted laser desorption ionization，MALDI）质谱获得诺贝尔化学奖，标志着质谱技术向大分子样品测定方向发展。随着联用技术的日趋完善，HPLC-MS 逐渐成为最热门的分析手段之一。特别是在分子水平上可以进行蛋白质、多肽、核酸的分子量确认，氨基酸和碱基对的序列测定，以及翻译后的修饰工作等，这在 HPLC-MS 之前都是难以实现的。HPLC-MS 作为已经比较成熟的技术，目前已在生化分析、天然产物分析、药物和保健食品分析及环境污染物分析等许多领域得到了广泛的应用。

5.1.3　液相色谱–质谱法在食品农药残留检测上的应用

目前，液质联用的检测技术已经在农药残留检测中广泛使用，能够快速检测出多种农药。国家标准中也推荐使用液质联用完成多残留检测工作。本书共收集了 75 个液相色谱–质谱联用方法检测方法，其中涉及植物源性食品中农药残留检测方法的有 42 个，动物源性食品中农药残留检测方法的有 33 个。

多种类型农药残留分析实际上是建立在已知目标分析物的前提下对实际样品进行的检测分析。相比单一类型农药多残留分析，该分析可以通过一次处理进样检测到多个品种的农药残留（严锦申等，2013）。相对前者，该分析目标物的种类多，结构差异更大，因此分析难度更大。另外，在分析检测中，大多数实际样品所含的农药残留及其代谢产物是不可预知的。为了更好地评价农产品质量安全，国际上越来越重视农药残留的无标准品的全筛查分析技术。

液质联用法将色谱的高分离能力与质谱的高选择性、高灵敏度结合起来，具有定性和定量准确、灵敏度高等特点，相较于气相色谱法和液相色谱法更加适用于沸点高、热不稳定的农药及复杂基质农药残留的检测，在食品环境安全分析等领域的农药残留检测中应用广泛（黄先亮等，2014）。在常规分析实验室里，采用液质联用分析技术有助于提高对供试农药的特异性和灵敏度，使结果更加准确可靠。

5.2 植物源性食品中农药残留量的测定

5.2.1 食用菌中 440 种农药及相关化学品残留量的测定

该测定技术采用《食品安全国家标准　食用菌中 440 种农药及相关化学品残留量的测定　液相色谱–质谱法》（GB 23200.12—2016）。

1. 适用范围

规定了食用菌中 440 种农药及相关化学品残留量的液相色谱–质谱测定方法。适用于滑子菇、金针菇、黑木耳、香菇中 440 种农药及相关化学品的定性鉴别、364 种农药及相关化学品的定量测定，其他食用菌可参照执行。

2. 方法原理

试样用乙腈匀浆提取，盐析离心后，经固相萃取柱（Sep-Pak Carbon NH_2，6mL，1g）净化，用乙腈–甲苯溶液（3 ∶ 1，*v*/*v*）洗脱农药及相关化学品，用高效液相色谱–质谱 / 质谱仪（HPLC-ESI-MRM，色谱柱：C_{18}）测定，外标法定量。

3. 灵敏度

农药 / 代谢物名称	定量限 /（μg/kg）	农药 / 代谢物名称	定量限 /（μg/kg）
西草净	0.06	噁虫威	1.60
密草通	0.06	4-十二烷基-2,6-二甲基吗啉 [a]	1.60
螺环菌胺	0.06	禾草丹	1.66
扑灭通	0.06	噻嗯菊酯 [a]	1.66
双苯酰草胺	0.06	二氧威	1.70
环嗪酮	0.06	克草敌	1.70
阔草净	0.06	麦锈灵	1.76
霜霉威 [a]	0.06	咯喹酮	1.76
异丙隆	0.06	绿谷隆	1.80
特丁通	0.06	双酰草胺	1.80

农药 / 代谢物名称	定量限 / （μg/kg）	农药 / 代谢物名称	定量限 / （μg/kg）
牧草胺	0.06	氨磺磷	1.80
丁基嘧啶磷	0.06	溴莠敏	1.80
矮壮素[a]	0.06	甲氧虫酰肼	1.86
甲菌定	0.06	杀铃脲	1.96
甲基苯噻隆	0.06	异噁唑草酮[a]	1.96
吡草酮[a]	0.06	磷胺	1.96
抗蚜威	0.08	砜吸磷	1.96
环莠隆	0.10	氯霉素	1.96
氰草津	0.10	甜菜安[a]	2.00
扑草净	0.10	三异丁基磷酸盐	2.00
甲氧丙净	0.10	3-苯基苯酚	2.00
甲基嘧啶磷	0.10	氟环唑	2.06
异噁酰草胺	0.10	二甲酚草胺	2.16
甲基咪草酯	0.10	环草敌	2.20
嘧啶磷（pyrimitate）	0.10	甜菜宁[a]	2.26
氟啶草酮	0.10	氰霜唑[a]	2.26
莠去通	0.10	2,6-二氯苯甲酰胺	2.26
木草隆	0.10	蚜灭磷	2.30
特丁净	0.10	啶酰菌胺	2.40
丁苯吗啉	0.10	反-氯菊酯[a]	2.40
嘧啶磷（pirimiphos-ethyl）	0.10	甲胺磷	2.46
苯锈啶	0.10	乙硫苯威	2.46
异氯磷[a]	0.10	氨磺乐灵[a]	2.46
氯唑磷	0.10	环丙酰菌胺	2.60
特乐酚	0.10	氟噻乙草酯	2.66
环丙津	0.12	氟噻草胺	2.66
灭草敌	0.14	甲基内吸磷[a]	2.66
3,4,5-混杀威	0.16	马拉硫磷	2.80
毒草胺	0.16	庚虫磷	2.90
倍硫磷亚砜	0.16	硫丙磷	2.90
丙草胺	0.16	仲丁威	2.96
吡氟禾草灵	0.16	甲咪唑烟酸[a]	2.96
甲氨基阿维菌素苯甲酸盐	0.16	脱苯甲基亚胺唑	3.10
扑灭津	0.16	苯噻草酮	3.20
喹螨醚	0.16	内吸磷	3.40
嘧菌胺	0.16	解草酮	3.46
另丁津	0.16	草不隆	3.56
杀草净	0.16	灭蝇胺[a]	3.60

农药 / 代谢物名称	定量限 / （μg/kg）	农药 / 代谢物名称	定量限 / （μg/kg）
纹枯脲	0.16	生物苄呋菊酯	3.70
苯草酮 [a]	0.16	甲草胺	3.70
稗草丹	0.16	茚虫威	3.76
啶斑肟 [a]	0.16	地虫硫膦	3.76
氟草敏 [a]	0.16	乐果	3.80
苄呋菊酯	0.16	嘧唑螨 [a]	3.90
苄草唑 [a]	0.16	灭藻醌 [a]	3.96
吡螨胺 [a]	0.16	三唑酮	3.96
异噁草松	0.20	氟酰脲	4.00
噻虫啉	0.20	咪唑嗪 [a]	4.00
异唑隆	0.20	氟丙菊酯	4.04
蚊蝇醚	0.20	异稻瘟净	4.16
呋草酮	0.20	久效威亚砜	4.16
麦草氟异丙酯 [a]	0.20	啶氧菌酯	4.20
灭锈胺	0.20	粉唑醇	4.30
吗菌灵	0.20	苯螨特 [a]	4.30
苯线磷砜	0.20	氟啶脲	4.36
莠去津	0.20	播土隆	4.50
苄草丹	0.20	哌草磷	4.60
三正丁基磷酸盐	0.20	氟丙嘧草酯	4.76
烯酰吗啉 [a]	0.20	灭多威	4.80
二苯胺	0.20	氧乐果	4.86
丙草胺 [a]	0.20	螺螨酯	4.96
地乐酚	0.20	呋虫胺 [a]	5.10
磺菌胺	0.20	甲萘威	5.16
苄氯三唑醇	0.26	亚胺唑	516
嘧菌酯	0.26	氟硫草定	5.20
多菌灵	0.26	三唑醇	5.30
特丁津	0.26	胺氟草酸 [a]	5.30
甲霜灵	0.26	杀扑磷	5.36
噻菌灵	0.26	利谷隆	5.80
嗪草酮 [a]	0.26	四唑酰草胺	6.20
吡唑醚菌酯	0.26	吡唑解草酯	6.30
敌敌畏	0.26	克百威	6.56
甲基对氧磷（paraoxon-ethyl）	0.26	皮蝇磷	6.56
硫环磷	0.26	乙酰甲胺磷 [a]	6.66
多效唑	0.30	4,4′-二氯二苯甲酮	6.80
氟硅唑	0.30	氯咯草酮	6.90

农药 / 代谢物名称	定量限 /（μg/kg）	农药 / 代谢物名称	定量限 /（μg/kg）
氯苯嘧啶醇	0.30	蔬果磷[a]	6.9
绿麦隆[a]	0.30	呋草唑[a]	7.00
萎锈灵	0.30	拿草特[a]	7.70
环酯草醚	0.30	氯苯胺灵	7.90
避蚊胺	0.30	灭害威	8.20
乙菌定[a]	0.30	溴谷隆[a]	8.40
甲氧隆	0.30	苯醚氰菊酯	8.40
多杀菌素	0.30	烯啶虫胺[a]	8.56
草达津	0.30	倍硫磷砜	8.76
脱乙基莠去津	0.30	亚胺硫磷[a]	8.86
嘧菌磺胺	0.36	丙烯酰胺[a]	8.90
二嗪磷	0.36	苯氧威	9.16
莎稗磷[a]	0.36	乙嘧硫磷	9.40
喹禾灵	0.36	灭蚜磷	9.80
环丙唑醇	0.36	磺吸磷	9.90
三唑磷	0.36	丁草胺	10.06
氟吡酰草胺	0.36	硫菌灵[a]	10.10
嘧霉胺	0.36	甲基麦草氟异丙酯	10.10
苯线磷亚砜	0.36	灭幼脲	10.20
乙嘧酚磺酸酯[a]	0.36	苯腈膦	10.40
邻苯二甲酸二环己酯	0.36	涕灭威砜	10.70
甲基对氧磷（paraoxon methyl）	0.40	敌稗	10.80
敌瘟磷	0.40	吡虫啉	11.00
野燕枯	0.40	虫线磷	11.36
抑菌丙胺酯	0.40	联苯肼酯[a]	11.40
甲呋酰胺（fenfuram）	0.40	除草定	11.80
甲基吡噁磷	0.40	噻螨酮	11.80
四螨嗪	0.40	噻吩草胺	12.06
萘乙酸基乙酰亚胺	0.40	久效威砜	12.06
异丙草胺	0.40	苯草醚	12.10
乙氧苯草胺[a]	0.40	残杀威	12.20
环酰菌胺	0.46	氟铃脲	12.60
噻嗪酮	0.46	丁酮砜威	13.30
伏草隆	0.46	flurazuron（氟佐隆）	13.40
氧化萎锈灵	0.46	杀螟硫磷	13.40
哒嗪硫磷	0.46	虫酰肼	13.90
4-氨基吡啶[a]	0.46	吡氟酰草胺	14.16
特草定	0.46	异丙乐灵	15.00

农药 / 代谢物名称	定量限 /（μg/kg）	农药 / 代谢物名称	定量限 /（μg/kg）
腈菌唑	0.50	丙烯硫脲	15.06
非草隆	0.50	除线磷[a]	15.10
甲呋酰胺（ofurace）	0.50	氯嘧磺隆[a]	15.20
莠灭津	0.50	虫螨磷	15.90
吡唑草胺	0.50	噻虫嗪	16.50
氟苯嘧啶醇[a]	0.50	苯硫膦	16.50
吡唑硫磷	0.50	联苯三唑醇	16.70
灭草松	0.50	地散磷	17.10
丁嗪草酮	0.56	吡蚜酮[a]	17.16
氟酰胺	0.56	甲磺乐灵	17.20
百治磷	0.56	灭草隆	17.36
敌百虫[a]	0.56	除虫菊素	17.90
增效醚	0.56	茵草敌	18.66
西玛通	0.56	叔丁基胺[a]	19.50
苯霜灵	0.60	稻瘟酰胺	19.70
庚酰草胺	0.60	硫双威[a]	19.70
双硫磷	0.60	邻苯二甲酸二丁酯	19.80
硫线磷	0.60	乙虫腈	19.96
倍氧磷	0.60	*N*,*N*-二甲基氨基-*N*-甲苯	20.00
propaquiafop（噁草酸）	0.60	二丙烯草胺	20.50
吡咪唑	0.66	地乐酯[a]	20.66
叶菌唑	0.66	甲拌磷砜	21.00
烯唑醇	0.66	邻苯二甲酰亚胺[a]	21.50
杀虫脒	0.66	噁唑菌酮	22.66
氟咯草酮[a]	0.66	野麦畏	23.10
萘丙胺	0.66	乙草胺	23.70
二苯隆	0.66	伏杀硫磷	24.00
叠氮津	0.70	氯硝胺	24.30
啶虫清	0.70	倍硫磷	26.00
唑螨酯	0.70	毒死蜱	26.90
磺噻隆	0.76	胺丙畏	27.00
精甲霜灵	0.76	乙氧氟草醚	29.26
速灭磷	0.80	烯丙菊酯	30.20
吡菌磷	0.80	乳氟禾草灵	31.00
鼠立死	0.80	咯菌腈	31.10
敌草隆	0.80	噻虫胺	31.50
脱叶磷	0.80	甲基立枯磷	33.30
腈苯唑	0.80	毒壤膦	33.40

农药 / 代谢物名称	定量限 / （μg/kg）	农药 / 代谢物名称	定量限 / （μg/kg）
丁酮威[a]	0.80	甲氟磷[a]	34.10
6-氯-4-羟基-3-苯基哒嗪	0.86	炔螨特	34.30
丙硫特普	0.86	氟啶胺	35.30
四氟醚唑	0.86	抗倒酯[a]	35.34
丁脒酰胺	0.86	氯辛硫磷	38.80
乙环唑	0.90	畜蜱磷	40.00
胺菊酯	0.90	抑芽丹[a]	40
丙环唑	0.90	硫赶内吸磷	40
稻瘟灵	0.90	辛硫磷	41.40
敌乐胺	0.90	腐霉利	43.30
仲丁灵	0.96	特丁硫磷砜	44.30
解草酯	0.96	燕麦敌	44.60
二甲草胺	0.96	稻丰散	46.20
麦穗灵	0.96	烯禾啶[a]	49.80
呋线威[a]	0.96	土菌灵	50.20
戊菌唑	1.00	醚菌酯	50.30
酞酸二环已基酯（phthalic acid，dicyclobexyl ester）	1.00	益棉磷	54.46
肟菌酯	1.00	苯胺灵	55.00
抑霉唑	1.00	棉隆[a]	63.50
喹硫磷	1.00	氯硫磷	66.80
丰索磷	1.00	灭菌丹	69.30
乙霉威	1.00	苯氧喹啉	76.70
丙溴磷	1.00	久效威	78.50
噻唑烟酸	1.00	氯亚胺硫磷	78.50
氟磺胺草醚	1.00	杀螨醇[a]	82.16
特草灵	1.06	甲硫威	82.40
禾草敌	1.06	2-苯基苯酚	84.96
烯草酮[a]	1.06	氯草灵	91.50
蝇毒磷	1.06	生物丙烯菊酯	99.00
咪鲜胺	1.06	菜草畏	103.60
烟碱[a]	1.10	异柳磷	109.36
杀虫畏	1.10	蓄虫避	111.20
苯噻酰草胺	1.10	杀虫丹亚砜	112.00
戊唑醇	1.10	氟胺氰菊酯	115.00
异丙威	1.16	茅草枯	115.36
丙森锌	1.16	甲氰菊酯	122.50
地安磷	1.16	涕灭威	130.50
氯草敏	1.16	丁草敌	151.00

农药 / 代谢物名称	定量限 / （μg/kg）	农药 / 代谢物名称	定量限 / （μg/kg）
鱼藤酮	1.16	新燕灵	154.00
炔草酸[a]	1.20	甲拌磷	157.00
烯效唑	1.20	氟乐灵	167.40
乙拌磷砜	1.26	苯醚菊酯	169.60
噻草酮[a]	1.26	甲拌磷亚砜[a]	173.26
乙烯菌核利	1.26	乙氧呋草黄	186.00
氟吡乙禾灵	1.26	氯甲硫磷	224.00
抑菌灵	1.30	乙拌磷[a]	234.86
精氟吡甲禾灵	1.30	蚜灭多砜	238.00
十三吗啉	1.30	氯乙氟灵	244.00
治螟磷	1.30	杀线威	274.06
4,6-二硝基邻甲酚[a]	1.30	乙基溴硫磷	283.86
灭线磷	1.40	甲基乙拌磷[a]	289.00
硅氟唑	1.46	氟硅菊酯	304.00
溴苯烯磷	1.50	酞酸苯甲基丁酯	316.00
灭菌唑	1.50	赛硫磷[a]	329.00
乙硫磷	1.50	保棉磷	552.16
糠菌唑	1.56	醚菊酯[a]	1140.00
活化酯	1.56	虫螨畏	1211.86
氟虫脲	1.60	克来范[a]	4821.42

注：a 为仅可定性鉴别的农药及相关化学品；该定量限适用食品类别均为滑子菇、金针菇、黑木耳、香菇。

5.2.2　茶叶中 448 种农药及相关化学品残留量的测定

该测定技术采用《食品安全国家标准　茶叶中 448 种农药及相关化学品残留量的测定　液相色谱–质谱法》（GB 23200.13—2016）。

1. 适用范围

规定了茶叶中 448 种农药及相关化学品残留量的液相色谱–质谱测定方法。适用于绿茶、红茶、普洱茶、乌龙茶中 448 种农药及相关化学品残留的定性鉴别，也适用于 420 种农药及相关化学品残留的定量测定，其他茶叶可参照执行。

2. 方法原理

试样用乙腈匀浆提取，经固相萃取柱（Cleanert TPT，10mL，2.0g）净化，用乙腈–甲苯溶液（3∶1，*v/v*）洗脱农药及相关化学品，用高效液相色谱–质谱 / 质谱仪（HPLC-ESI-MRM，色谱柱：C_{18}）测定。

3. 灵敏度

农药 / 代谢物名称	定量限 / （μg/kg）	农药 / 代谢物名称	定量限 / （μg/kg）
螺环菌胺	0.06	麦锈灵	3.48
环丙津	0.06	咯喹酮	3.48

农药 / 代谢物名称	定量限 / （μg/kg）	农药 / 代谢物名称	定量限 / （μg/kg）
嘧啶磷（pirimiphos-ethyl）	0.06	乙氧喹啉[a]	3.52
威菌磷	0.06	绿谷隆	3.56
密草通	0.08	三异丁基磷酸盐	3.58
吡草酮[a]	0.08	氨磺磷	3.60
特丁通	0.10	溴莠敏	3.60
环嗪酮	0.12	双酰草胺	3.64
阔草净（dimethametryn）	0.12	甲氧虫酰肼	3.70
丁基嘧啶磷	0.12	五氯苯胺	3.74
西草净	0.14	磷胺	3.88
扑灭通	0.14	氯霉素	3.88
异丙隆	0.14	异噁唑草酮	3.90
牧草胺	0.14	杀铃脲	3.92
甲基苯噻隆	0.14	甲基内吸磷亚砜	3.92
抗蚜威	0.16	噁唑隆	4.00
氰草津	0.16	3-苯基苯酚[a]	4.00
扑草净	0.16	氟环唑	4.06
甲基咪草酯	0.16	二甲酚草胺	4.30
异噁酰草胺	0.18	环草敌	4.44
嘧啶磷（pyrimitate）	0.18	甜菜宁	4.48
氟啶草酮	0.18	氰霜唑[a]	4.50
莠去通	0.18	2,6-二氯苯甲酰胺	4.50
敌草净	0.18	鱼藤酮	4.64
丁苯吗啉	0.18	马拉氧磷	4.68
苯锈啶	0.18	啶酰菌胺	4.76
氯唑磷	0.18	反-氯菊酯	4.80
环莠隆	0.20	乙硫苯威	4.92
甲基嘧啶磷	0.20	甲胺磷	4.94
苯线磷	0.20	乙羧氟草醚	5.00
右旋炔丙菊酯	0.20	环丙酰菌胺	5.20
木草隆	0.22	杀虫脒盐酸盐	5.28
甲氧丙净	0.24	氟噻乙草酯	5.30
异氯磷	0.24	氟噻草胺	5.30
精吡磺草隆	0.26	甲基内吸磷	5.30
啶斑肟	0.26	马拉硫磷	5.64
氟草敏	0.26	庚虫磷	5.84
吡螨胺	0.26	硫丙磷	5.84
毒草胺	0.28	仲丁威	5.90
双苯酰草胺	0.28	甲咪唑烟酸[a]	5.90

农药 / 代谢物名称	定量限 / （μg/kg）	农药 / 代谢物名称	定量限 / （μg/kg）
丁醚脲	0.28	脱苯甲基亚胺唑	6.22
杀草净	0.28	苯噻草酮	6.36
纹枯脲	0.28	噻嗯菊酯	6.66
苄呋菊酯-2	0.30	内吸磷	6.78
倍硫磷亚砜	0.32	解草酮	6.90
扑灭津	0.32	草不隆	7.10
喹螨醚	0.32	生物苄呋菊酯	7.42
嘧菌胺	0.32	地虫硫膦	7.46
另丁津	0.32	苗虫威	7.54
苯草酮	0.32	乐果	7.60
苄草唑	0.32	嘧唑螨[a]	7.78
3,4,5-混杀威	0.34	三唑酮	7.88
丙草胺（pretilachlor）	0.34	灭藻醌	7.92
稗草丹	0.34	氟酰脲	8.04
莠去津	0.36	异稻瘟净	8.28
苄草丹	0.36	久效威亚砜	8.30
烯酰吗啉	0.36	啶氧菌酯	8.44
噻虫啉	0.38	粉唑醇	8.58
灭锈胺	0.38	氟啶脲	8.68
三丁基磷酸酯	0.38	氯硫酰草胺[a]	8.82
异唑隆	0.40	播土隆	8.96
丙草胺（metolachlor）	0.40	蚜灭磷	9.12
异噁草松	0.42	哌草磷	9.24
二苯胺	0.42	氟丙嘧草酯	9.50
蚊蝇醚	0.44	灭多威	9.56
呋草酮	0.44	氧乐果	9.66
麦草氟异丙酯	0.44	螺螨酯	9.90
苯线磷砜	0.44	杀虫腈	10.10
枯草隆	0.44	呋草胺[a]	10.18
苄氯三唑醇	0.46	亚胺唑	10.26
嘧菌酯	0.46	甲萘威	10.32
多菌灵	0.46	特普[a]	10.40
特丁津	0.46	氟硫草定	10.40
甲基对氧磷（paraoxon-ethyl）	0.48	三唑醇	10.56
硫环磷	0.48	胺氟草酸	10.60
甲霜灵	0.50	杀扑磷	10.66
吡唑醚菌酯	0.50	利谷隆	11.64
育畜磷	0.52	2,4-滴[a]	11.86

农药 / 代谢物名称	定量限 /（μg/kg）	农药 / 代谢物名称	定量限 /（μg/kg）
嗪草酮	0.54	四唑酰草胺	12.40
萎锈灵[a]	0.56	吡唑解草酯	12.56
避蚊胺	0.56	克百威	13.06
噻唑硫磷	0.56	皮蝇磷	13.14
多杀菌素	0.56	邻苯二甲酸二甲酯	13.20
多效唑	0.58	4,4′-二氯二苯甲酮	13.60
氟硅唑	0.58	氯咯草酮	13.78
氯苯嘧啶醇	0.60	蔬果磷	13.84
草达津	0.60	嘧螨醚[a]	14.00
绿麦隆	0.62	拿草特	15.38
环酯草醚	0.62	氯苯胺灵[a]	15.76
甲氧隆	0.64	甲基毒死蜱	16.00
喹禾灵	0.68	多果定	16.00
三唑磷	0.68	灭害威	16.42
嘧霉胺	0.68	苯醚氰菊酯	16.80
(*Z*)-氯氰菊酯	0.68	溴谷隆	16.84
邻苯二甲酸二环己酯	0.68	烯啶虫胺	17.12
乙嘧酚磺酸酯	0.70	倍硫磷砜	17.46
二嗪磷	0.72	亚胺硫磷	17.72
莎稗磷	0.72	苯氧威	18.28
氟吡酰草胺	0.72	灭蚜磷	19.60
嘧菌磺胺	0.74	苯螨特	19.66
环丙唑醇	0.74	甲基内吸磷砜	19.76
苯线磷亚砜	0.74	丁草胺	20.06
甲基对氧磷（paraoxon methyl）	0.76	甲基麦草氟异丙酯	20.20
敌瘟磷	0.76	灭幼脲	20.40
四螨嗪	0.76	苯腈膦	20.80
抑菌丙胺酯	0.78	涕灭威砜	21.36
甲呋酰胺（fenfuram）	0.78	敌稗	21.60
异丙草胺	0.80	吡虫啉	22.00
乙氧苯草胺	0.80	虫线磷	22.68
丁硫克百威	0.80	联苯肼酯[a]	22.80
氯杀螨砜	0.80	除草定	23.60
1-萘基乙酰胺	0.82	噻螨酮	23.60
4-氨基吡啶	0.86	噻吩草胺	24.14
噻嗪酮	0.88	苯草醚	24.20
哒嗪硫磷	0.88	残杀威	24.40
特草定[a]	0.88	氟铃脲	25.20

农药 / 代谢物名称	定量限 /（μg/kg）	农药 / 代谢物名称	定量限 /（μg/kg）
氧化萎锈灵[a]	0.90	速灭威	25.40
甲哌鎓	0.90	flurazuron（氟佐隆）	26.80
伏草隆	0.92	吡氟酰草胺[a]	28.28
环酰菌胺	0.94	吲哚酮草酯	29.16
兹克威	0.94	除线磷	29.96
阔草净（ametryn）	0.96	异丙乐灵	30.00
吡唑草胺	0.98	噻虫嗪	33.00
腈菌唑	1.00	苯硫膦	33.00
甲呋酰胺（ofurace）	1.00	联苯三唑醇	33.40
氟苯嘧啶醇	1.00	地散磷	34.20
吡唑硫磷	1.00	吡蚜酮	34.28
非草隆	1.04	甲磺乐灵	34.40
丁嗪草酮	1.06	灭草隆	34.74
咪唑乙烟酸[a]	1.12	丙烯酰胺	35.60
敌百虫	1.12	除虫菊酯	35.80
氟酰胺	1.14	茵草敌	37.34
百治磷	1.14	乙嘧硫磷	37.52
增效醚	1.14	叔丁基胺	38.96
硫线磷	1.16	硫双威	39.36
氧倍硫磷	1.18	稻瘟酰胺	39.40
庚酰草胺	1.20	酞酸二丁酯	39.60
双硫磷	1.22	氟氰唑	39.86
苯霜灵	1.24	*N,N*-二甲基氨基-甲苯	40.00
三环唑	1.24	二丙烯草胺	41.04
脱乙基莠去津	1.24	甲硫威	41.20
噁草酸	1.24	地乐酯	41.28
氟咯草酮	1.30	甲拌磷砜	42.00
叶菌唑	1.32	邻苯二甲酰亚胺	43.00
吡咪唑	1.34	噁唑菌酮[a]	45.28
烯唑醇	1.34	野麦畏	46.20
杀虫脒	1.34	乙草胺	47.40
杀鼠醚	1.36	伏杀硫磷	48.04
唑螨酯	1.36	久效威砜	48.16
叠氮津	1.38	氯硝胺	48.56
啶虫脒	1.44	倍硫磷	52.00
磺噻隆	1.50	乙撑硫脲	52.20
精甲霜灵	1.54	丁酮砜威	53.20
速灭磷	1.56	杀螟硫磷	53.60

农药 / 代谢物名称	定量限 /（μg/kg）	农药 / 代谢物名称	定量限 /（μg/kg）
鼠立死	1.56	毒死蜱	53.80
敌草隆	1.56	胺丙畏	54.00
丁酮威	1.58	霜脲氰	55.60
吡菌磷	1.62	乙氧氟草醚	58.54
脱叶磷	1.62	烯丙菊酯	60.40
腈苯唑	1.64	咯菌腈	62.16
6-氯-4-羟基-3-苯基哒嗪	1.66	噻虫胺	63.00
丁脒酰胺	1.70	虫螨磷	63.60
四氟醚唑	1.72	甲基立枯磷	66.56
丙硫特普	1.74	毒壤膦	66.80
丙环唑	1.76	甲氟磷	68.20
乙环唑	1.78	炔螨特	68.60
敌乐胺	1.80	氟啶胺[a]	70.60
甲氧咪草烟	1.80	氯辛硫磷	77.58
胺菊酯	1.82	畜蜱磷	80.00
稻瘟灵	1.84	抑芽丹	80.00
解草酯	1.88	辛硫磷	82.80
仲丁灵	1.90	腐霉利	86.60
二甲草胺	1.90	特丁硫磷砜	88.60
麦穗灵	1.90	燕麦敌	89.20
呋线威	1.92	烯禾啶	89.60
萘草胺[a]	1.94	稻丰散	92.36
噻唑烟酸	1.96	土菌灵	100.42
戊菌唑	2.00	醚菌酯	100.58
肟菌酯	2.00	益棉磷	108.92
抑霉唑	2.00	苯胺灵	110.00
喹硫磷	2.00	乳氟禾草灵	124.00
丰索磷	2.00	棉隆	127.00
乙霉威	2.00	氯硫磷	133.60
丙溴磷	2.02	灭菌丹	138.60
特草灵	2.10	苯氧喹啉	153.40
禾草敌	2.10	久效威	157.00
烟碱	2.20	氯亚胺硫磷	157.00
苯噻酰草胺	2.20	硫赶内吸磷	160.00
西玛通	2.20	杀螨醇	164.30
杀虫畏	2.22	2-苯基苯酚[a]	169.88
戊唑醇	2.24	氯草灵	183.00
异丙威	2.30	赛硫磷	190.40

农药 / 代谢物名称	定量限 /（μg/kg）	农药 / 代谢物名称	定量限 /（μg/kg）
丙森锌	2.32	生物丙烯菊酯	198.00
地安磷	2.32	菜草畏	207.20
氯草敏	2.32	异柳磷	218.68
烯效唑	2.40	蓄虫避	222.40
炔草酸	2.44	噁霉灵	224.14
发硫磷	2.46	醚菊酯	228.02
乙拌磷砜	2.46	氟胺氰菊酯	230.00
氟吡乙禾灵	2.50	茅草枯	230.74
乙烯菌核利[a]	2.54	甲氰菊酯	245.00
萘丙胺	2.54	涕灭威	261.00
抑菌灵	2.60	新燕灵	308.00
丁酰肼	2.60	甲拌磷	314.00
十三吗啉	2.60	氟乐灵	334.80
治螟磷	2.60	苯醚菊酯	339.20
精氟吡甲禾灵	2.64	甲拌磷亚砜	368.28
二苯隆	2.64	乙氧呋草黄	372.00
杀鼠灵	2.68	*S*-氰戊菊酯[a]	416.00
氯磺隆[a]	2.74	氯甲硫磷	448.00
灭线磷	2.76	乙拌磷	469.70
乙拌磷亚砜	2.84	蚜灭多砜[a]	476.00
硅氟唑	2.94	氯乙氟灵	488.00
乙硫磷	2.96	杀线威	548.06
溴苯烯磷	3.02	乙基溴硫磷	567.70
灭菌唑	3.02	甲基乙拌磷	578.00
活化酯	3.08	丁草敌	604.00
糠菌唑	3.14	氟硅菊酯	608.00
氟虫脲	3.16	酞酸苯甲基丁酯	632.00
4-十二烷基-2,6-二甲基吗啉	3.16	保棉磷	1104.34
噁虫威	3.18	杀螟丹	2080.00
禾草丹	3.30	特丁硫磷[a]	2240.00
二氧威	3.36	虫螨畏	2423.70
克草敌	3.40	克来范[a]	9640.00

注：a 为仅可定性鉴别的农药及相关化学品；该定量限适用食品类别均为绿茶、红茶、普洱茶、乌龙茶。

5.2.3　果蔬汁和果酒中 512 种农药及相关化学品残留量的测定

该测定技术采用《食品安全国家标准　果蔬汁和果酒中 512 种农药及相关化学品残留量的测定　液相色谱–质谱法》（GB 23200.14—2016）。

1. 适用范围

规定了果蔬汁和果酒中 512 种农药及相关化学品残留量的液相色谱-质谱测定方法。适用于橙汁、苹果汁、葡萄汁、白菜汁、胡萝卜汁、干酒、半干酒、半甜酒、甜酒中 512 种农药及相关化学品残留的定性鉴别，也适用于 492 种农药及相关化学品残留量的定量测定，其他果蔬汁、果酒可参照执行。

2. 方法原理

试样用 1% 乙酸乙腈溶液提取，经 Sep-Pak Vac 柱净化，用乙腈-甲苯溶液（3∶1，*v/v*）洗脱农药及相关化学品，用高效液相色谱-质谱 / 质谱仪（HPLC-ESI-MRM，色谱柱：C_{18}）检测，外标法定量。

3. 灵敏度

农药 / 代谢物名称	定量限 /（μg/kg）	农药 / 代谢物名称	定量限 /（μg/kg）
仲丁通	0.02	甲氧咪草烟	1.20
螺环菌胺	0.02	双酰草胺	1.22
环丙津	0.02	甲氧虫酰肼	1.24
嘧啶磷（pirimiphos-ethyl）	0.02	五氯苯胺	1.24
甲基苯噻隆	0.02	杀铃脲	1.30
吡草酮	0.02	异噁唑草酮	1.30
水胺硫磷[a]	0.02	磷胺	1.30
吡虫隆[a]	0.02	甲基内吸磷亚砜	1.30
虱螨脲[a]	0.02	氯霉素	1.30
西草净	0.04	甜菜安	1.34
扑灭通	0.04	3-苯基苯酚	1.34
双苯酰草胺	0.04	氟环唑	1.36
环嗪酮	0.04	二甲酚草胺	1.44
阔草净（dimethametryn）	0.04	环草敌	1.48
异丙隆	0.04	甜菜宁	1.50
特丁通	0.04	2,6-二氯苯甲酰胺	1.50
牧草胺	0.04	蚜灭磷	1.52
丁基嘧啶磷	0.04	威菌磷	1.52
二甲嘧酚	0.04	马拉氧磷[a]	1.56
环莠隆	0.06	啶酰菌胺	1.58
抗蚜威	0.06	反-氯菊酯	1.60
氰草津	0.06	炔草酸	1.62
扑草净	0.06	发硫磷	1.64
甲基嘧啶磷	0.06	甲胺磷	1.64
异噁酰草胺	0.06	乙硫苯威	1.64
甲基咪草酯	0.06	乙羧氟草醚	1.66
嘧啶磷（pyrimitate）	0.06	乙烯菌核利	1.70

农药 / 代谢物名称	定量限 / （μg/kg）	农药 / 代谢物名称	定量限 / （μg/kg）
氟啶草酮	0.06	环丙酰菌胺	1.74
霜霉威	0.06	二硝酚	1.74
莠去通	0.06	氟噻乙草酯	1.76
敌草净	0.06	氟噻草胺	1.76
苯线磷	0.06	甲基内吸磷	1.76
丁苯吗啉	0.06	马拉硫磷	1.88
苯锈啶	0.06	庚虫磷	1.94
氯唑磷	0.06	硫丙磷	1.94
禾草灭	0.06	仲丁威	1.96
盖草津	0.08	甲咪唑烟酸[a]	1.96
精吡磺草隆	0.08	乙酰磺胺对硝基苯	2.02
木草隆	0.08	脱苯甲基亚胺唑	2.08
矮壮素	0.08	苯噻草酮	2.12
啶斑肟	0.08	内吸磷	2.26
氟草敏	0.08	吡嘧磺隆	2.28
特乐酚	0.08	解草酮	2.30
毒草胺	0.10	草不隆	2.36
倍硫磷亚砜	0.10	溴莠敏	2.40
甲氨基阿维菌素苯甲酸盐	0.10	甲草胺	2.46
扑灭津	0.10	生物苄呋菊酯	2.48
喹螨醚	0.10	地虫硫膦	2.48
嘧菌胺	0.10	茚虫威	2.52
呋菌胺	0.10	乐果	2.54
另丁津	0.10	三唑酮	2.62
杀草净	0.10	灭藻醌	2.64
唑嘧磺草胺	0.10	氟酰脲	2.68
戊菌隆	0.10	氟丙菊酯	2.70
苯草酮	0.10	异稻瘟净	2.76
苄呋菊酯-2	0.10	久效威亚砜	2.76
苄草唑	0.10	啶氧菌酯	2.82
噻苯隆[a]	0.10	粉唑醇	2.86
七氯[a]	0.10	氟啶脲	2.90
3,4,5-混杀威	0.12	磺草胺唑	2.94
噻虫啉	0.12	氯硫酰草胺	2.94
丙草胺（pretilachlor）	0.12	播土隆	2.98
灭锈胺	0.12	氰霜唑	3.00
莠去津	0.12	哌草磷	3.08
苄草丹	0.12	氟丙嘧草酯	3.16

农药 / 代谢物名称	定量限 /（μg/kg）	农药 / 代谢物名称	定量限 /（μg/kg）
三丁基磷酸酯	0.12	灭多威	3.18
稗草畏	0.12	氧乐果	3.22
烯酰吗啉	0.12	2 甲 4 氯丙酸	3.26
异噁草松	0.14	氨磺乐灵	3.28
异唑隆	0.14	螺螨酯	3.30
蚊蝇醚	0.14	杀虫腈	3.36
呋草酮	0.14	呋草胺	3.40
麦草氟异丙酯	0.14	亚胺唑	3.42
十二环吗啉	0.14	甲萘威	3.44
苯线磷砜	0.14	氟硫草定	3.46
二苯胺	0.14	三唑醇	3.52
丙草胺（metolachlor）	0.14	胺氟草酯	3.54
磺菌胺	0.14	杀扑磷	3.56
苄氯三唑醇	0.16	利谷隆	3.88
嘧菌酯	0.16	吡喃草酮	4.06
多菌灵	0.16	四唑酰草胺	4.14
特丁津	0.16	吡唑解草酯	4.18
甲霜灵	0.16	克百威	4.36
噻菌灵	0.16	皮蝇磷	4.38
吡唑醚菌酯	0.16	邻苯二甲酸二甲酯	4.40
对氧磷	0.16	乙酰甲胺磷	4.44
异氯磷	0.16	4,4′-二氯二苯甲酮[a]	4.54
硫环磷	0.16	氯咯草酮	4.60
吡螨胺	0.16	蔬果磷	4.62
萎锈灵	0.18	嘧螨醚	4.66
育畜磷	0.18	2 甲 4 氯丁酸	4.72
避蚊胺	0.18	灭蝇胺	4.82
乙嘧酚	0.18	吲哚酮草酯	4.86
噻唑硫磷	0.18	炔苯酰草胺	5.12
多杀菌素	0.18	嘧唑螨	5.18
嗪草酮	0.18	氯苯胺灵	5.26
灭草敌	0.18	甲基毒死蜱	5.34
敌敌畏	0.18	多果定	5.34
多效唑	0.20	甲基丙硫克百威	5.46
氟硅唑	0.20	灭害威	5.48
氯苯嘧啶醇	0.20	苯醚氰菊酯	5.60
绿麦隆	0.20	溴谷隆	5.62
环酯草醚	0.20	烯啶虫胺	5.70

农药 / 代谢物名称	定量限 /（μg/kg）	农药 / 代谢物名称	定量限 /（μg/kg）
草达津	0.20	三苯锡氯	5.76
脱乙基莠去津	0.20	双氟磺草胺	5.80
喹禾灵	0.22	倍硫磷砜	5.82
三唑磷	0.22	丙烯酰胺	5.94
嘧霉胺	0.22	灭蚜磷	6.54
甲氧隆	0.22	苯螨特	6.56
邻苯二甲酸二环己酯	0.22	甲基内吸磷砜	6.58
嘧菌磺胺	0.24	丁草胺	6.68
二嗪磷	0.24	麦草氟甲酯	6.74
环丙唑醇	0.24	特普	6.94
氟吡酰草胺	0.24	苯腈膦	6.94
苯线磷亚砜	0.24	涕灭威砜	7.12
乙嘧酚磺酸酯	0.24	噻吩磺隆[a]	7.14
矮壮素氯化物	0.24	敌稗	7.20
甲基对氧磷	0.26	吡虫啉	7.34
敌瘟磷	0.26	特丁净	7.56
抑菌丙胺酯	0.26	虫线磷	7.56
甲呋酰胺（fenfuram）	0.26	联苯肼酯	7.60
甲基吡噁磷	0.26	调果酸	7.60
异丙草胺	0.26	除草定	7.86
地乐酚	0.26	噻螨酮	7.86
野燕枯	0.28	久效威砜	8.02
拌种胺	0.28	噻吩草胺	8.04
4-氨基吡啶	0.28	苯草醚	8.06
1-萘基乙酰胺	0.28	残杀威	8.14
噻嗪酮	0.30	氟铃脲	8.40
伏草隆	0.30	速灭威	8.46
氧化萎锈灵	0.30	丁酮砜威	8.86
甲哌鎓	0.30	啶蜱脲	8.94
哒嗪硫磷	0.30	杀螟硫磷	8.94
特草定	0.30	虫酰肼	9.26
环酰菌胺	0.32	吡氟酰草胺	9.42
阔草净（ametryn）	0.32	除线磷	9.98
吡唑草胺	0.32	异丙乐灵	10.00
腈菌唑	0.34	丙烯硫脲	10.02
非草隆	0.34	虫螨磷	10.60
甲呋酰胺（ofurace）	0.34	噻虫嗪	11.00
吡唑硫磷	0.34	苯硫膦	11.00

农药 / 代谢物名称	定量限 /（μg/kg）	农药 / 代谢物名称	定量限 /（μg/kg）
丁嗪草酮	0.36	联苯三唑醇	11.14
西玛通	0.36	地散磷	11.40
氟酰胺	0.38	甲磺乐灵	11.46
百治磷	0.38	灭草隆	11.58
敌百虫	0.38	亚胺硫磷	11.82
增效醚	0.38	除虫菊酯	11.94
硫线磷	0.38	苯氧威	12.18
庚酰草胺	0.40	茵草敌	12.44
双硫磷	0.40	乙嘧硫磷	12.50
氧倍硫磷	0.40	叔丁基胺	12.98
苯霜灵	0.42	氰菌胺	13.14
三环唑	0.42	酞酸二丁酯	13.20
敌草胺	0.42	氟氰唑	13.28
噁草酸	0.42	甲基硫菌灵	13.34
吡咪唑	0.44	*N*,*N*-二甲基氨基-*N*-甲苯	13.34
叶菌唑	0.44	硫菌灵	13.44
烯唑醇	0.44	灭幼脲	13.60
杀虫脒	0.44	二丙烯草胺	13.68
氟咯草酮	0.44	甲硫威	13.74
右旋炔丙菊酯	0.44	地乐酯	13.76
二苯隆	0.44	甲拌磷砜	14.00
叠氮津	0.46	邻苯二甲酰亚胺	14.34
杀鼠醚	0.46	噁唑菌酮	15.10
唑螨酯	0.46	四氟丙酸	15.32
(*Z*)-氯氰菊酯	0.46	野麦畏	15.40
啶虫脒	0.48	乙草胺	15.80
磺噻隆	0.50	伏杀硫磷	16.02
四螨嗪	0.50	氯硝胺	16.18
2,4-滴丙酸[a]	0.50	倍硫磷	17.34
速灭磷	0.52	乙撑硫脲	17.40
鼠立死	0.52	毒死蜱	17.94
敌草隆	0.52	胺丙畏	18.00
精甲霜灵	0.52	霜脲氰	18.54
丁酮威	0.52	乙氧氟草醚	19.52
醚苯磺隆	0.54	烯丙菊酯	20.14
吡菌磷	0.54	氯嘧磺隆	20.26
脱叶磷	0.54	乳氟禾草灵	20.66
腈苯唑	0.54	咯菌腈	20.72

农药 / 代谢物名称	定量限 /（μg/kg）	农药 / 代谢物名称	定量限 /（μg/kg）
乙氧苯草胺	0.54	噻虫胺	21.00
6-氯-4-羟基-3-苯基哒嗪	0.56	赤霉酸[a]	22.12
丁脒酰胺	0.56	甲基立枯磷	22.18
丙环唑	0.58	毒壤膦	22.26
丙硫特普	0.58	灭菌磷	22.40
四氟醚唑	0.58	甲氟磷	22.74
乙环唑	0.60	炔螨特	22.86
胺菊酯	0.60	吡蚜酮	22.86
解草酯	0.62	氟啶胺	23.54
稻瘟灵	0.62	苄基腺嘌呤	23.60
兹克威	0.62	氯辛硫磷	25.86
仲丁灵	0.64	硫双威	26.24
二甲草胺	0.64	赛灭磷	26.66
麦穗宁	0.64	抑芽丹	26.66
呋线威	0.64	硫赶内吸磷	26.66
萘草胺[a]	0.64	辛硫磷	27.60
戊菌唑	0.66	腐霉利	28.86
酞酸二环己基酯（phthalic acid，dicyclobexyl ester）	0.66	特丁硫磷砜	29.54
肟菌酯	0.66	燕麦敌	29.74
抑霉唑	0.66	烯禾啶	29.86
喹硫磷	0.66	甲磺草胺	29.86
丰索磷	0.66	稻丰散	30.78
乙霉威	0.66	土菌灵	33.48
氟苯嘧啶醇	0.66	醚菌酯	33.52
噻唑烟酸	0.66	益棉磷	36.30
咪鲜胺	0.68	苯胺灵	36.66
丙溴磷	0.68	三氟羧草醚	39.34
灭草松	0.68	棉隆	42.34
氟磺胺草醚	0.68	氯硫磷	44.54
特草灵	0.70	苯氧喹啉	51.14
禾草敌	0.70	久效威	52.34
烯草酮	0.70	氯亚胺硫磷	52.34
蝇毒磷	0.70	2-苯基苯酚	56.62
烟碱	0.74	氯草灵	61.00
杀虫畏	0.74	生物丙烯菊酯	66.00
苯噻酰草胺	0.74	菜草畏	69.06
戊唑醇	0.74	异柳磷	72.90
醚磺隆	0.74	蓄虫避	74.14

农药 / 代谢物名称	定量限 / （μg/kg）	农药 / 代谢物名称	定量限 / （μg/kg）
异丙威	0.76	乙硫苯威亚砜	74.66
丙森锌	0.78	噁霉灵	74.72
地安磷	0.78	氟胺氰菊酯	76.66
氯草敏	0.78	茅草枯	76.92
鱼藤酮	0.78	甲氰菊酯	81.66
烯效唑	0.80	涕灭威	87.00
乙拌磷砜	0.82	灭菌丹	92.40
噻草酮	0.84	二氯吡啶酸 [a]	93.34
氟吡乙禾灵	0.84	丁草敌	100.66
抑菌灵	0.86	新燕灵	102.66
丁酰肼	0.86	甲拌磷	104.66
十三吗啉	0.86	狄氏剂	107.74
治螟磷	0.86	杀螨醇	109.54
精氟吡甲禾灵	0.88	氟乐灵	111.60
杀虫脒盐酸盐	0.88	苯醚菊酯	113.06
杀鼠灵	0.90	甲拌磷亚砜	122.76
氯磺隆 [a]	0.92	乙氧呋草黄	124.00
灭线磷	0.92	*S*-氰戊菊酯 [a]	138.66
乙拌磷亚砜	0.94	嗪胺灵 [a]	140.30
乙硫磷	0.98	氯甲硫磷	149.34
硅氟唑	0.98	乙拌磷	156.56
溴苯烯磷	1.00	蚜灭多砜	158.66
灭菌唑	1.00	氯乙氟灵	162.66
活化酯	1.02	杀线威	182.68
糠菌唑	1.04	乙基溴硫磷	189.24
氟虫脲	1.06	甲基乙拌磷	192.66
噁虫威	1.06	氟硅菊酯	202.66
4-十二烷基-2,6-二甲基吗啉	1.06	酞酸苯甲基丁酯 [a]	210.66
禾草丹	1.10	环丙嘧磺隆	229.12
噻嗯菊酯	1.10	氯氨吡啶酸	244.00
二氧威	1.12	保棉磷	368.12
克草敌	1.14	麦草畏 [a]	421.98
麦锈灵	1.16	嘧草硫醚 [a]	460.66
咯喹酮	1.16	杀螟丹	693.34
绿谷隆	1.18	特丁硫磷 [a]	746.66
乙氧喹啉	1.18	醚菊酯	760.10
伐灭磷	1.20	虫螨畏	807.90
三异丁基磷酸盐	1.20	哌草丹	1260.00

农药 / 代谢物名称	定量限 /（μg/kg）	农药 / 代谢物名称	定量限 /（μg/kg）
敌乐胺	1.20	克来范	3214.28

注：a 为仅可定性鉴别的农药和相关化学品；该定量限适用食品类别均为橙汁、苹果汁、葡萄汁、白菜汁、胡萝卜汁、干酒、半干酒、半甜酒、甜酒。

5.2.4 食品中阿维菌素残留量的测定

该测定技术采用《食品安全国家标准 食品中阿维菌素残留量的测定 液相色谱–质谱 / 质谱法》（GB 23200.20—2016）。

1. 适用范围

规定了食品中阿维菌素残留量的高效液相色谱–质谱 / 质谱检测方法。适用于大米、大蒜、菠菜、苹果、板栗、茶叶、赤芍和食醋，其他食品可参照执行。

2. 方法原理

蜂蜜和食醋样品用水稀释后，以 C_{18} 固相萃取柱净化；其他样品用乙腈提取，用中性氧化铝固相萃取柱净化，高效液相色谱–质谱 / 质谱仪（HPLC-APCI-MRM，色谱柱：C_{18}）测定，外标法定量。

3. 灵敏度

农药 / 代谢物名称	食品类别 / 名称	定量限 /（mg/kg）
阿维菌素	大米、大蒜、菠菜、苹果、板栗、茶叶、赤芍、食醋	0.005

5.2.5 食品中环己烯酮类除草剂残留量的测定

该测定技术采用《食品安全国家标准　除草剂残留量检测方法　第 3 部分：液相色谱–质谱 / 质谱法测定　食品中环己烯酮类除草剂残留量》（GB 23200.3—2016）。

1. 适用范围

规定了食品中 8 种环己烯酮类除草剂残留量的液相色谱–质谱 / 质谱测定方法。适用于大米、大豆、橙、蓝莓、菠菜、洋葱、核桃仁、茶叶，其他食品可参照执行。

2. 方法原理

试样用酸性乙腈或乙腈提取，提取液经乙二胺-*N*-丙基硅烷硅胶（PSA）、十八烷基硅烷（ODS）和石墨化炭黑净化，用液相色谱–质谱 / 质谱仪（LC-ESI-MRM，色谱柱：C_{18}）检测和确证，外标法定量。

3. 灵敏度

农药 / 代谢物名称	定量限 /（mg/kg）	农药 / 代谢物名称	定量限 /（mg/kg）
吡喃草酮	0.005	烯禾啶	0.005
禾草灭	0.005	丁苯草酮	0.005
噻草酮	0.005	三甲苯草酮	0.005
烯草酮	0.005	环苯草酮	0.005

注：该定量限适用食品类别均为大米、大豆、橙、蓝莓、菠菜、洋葱、核桃仁、茶叶。

5.2.6　食品中硫代氨基甲酸酯类除草剂残留量的测定

该测定技术采用《食品安全国家标准　除草剂残留量检测方法　第 5 部分：液相色谱–质谱 / 质谱法测定　食品中硫代氨基甲酸酯类除草剂残留量》（GB 23200.5—2016）。

1. 适用范围

规定了食品中 9 种硫代氨基甲酸酯类农药残留量的液相色谱–质谱联用测定方法。适用于大米、大豆、白萝卜、小白菜、椰菜、生姜、茶叶、花生、橙、葡萄，其他食品可参照执行。

2. 方法原理

试样用乙腈提取，提取液经 HLB 和 Envi-Carb 固相萃取柱净化，用液相色谱–质谱 / 质谱仪（LC-ESI-MRM，色谱柱：C_{18}）检测和确证，内标法定量。

3. 灵敏度

农药 / 代谢物名称	定量限 /（mg/kg）	农药 / 代谢物名称	定量限 /（mg/kg）
克草敌	0.005	丁草敌	0.005
禾草敌	0.005	野麦畏	0.005
茵草敌	0.005	灭草敌	0.005
禾草丹	0.005	环草敌	0.005
燕麦敌	0.005		

注：该定量限适用食品类别均为大米、大豆、花生、白萝卜、生姜、小白菜、椰菜、茶叶、橙、葡萄。

5.2.7　食品中杀草强残留量的测定

该测定技术采用《食品安全国家标准　除草剂残留量检测方法　第 6 部分：液相色谱–质谱 / 质谱法测定　食品中杀草强残留量》（GB 23200.6—2016）。

1. 适用范围

规定了食品中杀草强残留量的液相色谱–串联质谱（LC-MS/MS）测定方法。适用于苹果、菠萝、菠菜、胡萝卜、紫苏叶、金银花、姜粉、花椒粉、茶叶、小麦、玉米、花生，其他食品可参照执行。

2. 方法原理

样品用乙酸－丙酮溶液提取后，经 PCX 固相萃取柱或 Envi-Carb 固相萃取柱净化，用液相色谱–质谱 / 质谱仪（LC-ESI-MRM，色谱柱：C_{18}-SCX 1 ∶ 4）测定，外标法定量。

3. 灵敏度

农药 / 代谢物名称	食品类别 / 名称	定量限 /（mg/kg）
杀草强	苹果、菠萝、菠菜、胡萝卜、紫苏叶、玉米、花生、小麦、姜	0.01
	茶叶、金银花、花椒	0.02

5.2.8　桑枝、金银花、枸杞子和荷叶中 413 种农药及相关化学品残留量的测定

该测定技术采用《食品安全国家标准　桑枝、金银花、枸杞子和荷叶中 413 种农药及相关化学品残留量的测定　液相色谱–质谱法》（GB 23200.11—2016）。

1. 适用范围

规定了桑枝、金银花、枸杞子、荷叶中 413 种农药及相关化学品残留量的液相色谱–质谱测定方法。适用于桑枝、金银花、枸杞子、荷叶，其他食品可参照执行。

2. 方法原理

试样用乙腈匀浆提取，盐析离心后，经固相萃取柱（Cleanert TPH，10mL，2.0g）净化，用乙腈–甲苯溶液（3∶1，*v*/*v*）洗脱农药及相关化学品，用液相色谱–质谱 / 质谱仪（LC-ESI-MRM，色谱柱：C_{18}）测定，外标法定量。

3. 灵敏度

农药 / 代谢物名称	定量限 /（μg/kg）	农药 / 代谢物名称	定量限 /（μg/kg）
威菌磷	0.0200	麦锈灵	6.9600
特丁净	0.0400	咯喹酮	6.9600
环丙津	0.0800	乙氧呋咻	7.0400
螺环菌胺	0.1000	绿谷隆	7.1200
嘧啶磷（pirimiphos-ethyl）	0.1000	氨磺磷	7.2000
密草通	0.1400	溴莠敏	7.2000
甲基苯噻隆	0.1400	双酰草胺	7.2800
吡草酮	0.1600	甲氧虫酰肼	7.4000
特丁通	0.2000	五氯苯胺	7.4800
阔草净	0.2200	磷胺	7.7600
环嗪酮	0.2400	氯霉素	7.7600
甲菌定	0.2400	异噁唑草酮	7.8000
扑灭通	0.2600	杀铃脲	7.8400
丁基嘧啶磷	0.2600	砜吸磷亚砜	7.8400
西草净	0.2800	噁唑隆	8.0000
双苯酰草胺	0.2800	3-苯基苯酚	8.0000
异丙隆	0.2800	甜菜安	8.0600
牧草胺	0.2800	氟环唑	8.1200
抗蚜威	0.3000	二甲酚草胺	8.6000
氰草津	0.3200	环草敌	8.8800
扑草净	0.3200	2,6-二氯苯甲酰胺	9.0000
甲基咪草酯	0.3200	蚜灭多	9.1200
嘧啶磷（pyrimitate）	0.3400	马拉氧磷	9.3800
敌草净	0.3400	啶酰菌胺	9.5200
杀草吡啶	0.3600	反-氯菊酯	9.6000
丁苯吗啉	0.3600	氨磺乐灵	9.8200
苯锈啶	0.3600	乙硫苯威	9.8400
氯唑磷	0.3600	甲胺磷	9.8600
莠去通	0.3600	环丙酰胺	10.4000

农药 / 代谢物名称	定量限 /（μg/kg）	农药 / 代谢物名称	定量限 /（μg/kg）
异噁酰草胺	0.3800	氟噻乙草酯	10.6000
甲基嘧啶磷	0.4000	氟噻草胺	10.6000
环莠隆	0.4200	马拉硫磷	11.2800
木草隆	0.4400	庚虫磷	11.6800
甲氧丙净	0.4800	硫丙磷	11.6800
异氯磷	0.4800	仲丁威	11.8000
吡螨胺	0.5000	脱苯甲基亚胺唑	12.4400
吡氟禾草灵	0.5200	苯噻草酮	12.7200
灭草敌	0.5200	内吸磷	13.5400
氟草敏	0.5200	解草酮	13.8000
毒草胺	0.5400	杀草净	13.9200
禾草丹	0.5400	草不隆	14.2000
纹枯脲	0.5400	甲草胺	14.8000
啶斑肟	0.5400	地虫硫膦	14.9200
丁醚脲	0.5600	茚虫威	15.0800
苄呋菊酯-2	0.6000	乐果	15.2000
倍硫磷亚砜	0.6200	三唑酮	15.7600
另丁津	0.6200	灭藻醌	15.8400
扑灭津	0.6400	氟酰脲	16.0800
喹螨醚	0.6400	氟丙菊酯	16.1600
嘧菌胺	0.6400	异稻瘟净	16.5600
苯草酮	0.6400	久效威亚砜	16.5800
呋草唑	0.6600	啶氧菌酯	16.8800
3,4,5-混杀威	0.6800	粉唑醇	17.1600
稗草畏	0.6800	氯硫酰草胺	17.6400
莠去津	0.7200	播土隆	17.9200
噻虫啉	0.7400	甜菜宁	17.9200
苄草丹	0.7400	哌草磷	18.4800
三正丁基磷酸盐	0.7400	氟丙嘧草酯	19.0000
灭锈胺	0.7600	灭多威	19.1200
丙草胺	0.7800	氧乐果	19.3000
吗菌灵	0.8000	杀螟腈	20.2400
异唑隆	0.8200	呋虫胺	20.3600
二苯胺	0.8200	亚胺唑	20.5200
异噁草松	0.8400	甲萘威	20.6400
蚊蝇醚	0.8600	氟硫草定	20.8000
麦草氟异丙酯	0.8600	三唑醇	21.1000
呋草酮	0.8800	胺氟草酸	21.2200

农药 / 代谢物名称	定量限 / （μg/kg）	农药 / 代谢物名称	定量限 / （μg/kg）
嘧菌酯	0.9000	杀扑磷	21.3200
苯线磷砜	0.9000	利谷隆	23.2600
苄氯三唑醇	0.9400	四唑酰草胺	24.8000
特丁津	0.9400	吡唑解草酯	25.1200
乙基对氧磷	0.9400	克百威	26.1200
噻菌灵	0.9800	皮蝇磷	26.2600
硫环磷	0.9800	酞酸二甲酯	26.4000
甲霜灵	1.0000	氯咯草酮	27.5600
百克敏	1.0200	蔬果磷	27.6800
育畜磷	1.0400	嘧螨醚	28.0000
嗪草酮	1.0800	吲哚酮草酯	29.1600
避蚊胺	1.1000	拿草特	30.7600
敌敌畏	1.1000	氯苯胺灵	31.5400
萎锈灵	1.1200	甲基毒死蜱	32.0000
多效唑	1.1400	灭害威	32.8400
氟硅唑	1.1600	苯醚氰菊酯	33.6000
草达津	1.2000	溴谷隆	33.6800
氯苯嘧啶醇	1.2200	烯啶虫胺	34.2400
绿麦隆	1.2400	倍硫磷砜	34.9200
环酯草醚	1.2400	亚胺硫磷	35.4400
脱乙基莠去津	1.2400	丙烯酰胺	35.6000
甲氧隆	1.2800	苯氧威	36.5200
喹禾灵	1.3600	乙嘧硫磷	37.5200
三唑磷	1.3600	灭蚜磷	39.2000
嘧霉胺	1.3600	苯螨特	39.3200
己体氯氰菊酯	1.3600	砜吸磷	39.5200
邻苯二甲酸二环己酯	1.3600	丁草胺	40.1400
乙嘧酚磺酸酯	1.4000	甲基麦草氟异丙酯	40.4000
二嗪磷	1.4200	灭幼脲	40.8000
环丙唑醇	1.4600	苯腈膦	41.6000
氟吡酰草胺	1.4600	涕灭威砜	42.8000
嘧菌磺胺	1.4800	敌稗	43.1800
苯线磷亚砜	1.4800	吡虫啉	44.0000
敌瘟磷	1.5000	虫线磷	45.3600
甲基对氧磷	1.5200	除草定	47.2000
四螨嗪	1.5200	噻螨酮	47.2000
抑菌丙胺酯	1.5400	久效威砜	48.1600
甲呋酰胺（fenfuram）	1.5600	噻吩草胺	48.2800

农药 / 代谢物名称	定量限 / （μg/kg）	农药 / 代谢物名称	定量限 / （μg/kg）
异丙草胺	1.6000	苯草醚	48.4000
萘乙酸基乙酰亚胺	1.6200	残杀威	48.8000
哒嗪硫磷	1.7400	氟铃脲	50.4000
4-氨基吡啶	1.7400	速灭威	50.8000
噻嗪酮	1.7600	丁酮砜威	53.2000
特草定	1.7600	flurazuron（氟佐隆）	53.6000
伏草隆	1.8400	杀螟硫磷	53.6000
环酰菌胺	1.9000	虫酰肼	55.6000
莠灭津	1.9200	吡氟酰草胺	56.5400
吡唑草胺	1.9600	异丙乐灵	60.0000
腈菌唑	2.0000	除线磷	60.4000
甲呋酰胺（ofurace）	2.0000	虫螨磷	63.6000
氟苯嘧啶醇	2.0000	噻虫嗪	66.0000
吡唑硫磷	2.0000	苯硫膦	66.0000
非草隆	2.0600	联苯三唑醇	66.8000
丁嗪草酮	2.1400	地散磷	68.4000
西玛通	2.2000	吡蚜酮	68.5600
增效醚	2.2600	甲磺乐灵	68.8000
百治磷	2.2800	灭草隆	69.4800
氟酰胺	2.3000	除虫菊素	71.6000
硫线磷	2.3000	茵草敌	74.6800
氧倍硫磷	2.3800	叔丁基胺	77.9000
庚酰草胺	2.4000	稻瘟酰胺	78.8000
双硫磷	2.4400	酞酸二丁酯	79.2000
苯霜灵	2.4800	乙虫腈	79.7000
噁草酸	2.4800	*N*,*N*-二甲基氨基-*N*-甲苯	80.0000
萘丙胺	2.5400	甲硫威	82.4000
氟咯草酮	2.5800	地乐酯	82.5600
叶菌唑	2.6400	甲拌磷砜	84.0000
苄草隆	2.6400	邻苯二甲酰亚胺	86.0000
吡咪唑	2.6600	噁唑菌酮	90.5800
杀虫脒	2.6600	野麦畏	92.4000
烯唑醇	2.6800	乙草胺	94.8000
唑螨酯	2.7200	伏杀硫磷	96.0800
叠氮津	2.7600	氯硝胺	97.1200
啶虫脒	2.8800	倍硫磷	104.0000
磺噻隆	3.0000	乙撑硫脲	104.4000
精甲霜灵	3.0800	毒死蜱	107.6000

农药 / 代谢物名称	定量限 /（μg/kg）	农药 / 代谢物名称	定量限 /（μg/kg）
速灭磷	3.1200	胺丙畏	108.0000
鼠立死	3.1200	霜脲氰	111.2000
敌草隆	3.1200	乙氧氟草醚	117.1000
丁酮威	3.1400	烯丙菊酯	120.8000
脱叶磷	3.2200	乳氟禾草灵	124.0000
吡菌磷	3.2400	噻虫胺	126.0000
6-氯-4-羟基-3-苯基哒嗪	3.3000	甲基立枯磷	133.1200
腈苯唑	3.3000	毒壤膦	133.6000
甲基咪草烟	3.3600	甲氟磷	136.4000
丁脒酰胺	3.4000	炔螨特	137.2000
四氟醚唑	3.4400	氟啶胺	141.2000
丙硫特普	3.4600	氯辛硫磷	155.1400
丙环唑	3.5200	赛灭磷	160.0000
乙环唑	3.5600	抑芽丹	160.0000
敌乐胺	3.5800	硫赶内吸磷	160.0000
胺菊酯	3.6400	辛硫磷	165.6000
稻瘟灵	3.7000	腐霉利	173.2000
解草酯	3.7600	特丁硫磷砜	177.2000
麦穗灵	3.7800	燕麦敌	178.4000
仲丁灵	3.8000	稻丰散	184.7000
二甲草胺	3.8000	土菌灵	200.8400
呋线威	3.8400	醚菌酯	201.1600
噻唑烟酸	3.9200	益棉磷	217.8600
戊菌唑	4.0000	苯胺灵	220.0000
肟菌酯	4.0000	保棉磷	220.8660
抑霉唑	4.0000	棉隆	254.0000
喹硫磷	4.0000	灭菌丹	277.2000
丰索磷	4.0000	苯氧喹啉	306.8000
乙霉威	4.0000	久效威	314.0000
丙溴磷	4.0400	氯亚磷	314.0000
咪鲜胺	4.1400	杀螨醇	328.6000
特草灵	4.2000	2-苯基苯酚	339.7600
禾草敌	4.2000	氯草灵	366.0000
蝇毒磷	4.2000	生物丙烯菊酯	396.0000
烟碱	4.4000	菜草畏	414.4000
苯噻酰草胺	4.4200	异柳磷	437.3400
杀虫畏	4.4400	蓄虫避	444.8000
戊唑醇	4.4600	乙硫苯威亚砜	448.0000

农药 / 代谢物名称	定量限 /（μg/kg）	农药 / 代谢物名称	定量限 /（μg/kg）
异丙威	4.6000	醚菊酯	456.0000
丙森锌	4.6400	氟胺氰菊酯	460.0000
地安磷	4.6400	茅草枯	461.4800
鱼藤酮	4.6400	虫螨畏	484.7400
氯草敏	4.6600	甲氰菊酯	490.0000
烯效唑	4.8000	涕灭威	522.0000
炔草酸	4.8800	丁草敌	604.0000
乙拌磷砜	4.9200	新燕灵	616.0000
精氟吡乙禾灵	5.0000	甲拌磷	628.0000
乙烯菌核利	5.0800	氟乐灵	669.6000
十三吗啉	5.2000	苯醚菊酯	678.4000
治螟磷	5.2000	甲拌磷亚砜	736.5600
精氟吡甲禾灵	5.2800	乙氧呋草黄	744.0000
杀虫脒盐酸盐	5.2800	氯甲硫磷	896.0000
灭线磷	5.5200	乙拌磷	939.4000
硅氟唑	5.8800	蚜灭多砜	952.0000
乙硫磷	5.9200	氯乙氟灵	976.0000
溴苯烯磷	6.0400	杀线威肟	1096.1200
灭菌唑	6.0400	乙基溴硫磷	1135.3800
活化酯	6.1600	甲基乙拌磷	1156.0000
糠菌唑	6.2800	氟硅菊酯	1216.0000
4-十二烷基-2,6-二甲基吗啉	6.3200	酞酸苯甲基丁酯	1264.0000
氟虫脲	6.3400	赛硫磷	1316.0000
噁虫威	6.3600	克来范	1928.5640
二氧威	6.7200	哌草丹	2520.0000
克草敌	6.8000		

注：该定量限适用食品类别均为桑枝、金银花、枸杞子、荷叶。

5.2.9　水果中赤霉酸残留量的测定

该测定技术采用《食品安全国家标准　水果中赤霉酸残留量的测定　液相色谱–质谱 / 质谱法》（GB 23200.21—2016）。

1. 适用范围

规定了水果中赤霉酸残留的制样和液相色谱–质谱 / 质谱测定方法。适用于进出口苹果、橘、桃、梨、葡萄，其他食品可参照执行。

2. 方法原理

用乙腈提取试样中残留的赤霉酸，提取液经液液分配净化后，用液相色谱–质谱 / 质谱仪（LC-ESI-MRM，色谱柱：C_{18}）测定和确证，外标法定量。

3. 灵敏度

农药 / 代谢物名称	食品类别 / 名称	定量限 /（mg/kg）
赤霉酸	苹果、橘、桃、梨、葡萄	0.01

5.2.10　食品中地乐酚残留量的测定

该测定技术采用《食品安全国家标准　食品中地乐酚残留量的测定　液相色谱–质谱 / 质谱法》（GB 23200.23—2016）。

1. 适用范围

规定了食品中地乐酚残留量的液相色谱–质谱 / 质谱检测方法。适用于苹果、板栗、甘蓝、小麦、姜、茶叶、大豆，其他食品可参照执行。

2. 方法原理

用乙腈提取试样中残留的地乐酚，经凝胶渗透色谱净化，用液相色谱–质谱 / 质谱仪（LC-ESI-MRM，色谱柱：C_{18}）检测，外标法定量。

3. 灵敏度

农药 / 代谢物名称	食品类别 / 名称	定量限 /（mg/kg）
地乐酚	茶叶	0.01
	苹果、板栗、甘蓝、小麦、姜、大豆	0.005

5.2.11　食品中涕灭砜威、吡唑醚菌酯、嘧菌酯等 65 种农药残留量的测定

该测定技术采用《食品安全国家标准　食品中涕灭砜威、吡唑醚菌酯、嘧菌酯等 65 种农药残留量的测定　液相色谱–质谱 / 质谱法》（GB 23200.34—2016）。

1. 适用范围

规定了食品中 65 种农药残留量的液相色谱–质谱 / 质谱测定方法。适用于大米、糙米、大麦、小麦、玉米，其他食品可参照执行。

2. 方法原理

试样加水浸泡后用丙酮振荡提取，提取液经液液分配和固相萃取净化后，用液相色谱–质谱 / 质谱仪（LC-ESI-MRM，色谱柱：Envi-Carb/LC-NH_2）检测，外标法定量。

3. 灵敏度

农药 / 代谢物名称	定量限 /（mg/kg）	农药 / 代谢物名称	定量限 /（mg/kg）
氟虫腈	0.002	茚虫威	0.005
涕灭氧威	0.005	异噁隆	0.005
嘧菌酯	0.005	异噁唑草酮	0.005
地散磷	0.005	氟丙氧脲	0.005
噻嗪酮	0.005	苯嗪草酮	0.005
丁苯草酮	0.005	甲基苯噻隆	0.005
3-羟基克百威	0.005	甲氧虫酰肼	0.005

农药 / 代谢物名称	定量限 /（mg/kg）	农药 / 代谢物名称	定量限 /（mg/kg）
萎锈灵	0.005	敌草胺	0.005
环丙酰菌胺	0.005	双苯氟脲	0.005
枯草隆	0.005	噁嗪草酮	0.005
环虫酰肼	0.005	噁咪唑	0.005
烯草酮	0.005	戊菌隆	0.005
噻虫胺	0.005	辛硫磷	0.005
二苯隆	0.005	增效醚	0.005
氰霜唑	0.005	毒草胺	0.005
噻草酮	0.005	吡唑醚菌酯	0.005
杀草隆	0.005	吡唑特	0.005
苄氯三唑醇	0.005	苄草唑	0.005
二甲嘧酚	0.005	吡丙醚	0.005
敌草隆	0.005	精喹禾灵	0.005
乙虫腈	0.005	虫酰肼	0.005
苯硫威	0.005	氟苯脲	0.005
唑螨酯	0.005	噻虫啉	0.005
嘧菌腙	0.005	噻酰菌胺	0.005
氟啶胺	0.005	噻虫嗪	0.005
氟草隆	0.005	联苯肼酯	0.02
氟啶酮	0.005	氟啶脲	0.02
磺菌胺	0.005	除虫脲	0.02
呋线威	0.005	啶蜱脲	0.02
氟铃脲	0.005	氟虫脲	0.02
咪草酸甲酯	0.005	异菌脲	0.02
吡虫啉	0.005	螺螨酯	0.02
抗倒胺	0.005		

注：该定量限适用食品类别均为大米、糙米、大麦、小麦、玉米。

5.2.12　食品中氯氟吡氧乙酸、氟硫草定、氟吡草腙和噻唑烟酸除草剂残留量的测定

该测定技术采用《食品安全国家标准　植物源食品中氯氟吡氧乙酸、氟硫草定、氟吡草腙和噻唑烟酸除草剂残留量的测定　液相色谱–质谱 / 质谱法》（GB 23200.36—2016）。

1. 适用范围

规定了植物源食品中 4 种除草剂氯氟吡氧乙酸、氟硫草定、氟吡草腙和噻唑烟酸残留量的液相色谱–质谱 / 质谱测定方法。适用于大白菜、玉米、橙，其他食品可参照执行。

2. 方法原理

试样用乙腈提取，经 Supelclean C_{18} 固相萃取柱净化，用液相色谱–质谱 / 质谱仪（LC-ESI-MRM，色谱柱：C_{18}）检测和确证，外标法定量。

3. 灵敏度

农药/代谢物名称	食品类别/名称	定量限/（mg/kg）
氯氟吡氧乙酸	大白菜、橙	0.005
	玉米	0.01
氟硫草定	大白菜、橙	0.005
	玉米	0.005
氟吡草腙	大白菜、橙	0.005
	玉米	0.01
噻唑烟酸	大白菜、橙	0.005
	玉米	0.005

5.2.13　食品中取代脲类农药残留量的测定

该测定技术采用《食品安全国家标准　植物源性食品中取代脲类农药残留量的测定　液相色谱–质谱法》（GB 23200.35—2016）。

1. 适用范围

规定了植物源性食品中 15 种取代脲类农药残留量的液相色谱–质谱联用检测方法。适用于玉米、大豆、橙、大米、大白菜，其他食品可参照执行。

2. 方法原理

试样用乙腈提取，经 HLB 固相萃取柱净化，用液相色谱–质谱/质谱仪（LC-ESI-MRM，色谱柱：C_{18}）测定和确证，外标法定量。

3. 灵敏度

农药/代谢物名称	定量限/（mg/kg）	农药/代谢物名称	定量限/（mg/kg）
非草隆	0.01	异丙隆	0.01
甲氧隆	0.01	异草完隆	0.01
灭草隆	0.01	环草隆	0.01
绿麦隆	0.01	炔草隆	0.01
甲基苯噻隆	0.01	利谷隆	0.01
氟草隆	0.01	枯莠隆	0.01
敌草隆	0.01	枯草隆	0.01
环莠隆	0.01		

注：该定量限适用食品类别均为玉米、大豆、橙、大米、大白菜。

5.2.14　食品中烯啶虫胺、呋虫胺等 20 种农药残留量的测定

该测定技术采用《食品安全国家标准　食品中烯啶虫胺、呋虫胺等 20 种农药残留量的测定　液相色谱–质谱/质谱法》（GB 23200.37—2016）。

1. 适用范围

规定了食品中 20 种农药残留的制样和液相色谱–质谱/质谱测定方法。适用于大米、糙米、玉米、大麦、小麦，其他食品可参照执行。

2. 方法原理

试样用乙腈水溶液提取，经正己烷液液分配，再用石墨碳和乙二胺-*N*-丙基硅烷硅胶（PSA）固相萃取柱净化，用高效液相色谱–质谱 / 质谱仪（HPLC-ESI-MRM，色谱柱：C_{18}）检测和确证，外标法定量。

3. 灵敏度

农药 / 代谢物名称	定量限 /（mg/kg）	农药 / 代谢物名称	定量限 /（mg/kg）
烯啶虫胺	0.005	多杀菌素 A	0.005
呋虫胺	0.005	多杀菌素 D	0.005
螺环菌胺	0.005	氨基阿维菌素	0.005
丁苯吗啉	0.005	甲氨基阿维菌素 1	0.005
杀螨隆-甲脒	0.005	烯丙酰草胺	0.005
十三吗啉	0.005	驱虫磷	0.005
叶菌唑	0.005	烯唑醇	0.005
丁醚脲-脲	0.005	阿维菌素	0.005
密灭汀	0.005	甲基甲酸胺阿维菌素	0.005
泰妙菌素	0.005	甲氨基阿维菌素 2	0.005

注：该定量限适用食品类别均为大米、糙米、玉米、大麦、小麦。

5.2.15　植物源性食品中环己烯酮类除草剂残留量的测定

该测定技术采用《食品安全国家标准　植物源性食品中环己烯酮类除草剂残留量的测定　液相色谱–质谱 / 质谱法》（GB 23200.38—2016）。

1. 适用范围

规定了植物源性食品中 6 种环己烯酮类除草剂残留量的液相色谱–串联质谱检测方法。适用于大米、大豆、玉米、小白菜、马铃薯、大蒜、葡萄、橙，其他食品可参照执行。

2. 方法原理

采用乙腈提取试样中残留的环己烯酮类除草剂，提取液经 C_{18} 和 Envi-Carb 固相萃取柱净化，用液相色谱–质谱 / 质谱仪（LC-ESI-MRM，色谱柱：C_{18}）检测和确证，外标法定量。

3. 灵敏度

农药 / 代谢物名称	定量限 /（mg/kg）	农药 / 代谢物名称	定量限 /（mg/kg）
吡喃草酮	0.005	苯草酮	0.005
禾草灭	0.005	烯禾啶	0.005
噻草酮	0.005	烯草酮	0.005

注：该定量限适用食品类别均为大米、大豆、玉米、小白菜、马铃薯、大蒜、葡萄、橙。

5.2.16　食品中噻虫嗪及其代谢物噻虫胺残留量的测定

该测定技术采用《食品安全国家标准　食品中噻虫嗪及其代谢物噻虫胺残留量的测定　液相色谱–质谱 / 质谱法》（GB 23200.39—2016）。

1. 适用范围

规定了食品中噻虫嗪、噻虫胺残留量的液相色谱–质谱/质谱检测方法。适用于大米、大豆、栗子、菠菜、油麦菜、洋葱、茄子、马铃薯、柑橘、蘑菇、茶叶，其他食品可参照执行。

2. 方法原理

用0.1%乙酸–乙腈超声提取试样中的噻虫嗪、噻虫胺残留物，经基质分散固相萃取剂净化，用超高效液相色谱–质谱/质谱仪（UPLC-ESI-MRM，色谱柱：C_{18}）测定，外标法定量。

3. 灵敏度

农药/代谢物名称	食品类别/名称	定量限/（mg/kg）
噻虫嗪	大米、大豆、栗子、菠菜、油麦菜、洋葱、茄子、马铃薯、柑橘、蘑菇、茶叶	0.01
噻虫胺	大米、大豆、栗子、菠菜、油麦菜、洋葱、茄子、马铃薯、柑橘、蘑菇、茶叶	0.01

5.2.17 食品中除虫脲残留量的测定

该测定技术采用《食品安全国家标准 食品中除虫脲残留量的测定 液相色谱–质谱法》（GB 23200.45—2016）。

1. 适用范围

规定了食品中除虫脲残留量的液相色谱–质谱检测方法。适用于大米、玉米、大豆、小麦、花生（仁）、橙子、苹果、西芹、洋葱、蘑菇（鲜）、蘑菇（干）、茶，其他食品可参照执行。

2. 方法原理

试样中的除虫脲用乙腈提取，经分散固相萃取净化后，用高效液相色谱–质谱/质谱仪（HPLC-ESI-MRM，色谱柱：C_{18}）测定并确证，外标法定量。

3. 灵敏度

农药/代谢物名称	食品类别/名称	定量限/（mg/kg）
除虫脲	大米、玉米、大豆、小麦、花生（仁）、橙子、苹果、西芹、洋葱、蘑菇（鲜）	0.01
	蘑菇（干）、茶	0.02

5.2.18 食品中吡啶类农药残留量的测定

该测定技术采用《食品安全国家标准 食品中吡啶类农药残留量的测定 液相色谱–质谱/质谱法》（GB 23200.50—2016）。

1. 适用范围

规定了食品中7种吡啶类农药残留的制样和液相色谱–质谱/质谱测定方法。适用于大米、小麦、马铃薯、菠菜、柑橘、核桃仁、茶叶，其他食品可参照执行。

2. 方法原理

试样中残留的农药经氯化钠盐析后用乙腈提取，提取液经石墨化炭黑或C_{18}固相萃取小柱净化，用高效液相色谱–质谱/质谱仪（HPLC-ESI-MRM，色谱柱：C_{18}）检测和确证，外标法定量。

3. 灵敏度

农药 / 代谢物名称	食品类别 / 名称	定量限 /（mg/kg）
吡虫啉	大米、小麦、马铃薯、菠菜、柑橘、核桃仁	0.005
	茶叶	0.01
啶虫脒	大米、小麦、马铃薯、菠菜、柑橘、核桃仁	0.005
	茶叶	0.01
咪唑乙烟酸	大米、小麦、马铃薯、菠菜、柑橘、核桃仁	0.005
	茶叶	0.01
氟啶草酮	大米、小麦、马铃薯、菠菜、柑橘、核桃仁	0.005
	茶叶	0.01
啶酰菌胺	大米、小麦、马铃薯、菠菜、柑橘、核桃仁	0.005
	茶叶	0.01
氟硫草定	大米、小麦、马铃薯、菠菜、柑橘、核桃仁	0.005
	茶叶	0.01
噻唑烟酸	大米、小麦、马铃薯、菠菜、柑橘、核桃仁	0.005
	茶叶	0.01

5.2.19　食品中呋虫胺残留量的测定

该测定技术采用《食品安全国家标准　食品中呋虫胺残留量的测定　液相色谱–质谱 / 质谱法》（GB 23200.51—2016）。

1. 适用范围

规定了进出口食品中呋虫胺残留的制样和液相色谱–质谱 / 质谱检测方法。适用于小麦、花生、玉米、菠菜、苹果、胡萝卜、紫苏叶，其他食品可参照执行。

2. 方法原理

样品用乙腈提取，提取液加入无水硫酸钠脱水后，经石墨化非多孔炭柱（Envi-Carb）/ 酰胺丙基甲硅烷基化硅胶柱（LC-NH_2）净化，用液相色谱–质谱 / 质谱仪（LC-ESI-MRM，色谱柱：C_8）测定，外标法定量。

3. 灵敏度

农药 / 代谢物名称	食品类别 / 名称	定量限 /（mg/kg）
呋虫胺	小麦、花生、玉米、菠菜、苹果、胡萝卜、紫苏叶	0.01

5.2.20　食品中喹氧灵残留量的测定

该测定技术采用《食品安全国家标准　食品中喹氧灵残留量的检测方法》（GB 23200.56—2016）。

1. 适用范围

规定了进出口食品中喹氧灵残留量的液相色谱–质谱 / 质谱的检测方法。适用于大豆、花椰菜、樱桃、木耳、葡萄酒、茶叶，其他食品可参照执行。

2. 方法原理

试样中残留的喹氧灵用乙酸乙酯振荡或饱和碳酸氢钠溶液–乙酸乙酯提取，经 NH_2 固相萃取小柱净化或凝胶渗透色谱结合 NH_2 固相萃取小柱净化，用液相色谱–质谱 / 质谱仪（LC-ESI-MRM，色谱柱：C_{18}）检测及确证，外标法定量。

3. 灵敏度

农药 / 代谢物名称	食品类别 / 名称	定量限 /（mg/kg）
喹氧灵	大豆、花椰菜、樱桃、木耳、葡萄酒、茶叶	0.001

5.2.21　食品中氯酯磺草胺残留量的测定

该测定技术采用《食品安全国家标准　食品中氯酯磺草胺残留量的测定　液相色谱–质谱 / 质谱法》（GB 23200.58—2016）。

1. 适用范围

规定了食品中氯酯磺草胺残留量的液相色谱–质谱 / 质谱检测方法。适用于玉米、大米、大豆、栗子、核桃、菜心、番茄、辣椒、菠菜、洋葱、橙子、草莓、芒果、樱桃、香菇、茶叶，其他食品可参照执行。

2. 方法原理

试样中残留的氯酯磺草胺用 1% 乙酸乙腈提取，经分散固相萃取剂净化，用高效液相色谱–质谱 / 质谱仪（HPLC-ESI-MRM，色谱柱：C_{18}）检测，外标法定量。

3. 灵敏度

农药 / 代谢物名称	食品类别 / 名称	定量限 /（mg/kg）
氯酯磺草胺	玉米、大米、大豆、栗子、核桃、菜心、番茄、辣椒、菠菜、洋葱、橙子、草莓、芒果、樱桃、香菇、茶叶	0.01

5.2.22　食品中噻酰菌胺残留量的测定

该测定技术采用《食品安全国家标准　食品中噻酰菌胺残留量的测定　液相色谱–质谱 / 质谱法》（GB 23200.63—2016）。

1. 适用范围

规定了食品中噻酰菌胺农药残留量的液相色谱–质谱 / 质谱检测方法。适用于生菜、胡萝卜、菜心、大米、柑橘、葡萄、板栗、番茄酱、茶叶，其他食品可参照执行。

2. 方法原理

试样用乙酸乙酯提取，经凝胶渗透色谱仪（GPC）和固相萃取小柱净化，用液相色谱–质谱 / 质谱仪（LC-ESI-MRM，色谱柱：Atlantis HILIC 硅胶柱）测定，外标法定量。

3. 灵敏度

农药 / 代谢物名称	食品类别 / 名称	定量限 /（mg/kg）
噻酰菌胺	生菜、胡萝卜、菜心、大米、柑橘、葡萄、板栗、番茄酱、茶叶	0.01

5.2.23　食品中吡丙醚残留量的测定

该测定技术采用《食品安全国家标准　食品中吡丙醚残留量的测定　液相色谱–质谱 / 质谱法》（GB 23200.64—2016）。

1. 适用范围

规定了食品中吡丙醚残留的制样和液相色谱–质谱 / 质谱测定方法。适用于大米、大豆、菠菜、柠檬、茶叶、蘑菇，其他食品可参照执行。

2. 方法原理

试样在乙酸钠缓冲剂作用下用酸性乙腈提取，经 PSA 填料净化，用液相色谱–质谱 / 质谱仪（LC-ESI-MRM，色谱柱：C_{18}）测定，外标法定量。

3. 灵敏度

农药 / 代谢物名称	食品类别 / 名称	定量限 /（mg/kg）
吡丙醚	菠菜、柠檬	0.005
	大豆、大米、蘑菇、茶叶	0.015

5.2.24　食品中二硝基苯胺类农药残留量的测定

该测定技术采用《食品安全国家标准　食品中二硝基苯胺类农药残留量的测定　液相色谱–质谱 / 质谱法》（GB 23200.69—2016）。

1. 适用范围

规定了食品中 8 种二硝基苯胺类农药残留量的液相色谱–质谱 / 质谱检测方法。适用于黄豆、大米、菠菜、生姜、苹果、西瓜、甘蓝、节瓜、茶叶，其他食品可参照执行。

2. 方法原理

试样用乙腈振荡提取，经石墨化炭黑固相萃取柱和 HLB 固相萃取柱净化，用液相色谱–质谱 / 质谱仪（LC-ESI-MRM，色谱柱：C_{18}）测定和确证，外标法定量。

3. 灵敏度

农药 / 代谢物名称	定量限 /（mg/kg）	农药 / 代谢物名称	定量限 /（mg/kg）
氟乐灵	0.01	氨氟乐灵	0.01
二甲戊灵	0.01	氨氟灵	0.01
氨磺乐灵	0.01	甲磺乐灵	0.01
仲丁灵	0.01	异丙乐灵	0.01

注：该定量限适用食品类别均为黄豆、大米、菠菜、生姜、苹果、西瓜、甘蓝、节瓜、茶叶。

5.2.25　食品中三氟羧草醚残留量的测定

该测定技术采用《食品安全国家标准　食品中三氟羧草醚残留量的测定　液相色谱–质谱 / 质谱法》（GB 23200.70—2016）。

1. 适用范围

规定了食品中三氟羧草醚残留量的液相色谱–质谱 / 质谱检测方法。适用于大豆、大米、糙米、毛豆、苹果，其他食品可参照执行。

2. 方法原理

大豆、大米和糙米试样加水浸泡后用乙腈振荡提取，其他样品直接用乙腈振荡提取，然后依次通过液液分配和固相萃取对提取液进行净化，用液相色谱–质谱/质谱仪（LC-ESI-MRM，色谱柱：C_{18}）检测，外标法定量。

3. 灵敏度

农药/代谢物名称	食品类别/名称	定量限/（mg/kg）
三氟羧草醚	大豆、大米、糙米、毛豆、苹果	0.002

5.2.26　食品中鱼藤酮和印楝素残留量的测定

该测定技术采用《食品安全国家标准　食品中鱼藤酮和印楝素残留量的测定　液相色谱–质谱/质谱法》（GB 23200.73—2016）。

1. 适用范围

规定了食品中鱼藤酮、印楝素残留量的液相色谱–质谱/质谱检测方法。适用于大米、花椰菜、苹果、木耳、茶叶，其他食品可参照执行。

2. 方法原理

试样用乙腈提取，提取液经氯化钠盐析后用正己烷除脂，以配有聚苯乙烯-二乙烯基苯-吡咯烷酮聚合物填料的固相萃取小柱净化，用高效液相色谱–质谱/质谱仪（HPLC-ESI-MRM，色谱柱：C_{18}）检测及确证，外标法定量。

3. 灵敏度

农药/代谢物名称	食品类别/名称	定量限/（mg/kg）
鱼藤酮	大米、花椰菜、苹果、木耳、茶叶	0.0005
印楝素	大米、花椰菜、苹果、木耳、茶叶	0.002

5.2.27　食品中井冈霉素残留量的测定

该测定技术采用《食品安全国家标准　食品中井冈霉素残留量的测定　液相色谱–质谱/质谱法》（GB 23200.74—2016）。

1. 适用范围

规定了食品中井冈霉素残留量的液相色谱–质谱/质谱检测方法。适用于大米、卷心菜、葱、胡萝卜、番茄、黄瓜、菠菜、木耳、梨、柠檬、杏仁、茶叶，其他食品可参照执行。

2. 方法原理

试样用甲醇水溶液提取，经 HLB 固相萃取柱或乙酸乙酯液液分配净化，用液相色谱–质谱/质谱仪（LC-APCI-MRM，色谱柱：HILIC）检测和确证，外标法定量。

3. 灵敏度

农药/代谢物名称	食品类别/名称	定量限/（mg/kg）
井冈霉素	大米、卷心菜、葱、胡萝卜、番茄、黄瓜、菠菜、木耳、梨、柠檬、杏仁、茶叶	0.01

5.2.28 食品中氟苯虫酰胺残留量的测定

该测定技术采用《食品安全国家标准 食品中氟苯虫酰胺残留量的测定 液相色谱–质谱/质谱法》（GB 23200.76—2016）。

1. 适用范围

规定了食品中氟苯虫酰胺残留量的液相色谱–质谱/质谱测定方法。适用于葱、萝卜、番茄、橙、大豆、苹果、茶叶、核桃，其他食品可参照执行。

2. 方法原理

试样中的氟苯虫酰胺残留用乙腈提取，经石墨碳–氨基固相萃取柱或弗罗里硅土固相萃取柱净化，用液相色谱–质谱/质谱仪（LC-ESI-MRM，色谱柱：C_{18}）测定，外标法定量。

3. 灵敏度

农药/代谢物名称	食品类别/名称	定量限/（mg/kg）
氟苯虫酰胺	茶叶、大豆、核桃、葱、萝卜、番茄、橙、苹果	0.005

5.2.29 植物源性食品中草铵膦残留量的测定

该测定技术采用《食品安全国家标准 植物源性食品中草铵膦残留量的测定 液相色谱–质谱联用法》（GB 23200.108—2018）。

1. 适用范围

规定了植物源性食品中草铵膦残留量的液相色谱–质谱联用测定方法。适用于花椒、绿茶、结球甘蓝、芹菜、番茄、茄子、马铃薯、萝卜、菜豆、韭菜、苹果、桃、葡萄、柑橘、香蕉、木瓜、香菇、杏仁、大豆油、糙米、小麦、玉米、花生，其他食品可参照执行。

2. 方法原理

试样中的草铵膦用水和甲醇提取，经固相材料分散净化处理，净化液与氯甲酸-9-芴基甲酯（9-fluorenylmethyl chloroformate）反应后生成的衍生物草铵膦-FMOC（glufosinate-FMOC）用液相色谱–质谱/质谱仪（LC-ESI-MRM，色谱柱：C_{18}）检测，外标法定量。

3. 灵敏度

农药/代谢物名称	食品类别/名称	定量限/（mg/kg）
草铵膦	花椒、绿茶	0.01
	结球甘蓝、芹菜、番茄、茄子、马铃薯、萝卜、菜豆、韭菜、苹果、桃、葡萄、柑橘、香蕉、木瓜、香菇、杏仁、大豆油、糙米、小麦、玉米、花生	0.05

5.2.30 植物源性食品中二氯吡啶酸残留量的测定

该测定技术采用《食品安全国家标准 植物源性食品中二氯吡啶酸残留量的测定 液相色谱–质谱联用法》（GB 23200.109—2018）。

1. 适用范围

规定了植物源性食品中二氯吡啶酸残留量的液相色谱–质谱联用测定方法。适用于油菜籽油、大豆、糙米、小麦、玉米、绿茶、结球甘蓝、芹菜、番茄、茄子、马铃薯、萝卜、菜豆、韭菜、苹果、桃、葡萄、柑橘、香菇、杏仁、花椒，其他食品可参照执行。

2. 方法原理

试样中的二氯吡啶酸用酸化乙腈提取，经固相吸附剂分散净化后，用液相色谱–质谱 / 质谱仪（LC-ESI-MRM，色谱柱：C_{18}）测定，外标法定量。

3. 灵敏度

农药 / 代谢物名称	食品类别 / 名称	定量限 /（mg/kg）
二氯吡啶酸	油菜籽油、大豆	0.1
	糙米、小麦、玉米、绿茶	0.5
	结球甘蓝、芹菜、番茄、茄子、马铃薯、萝卜、菜豆、韭菜、苹果、桃、葡萄、柑橘、香菇、杏仁、花椒	0.05

5.2.31　植物源性食品中氯吡脲残留量的测定

该测定技术采用《食品安全国家标准　植物源性食品中氯吡脲残留量的测定　液相色谱–质谱联用法》（GB 23200.110—2018）。

1. 适用范围

规定了植物源性食品中氯吡脲残留量的液相色谱–质谱 / 质谱测定方法。适用于蔬菜、水果、食用菌、植物油、谷物、油料、坚果、茶叶、香辛料，其他食品可参照执行。

2. 方法原理

试样中的氯吡脲用乙腈提取，经分散固相萃取净化，用高效液相色谱–质谱 / 质谱仪（HPLC-ESI-MRM，色谱柱：C_{18}）测定，外标法定量。

3. 灵敏度

农药 / 代谢物名称	食品类别 / 名称	定量限 /（mg/kg）
氯吡脲	蔬菜、水果、食用菌、植物油、谷物、油料、坚果、茶叶、香辛料	0.01

5.2.32　植物源性食品中唑嘧磺草胺残留量的测定

该测定技术采用《食品安全国家标准　植物源性食品中唑嘧磺草胺残留量的测定　液相色谱–质谱联用法》（GB 23200.111—2018）。

1. 适用范围

规定了植物源性食品中唑嘧磺草胺残留量的液相色谱–质谱联用测定方法。适用于香辛料、蔬菜、水果、食用菌、植物油、谷物、油料、坚果、茶叶，其他食品可参照执行。

2. 方法原理

试样中唑嘧磺草胺用乙腈提取，经分散固相萃取净化，用液相色谱–质谱 / 质谱仪（LC-ESI-MRM，色谱柱：C_{18}）测定，外标法定量。

3. 灵敏度

农药 / 代谢物名称	食品类别 / 名称	定量限 /（mg/kg）
唑嘧磺草胺	香辛料	0.1
	蔬菜、水果、食用菌、植物油、谷物、油料、坚果、茶叶	0.01

5.2.33　植物源性食品中灭瘟素残留量的测定

该测定技术采用《食品安全国家标准　植物源性食品中灭瘟素残留量的测定　液相色谱–质谱联用法》(GB 23200.114—2018)。

1. 适用范围

规定了植物源性食品中灭瘟素（blasticidin-S）残留量的液相色谱–质谱联用测定方法。适用于结球甘蓝、芹菜、番茄、茄子、马铃薯、萝卜、菜豆、韭菜、苹果、桃、葡萄、柑橘、香蕉、木瓜、香菇、杏仁、大豆油、糙米、小麦、玉米、花生、绿茶、花椒，其他食品可参照执行。

2. 方法原理

试样中灭瘟素用乙酸水溶液萃取，经净化处理后，用高效液相色谱–质谱 / 质谱仪（HPLC-ESI-MRM，色谱柱：HILIC）检测，外标法定量。

3. 灵敏度

农药 / 代谢物名称	食品类别 / 名称	定量限 / (mg/kg)
灭瘟素	结球甘蓝、芹菜、番茄、茄子、马铃薯、萝卜、菜豆、韭菜、苹果、桃、葡萄、柑橘、香蕉、木瓜、香菇、杏仁、大豆油、糙米、小麦、玉米、花生、绿茶、花椒	0.05

5.2.34　水果和蔬菜中 450 种农药及相关化学品残留量的测定

该测定技术采用《水果和蔬菜中 450 种农药及相关化学品残留量的测定　液相色谱–串联质谱法》(GB/T 20769—2008)。

1. 适用范围

规定了蔬菜和水果中 450 种农药及相关化学品残留量的液相色谱–串联质谱测定方法。适用于苹果、橙子、洋白菜、芹菜、番茄，定性鉴别 450 种农药，定量测定 382 种农药。

2. 方法原理

试样用乙腈匀浆提取，盐析离心后，经 Sep-Pak Vac 柱净化、乙腈–甲苯（3∶1，*v/v*）洗脱，用液相色谱–质谱 / 质谱仪（LC-ESI-MRM，色谱柱：Atlantis T3）测定，外标法定量。

3. 灵敏度

农药 / 代谢物名称	检出限 / (mg/kg)	农药 / 代谢物名称	检出限 / (mg/kg)
异丙威	0.000 58	螺螨酯[a]	0.002 48
3,4,5-混杀威	0.000 09	唑螨酯	0.000 34
环莠隆	0.000 05	胺氟草酯	0.002 65
甲萘威	0.002 58	双硫磷	0.000 3
毒草胺	0.000 07	氟丙嘧草酯	0.002 38
吡咪唑	0.000 33	多杀菌素	0.000 14
西草净	0.000 03	甲哌鎓[a]	0.000 23
绿谷隆	0.000 89	二丙烯草胺[a]	0.010 26
速灭磷	0.000 39	霜霉威[a]	0.000 02
叠氮津	0.000 35	三环唑	0.000 31
密草通	0.000 02	噻菌灵[a]	0.000 12

农药 / 代谢物名称	检出限 /（mg/kg）	农药 / 代谢物名称	检出限 /（mg/kg）
嘧菌磺胺	0.000 18	苯噻草酮	0.001 59
播土隆	0.002 24	异丙隆	0.000 03
双酰草胺	0.000 91	莠去通	0.000 05
抗蚜威	0.000 04	敌草净	0.000 04
异噁草松	0.000 11	赛克津	0.000 14
氰草津	0.000 04	*N,N*-二甲基氨基-*N*-甲苯	0.01
扑草净	0.000 04	环草敌	0.001 11
甲基对氧磷[a]	0.000 19	阿特拉津	0.000 09
4,4′-二氯二苯甲酮	0.003 4	丁草敌[a]	0.075 5
噻虫啉	0.000 09	氯草敏	0.000 58
吡虫啉	0.005 5	菜草畏	0.051 8
磺噻隆	0.000 38	乙硫苯威	0.001 23
丁嗪草酮	0.000 27	特丁通	0.000 02
燕麦敌	0.022 3	环丙津	0.000 01
乙草胺	0.011 85	阔草净（ametryn）	0.000 24
烯啶虫胺[a]	0.004 28	木草隆	0.000 05
盖草津	0.000 06	草达津	0.000 15
二甲酚草胺	0.001 08	另丁津	0.000 08
特草灵	0.000 53	蓄虫避[a]	0.055 6
戊菌唑	0.000 5	牧草胺	0.000 03
腈菌唑	0.000 25	久效威亚砜	0.002 07
多效唑	0.000 14	杀螟丹	0.52
倍硫磷亚砜	0.000 08	虫螨畏	0.605 92
三唑醇	0.002 64	特丁净	0.005 72
仲丁灵	0.000 48	唑菌嗪[a]	0.002
螺噁茂胺	0.000 01	虫线磷	0.005 67
甲基立枯磷	0.016 64	利谷隆	0.002 91
甜菜安[a]	0.001 01	庚虫磷	0.001 46
杀扑磷	0.002 67	苄草丹	0.000 09
烯丙菊酯	0.015 1	炔苯烯草胺	0.001 74
野麦畏	0.005 05	杀草净	0.000 07
二嗪磷	0.000 18	禾草丹	0.000 83
敌瘟磷	0.000 19	三异丁基磷酸盐	0.000 89
丙草胺（pretilachlor）	0.000 08	三正丁基磷酸盐	0.000 09
氟硅唑	0.000 15	乙霉威[a]	0.000 5
丙森锌	0.000 58	甲草胺	0.001 85
麦锈灵	0.000 87	硫线磷	0.000 29
氟酰胺	0.000 29	吡唑草胺	0.000 25

农药 / 代谢物名称	检出限 /（mg/kg）	农药 / 代谢物名称	检出限 /（mg/kg）
氨磺磷	0.000 9	胺丙畏	0.013 5
苯霜灵	0.000 31	特丁硫磷 [a]	0.56
苄氯三唑醇	0.000 12	硅氟唑	0.000 74
乙环唑	0.000 45	三唑酮	0.001 97
氯苯嘧啶醇	0.000 15	甲拌磷砜	0.010 5
邻苯二甲酸二环己酯	0.000 5	十三吗啉	0.000 65
胺菊酯	0.000 46	苯噻酰草胺	0.000 55
抑菌灵 [a]	0.000 65	戊环唑	0.000 2
解草酯	0.000 47	苯线磷	0.000 05
联苯三唑醇	0.008 35	丁苯吗啉	0.000 05
益棉磷	0.027 23	戊唑醇	0.000 56
炔草酯	0.000 61	异丙乐灵 [a]	0.007 5
杀铃脲	0.000 98	氟苯嘧啶醇	0.000 25
异噁氟草	0.000 98	乙嘧酚磺酸酯	0.000 18
莎稗磷	0.000 18	保棉磷	0.276 08
喹禾灵	0.000 17	丁基嘧啶磷	0.000 03
精氟吡甲禾灵	0.000 66	稻丰散 [a]	0.023 09
吡氟禾草灵	0.000 07	治螟磷	0.000 65
乙基溴硫磷	0.141 92	硫丙磷	0.001 46
燕麦敌 [a]	0.015	苯硫膦	0.008 25
地散磷	0.008 55	甲基吡噁磷	0.000 2
醚苯磺隆	0.000 4	烯唑醇	0.000 34
溴苯烯磷	0.000 76	纹枯脲	0.000 07
吡菌磷	0.000 41	灭蚜磷	0.004 9
氟虫脲	0.000 79	苯草酮 [a]	0.000 08
茚虫威	0.001 89	马拉硫磷	0.001 41
甲氨基阿维菌素苯甲酸盐	0.000 08	稗草畏	0.000 08
乙撑硫脲 [a]	0.013 05	哒嗪硫磷	0.000 22
棉隆 [a]	0.031 75	嘧啶磷（pirimiphos-ethyl）	0.000 01
烟碱 [a]	0.000 55	吡唑硫磷	0.000 25
非草隆	0.000 26	啶氧菌酯	0.002 11
灭蝇胺 [a]	0.001 81	四氟醚唑	0.000 43
鼠立克	0.000 39	吡唑解草酯	0.003 14
禾草敌	0.000 53	丙溴磷	0.000 5
多菌灵	0.000 12	百克敏	0.000 13
残杀威	0.006 1	烯酰吗啉	0.000 09
异唑隆	0.000 1	噻嗯菊酯 [a]	0.000 83
绿麦隆（chlorotoluron）	0.000 16	噻唑烟酸	0.000 49

农药 / 代谢物名称	检出限 /（mg/kg）	农药 / 代谢物名称	检出限 /（mg/kg）
久效威	0.039 25	氟啶脲	0.002 17
氯草灵	0.045 75	矮壮素[a]	0.000 03
噁虫威	0.000 8	灭多威[a]	0.002 39
扑灭津	0.000 08	咯喹酮	0.000 87
特丁津	0.000 12	麦穗灵	0.000 47
敌草隆	0.000 39	杀虫脒（chlodimeform）	0.000 33
氯甲硫磷	0.112	霜脲氰	0.013 9
萎锈灵	0.000 14	灭草敌	0.000 06
野燕枯	0.000 2	猛杀威	0.002 14
噻虫胺[a]	0.015 75	灭害威	0.004 11
拿草特	0.003 85	甲菌定	0.000 03
二甲草胺	0.000 48	绿麦隆（chlortoluron）	0.000 09
溴谷隆	0.004 21	氧乐果[a]	0.002 41
甲拌磷	0.078 5	敌敌畏[a]	0.000 14
苯草醚	0.006 05	涕灭威砜[a]	0.005 35
地安磷	0.000 58	二氧威[a]	0.000 84
脱苯甲基亚胺唑	0.001 56	苄基腺嘌呤[a]	0.017 7
草不隆	0.001 78	解草腈	0.01
精甲霜灵	0.000 38	乙硫苯威亚砜	0.056
发硫磷	0.000 62	杀螟腈	0.002 53
乙氧呋草黄	0.093	土菌灵[a]	0.000 26
异稻瘟净[a]	0.002 07	甲基乙拌磷[a]	0.144 5
特普[a]	0.002 6	灭菌丹[a]	0.034 65
环丙唑醇	0.000 18	磺吸磷	0.004 94
噻虫嗪	0.008 25	苯锈啶	0.000 05
育畜磷	0.000 13	甲基对氧磷	0.000 12
乙嘧硫磷	0.004 69	4-十二烷基-2,6-二甲基吗啉	0.000 79
赛灭磷	0.02	烯效唑	0.000 6
磷胺	0.000 97	啶斑肟	0.000 07
甜菜宁[a]	0.001 12	氯硫磷	0.033 4
联苯肼酯[a]	0.005 7	异氯磷	0.000 06
粉唑醇	0.002 15	四螨嗪	0.000 19
抑菌丙胺酯	0.000 19	氟草敏	0.000 06
生物丙烯菊酯	0.049 5	苯氧喹啉	0.038 35
苯腈膦	0.005 2	倍硫磷砜	0.004 37
甲基嘧啶磷	0.000 05	烯虫酯	0.001 31
噻嗪酮	0.000 22	氟咯草酮	0.000 32
乙拌磷砜	0.000 62	酞酸苯甲基丁酯[a]	0.158

农药 / 代谢物名称	检出限 / （mg/kg）	农药 / 代谢物名称	检出限 / （mg/kg）
喹螨醚	0.000 08	氯唑磷	0.000 04
三唑磷	0.000 17	除线磷	0.007 55
脱叶磷	0.000 4	蚜灭多砜	0.119
环酯草醚	0.000 16	特丁硫磷砜	0.022 15
叶菌唑	0.000 33	敌乐胺	0.000 45
蚊蝇醚	0.000 11	毒壤膦[a]	0.016 7
异噁酰草胺	0.000 05	苄呋菊酯[a]	0.000 08
呋草酮	0.000 11	啶酰菌胺	0.001 19
氟乐灵	0.130 5	甲磺乐灵	0.008 6
甲基麦草氟异丙酯	0.005 05	噻螨酮	0.005 9
生物苄呋菊酯[a]	0.001 86	双氟磺草胺[a]	0.004 35
丙环唑	0.000 44	苯螨特[a]	0.004 92
毒死蜱	0.013 45	哒螨灵	0.003 04
氯乙氟灵	0.122	新燕灵	0.077
氯磺隆	0.000 69	嘧螨醚	0.003 5
杀虫畏	0.000 56	哒草特	0.019 95
炔螨特	0.017 15	反-氯菊酯[a]	0.001 2
糠菌唑	0.000 79	苄草唑	0.000 08
氟吡酰草胺	0.000 18	嘧唑螨[a]	0.001 95
氟噻乙草酯	0.001 33	(*Z*)-氯氰菊酯[a]	0.000 17
肟菊酯	0.000 5	吡氟甲禾灵	0.000 63
氟铃脲	0.006 3	丙烯酰胺[a]	0.004 45
双苯氟脲	0.002 01	特丁胺[a]	0.009 74
啶蜱脲	0.006 7	矮壮素氯化物[a]	0.000 18
甲胺磷[a]	0.001 23	邻苯二甲酰亚胺	0.010 75
茵草敌	0.009 33	甲氟磷	0.017 05
避蚊胺	0.000 14	速灭威	0.006 35
灭草隆	0.008 68	二苯胺	0.000 1
嘧霉胺	0.000 17	萘乙酰胺	0.000 2
黑穗胺[a]	0.000 2	脱乙基莠去津	0.000 16
灭藻醌	0.001 98	2,6-二氯苯甲酰胺	0.001 13
仲丁威[a]	0.001 48	邻苯二甲酸二甲酯	0.003 3
乙菌定	0.000 14	杀虫脒（chlordimeform hydrochloride）	0.000 66
敌稗	0.005 4	西玛通	0.000 28
克百威	0.003 27	丁诺特呋喃	0.002 55
啶虫脒	0.000 36	克草敌	0.000 85
嘧菌胺	0.000 08	活化酯	0.000 77
扑灭通	0.000 03	蔬果磷	0.003 46

农药 / 代谢物名称	检出限 /（mg/kg）	农药 / 代谢物名称	检出限 /（mg/kg）
甲氧隆	0.000 16	甲基苯磺隆	0.000 02
乐果	0.001 9	丁酮砜威[a]	0.006 65
伏草隆	0.000 23	自克威	0.000 24
百治磷	0.000 29	砜吸磷	0.000 98
庚酰草胺	0.000 3	久效威砜	0.006 02
双苯酰草胺	0.000 04	硫环磷	0.000 12
灭线磷	0.000 69	绿草定	0.000 05
地虫硫膦	0.001 86	硫赶内吸磷	0.02
拌种胺[a]	0.000 21	咪唑烟酸	0.002 57
环嗪酮	0.000 03	萘丙胺	0.000 32
阔草净（dimethametryn）	0.000 03	杀螟硫磷[a]	0.006 7
敌百虫[a]	0.000 28	酞酸二丁酯[a]	0.009 9
内吸磷	0.001 69	丙草胺（metolachlor）	0.000 1
解草酮	0.001 73	腐霉利	0.021 65
除草定	0.005 9	蚜灭磷	0.001 14
甲拌磷亚砜	0.092 07	枯草隆	0.000 11
溴莠敏	0.000 9	威菌磷	0.001 15
氧化萎锈灵	0.000 22	二嗪农[a]	0.002 14
灭锈胺	0.000 09	右旋炔丙菊酯	0.014 7
乙拌磷[a]	0.117 42	可灭隆	0.000 33
倍硫磷	0.013	亚胺硫磷	0.004 43
甲霜灵	0.000 13	皮蝇磷	0.003 28
甲呋酰胺	0.000 25	邻苯二甲酸二环己酯	0.000 17
吗菌灵	0.000 1	环丙酰菌胺	0.001 3
噻唑硫磷	0.000 14	吡螨胺	0.000 06
甲基咪草酯	0.000 04	苯酰草胺	0.001 12
乙拌磷亚砜[a]	0.000 71	虫酰肼	0.006 95
稻瘟灵	0.000 46	虫螨磷	0.007 95
抑霉唑	0.000 5	二溴磷	0.037 05
辛硫磷	0.020 7	唑虫酰胺	0.000 02
喹硫磷	0.000 5	三氯杀螨醇[a]	0.000 45
灭菌磷	0.016 8	吲哚酮草酯	0.003 65
苯氧威	0.004 57	鱼藤酮	0.000 58
嘧啶磷（pyrimitate）	0.000 04	噁草酸	0.000 31
丰索磷	0.000 5	乳氟禾草灵	0.015 5
氯咯草酮	0.003 45	茅草枯	0.057 69
丁草胺	0.005 02	2-苯基苯酚	0.042 47
亚胺菌	0.025 15	3-苯基苯酚	0.001

农药 / 代谢物名称	检出限 /（mg/kg）	农药 / 代谢物名称	检出限 /（mg/kg）
戊叉菌唑	0.000 76	4,6-二硝基邻甲酚	0.000 65
苯线磷亚砜	0.000 18	氯硝胺	0.012 14
噻吩草胺	0.006 04	氯苯胺灵	0.003 94
除虫菊素	0.088 16	特草定	0.000 22
腈菌胺	0.009 85	麦草畏[a]	0.316 48
杀草吡啶	0.000 05	灭草松	0.000 26
氟环唑	0.001 01	地乐酚	0.000 1
氯辛硫磷	0.019 39	草消酚	0.000 06
苯线磷砜	0.000 11	2,4-滴丁酸	0.534 94
腈苯唑	0.000 41	咯菌腈	0.015 54
异柳磷	0.054 67	抗倒酯[a]	0.017 67
苯醚菊酯	0.084 8	杀螨醇[a]	0.041 08
氯化薯瘟锡	0.004 31	灭幼脲	0.005 1
哌草磷	0.002 31	氯霉素	0.000 97
增效醚	0.000 28	乙酰磺胺对硝基苯[a]	0.000 76
乙氧氟草醚	0.014 64	甲基磺草酮[a]	0.575 14
蝇毒磷	0.000 53	安磺灵	0.001 23
氟噻草胺	0.001 33	碘苯腈[a]	0.000 15
伏杀硫磷	0.012 01	噁唑菌酮	0.011 32
甲氧虫酰肼	0.000 93	吡氟酰草胺	0.007 07
咪鲜胺	0.000 52	乙虫清	0.009 96
丙硫特普	0.000 43	磺菌胺	0.000 1
乙硫磷	0.000 74	氟磺胺草醚	0.000 51
氟硫草定	0.002 6	虱螨脲	0.000 01

注：a 为仅可定性鉴别的农药及相关化学品；该检出限适用食品类别均为苹果、橙子、洋白菜、芹菜、番茄。

5.2.35　粮谷中 486 种农药及相关化学品残留量的测定

该测定技术采用《粮谷中 486 种农药及相关化学品残留量的测定　液相色谱–串联质谱法》（GB/T 20770—2008）。

1. 适用范围

规定了粮谷中 486 种农药及相关化学品残留量的液相色谱–串联质谱测定方法。适用于大麦、小麦、燕麦、大米、玉米，定性鉴别 486 种农药及相关化学品，定量测定 377 种农药及相关化学品。

2. 方法原理

试样用乙腈均质提取，经凝胶渗透色谱净化，用液相色谱–质谱 / 质谱仪（LC-ESI-MRM，色谱柱：SB-C_{18}）测定，外标法定量。

3. 灵敏度

农药 / 代谢物名称	检出限 / （mg/kg）	农药 / 代谢物名称	检出限 / （mg/kg）
苯胺灵	0.055	氯草敏	0.001 16
异丙威	0.001 15	菜草畏	0.103 6
3,4,5-混杀威	0.000 17	乙硫苯威	0.002 46
环莠隆	0.000 1	特丁通	0.000 05
甲萘威	0.005 16	环丙津	0.000 05
毒草胺	0.000 14	阔草净	0.000 48
吡咪唑	0.000 67	木草隆	0.000 11
西草净	0.000 07	草达津	0.000 3
绿谷隆	0.001 78	另丁津	0.000 16
速灭磷	0.000 78	蓄虫避	0.111 2
叠氮津	0.000 69	牧草胺	0.000 07
密草通	0.000 04	久效威亚砜	0.004 15
嘧菌磺胺[a]	0.000 37	杀螟丹[a]	1.04
播土隆	0.004 48	虫螨畏	0.242 37
双酰草胺	0.001 82	特丁净[a]	0.011 35
抗蚜威	0.000 08	咪唑嗪	0.004
异噁草松	0.000 21	虫线磷	0.011 34
氰草津	0.000 08	利谷隆	0.005 82
扑草净	0.000 08	庚虫磷	0.002 92
对氧磷	0.000 38	苄草丹	0.000 18
4,4′-二氯二苯甲酮[a]	0.006 8	杀草净	0.000 14
噻虫啉	0.000 19	禾草丹	0.001 65
吡虫啉	0.011	三异丁基磷酸盐	0.001 79
磺噻隆	0.000 75	三正丁基磷酸盐	0.000 19
丁嗪草酮	0.000 53	乙霉威	0.001
燕麦敌	0.044 6	甲草胺	0.003 7
乙草胺	0.023 7	硫线磷	0.000 58
烯啶虫胺[a]	0.008 56	吡唑草胺	0.000 49
盖草津[a]	0.000 12	胺丙畏	0.027
二甲酚草胺	0.002 15	特丁硫磷[a]	1.12
特草灵	0.001 05	硅氟唑	0.001 47
戊菌唑	0.001	三唑酮	0.003 94
腈菌唑	0.000 5	甲拌磷砜	0.021
咪唑乙烟酸[a]	0.000 56	十三吗啉[a]	0.001 3
多效唑	0.000 29	苯噻酰草胺	0.001 1
倍硫磷亚砜	0.000 16	戊环唑	0.000 4

农药 / 代谢物名称	检出限 / （mg/kg）	农药 / 代谢物名称	检出限 / （mg/kg）
三唑醇[a]	0.005 28	苯线磷[a]	0.000 1
仲丁灵[a]	0.000 95	丁苯吗啉	0.000 09
螺噁茂胺[a]	0.000 03	戊唑醇	0.001 12
甲基立枯磷	0.033 28	异丙乐灵	0.015
甜菜安	0.002 01	氟苯嘧啶醇[a]	0.000 5
杀扑磷	0.005 33	乙嘧酚磺酸酯	0.000 35
烯丙菊酯	0.030 2	保棉磷	0.552 17
敌瘟磷	0.000 38	丁基嘧啶磷	0.000 06
丙草胺（pretilachlor）	0.000 17	稻丰散	0.046 18
二嗪磷	0.000 36	治螟磷	0.001 3
氟硅唑	0.000 29	硫丙磷	0.002 92
丙森锌	0.001 16	苯硫膦	0.016 5
麦锈灵	0.001 74	甲基吡噁磷	0.000 4
氟酰胺	0.000 57	烯唑醇	0.000 67
氨磺磷	0.001 8	唑嘧磺草胺	0.000 15
苯霜灵	0.000 62	烯禾啶	0.044 8
苄氯三唑醇	0.000 23	纹枯脲	0.000 14
乙环唑	0.000 89	灭蚜磷	0.009 8
氯苯嘧啶醇	0.000 3	苯草酮	0.000 16
胺菊酯	0.000 91	马拉硫磷	0.002 82
解草酯	0.000 94	稗草畏	0.000 17
联苯三唑醇	0.016 7	哒嗪硫磷	0.000 44
吡喃草酮	0.006 1	嘧啶磷（pirimiphos-ethyl）	0.000 05
甲基硫菌灵[a]	0.01	硫双威[a]	0.019 68
益棉磷	0.054 46	吡唑硫磷	0.000 5
杀铃脲	0.001 96	啶氧菌酯	0.004 22
异噁氟草	0.001 95	四氟醚唑	0.000 86
莎稗磷	0.000 36	吡唑解草酯	0.006 28
硫菌灵[a]	0.010 08	丙溴磷	0.001 01
喹禾灵	0.000 34	百克敏	0.000 25
精氟吡甲禾灵	0.001 32	烯酰吗啉	0.000 18
吡氟禾草灵	0.000 13	噻嗯菊酯	0.001 66
乙基溴硫磷[a]	0.283 85	噻唑烟酸	0.000 98
地散磷	0.017 1	甲基丙硫克百威	0.008 19
醚苯磺隆[a]	0.000 8	醚黄隆	0.000 56
溴苯烯磷	0.001 51	吡嘧磺隆	0.003 42
吡菌磷	0.000 23	磺草胺唑	0.002 2
茚虫威	0.003 77	4-氨基吡啶[a]	0.000 43

农药 / 代谢物名称	检出限 / （mg/kg）	农药 / 代谢物名称	检出限 / （mg/kg）
棉隆	0.063 5	灭多威	0.004 78
烟碱	0.001 1	咯喹酮[a]	0.001 74
非草隆	0.000 52	麦穗灵	0.000 95
鼠立克	0.000 78	丁脒酰胺	0.000 85
乙酰甲胺磷[a]	0.006 67	丁酮威	0.000 79
禾草敌	0.001 05	杀虫脒	0.000 67
多菌灵	0.000 23	霜脲氰[a]	0.027 8
6-氯-4-羟基-3-苯基哒嗪	0.000 83	灭草敌	0.000 13
残杀威	0.012 2	氯硫酰草胺[a]	0.004 41
异唑隆	0.000 2	灭害威	0.008 21
绿麦隆	0.000 31	甲菌定[a]	0.000 06
久效威[a]	0.078 5	氧乐果	0.004 83
氯草灵	0.091 5	乙氧呋咻[a]	0.001 76
噁虫威	0.001 59	敌敌畏	0.000 27
扑灭津	0.000 16	涕灭威砜	0.010 7
特丁津	0.000 23	二氧威	0.001 68
敌草隆	0.000 78	苄基腺嘌呤	0.035 4
氯甲硫磷	0.224	甲基内吸磷[a]	0.002 65
噻虫胺[a]	0.031 5	杀虫丹亚砜	0.112
拿草特	0.007 69	杀螟腈[a]	0.005 06
二甲草胺	0.000 95	甲基乙拌磷	0.289
溴谷隆	0.008 42	灭菌丹[a]	0.069 3
甲拌磷	0.157	哌草丹[a]	1.89
苯草醚	0.012 1	苯锈啶	0.000 09
地安磷	0.001 16	赛硫磷	0.329
脱苯甲基亚胺唑	0.003 11	甲咪唑烟酸	0.002 95
草不隆	0.003 55	甲基对氧磷	0.000 24
精甲霜灵	0.000 77	4-十二烷基-2,6-二甲基吗啉	0.001 58
发硫磷[a]	0.001 23	乙烯菌核利	0.001 27
乙氧呋草黄	0.186	烯效唑	0.001 2
异稻瘟净	0.004 14	啶斑肟	0.000 13
特普	0.005 2	氯硫磷	0.066 8
环丙唑醇	0.000 37	异氯磷	0.000 12
噻虫嗪[a]	0.016 5	四螨嗪	0.000 38
育畜磷	0.000 26	氟草敏	0.000 13
乙嘧硫磷	0.009 38	野麦畏	0.023 1
杀鼠醚	0.000 68	苯氧喹啉	0.076 7
赛灭磷	0.04	倍硫磷砜	0.008 73

农药 / 代谢物名称	检出限 /（mg/kg）	农药 / 代谢物名称	检出限 /（mg/kg）
磷胺	0.001 94	氟咯草酮	0.000 65
甜菜宁	0.002 24	酞酸苯甲基丁酯	0.316
环酰菌胺 [a]	0.000 47	氯唑磷	0.000 09
粉唑醇	0.004 29	除线磷	0.015 1
抑菌丙胺酯	0.000 39	蚜灭多砜	0.238
生物丙烯菊酯	0.099	特丁硫磷砜	0.044 3
苯腈膦	0.010 4	敌乐胺 [a]	0.000 9
甲基嘧啶磷	0.000 1	氰霜唑 [a]	0.002 25
噻嗪酮	0.000 44	毒壤膦（trichloronat）	0.033 4
乙拌磷砜	0.001 23	苄呋菊酯	0.000 15
喹螨醚	0.000 16	啶酰菌胺	0.002 38
三唑磷	0.000 34	甲磺乐灵	0.017 2
脱叶磷	0.000 81	甲氰菊酯	0.122 5
环酯草醚	0.000 31	噻螨酮	0.011 8
叶菌唑	0.000 66	双氟磺草胺 [a]	0.008 7
蚊蝇醚	0.000 22	苯螨特	0.009 83
噻草酮 [a]	0.001 27	新燕灵	0.154
异噁酰草胺	0.000 99	呋草唑	0.007
呋草酮	0.000 22	呋线威	0.000 96
氟乐灵	0.167 4	反-氯菊酯	0.002 4
甲基麦草氟异丙酯	0.010 1	嘧菌酯	0.114
生物苄呋菊酯	0.003 71	苄草唑 [a]	0.000 16
丙环唑	0.000 88	嘧唑螨 [a]	0.003 89
毒死蜱	0.026 9	(*Z*)-氯氰菊酯 [a]	0.000 34
氯乙氟灵 [a]	0.244	氟吡乙禾灵	0.001 25
烯草酮 [a]	0.001 04	*S*-氰戊菊酯 [a]	0.208
麦草氟异丙酯 [a]	0.000 22	乙羧氟草醚 [a]	0.002 5
杀虫畏	0.001 11	丙烯酰胺 [a]	0.008 9
炔螨特	0.034 3	叔丁基胺	0.019 48
糠菌唑	0.001 57	噁霉灵	0.112 07
氟吡酰草胺	0.000 36	邻苯二甲酰亚胺	0.021 5
氟噻乙草酯	0.002 65	甲氟磷 [a]	0.034 1
肟菊酯	0.001	速灭威	0.012 7
氯嘧磺隆	0.015 2	二苯胺	0.000 21
甲胺磷	0.002 47	萘乙酸基乙酰亚胺	0.000 41
茵草敌	0.018 67	乙基-阿特拉津 [a]	0.000 31
避蚊胺	0.000 28	2,6-二氯苯甲酰胺	0.002 25
灭草隆	0.017 37	涕灭威	0.130 5

农药 / 代谢物名称	检出限 /（mg/kg）	农药 / 代谢物名称	检出限 /（mg/kg）
嘧霉胺	0.000 34	酞酸二甲酯[a]	0.006 6
黑穗胺	0.000 39	杀虫脒盐酸盐	0.001 32
灭藻醌	0.003 96	西玛通	0.000 55
仲丁威	0.002 95	呋虫胺	0.005 09
敌稗	0.010 8	克草敌	0.001 7
克百威	0.006 53	活化酯	0.001 54
啶虫脒	0.000 72	蔬果磷	0.006 92
嘧菌胺	0.000 16	杀线磷	0.274 03
扑灭通	0.000 07	噻苯隆[a]	0.000 15
甲硫威	0.020 6	甲基苯磺隆	0.000 04
甲氧隆	0.000 32	丁酮砜威	0.013 3
乐果	0.003 8	砜吸磷	0.001 96
呋菌胺[a]	0.000 14	久效威砜[a]	0.012 04
伏草隆[a]	0.000 46	硫环磷	0.000 24
百治磷	0.000 57	硫赶内吸磷[a]	0.04
庚酰草胺[a]	0.000 6	氧倍硫磷	0.000 59
双苯酰草胺	0.000 07	萘丙胺	0.000 64
灭线磷	0.001 38	杀螟硫磷	0.013 4
地虫硫膦	0.003 73	酞酸二丁酯[a]	0.019 8
土菌灵[a]	0.050 21	丙草胺（metolachlor）	0.000 2
环嗪酮	0.000 06	腐霉利	0.043 3
阔草净[a]	0.000 06	蚜灭磷[a]	0.002 28
敌百虫	0.000 56	枯草隆[a]	0.000 22
内吸磷[a]	0.003 39	威菌磷	0.002 3
解草酮	0.003 45	右旋炔丙菊酯[a]	0.000 65
除草定	0.011 8	可灭隆	0.000 66
甲拌磷亚砜	0.184 14	甲氧咪草烟[a]	0.000 9
溴莠敏	0.001 8	杀鼠灵[a]	0.001 34
氧化萎锈灵	0.000 45	亚胺硫磷	0.008 86
灭锈胺	0.000 19	皮蝇磷	0.006 57
乙拌磷	0.234 85	邻苯二甲酸二环己酯[a]	0.000 34
倍硫磷[a]	0.026	环丙酰胺[a]	0.002 6
甲霜灵	0.000 25	吡螨胺	0.000 13
甲呋酰胺	0.000 5	虫酰肼[a]	0.013 9
吗菌灵	0.000 2	虫螨磷	0.015 9
甲基咪草酯	0.000 08	毒壤膦（dialifos）	0.078 5
乙拌磷亚砜[a]	0.001 42	吲哚酮草酯[a]	0.007 29
稻瘟灵	0.000 92	鱼藤酮	0.001 16

农药 / 代谢物名称	检出限 /（mg/kg）	农药 / 代谢物名称	检出限 /（mg/kg）
抑霉唑	0.001	亚胺唑	0.005 13
辛硫磷	0.041 4	噁草酸	0.000 62
喹硫磷	0.001	2,3,4,5-四氯苯胺[a]	0.026 8
灭菌磷	0.033 61	吡草酮	0.000 04
苯氧威[a]	0.009 14	地乐酯[a]	0.020 64
嘧啶磷（pyrimitate）	0.000 09	异丙草胺	0.000 4
丰索磷	0.001	氟硅菊酯[a]	0.304
氯咯草酮[a]	0.006 89	乙氧苯草胺	0.000 4
丁草胺	0.010 03	四唑酰草胺	0.006 2
亚胺菌	0.050 29	五氯苯胺[a]	0.001 87
戊叉菌唑	0.001 51	苯醚氰菊酯	0.008 4
苯线磷亚砜	0.000 37	狄氏剂[a]	0.080 8
噻吩草胺	0.012 07	乙螨唑[a]	0.000 44
腈菌胺	0.019 7	马拉氧磷[a]	0.002 34
杀草吡啶	0.000 09	多果定[a]	0.004
氟环唑	0.002 03	茅草枯[a]	0.115 37
氯辛硫磷	0.038 79	四氟丙酸[a]	0.011 49
苯线磷砜	0.000 22	2,6-二氟苯甲酸[a]	0.852 04
腈苯唑	0.000 82	三氯乙酸钠[a]	0.140 79
异柳磷[a]	0.109 34	2-苯基苯酚	0.084 94
苯醚菊酯	0.169 6	3-苯基苯酚	0.002
哌草磷	0.004 62	二氯吡啶酸[a]	0.14
增效醚	0.000 57	4,6-二硝基邻甲酚	0.001 3
乙氧氟草醚[a]	0.029 27	调果酸	0.005 7
蝇毒磷	0.001 05	氯硝胺	0.024 28
氟噻草胺[a]	0.002 65	氯苯胺灵	0.007 88
伏杀硫磷	0.024 02	2 甲 4 氯丙酸[a]	0.002 45
甲氧虫酰肼	0.001 85	特草定	0.000 44
咪鲜胺	0.001 03	麦草畏[a]	0.632 96
丙硫特普	0.000 87	2 甲 4 氯丁酸	0.007 09
乙硫磷	0.001 48	灭草松	0.000 52
杀螨隆[a]	0.000 14	地乐酚	0.000 2
噻吩磺隆	0.010 7	草消酚	0.000 12
乙氧嘧磺隆	0.002 29	氯吡脲	0.005 7
氟硫草定[a]	0.005 2	咯菌腈	0.031 08
螺螨酯	0.004 95	氟草烟	0.096 03
唑螨酯	0.000 68	杀螨醇[a]	0.082 15
胺氟草酯	0.005 3	溴苯腈	0.000 9

农药 / 代谢物名称	检出限 /（mg/kg）	农药 / 代谢物名称	检出限 /（mg/kg）
双硫磷	0.000 61	灭幼脲	0.010 2
氟丙嘧草酯[a]	0.004 75	氯霉素[a]	0.001 94
甲哌鎓[a]	0.000 45	禾草灭[a]	0.000 1
二丙烯草胺	0.020 52	乙酰磺胺对硝基苯[a]	0.001 52
霜霉威[a]	0.000 04	甲基磺草酮[a]	1.150 28
三环唑	0.000 62	安磺灵[a]	0.002 46
噻菌灵	0.000 24	三氟羧草醚[a]	0.059
苯噻草酮	0.003 18	碘苯腈[a]	0.000 31
异丙隆	0.000 07	噁唑菌酮	0.022 64
莠去通	0.000 09	吡氟酰草胺	0.014 14
敌草净	0.000 09	乙虫清[a]	0.019 93
赛克津	0.000 27	磺菌胺	0.000 21
N,*N*-二甲基氨基-*N*-甲苯	0.02	环丙嘧磺隆[a]	0.171 84
环草敌	0.002 22	氟磺胺草醚[a]	0.001 01
莠去津	0.000 18	碘甲磺隆钠[a]	0.010 6
丁草敌	0.151	克来范	0.964
吡蚜酮	0.017 14	甲基碘磺隆	0.033 3

注：a 为仅可定性鉴别的农药及相关化学品；该检出限适用食品类别均为大麦、小麦、燕麦、大米、玉米。

5.2.36　水果、蔬菜中啶虫脒残留量的测定

该测定技术采用《水果、蔬菜中啶虫脒残留量的测定　液相色谱-串联质谱法》（GB/T 23584—2009）。

1. 适用范围

规定了水果、蔬菜中啶虫脒残留量的液相色谱-串联质谱测定方法，适用于水果、蔬菜。

2. 方法原理

试样经乙酸乙腈提取，经基质分散固相萃取净化，用液相色谱-质谱 / 质谱仪（LC-ESI-MRM，色谱柱：C_{18}）测定，外标法定量。

3. 灵敏度

农药 / 代谢物名称	食品类别 / 名称	定量限 /（mg/kg）
啶虫脒	水果、蔬菜	0.01

5.2.37　大豆中 13 种三嗪类除草剂残留量的测定

该测定技术采用《大豆中三嗪类除草剂残留量的测定》（GB/T 23816—2009）。

1. 适用范围

规定了大豆中 13 种三嗪类除草剂残留量的液相色谱-质谱 / 质谱的测定方法，适用于大豆。

2. 方法原理

试样中三嗪类除草剂用乙腈提取，经凝胶渗透色谱仪及中性氧化铝 SPE 柱净化后，用液相色谱–质谱 / 质谱仪（LC-ESI-MRM，色谱柱：C_{18}）测定，外标法定量。

3. 灵敏度

农药 / 代谢物名称	定量限 /（mg/kg）	农药 / 代谢物名称	定量限 /（mg/kg）
西玛通	0.005	扑灭通	0.005
西玛津	0.005	特丁通	0.005
氰草津	0.005	莠灭净	0.005
莠去通	0.005	特丁津	0.005
嗪草酮	0.005	扑草净	0.005
西草净	0.005	异丙净	0.005
莠去津	0.005		

注：该定量限适用食品类别均为大豆。

5.2.38　大豆中 10 种磺酰脲类除草剂残留量的测定

该测定技术采用《大豆中磺酰脲类除草剂残留量的测定》（GB/T 23817—2009）。

1. 适用范围

规定了大豆产品中 10 种磺酰脲类除草剂残留量的液相色谱–质谱 / 质谱测定方法，适用于大豆。

2. 方法原理

试样中磺酰脲类除草剂用乙腈提取，经弗罗里硅土柱净化后，用液相色谱–质谱 / 质谱仪（LC-ESI-MRM，色谱柱：C_{18}）测定，外标法定量。

3. 灵敏度

农药 / 代谢物名称	定量限 /（mg/kg）	农药 / 代谢物名称	定量限 /（mg/kg）
环氧嘧磺隆	0.005	苄嘧磺隆	0.005
噻吩磺隆	0.005	氟磺隆	0.005
甲磺隆	0.005	吡嘧磺隆	0.005
醚苯磺隆	0.005	氯嘧磺隆	0.005
氯磺隆	0.005	氟嘧磺隆	0.005

注：该定量限适用食品类别均为大豆。

5.2.39　大豆中 5 种咪唑啉酮类除草剂残留量的测定

该测定技术采用《大豆中咪唑啉酮类除草剂残留量的测定》（GB/T 23818—2009）。

1. 适用范围

规定了大豆籽粒中 5 种咪唑啉酮类除草剂残留量的液相色谱–质谱 / 质谱测定方法，适用于大豆籽粒。

2. 方法原理

试样用二氯甲烷提取，经凝胶渗透色谱和液液分配净化，用液相色谱–质谱 / 质谱仪（LC-ESI-MRM，色谱柱：C_{18}）测定，外标法定量。

3. 灵敏度

农药 / 代谢物名称	食品类别 / 名称	定量限 /（mg/kg）
咪唑烟酸	大豆籽粒	0.02
甲基咪草烟	大豆籽粒	0.02
咪草酸甲酯	大豆籽粒	0.02
咪唑乙烟酸	大豆籽粒	0.02
咪唑喹啉酸	大豆籽粒	0.02

5.2.40　植物源性食品中 375 种农药及其代谢物残留量的测定

该测定技术采用《食品安全国家标准　植物源性食品中 331 种农药及其代谢物残留量的测定　液相色谱–质谱联用法》（GB 23200.121—2021）。

1. 适用范围

规定了植物源性食品中 375 种农药及其代谢物残留量的液相色谱–质谱联用测定方法，适用于植物源性食品。

2. 方法原理

试样用乙腈提取，提取液经分散固相萃取净化，用液相色谱–质谱 / 质谱仪（LC-ESI-MRM，色谱柱：C_{18}）检测，外标法定量。

3. 灵敏度

农药 / 代谢物名称	食品类别 / 名称	定量限 /（mg/kg）
阿维菌素	蔬菜、水果、食用菌、糖料	0.01
	谷物、油料、坚果和植物油	0.01
	茶叶和香辛料（调味料）	0.05
乙酰甲胺磷	蔬菜、水果、食用菌、糖料	0.01
	谷物、油料、坚果和植物油	0.02
	茶叶和香辛料（调味料）	0.05
啶虫脒	蔬菜、水果、食用菌、糖料	0.01
	谷物、油料、坚果和植物油	0.02
	茶叶和香辛料（调味料）	0.05
乙草胺	蔬菜、水果、食用菌、糖料	0.01
	谷物、油料、坚果和植物油	0.02
	茶叶和香辛料（调味料）	0.05
甲草胺	蔬菜、水果、食用菌、糖料	0.01
	谷物、油料、坚果和植物油	0.02
	茶叶和香辛料（调味料）	0.05
丙硫多菌灵	蔬菜、水果、食用菌、糖料	0.01
	谷物、油料、坚果和植物油	0.02
	茶叶和香辛料（调味料）	0.05
涕灭威	蔬菜、水果、食用菌、糖料	0.002
	谷物、油料、坚果和植物油	0.01
	茶叶和香辛料（调味料）	0.02

农药 / 代谢物名称	食品类别 / 名称	定量限 / (mg/kg)
涕灭威砜	蔬菜、水果、食用菌、糖料	0.002
	谷物、油料、坚果和植物油	0.01
	茶叶和香辛料（调味料）	0.02
涕灭威亚砜	蔬菜、水果、食用菌、糖料	0.002
	谷物、油料、坚果和植物油	0.01
	茶叶和香辛料（调味料）	0.02
唑嘧菌胺	蔬菜、水果、食用菌、糖料	0.01
	谷物、油料、坚果和植物油	0.02
	茶叶和香辛料（调味料）	0.05
莠灭净	蔬菜、水果、食用菌、糖料	0.01
	谷物、油料、坚果和植物油	0.02
	茶叶和香辛料（调味料）	0.05
酰嘧磺隆	蔬菜、水果、食用菌、糖料	0.01
	谷物、油料、坚果和植物油	0.02
	茶叶和香辛料（调味料）	0.05
吲唑磺菌胺	蔬菜、水果、食用菌、糖料	0.01
	谷物、油料、坚果和植物油	0.02
	茶叶和香辛料（调味料）	0.05
莎稗磷	蔬菜、水果、食用菌、糖料	0.01
	谷物、油料、坚果和植物油	0.02
	茶叶和香辛料（调味料）	0.05
莠去津	蔬菜、水果、食用菌、糖料	0.01
	谷物、油料、坚果和植物油	0.02
	茶叶和香辛料（调味料）	0.05
保棉磷	蔬菜、水果、食用菌、糖料	0.01
	谷物、油料、坚果和植物油	0.02
	茶叶和香辛料（调味料）	0.05
嘧菌酯	蔬菜、水果、食用菌、糖料	0.01
	谷物、油料、坚果和植物油	0.01
	茶叶和香辛料（调味料）	0.02
苯霜灵	蔬菜、水果、食用菌、糖料	0.01
	谷物、油料、坚果和植物油	0.02
	茶叶和香辛料（调味料）	0.05
草除灵	蔬菜、水果、食用菌、糖料	0.01
	谷物、油料、坚果和植物油	0.02
	茶叶和香辛料（调味料）	0.05
噁虫威	蔬菜、水果、食用菌、糖料	0.01
	谷物、油料、坚果和植物油	0.02
	茶叶和香辛料（调味料）	0.05
苄嘧磺隆	蔬菜、水果、食用菌、糖料	0.01
	谷物、油料、坚果和植物油	0.02
	茶叶和香辛料（调味料）	0.05
苯并烯氟菌唑	蔬菜、水果、食用菌、糖料	0.01
	谷物、油料、坚果和植物油	0.02
	茶叶和香辛料（调味料）	0.05
苯螨特	蔬菜、水果、食用菌、糖料	0.01
	谷物、油料、坚果和植物油	0.02
	茶叶和香辛料（调味料）	0.05
甲羧除草醚	蔬菜、水果、食用菌、糖料	0.01
	谷物、油料、坚果和植物油	0.02
	茶叶和香辛料（调味料）	0.05

农药 / 代谢物名称	食品类别 / 名称	定量限 /（mg/kg）
联苯菊酯	蔬菜、水果、食用菌、糖料	0.01
	谷物、油料、坚果和植物油	0.02
	茶叶和香辛料（调味料）	0.02
生物苄呋菊酯	蔬菜、水果、食用菌、糖料	0.01
	谷物、油料、坚果和植物油	0.02
	茶叶和香辛料（调味料）	0.05
联苯三唑醇	蔬菜、水果、食用菌、糖料	0.01
	谷物、油料、坚果和植物油	0.02
	茶叶和香辛料（调味料）	0.05
啶酰菌胺	蔬菜、水果、食用菌、糖料	0.01
	谷物、油料、坚果和植物油	0.02
	茶叶和香辛料（调味料）	0.05
糠菌唑	蔬菜、水果、食用菌、糖料	0.01
	谷物、油料、坚果和植物油	0.02
	茶叶和香辛料（调味料）	0.05
乙嘧酚磺酸酯	蔬菜、水果、食用菌、糖料	0.01
	谷物、油料、坚果和植物油	0.02
	茶叶和香辛料（调味料）	0.05
噻嗪酮	蔬菜、水果、食用菌、糖料	0.01
	谷物、油料、坚果和植物油	0.02
	茶叶和香辛料（调味料）	0.05
丁草胺	蔬菜、水果、食用菌、糖料	0.01
	谷物、油料、坚果和植物油	0.02
	茶叶和香辛料（调味料）	0.05
仲丁灵	蔬菜、水果、食用菌、糖料	0.01
	谷物、油料、坚果和植物油	0.02
	茶叶和香辛料（调味料）	0.05
硫线磷	蔬菜、水果、食用菌、糖料	0.005
	谷物、油料、坚果和植物油	0.02
	茶叶和香辛料（调味料）	0.05
甲萘威	蔬菜、水果、食用菌、糖料	0.01
	谷物、油料、坚果和植物油	0.02
	茶叶和香辛料（调味料）	0.05
多菌灵	蔬菜、水果、食用菌、糖料	0.01
	谷物、油料、坚果和植物油	0.02
	茶叶和香辛料（调味料）	0.05
克百威	蔬菜、水果、食用菌、糖料	0.01
	谷物、油料、坚果和植物油	0.02
	茶叶和香辛料（调味料）	0.02
3-羟基克百威	蔬菜、水果、食用菌、糖料	0.01
	谷物、油料、坚果和植物油	0.02
	茶叶和香辛料（调味料）	0.02
萎锈灵	蔬菜、水果、食用菌、糖料	0.01
	谷物、油料、坚果和植物油	0.02
	茶叶和香辛料（调味料）	0.05
唑草酮	蔬菜、水果、食用菌、糖料	0.01
	谷物、油料、坚果和植物油	0.02
	茶叶和香辛料（调味料）	0.05
氯虫苯甲酰胺	蔬菜、水果、食用菌、糖料	0.01
	谷物、油料、坚果和植物油	0.02
	茶叶和香辛料（调味料）	0.05

农药 / 代谢物名称	食品类别 / 名称	定量限 / (mg/kg)
灭幼脲	蔬菜、水果、食用菌、糖料	0.01
	谷物、油料、坚果和植物油	0.02
	茶叶和香辛料（调味料）	0.05
杀虫脒	蔬菜、水果、食用菌、糖料	0.01
	谷物、油料、坚果和植物油	0.01
	茶叶和香辛料（调味料）	0.05
毒虫畏	蔬菜、水果、食用菌、糖料	0.01
	谷物、油料、坚果和植物油	0.02
	茶叶和香辛料（调味料）	0.05
氟啶脲	蔬菜、水果、食用菌、糖料	0.01
	谷物、油料、坚果和植物油	0.02
	茶叶和香辛料（调味料）	0.05
杀草敏	蔬菜、水果、食用菌、糖料	0.01
	谷物、油料、坚果和植物油	0.02
	茶叶和香辛料（调味料）	0.05
氯嘧磺隆	蔬菜、水果、食用菌、糖料	0.01
	谷物、油料、坚果和植物油	0.02
	茶叶和香辛料（调味料）	0.05
氯苯胺灵	蔬菜、水果、食用菌、糖料	0.01
	谷物、油料、坚果和植物油	0.02
	茶叶和香辛料（调味料）	0.05
毒死蜱	蔬菜、水果、食用菌、糖料	0.01
	谷物、油料、坚果和植物油	0.02
	茶叶和香辛料（调味料）	0.05
甲基毒死蜱	蔬菜、水果、食用菌、糖料	0.01
	谷物、油料、坚果和植物油	0.02
	茶叶和香辛料（调味料）	0.05
氯磺隆	蔬菜、水果、食用菌、糖料	0.01
	谷物、油料、坚果和植物油	0.02
	茶叶和香辛料（调味料）	0.05
绿麦隆	蔬菜、水果、食用菌、糖料	0.01
	谷物、油料、坚果和植物油	0.02
	茶叶和香辛料（调味料）	0.05
环虫酰肼	蔬菜、水果、食用菌、糖料	0.01
	谷物、油料、坚果和植物油	0.02
	茶叶和香辛料（调味料）	0.05
醚磺隆	蔬菜、水果、食用菌、糖料	0.01
	谷物、油料、坚果和植物油	0.02
	茶叶和香辛料（调味料）	0.05
烯草酮	蔬菜、水果、食用菌、糖料	0.01
	谷物、油料、坚果和植物油	0.02
	茶叶和香辛料（调味料）	0.05
烯草酮砜	蔬菜、水果、食用菌、糖料	0.01
	谷物、油料、坚果和植物油	0.02
	茶叶和香辛料（调味料）	0.05
烯草酮亚砜	蔬菜、水果、食用菌、糖料	0.01
	谷物、油料、坚果和植物油	0.02
	茶叶和香辛料（调味料）	0.05
四螨嗪	蔬菜、水果、食用菌、糖料	0.01
	谷物、油料、坚果和植物油	0.02
	茶叶和香辛料（调味料）	0.05

农药 / 代谢物名称	食品类别 / 名称	定量限 /（mg/kg）
异噁草酮	蔬菜、水果、食用菌、糖料	0.01
	谷物、油料、坚果和植物油	0.02
	茶叶和香辛料（调味料）	0.05
噻虫胺	蔬菜、水果、食用菌、糖料	0.01
	谷物、油料、坚果和植物油	0.01
	茶叶和香辛料（调味料）	0.02
蝇毒磷	蔬菜、水果、食用菌、糖料	0.01
	谷物、油料、坚果和植物油	0.02
	茶叶和香辛料（调味料）	0.05
丁香菌酯	蔬菜、水果、食用菌、糖料	0.01
	谷物、油料、坚果和植物油	0.02
	茶叶和香辛料（调味料）	0.05
氰草津	蔬菜、水果、食用菌、糖料	0.01
	谷物、油料、坚果和植物油	0.02
	茶叶和香辛料（调味料）	0.05
溴氰虫酰胺	蔬菜、水果、食用菌、糖料	0.01
	谷物、油料、坚果和植物油	0.02
	茶叶和香辛料（调味料）	0.02
氰霜唑	蔬菜、水果、食用菌、糖料	0.01
	谷物、油料、坚果和植物油	0.02
	茶叶和香辛料（调味料）	0.05
4-氯-5-(4-甲苯基)-1H-咪唑-2-腈	蔬菜、水果、食用菌、糖料	0.01
	谷物、油料、坚果和植物油	0.02
	茶叶和香辛料（调味料）	0.05
环丙嘧磺隆	蔬菜、水果、食用菌、糖料	0.01
	谷物、油料、坚果和植物油	0.02
	茶叶和香辛料（调味料）	0.05
噻草酮	蔬菜、水果、食用菌、糖料	0.01
	谷物、油料、坚果和植物油	0.02
	茶叶和香辛料（调味料）	0.05
环氟菌胺	蔬菜、水果、食用菌、糖料	0.01
	谷物、油料、坚果和植物油	0.02
	茶叶和香辛料（调味料）	0.05
丁氟螨酯	蔬菜、水果、食用菌、糖料	0.01
	谷物、油料、坚果和植物油	0.02
	茶叶和香辛料（调味料）	0.05
霜脲氰	蔬菜、水果、食用菌、糖料	0.01
	谷物、油料、坚果和植物油	0.02
	茶叶和香辛料（调味料）	0.05
环丙唑醇	蔬菜、水果、食用菌、糖料	0.01
	谷物、油料、坚果和植物油	0.02
	茶叶和香辛料（调味料）	0.05
嘧菌环胺	蔬菜、水果、食用菌、糖料	0.01
	谷物、油料、坚果和植物油	0.02
	茶叶和香辛料（调味料）	0.05
溴氰菊酯	蔬菜、水果、食用菌、糖料	0.01
	谷物、油料、坚果和植物油	0.01
	茶叶和香辛料（调味料）	0.02
内吸磷	蔬菜、水果、食用菌、糖料	0.01
	谷物、油料、坚果和植物油	0.02
	茶叶和香辛料（调味料）	0.05

农药 / 代谢物名称	食品类别 / 名称	定量限 /（mg/kg）
二嗪磷	蔬菜、水果、食用菌、糖料	0.01
	谷物、油料、坚果和植物油	0.02
	茶叶和香辛料（调味料）	0.05
敌敌畏	蔬菜、水果、食用菌、糖料	0.01
	谷物、油料、坚果和植物油	0.02
	茶叶和香辛料（调味料）	0.05
苄氯三唑醇	蔬菜、水果、食用菌、糖料	0.01
	谷物、油料、坚果和植物油	0.02
	茶叶和香辛料（调味料）	0.05
禾草灵	蔬菜、水果、食用菌、糖料	0.01
	谷物、油料、坚果和植物油	0.02
	茶叶和香辛料（调味料）	0.05
百治磷	蔬菜、水果、食用菌、糖料	0.01
	谷物、油料、坚果和植物油	0.02
	茶叶和香辛料（调味料）	0.05
乙霉威	蔬菜、水果、食用菌、糖料	0.01
	谷物、油料、坚果和植物油	0.02
	茶叶和香辛料（调味料）	0.05
胺鲜酯	蔬菜、水果、食用菌、糖料	0.01
	谷物、油料、坚果和植物油	0.02
	茶叶和香辛料（调味料）	0.05
苯醚甲环唑	蔬菜、水果、食用菌、糖料	0.01
	谷物、油料、坚果和植物油	0.02
	茶叶和香辛料（调味料）	0.05
除虫脲	蔬菜、水果、食用菌、糖料	0.01
	谷物、油料、坚果和植物油	0.01
	茶叶和香辛料（调味料）	0.05
吡氟酰草胺	蔬菜、水果、食用菌、糖料	0.01
	谷物、油料、坚果和植物油	0.02
	茶叶和香辛料（调味料）	0.05
哌草丹	蔬菜、水果、食用菌、糖料	0.01
	谷物、油料、坚果和植物油	0.02
	茶叶和香辛料（调味料）	0.05
二甲吩草胺	蔬菜、水果、食用菌、糖料	0.01
	谷物、油料、坚果和植物油	0.01
	茶叶和香辛料（调味料）	0.05
乐果	蔬菜、水果、食用菌、糖料	0.01
	谷物、油料、坚果和植物油	0.02
	茶叶和香辛料（调味料）	0.05
烯酰吗啉	蔬菜、水果、食用菌、糖料	0.01
	谷物、油料、坚果和植物油	0.02
	茶叶和香辛料（调味料）	0.05
醚菌胺	蔬菜、水果、食用菌、糖料	0.01
	谷物、油料、坚果和植物油	0.02
	茶叶和香辛料（调味料）	0.05
烯唑醇	蔬菜、水果、食用菌、糖料	0.01
	谷物、油料、坚果和植物油	0.02
	茶叶和香辛料（调味料）	0.05
敌螨普	蔬菜、水果、食用菌、糖料	0.01
	谷物、油料、坚果和植物油	0.02
	茶叶和香辛料（调味料）	0.05

农药 / 代谢物名称	食品类别 / 名称	定量限 / （mg/kg）
呋虫胺	蔬菜、水果、食用菌、糖料	0.01
	谷物、油料、坚果和植物油	0.02
	茶叶和香辛料（调味料）	0.05
乙拌磷	蔬菜、水果、食用菌、糖料	0.01
	谷物、油料、坚果和植物油	0.02
	茶叶和香辛料（调味料）	0.05
内吸磷-*S*-砜	蔬菜、水果、食用菌、糖料	0.01
	谷物、油料、坚果和植物油	0.02
	茶叶和香辛料（调味料）	0.05
内吸磷-*S*-亚砜	蔬菜、水果、食用菌、糖料	0.01
	谷物、油料、坚果和植物油	0.02
	茶叶和香辛料（调味料）	0.05
乙拌磷砜	蔬菜、水果、食用菌、糖料	0.01
	谷物、油料、坚果和植物油	0.02
	茶叶和香辛料（调味料）	0.05
乙拌磷亚砜	蔬菜、水果、食用菌、糖料	0.01
	谷物、油料、坚果和植物油	0.02
	茶叶和香辛料（调味料）	0.05
敌草隆	蔬菜、水果、食用菌、糖料	0.01
	谷物、油料、坚果和植物油	0.02
	茶叶和香辛料（调味料）	0.05
敌瘟磷	蔬菜、水果、食用菌、糖料	0.01
	谷物、油料、坚果和植物油	0.02
	茶叶和香辛料（调味料）	0.05
甲氨基阿维菌素苯甲酸盐	蔬菜、水果、食用菌、糖料	0.005
	谷物、油料、坚果和植物油	0.005
	茶叶和香辛料（调味料）	0.05
烯肟菌酯	蔬菜、水果、食用菌、糖料	0.01
	谷物、油料、坚果和植物油	0.02
	茶叶和香辛料（调味料）	0.05
苯硫膦	蔬菜、水果、食用菌、糖料	0.01
	谷物、油料、坚果和植物油	0.02
	茶叶和香辛料（调味料）	0.05
氟环唑	蔬菜、水果、食用菌、糖料	0.01
	谷物、油料、坚果和植物油	0.02
	茶叶和香辛料（调味料）	0.05
乙硫磷	蔬菜、水果、食用菌、糖料	0.01
	谷物、油料、坚果和植物油	0.02
	茶叶和香辛料（调味料）	0.05
乙虫腈	蔬菜、水果、食用菌、糖料	0.01
	谷物、油料、坚果和植物油	0.02
	茶叶和香辛料（调味料）	0.05
乙嘧酚	蔬菜、水果、食用菌、糖料	0.01
	谷物、油料、坚果和植物油	0.02
	茶叶和香辛料（调味料）	0.05
乙氧呋草黄	蔬菜、水果、食用菌、糖料	0.01
	谷物、油料、坚果和植物油	0.02
	茶叶和香辛料（调味料）	0.05
灭线磷	蔬菜、水果、食用菌、糖料	0.01
	谷物、油料、坚果和植物油	0.02
	茶叶和香辛料（调味料）	0.05

农药 / 代谢物名称	食品类别 / 名称	定量限 /（mg/kg）
乙氧磺隆	蔬菜、水果、食用菌、糖料	0.01
	谷物、油料、坚果和植物油	0.02
	茶叶和香辛料（调味料）	0.05
醚菊酯	蔬菜、水果、食用菌、糖料	0.01
	谷物、油料、坚果和植物油	0.01
	茶叶和香辛料（调味料）	0.05
乙螨唑	蔬菜、水果、食用菌、糖料	0.01
	谷物、油料、坚果和植物油	0.02
	茶叶和香辛料（调味料）	0.05
乙嘧硫磷	蔬菜、水果、食用菌、糖料	0.01
	谷物、油料、坚果和植物油	0.02
	茶叶和香辛料（调味料）	0.05
噁唑菌酮	蔬菜、水果、食用菌、糖料	0.01
	谷物、油料、坚果和植物油	0.02
	茶叶和香辛料（调味料）	0.05
咪唑菌酮	蔬菜、水果、食用菌、糖料	0.01
	谷物、油料、坚果和植物油	0.02
	茶叶和香辛料（调味料）	0.05
烯肟菌胺	蔬菜、水果、食用菌、糖料	0.01
	谷物、油料、坚果和植物油	0.02
	茶叶和香辛料（调味料）	0.05
苯线磷	蔬菜、水果、食用菌、糖料	0.005
	谷物、油料、坚果和植物油	0.01
	茶叶和香辛料（调味料）	0.05
苯线磷砜	蔬菜、水果、食用菌、糖料	0.005
	谷物、油料、坚果和植物油	0.01
	茶叶和香辛料（调味料）	0.05
苯线磷亚砜	蔬菜、水果、食用菌、糖料	0.005
	谷物、油料、坚果和植物油	0.01
	茶叶和香辛料（调味料）	0.05
氯苯嘧啶醇	蔬菜、水果、食用菌、糖料	0.01
	谷物、油料、坚果和植物油	0.02
	茶叶和香辛料（调味料）	0.05
喹螨醚	蔬菜、水果、食用菌、糖料	0.01
	谷物、油料、坚果和植物油	0.02
	茶叶和香辛料（调味料）	0.05
腈苯唑	蔬菜、水果、食用菌、糖料	0.01
	谷物、油料、坚果和植物油	0.02
	茶叶和香辛料（调味料）	0.05
环酰菌胺	蔬菜、水果、食用菌、糖料	0.01
	谷物、油料、坚果和植物油	0.02
	茶叶和香辛料（调味料）	0.05
仲丁威	蔬菜、水果、食用菌、糖料	0.01
	谷物、油料、坚果和植物油	0.02
	茶叶和香辛料（调味料）	0.05
苯硫威	蔬菜、水果、食用菌、糖料	0.01
	谷物、油料、坚果和植物油	0.02
	茶叶和香辛料（调味料）	0.05
稻瘟酰胺	蔬菜、水果、食用菌、糖料	0.01
	谷物、油料、坚果和植物油	0.02
	茶叶和香辛料（调味料）	0.05

农药 / 代谢物名称	食品类别 / 名称	定量限 / (mg/kg)
噁唑禾草灵	蔬菜、水果、食用菌、糖料	0.01
	谷物、油料、坚果和植物油	0.02
	茶叶和香辛料（调味料）	0.05
苯氧威	蔬菜、水果、食用菌、糖料	0.01
	谷物、油料、坚果和植物油	0.02
	茶叶和香辛料（调味料）	0.05
甲氰菊酯	蔬菜、水果、食用菌、糖料	0.01
	谷物、油料、坚果和植物油	0.02
	茶叶和香辛料（调味料）	0.02
苯锈啶	蔬菜、水果、食用菌、糖料	0.01
	谷物、油料、坚果和植物油	0.02
	茶叶和香辛料（调味料）	0.05
丁苯吗啉	蔬菜、水果、食用菌、糖料	0.01
	谷物、油料、坚果和植物油	0.02
	茶叶和香辛料（调味料）	0.05
胺苯吡菌酮	蔬菜、水果、食用菌、糖料	0.01
	谷物、油料、坚果和植物油	0.02
	茶叶和香辛料（调味料）	0.05
唑螨酯	蔬菜、水果、食用菌、糖料	0.01
	谷物、油料、坚果和植物油	0.02
	茶叶和香辛料（调味料）	0.05
丰索磷	蔬菜、水果、食用菌、糖料	0.01
	谷物、油料、坚果和植物油	0.02
	茶叶和香辛料（调味料）	0.05
氧丰索磷	蔬菜、水果、食用菌、糖料	0.01
	谷物、油料、坚果和植物油	0.02
	茶叶和香辛料（调味料）	0.05
氧丰索磷砜	蔬菜、水果、食用菌、糖料	0.01
	谷物、油料、坚果和植物油	0.02
	茶叶和香辛料（调味料）	0.05
丰索磷砜	蔬菜、水果、食用菌、糖料	0.01
	谷物、油料、坚果和植物油	0.02
	茶叶和香辛料（调味料）	0.05
倍硫磷	蔬菜、水果、食用菌、糖料	0.01
	谷物、油料、坚果和植物油	0.01
	茶叶和香辛料（调味料）	0.05
倍硫磷砜	蔬菜、水果、食用菌、糖料	0.01
	谷物、油料、坚果和植物油	0.01
	茶叶和香辛料（调味料）	0.05
倍硫磷亚砜	蔬菜、水果、食用菌、糖料	0.01
	谷物、油料、坚果和植物油	0.01
	茶叶和香辛料（调味料）	0.05
氰戊菊酯	蔬菜、水果、食用菌、糖料	0.01
	谷物、油料、坚果和植物油	0.02
	茶叶和香辛料（调味料）	0.02
氟虫腈	蔬菜、水果、食用菌、糖料	0.005
	谷物、油料、坚果和植物油	0.002
	茶叶和香辛料（调味料）	0.05
氟甲腈	蔬菜、水果、食用菌、糖料	0.005
	谷物、油料、坚果和植物油	0.002
	茶叶和香辛料（调味料）	0.05

农药 / 代谢物名称	食品类别 / 名称	定量限 /（mg/kg）
氟虫腈硫醚	蔬菜、水果、食用菌、糖料	0.005
	谷物、油料、坚果和植物油	0.002
	茶叶和香辛料（调味料）	0.05
氟虫腈砜	蔬菜、水果、食用菌、糖料	0.005
	谷物、油料、坚果和植物油	0.002
	茶叶和香辛料（调味料）	0.05
氟啶虫酰胺	蔬菜、水果、食用菌、糖料	0.01
	谷物、油料、坚果和植物油	0.02
	茶叶和香辛料（调味料）	0.05
双氟磺草胺	蔬菜、水果、食用菌、糖料	0.01
	谷物、油料、坚果和植物油	0.01
	茶叶和香辛料（调味料）	0.05
吡氟禾草灵	蔬菜、水果、食用菌、糖料	0.01
	谷物、油料、坚果和植物油	0.02
	茶叶和香辛料（调味料）	0.05
氟啶胺	蔬菜、水果、食用菌、糖料	0.01
	谷物、油料、坚果和植物油	0.02
	茶叶和香辛料（调味料）	0.05
氟苯虫酰胺	蔬菜、水果、食用菌、糖料	0.01
	谷物、油料、坚果和植物油	0.02
	茶叶和香辛料（调味料）	0.05
氟吡磺隆	蔬菜、水果、食用菌、糖料	0.01
	谷物、油料、坚果和植物油	0.02
	茶叶和香辛料（调味料）	0.05
氟氰戊菊酯	蔬菜、水果、食用菌、糖料	0.01
	谷物、油料、坚果和植物油	0.02
	茶叶和香辛料（调味料）	0.05
咯菌腈	蔬菜、水果、食用菌、糖料	0.01
	谷物、油料、坚果和植物油	0.02
	茶叶和香辛料（调味料）	0.05
氟噻草胺	蔬菜、水果、食用菌、糖料	0.01
	谷物、油料、坚果和植物油	0.02
	茶叶和香辛料（调味料）	0.05
氟虫脲	蔬菜、水果、食用菌、糖料	0.01
	谷物、油料、坚果和植物油	0.02
	茶叶和香辛料（调味料）	0.05
氟节胺	蔬菜、水果、食用菌、糖料	0.01
	谷物、油料、坚果和植物油	0.02
	茶叶和香辛料（调味料）	0.05
唑嘧磺草胺	蔬菜、水果、食用菌、糖料	0.01
	谷物、油料、坚果和植物油	0.02
	茶叶和香辛料（调味料）	0.05
氟吗啉	蔬菜、水果、食用菌、糖料	0.01
	谷物、油料、坚果和植物油	0.02
	茶叶和香辛料（调味料）	0.05
氟吡菌胺	蔬菜、水果、食用菌、糖料	0.01
	谷物、油料、坚果和植物油	0.02
	茶叶和香辛料（调味料）	0.05
氟吡菌酰胺	蔬菜、水果、食用菌、糖料	0.01
	谷物、油料、坚果和植物油	0.01
	茶叶和香辛料（调味料）	0.05

农药 / 代谢物名称	食品类别 / 名称	定量限 / (mg/kg)
乙羧氟草醚	蔬菜、水果、食用菌、糖料	0.01
	谷物、油料、坚果和植物油	0.02
	茶叶和香辛料（调味料）	0.05
呋草酮	蔬菜、水果、食用菌、糖料	0.01
	谷物、油料、坚果和植物油	0.02
	茶叶和香辛料（调味料）	0.05
氟硅唑	蔬菜、水果、食用菌、糖料	0.01
	谷物、油料、坚果和植物油	0.02
	茶叶和香辛料（调味料）	0.05
嗪草酸甲酯	蔬菜、水果、食用菌、糖料	0.01
	谷物、油料、坚果和植物油	0.02
	茶叶和香辛料（调味料）	0.05
氟酰胺	蔬菜、水果、食用菌、糖料	0.01
	谷物、油料、坚果和植物油	0.02
	茶叶和香辛料（调味料）	0.05
粉唑醇	蔬菜、水果、食用菌、糖料	0.01
	谷物、油料、坚果和植物油	0.02
	茶叶和香辛料（调味料）	0.05
氟唑菌酰胺	蔬菜、水果、食用菌、糖料	0.01
	谷物、油料、坚果和植物油	0.01
	茶叶和香辛料（调味料）	0.05
地虫硫膦	蔬菜、水果、食用菌、糖料	0.01
	谷物、油料、坚果和植物油	0.02
	茶叶和香辛料（调味料）	0.05
氯吡脲	蔬菜、水果、食用菌、糖料	0.01
	谷物、油料、坚果和植物油	0.02
	茶叶和香辛料（调味料）	0.05
安硫磷	蔬菜、水果、食用菌、糖料	0.01
	谷物、油料、坚果和植物油	0.02
	茶叶和香辛料（调味料）	0.05
噻唑磷	蔬菜、水果、食用菌、糖料	0.01
	谷物、油料、坚果和植物油	0.02
	茶叶和香辛料（调味料）	0.05
呋线威	蔬菜、水果、食用菌、糖料	0.01
	谷物、油料、坚果和植物油	0.02
	茶叶和香辛料（调味料）	0.05
氯吡嘧磺隆	蔬菜、水果、食用菌、糖料	0.01
	谷物、油料、坚果和植物油	0.02
	茶叶和香辛料（调味料）	0.05
庚烯磷	蔬菜、水果、食用菌、糖料	0.01
	谷物、油料、坚果和植物油	0.02
	茶叶和香辛料（调味料）	0.05
己唑醇	蔬菜、水果、食用菌、糖料	0.01
	谷物、油料、坚果和植物油	0.02
	茶叶和香辛料（调味料）	0.05
氟铃脲	蔬菜、水果、食用菌、糖料	0.01
	谷物、油料、坚果和植物油	0.02
	茶叶和香辛料（调味料）	0.05
环嗪酮	蔬菜、水果、食用菌、糖料	0.01
	谷物、油料、坚果和植物油	0.02
	茶叶和香辛料（调味料）	0.05

农药 / 代谢物名称	食品类别 / 名称	定量限 /（mg/kg）
噻螨酮	蔬菜、水果、食用菌、糖料	0.01
	谷物、油料、坚果和植物油	0.02
	茶叶和香辛料（调味料）	0.05
抑霉唑	蔬菜、水果、食用菌、糖料	0.01
	谷物、油料、坚果和植物油	0.01
	茶叶和香辛料（调味料）	0.05
亚胺唑	蔬菜、水果、食用菌、糖料	0.01
	谷物、油料、坚果和植物油	0.02
	茶叶和香辛料（调味料）	0.05
吡虫啉	蔬菜、水果、食用菌、糖料	0.01
	谷物、油料、坚果和植物油	0.02
	茶叶和香辛料（调味料）	0.05
氯噻啉	蔬菜、水果、食用菌、糖料	0.01
	谷物、油料、坚果和植物油	0.02
	茶叶和香辛料（调味料）	0.05
茚虫威	蔬菜、水果、食用菌、糖料	0.01
	谷物、油料、坚果和植物油	0.02
	茶叶和香辛料（调味料）	0.05
甲基碘磺隆钠盐	蔬菜、水果、食用菌、糖料	0.01
	谷物、油料、坚果和植物油	0.02
	茶叶和香辛料（调味料）	0.05
种菌唑	蔬菜、水果、食用菌、糖料	0.01
	谷物、油料、坚果和植物油	0.01
	茶叶和香辛料（调味料）	0.05
异稻瘟净	蔬菜、水果、食用菌、糖料	0.01
	谷物、油料、坚果和植物油	0.02
	茶叶和香辛料（调味料）	0.05
异菌脲	蔬菜、水果、食用菌、糖料	0.01
	谷物、油料、坚果和植物油	0.02
	茶叶和香辛料（调味料）	0.05
缬霉威	蔬菜、水果、食用菌、糖料	0.01
	谷物、油料、坚果和植物油	0.02
	茶叶和香辛料（调味料）	0.05
氯唑磷	蔬菜、水果、食用菌、糖料	0.01
	谷物、油料、坚果和植物油	0.02
	茶叶和香辛料（调味料）	0.01
水胺硫磷	蔬菜、水果、食用菌、糖料	0.01
	谷物、油料、坚果和植物油	0.02
	茶叶和香辛料（调味料）	0.05
甲基异柳磷	蔬菜、水果、食用菌、糖料	0.01
	谷物、油料、坚果和植物油	0.02
	茶叶和香辛料（调味料）	0.05
异丙威	蔬菜、水果、食用菌、糖料	0.01
	谷物、油料、坚果和植物油	0.02
	茶叶和香辛料（调味料）	0.05
稻瘟灵	蔬菜、水果、食用菌、糖料	0.01
	谷物、油料、坚果和植物油	0.02
	茶叶和香辛料（调味料）	0.05
异丙隆	蔬菜、水果、食用菌、糖料	0.01
	谷物、油料、坚果和植物油	0.02
	茶叶和香辛料（调味料）	0.05

农药 / 代谢物名称	食品类别 / 名称	定量限 / （mg/kg）
吡唑萘菌胺	蔬菜、水果、食用菌、糖料	0.01
	谷物、油料、坚果和植物油	0.02
	茶叶和香辛料（调味料）	0.05
异噁唑草酮	蔬菜、水果、食用菌、糖料	0.005
	谷物、油料、坚果和植物油	0.01
	茶叶和香辛料（调味料）	0.05
异噁唑草酮-二酮腈	蔬菜、水果、食用菌、糖料	0.005
	谷物、油料、坚果和植物油	0.01
	茶叶和香辛料（调味料）	0.05
伊维菌素	蔬菜、水果、食用菌、糖料	0.01
	谷物、油料、坚果和植物油	0.02
	茶叶和香辛料（调味料）	0.05
醚菌酯	蔬菜、水果、食用菌、糖料	0.01
	谷物、油料、坚果和植物油	0.02
	茶叶和香辛料（调味料）	0.05
乳氟禾草灵	蔬菜、水果、食用菌、糖料	0.01
	谷物、油料、坚果和植物油	0.02
	茶叶和香辛料（调味料）	0.05
利谷隆	蔬菜、水果、食用菌、糖料	0.01
	谷物、油料、坚果和植物油	0.02
	茶叶和香辛料（调味料）	0.05
虱螨脲	蔬菜、水果、食用菌、糖料	0.01
	谷物、油料、坚果和植物油	0.02
	茶叶和香辛料（调味料）	0.05
马拉硫磷	蔬菜、水果、食用菌、糖料	0.01
	谷物、油料、坚果和植物油	0.02
	茶叶和香辛料（调味料）	0.05
马拉氧磷	蔬菜、水果、食用菌、糖料	0.01
	谷物、油料、坚果和植物油	0.02
	茶叶和香辛料（调味料）	0.05
双炔酰菌胺	蔬菜、水果、食用菌、糖料	0.01
	谷物、油料、坚果和植物油	0.02
	茶叶和香辛料（调味料）	0.05
苯噻酰草胺	蔬菜、水果、食用菌、糖料	0.01
	谷物、油料、坚果和植物油	0.02
	茶叶和香辛料（调味料）	0.05
灭锈胺	蔬菜、水果、食用菌、糖料	0.01
	谷物、油料、坚果和植物油	0.02
	茶叶和香辛料（调味料）	0.05
甲基二磺隆	蔬菜、水果、食用菌、糖料	0.01
	谷物、油料、坚果和植物油	0.02
	茶叶和香辛料（调味料）	0.05
氰氟虫腙	蔬菜、水果、食用菌、糖料	0.01
	谷物、油料、坚果和植物油	0.02
	茶叶和香辛料（调味料）	0.05
甲霜灵	蔬菜、水果、食用菌、糖料	0.01
	谷物、油料、坚果和植物油	0.02
	茶叶和香辛料（调味料）	0.05
噁唑酰草胺	蔬菜、水果、食用菌、糖料	0.01
	谷物、油料、坚果和植物油	0.02
	茶叶和香辛料（调味料）	0.05

农药 / 代谢物名称	食品类别 / 名称	定量限 /（mg/kg）
苯嗪草酮	蔬菜、水果、食用菌、糖料	0.01
	谷物、油料、坚果和植物油	0.02
	茶叶和香辛料（调味料）	0.05
吡唑草胺	蔬菜、水果、食用菌、糖料	0.01
	谷物、油料、坚果和植物油	0.02
	茶叶和香辛料（调味料）	0.05
嗪吡嘧磺隆	蔬菜、水果、食用菌、糖料	0.01
	谷物、油料、坚果和植物油	0.02
	茶叶和香辛料（调味料）	0.05
叶菌唑	蔬菜、水果、食用菌、糖料	0.01
	谷物、油料、坚果和植物油	0.02
	茶叶和香辛料（调味料）	0.05
虫螨畏	蔬菜、水果、食用菌、糖料	0.01
	谷物、油料、坚果和植物油	0.02
	茶叶和香辛料（调味料）	0.05
甲胺磷	蔬菜、水果、食用菌、糖料	0.01
	谷物、油料、坚果和植物油	0.02
	茶叶和香辛料（调味料）	0.05
杀扑磷	蔬菜、水果、食用菌、糖料	0.01
	谷物、油料、坚果和植物油	0.02
	茶叶和香辛料（调味料）	0.05
甲硫威	蔬菜、水果、食用菌、糖料	0.01
	谷物、油料、坚果和植物油	0.02
	茶叶和香辛料（调味料）	0.05
甲硫威砜	蔬菜、水果、食用菌、糖料	0.01
	谷物、油料、坚果和植物油	0.02
	茶叶和香辛料（调味料）	0.05
甲硫威亚砜	蔬菜、水果、食用菌、糖料	0.01
	谷物、油料、坚果和植物油	0.02
	茶叶和香辛料（调味料）	0.05
灭多威	蔬菜、水果、食用菌、糖料	0.01
	谷物、油料、坚果和植物油	0.02
	茶叶和香辛料（调味料）	0.05
烯虫酯	蔬菜、水果、食用菌、糖料	0.01
	谷物、油料、坚果和植物油	0.02
	茶叶和香辛料（调味料）	0.05
甲氧虫酰肼	蔬菜、水果、食用菌、糖料	0.01
	谷物、油料、坚果和植物油	0.02
	茶叶和香辛料（调味料）	0.05
异丙甲草胺	蔬菜、水果、食用菌、糖料	0.01
	谷物、油料、坚果和植物油	0.02
	茶叶和香辛料（调味料）	0.05
速灭威	蔬菜、水果、食用菌、糖料	0.01
	谷物、油料、坚果和植物油	0.02
	茶叶和香辛料（调味料）	0.05
苯菌酮	蔬菜、水果、食用菌、糖料	0.01
	谷物、油料、坚果和植物油	0.02
	茶叶和香辛料（调味料）	0.05
嗪草酮	蔬菜、水果、食用菌、糖料	0.01
	谷物、油料、坚果和植物油	0.02
	茶叶和香辛料（调味料）	0.05

农药 / 代谢物名称	食品类别 / 名称	定量限 / (mg/kg)
甲磺隆	蔬菜、水果、食用菌、糖料	0.01
	谷物、油料、坚果和植物油	0.02
	茶叶和香辛料（调味料）	0.05
速灭磷	蔬菜、水果、食用菌、糖料	0.01
	谷物、油料、坚果和植物油	0.02
	茶叶和香辛料（调味料）	0.05
禾草敌	蔬菜、水果、食用菌、糖料	0.01
	谷物、油料、坚果和植物油	0.02
	茶叶和香辛料（调味料）	0.05
久效磷	蔬菜、水果、食用菌、糖料	0.01
	谷物、油料、坚果和植物油	0.02
	茶叶和香辛料（调味料）	0.05
腈菌唑	蔬菜、水果、食用菌、糖料	0.01
	谷物、油料、坚果和植物油	0.02
	茶叶和香辛料（调味料）	0.05
敌草胺	蔬菜、水果、食用菌、糖料	0.01
	谷物、油料、坚果和植物油	0.02
	茶叶和香辛料（调味料）	0.05
烯啶虫胺	蔬菜、水果、食用菌、糖料	0.01
	谷物、油料、坚果和植物油	0.02
	茶叶和香辛料（调味料）	0.05
氟酰脲	蔬菜、水果、食用菌、糖料	0.01
	谷物、油料、坚果和植物油	0.02
	茶叶和香辛料（调味料）	0.05
氧乐果	蔬菜、水果、食用菌、糖料	0.01
	谷物、油料、坚果和植物油	0.02
	茶叶和香辛料（调味料）	0.01
嘧苯胺磺隆	蔬菜、水果、食用菌、糖料	0.01
	谷物、油料、坚果和植物油	0.02
	茶叶和香辛料（调味料）	0.05
丙炔噁草酮	蔬菜、水果、食用菌、糖料	0.01
	谷物、油料、坚果和植物油	0.02
	茶叶和香辛料（调味料）	0.05
噁草酮	蔬菜、水果、食用菌、糖料	0.01
	谷物、油料、坚果和植物油	0.02
	茶叶和香辛料（调味料）	0.05
噁霜灵	蔬菜、水果、食用菌、糖料	0.01
	谷物、油料、坚果和植物油	0.02
	茶叶和香辛料（调味料）	0.05
杀线威	蔬菜、水果、食用菌、糖料	0.01
	谷物、油料、坚果和植物油	0.02
	茶叶和香辛料（调味料）	0.05
杀线威肟	蔬菜、水果、食用菌、糖料	0.01
	谷物、油料、坚果和植物油	0.02
	茶叶和香辛料（调味料）	0.05
噁嗪草酮	蔬菜、水果、食用菌、糖料	0.01
	谷物、油料、坚果和植物油	0.02
	茶叶和香辛料（调味料）	0.05
亚砜磷	蔬菜、水果、食用菌、糖料	0.01
	谷物、油料、坚果和植物油	0.02
	茶叶和香辛料（调味料）	0.05

农药/代谢物名称	食品类别/名称	定量限/(mg/kg)
甲基内吸磷	蔬菜、水果、食用菌、糖料	0.01
	谷物、油料、坚果和植物油	0.02
	茶叶和香辛料(调味料)	0.05
砜吸磷	蔬菜、水果、食用菌、糖料	0.01
	谷物、油料、坚果和植物油	0.02
	茶叶和香辛料(调味料)	0.05
乙氧氟草醚	蔬菜、水果、食用菌、糖料	0.01
	谷物、油料、坚果和植物油	0.02
	茶叶和香辛料(调味料)	0.05
多效唑	蔬菜、水果、食用菌、糖料	0.01
	谷物、油料、坚果和植物油	0.02
	茶叶和香辛料(调味料)	0.05
对硫磷	蔬菜、水果、食用菌、糖料	0.01
	谷物、油料、坚果和植物油	0.02
	茶叶和香辛料(调味料)	0.05
戊菌唑	蔬菜、水果、食用菌、糖料	0.01
	谷物、油料、坚果和植物油	0.02
	茶叶和香辛料(调味料)	0.05
戊菌隆	蔬菜、水果、食用菌、糖料	0.01
	谷物、油料、坚果和植物油	0.02
	茶叶和香辛料(调味料)	0.05
二甲戊灵	蔬菜、水果、食用菌、糖料	0.01
	谷物、油料、坚果和植物油	0.02
	茶叶和香辛料(调味料)	0.05
氟唑菌苯胺	蔬菜、水果、食用菌、糖料	0.01
	谷物、油料、坚果和植物油	0.02
	茶叶和香辛料(调味料)	0.05
五氟磺草胺	蔬菜、水果、食用菌、糖料	0.01
	谷物、油料、坚果和植物油	0.02
	茶叶和香辛料(调味料)	0.05
吡噻菌胺	蔬菜、水果、食用菌、糖料	0.01
	谷物、油料、坚果和植物油	0.01
	茶叶和香辛料(调味料)	0.05
氯菊酯	蔬菜、水果、食用菌、糖料	0.01
	谷物、油料、坚果和植物油	0.02
	茶叶和香辛料(调味料)	0.05
氰烯菌酯	蔬菜、水果、食用菌、糖料	0.01
	谷物、油料、坚果和植物油	0.02
	茶叶和香辛料(调味料)	0.05
甜菜宁	蔬菜、水果、食用菌、糖料	0.01
	谷物、油料、坚果和植物油	0.02
	茶叶和香辛料(调味料)	0.05
稻丰散	蔬菜、水果、食用菌、糖料	0.01
	谷物、油料、坚果和植物油	0.02
	茶叶和香辛料(调味料)	0.05
甲拌磷	蔬菜、水果、食用菌、糖料	0.002
	谷物、油料、坚果和植物油	0.02
	茶叶和香辛料(调味料)	0.01
甲拌磷砜	蔬菜、水果、食用菌、糖料	0.002
	谷物、油料、坚果和植物油	0.02
	茶叶和香辛料(调味料)	0.01

农药 / 代谢物名称	食品类别 / 名称	定量限 /（mg/kg）
甲拌磷亚砜	蔬菜、水果、食用菌、糖料	0.002
	谷物、油料、坚果和植物油	0.02
	茶叶和香辛料（调味料）	0.01
伏杀硫磷	蔬菜、水果、食用菌、糖料	0.01
	谷物、油料、坚果和植物油	0.02
	茶叶和香辛料（调味料）	0.05
硫环磷	蔬菜、水果、食用菌、糖料	0.01
	谷物、油料、坚果和植物油	0.02
	茶叶和香辛料（调味料）	0.02
甲基硫环磷	蔬菜、水果、食用菌、糖料	0.01
	谷物、油料、坚果和植物油	0.02
	茶叶和香辛料（调味料）	0.02
亚胺硫磷	蔬菜、水果、食用菌、糖料	0.01
	谷物、油料、坚果和植物油	0.02
	茶叶和香辛料（调味料）	0.05
氧亚胺硫磷	蔬菜、水果、食用菌、糖料	0.01
	谷物、油料、坚果和植物油	0.02
	茶叶和香辛料（调味料）	0.05
磷胺	蔬菜、水果、食用菌、糖料	0.01
	谷物、油料、坚果和植物油	0.02
	茶叶和香辛料（调味料）	0.05
辛硫磷	蔬菜、水果、食用菌、糖料	0.01
	谷物、油料、坚果和植物油	0.02
	茶叶和香辛料（调味料）	0.05
氟吡酰草胺	蔬菜、水果、食用菌、糖料	0.01
	谷物、油料、坚果和植物油	0.02
	茶叶和香辛料（调味料）	0.05
啶氧菌酯	蔬菜、水果、食用菌、糖料	0.01
	谷物、油料、坚果和植物油	0.02
	茶叶和香辛料（调味料）	0.05
增效醚	蔬菜、水果、食用菌、糖料	0.01
	谷物、油料、坚果和植物油	0.02
	茶叶和香辛料（调味料）	0.05
抗蚜威	蔬菜、水果、食用菌、糖料	0.01
	谷物、油料、坚果和植物油	0.02
	茶叶和香辛料（调味料）	0.05
脱甲基抗蚜威	蔬菜、水果、食用菌、糖料	0.01
	谷物、油料、坚果和植物油	0.02
	茶叶和香辛料（调味料）	0.05
脱甲基甲酰胺基抗蚜威	蔬菜、水果、食用菌、糖料	0.01
	谷物、油料、坚果和植物油	0.02
	茶叶和香辛料（调味料）	0.05
甲基嘧啶磷	蔬菜、水果、食用菌、糖料	0.01
	谷物、油料、坚果和植物油	0.02
	茶叶和香辛料（调味料）	0.05
丙草胺	蔬菜、水果、食用菌、糖料	0.01
	谷物、油料、坚果和植物油	0.02
	茶叶和香辛料（调味料）	0.05
烯丙苯噻唑	蔬菜、水果、食用菌、糖料	0.01
	谷物、油料、坚果和植物油	0.02
	茶叶和香辛料（调味料）	0.05

农药 / 代谢物名称	食品类别 / 名称	定量限 /（mg/kg）
咪鲜胺	蔬菜、水果、食用菌、糖料	0.01
	谷物、油料、坚果和植物油	0.02
	茶叶和香辛料（调味料）	0.05
咪鲜胺-脱氨基咪唑	蔬菜、水果、食用菌、糖料	0.01
	谷物、油料、坚果和植物油	0.02
	茶叶和香辛料（调味料）	0.05
咪鲜胺-脱咪唑甲酰胺基	蔬菜、水果、食用菌、糖料	0.01
	谷物、油料、坚果和植物油	0.02
	茶叶和香辛料（调味料）	0.05
腐霉利	蔬菜、水果、食用菌、糖料	0.02
	谷物、油料、坚果和植物油	0.05
	茶叶和香辛料（调味料）	0.2
丙溴磷	蔬菜、水果、食用菌、糖料	0.01
	谷物、油料、坚果和植物油	0.02
	茶叶和香辛料（调味料）	0.05
猛杀威	蔬菜、水果、食用菌、糖料	0.01
	谷物、油料、坚果和植物油	0.02
	茶叶和香辛料（调味料）	0.05
扑草净	蔬菜、水果、食用菌、糖料	0.01
	谷物、油料、坚果和植物油	0.02
	茶叶和香辛料（调味料）	0.05
毒草胺	蔬菜、水果、食用菌、糖料	0.01
	谷物、油料、坚果和植物油	0.02
	茶叶和香辛料（调味料）	0.05
霜霉威	蔬菜、水果、食用菌、糖料	0.01
	谷物、油料、坚果和植物油	0.02
	茶叶和香辛料（调味料）	0.05
敌稗	蔬菜、水果、食用菌、糖料	0.01
	谷物、油料、坚果和植物油	0.02
	茶叶和香辛料（调味料）	0.05
喔草酯	蔬菜、水果、食用菌、糖料	0.01
	谷物、油料、坚果和植物油	0.02
	茶叶和香辛料（调味料）	0.05
炔螨特	蔬菜、水果、食用菌、糖料	0.01
	谷物、油料、坚果和植物油	0.02
	茶叶和香辛料（调味料）	0.05
丙环唑	蔬菜、水果、食用菌、糖料	0.01
	谷物、油料、坚果和植物油	0.02
	茶叶和香辛料（调味料）	0.02
异丙草胺	蔬菜、水果、食用菌、糖料	0.01
	谷物、油料、坚果和植物油	0.02
	茶叶和香辛料（调味料）	0.05
残杀威	蔬菜、水果、食用菌、糖料	0.01
	谷物、油料、坚果和植物油	0.02
	茶叶和香辛料（调味料）	0.05
丙嗪嘧磺隆	蔬菜、水果、食用菌、糖料	0.01
	谷物、油料、坚果和植物油	0.02
	茶叶和香辛料（调味料）	0.05
炔苯酰草胺	蔬菜、水果、食用菌、糖料	0.01
	谷物、油料、坚果和植物油	0.02
	茶叶和香辛料（调味料）	0.05

农药 / 代谢物名称	食品类别 / 名称	定量限 / (mg/kg)
丙氧喹啉	蔬菜、水果、食用菌、糖料	0.01
	谷物、油料、坚果和植物油	0.02
	茶叶和香辛料（调味料）	0.05
苄草丹	蔬菜、水果、食用菌、糖料	0.01
	谷物、油料、坚果和植物油	0.02
	茶叶和香辛料（调味料）	0.05
吡唑醚菌酯	蔬菜、水果、食用菌、糖料	0.01
	谷物、油料、坚果和植物油	0.02
	茶叶和香辛料（调味料）	0.05
吡草醚	蔬菜、水果、食用菌、糖料	0.01
	谷物、油料、坚果和植物油	0.02
	茶叶和香辛料（调味料）	0.05
唑胺菌酯	蔬菜、水果、食用菌、糖料	0.01
	谷物、油料、坚果和植物油	0.02
	茶叶和香辛料（调味料）	0.05
唑菌酯	蔬菜、水果、食用菌、糖料	0.01
	谷物、油料、坚果和植物油	0.02
	茶叶和香辛料（调味料）	0.05
吡嘧磺隆	蔬菜、水果、食用菌、糖料	0.01
	谷物、油料、坚果和植物油	0.02
	茶叶和香辛料（调味料）	0.05
除虫菊素Ⅰ	蔬菜、水果、食用菌、糖料	0.01
	谷物、油料、坚果和植物油	0.02
	茶叶和香辛料（调味料）	0.05
除虫菊素Ⅱ	蔬菜、水果、食用菌、糖料	0.01
	谷物、油料、坚果和植物油	0.02
	茶叶和香辛料（调味料）	0.05
嘧啶肟草醚	蔬菜、水果、食用菌、糖料	0.01
	谷物、油料、坚果和植物油	0.02
	茶叶和香辛料（调味料）	0.05
哒螨灵	蔬菜、水果、食用菌、糖料	0.01
	谷物、油料、坚果和植物油	0.02
	茶叶和香辛料（调味料）	0.05
三氟甲吡醚	蔬菜、水果、食用菌、糖料	0.01
	谷物、油料、坚果和植物油	0.02
	茶叶和香辛料（调味料）	0.05
哒嗪硫磷	蔬菜、水果、食用菌、糖料	0.01
	谷物、油料、坚果和植物油	0.02
	茶叶和香辛料（调味料）	0.05
环酯草醚	蔬菜、水果、食用菌、糖料	0.01
	谷物、油料、坚果和植物油	0.02
	茶叶和香辛料（调味料）	0.05
嘧霉胺	蔬菜、水果、食用菌、糖料	0.01
	谷物、油料、坚果和植物油	0.02
	茶叶和香辛料（调味料）	0.05
丁吡吗啉	蔬菜、水果、食用菌、糖料	0.01
	谷物、油料、坚果和植物油	0.02
	茶叶和香辛料（调味料）	0.05
吡丙醚	蔬菜、水果、食用菌、糖料	0.01
	谷物、油料、坚果和植物油	0.01
	茶叶和香辛料（调味料）	0.05

农药 / 代谢物名称	食品类别 / 名称	定量限 / (mg/kg)
啶菌噁唑	蔬菜、水果、食用菌、糖料	0.01
	谷物、油料、坚果和植物油	0.02
	茶叶和香辛料（调味料）	0.05
喹硫磷	蔬菜、水果、食用菌、糖料	0.01
	谷物、油料、坚果和植物油	0.02
	茶叶和香辛料（调味料）	0.05
喹禾灵	蔬菜、水果、食用菌、糖料	0.01
	谷物、油料、坚果和植物油	0.02
	茶叶和香辛料（调味料）	0.05
鱼藤酮	蔬菜、水果、食用菌、糖料	0.01
	谷物、油料、坚果和植物油	0.02
	茶叶和香辛料（调味料）	0.05
苯嘧磺草胺	蔬菜、水果、食用菌、糖料	0.01
	谷物、油料、坚果和植物油	0.01
	茶叶和香辛料（调味料）	0.01
氟唑环菌胺	蔬菜、水果、食用菌、糖料	0.01
	谷物、油料、坚果和植物油	0.01
	茶叶和香辛料（调味料）	0.05
烯禾啶	蔬菜、水果、食用菌、糖料	0.01
	谷物、油料、坚果和植物油	0.02
	茶叶和香辛料（调味料）	0.05
硅噻菌胺	蔬菜、水果、食用菌、糖料	0.01
	谷物、油料、坚果和植物油	0.01
	茶叶和香辛料（调味料）	0.05
西玛津	蔬菜、水果、食用菌、糖料	0.01
	谷物、油料、坚果和植物油	0.02
	茶叶和香辛料（调味料）	0.05
西草净	蔬菜、水果、食用菌、糖料	0.01
	谷物、油料、坚果和植物油	0.02
	茶叶和香辛料（调味料）	0.05
乙基多杀菌素 J	蔬菜、水果、食用菌、糖料	0.01
	谷物、油料、坚果和植物油	0.01
	茶叶和香辛料（调味料）	0.05
乙基多杀菌素 L	蔬菜、水果、食用菌、糖料	0.01
	谷物、油料、坚果和植物油	0.01
	茶叶和香辛料（调味料）	0.05
多杀菌素 A	蔬菜、水果、食用菌、糖料	0.01
	谷物、油料、坚果和植物油	0.01
	茶叶和香辛料（调味料）	0.05
多杀菌素 D	蔬菜、水果、食用菌、糖料	0.01
	谷物、油料、坚果和植物油	0.01
	茶叶和香辛料（调味料）	0.05
螺螨酯	蔬菜、水果、食用菌、糖料	0.01
	谷物、油料、坚果和植物油	0.02
	茶叶和香辛料（调味料）	0.02
螺甲螨酯	蔬菜、水果、食用菌、糖料	0.01
	谷物、油料、坚果和植物油	0.02
	茶叶和香辛料（调味料）	0.05
螺虫乙酯	蔬菜、水果、食用菌、糖料	0.01
	谷物、油料、坚果和植物油	0.02
	茶叶和香辛料（调味料）	0.05

农药 / 代谢物名称	食品类别 / 名称	定量限 /（mg/kg）
螺虫乙酯-烯醇	蔬菜、水果、食用菌、糖料	0.01
	谷物、油料、坚果和植物油	0.02
	茶叶和香辛料（调味料）	0.05
螺虫乙酯-烯醇-葡萄糖苷	蔬菜、水果、食用菌、糖料	0.01
	谷物、油料、坚果和植物油	0.02
	茶叶和香辛料（调味料）	0.05
螺虫乙酯-酮基-羟基	蔬菜、水果、食用菌、糖料	0.01
	谷物、油料、坚果和植物油	0.02
	茶叶和香辛料（调味料）	0.05
螺虫乙酯-单-羟基	蔬菜、水果、食用菌、糖料	0.01
	谷物、油料、坚果和植物油	0.02
	茶叶和香辛料（调味料）	0.05
甲磺草胺	蔬菜、水果、食用菌、糖料	0.01
	谷物、油料、坚果和植物油	0.02
	茶叶和香辛料（调味料）	0.05
治螟磷	蔬菜、水果、食用菌、糖料	0.01
	谷物、油料、坚果和植物油	0.02
	茶叶和香辛料（调味料）	0.05
氟啶虫胺腈	蔬菜、水果、食用菌、糖料	0.01
	谷物、油料、坚果和植物油	0.02
	茶叶和香辛料（调味料）	0.05
氟胺氰菊酯	蔬菜、水果、食用菌、糖料	0.01
	谷物、油料、坚果和植物油	0.02
	茶叶和香辛料（调味料）	0.05
戊唑醇	蔬菜、水果、食用菌、糖料	0.01
	谷物、油料、坚果和植物油	0.02
	茶叶和香辛料（调味料）	0.05
虫酰肼	蔬菜、水果、食用菌、糖料	0.01
	谷物、油料、坚果和植物油	0.02
	茶叶和香辛料（调味料）	0.05
丁噻隆	蔬菜、水果、食用菌、糖料	0.01
	谷物、油料、坚果和植物油	0.02
	茶叶和香辛料（调味料）	0.05
氟苯脲	蔬菜、水果、食用菌、糖料	0.01
	谷物、油料、坚果和植物油	0.02
	茶叶和香辛料（调味料）	0.05
特丁硫磷	蔬菜、水果、食用菌、糖料	0.01
	谷物、油料、坚果和植物油	0.01
	茶叶和香辛料（调味料）	0.01
特丁硫磷砜	蔬菜、水果、食用菌、糖料	0.01
	谷物、油料、坚果和植物油	0.01
	茶叶和香辛料（调味料）	0.01
特丁硫磷亚砜	蔬菜、水果、食用菌、糖料	0.01
	谷物、油料、坚果和植物油	0.01
	茶叶和香辛料（调味料）	0.01
特丁津	蔬菜、水果、食用菌、糖料	0.01
	谷物、油料、坚果和植物油	0.02
	茶叶和香辛料（调味料）	0.05
四氟醚唑	蔬菜、水果、食用菌、糖料	0.01
	谷物、油料、坚果和植物油	0.02
	茶叶和香辛料（调味料）	0.05

农药 / 代谢物名称	食品类别 / 名称	定量限 / （mg/kg）
噻菌灵	蔬菜、水果、食用菌、糖料	0.01
	谷物、油料、坚果和植物油	0.02
	茶叶和香辛料（调味料）	0.05
噻虫啉	蔬菜、水果、食用菌、糖料	0.01
	谷物、油料、坚果和植物油	0.02
	茶叶和香辛料（调味料）	0.05
噻虫嗪	蔬菜、水果、食用菌、糖料	0.01
	谷物、油料、坚果和植物油	0.02
	茶叶和香辛料（调味料）	0.02
噻苯隆	蔬菜、水果、食用菌、糖料	0.01
	谷物、油料、坚果和植物油	0.02
	茶叶和香辛料（调味料）	0.05
噻吩磺隆	蔬菜、水果、食用菌、糖料	0.01
	谷物、油料、坚果和植物油	0.02
	茶叶和香辛料（调味料）	0.05
噻氟菌胺	蔬菜、水果、食用菌、糖料	0.01
	谷物、油料、坚果和植物油	0.02
	茶叶和香辛料（调味料）	0.05
甲基硫菌灵	蔬菜、水果、食用菌、糖料	0.01
	谷物、油料、坚果和植物油	0.02
	茶叶和香辛料（调味料）	0.05
甲基立枯磷	蔬菜、水果、食用菌、糖料	0.01
	谷物、油料、坚果和植物油	0.02
	茶叶和香辛料（调味料）	0.05
唑虫酰胺	蔬菜、水果、食用菌、糖料	0.01
	谷物、油料、坚果和植物油	0.02
	茶叶和香辛料（调味料）	0.05
三甲苯草酮	蔬菜、水果、食用菌、糖料	0.01
	谷物、油料、坚果和植物油	0.02
	茶叶和香辛料（调味料）	0.05
三唑酮	蔬菜、水果、食用菌、糖料	0.01
	谷物、油料、坚果和植物油	0.02
	茶叶和香辛料（调味料）	0.05
三唑醇	蔬菜、水果、食用菌、糖料	0.01
	谷物、油料、坚果和植物油	0.02
	茶叶和香辛料（调味料）	0.05
野麦畏	蔬菜、水果、食用菌、糖料	0.01
	谷物、油料、坚果和植物油	0.02
	茶叶和香辛料（调味料）	0.05
醚苯磺隆	蔬菜、水果、食用菌、糖料	0.01
	谷物、油料、坚果和植物油	0.02
	茶叶和香辛料（调味料）	0.05
三唑磷	蔬菜、水果、食用菌、糖料	0.01
	谷物、油料、坚果和植物油	0.02
	茶叶和香辛料（调味料）	0.05
苯磺隆	蔬菜、水果、食用菌、糖料	0.01
	谷物、油料、坚果和植物油	0.02
	茶叶和香辛料（调味料）	0.05
敌百虫	蔬菜、水果、食用菌、糖料	0.01
	谷物、油料、坚果和植物油	0.02
	茶叶和香辛料（调味料）	0.05

农药 / 代谢物名称	食品类别 / 名称	定量限 /（mg/kg）
三环唑	蔬菜、水果、食用菌、糖料	0.01
	谷物、油料、坚果和植物油	0.02
	茶叶和香辛料（调味料）	0.05
肟菌酯	蔬菜、水果、食用菌、糖料	0.01
	谷物、油料、坚果和植物油	0.02
	茶叶和香辛料（调味料）	0.05
氟菌唑	蔬菜、水果、食用菌、糖料	0.01
	谷物、油料、坚果和植物油	0.02
	茶叶和香辛料（调味料）	0.05
氟菌唑代谢物 FM-6-1	蔬菜、水果、食用菌、糖料	0.01
	谷物、油料、坚果和植物油	0.02
	茶叶和香辛料（调味料）	0.05
杀铃脲	蔬菜、水果、食用菌、糖料	0.01
	谷物、油料、坚果和植物油	0.02
	茶叶和香辛料（调味料）	0.05
氟胺磺隆	蔬菜、水果、食用菌、糖料	0.01
	谷物、油料、坚果和植物油	0.02
	茶叶和香辛料（调味料）	0.05
灭菌唑	蔬菜、水果、食用菌、糖料	0.01
	谷物、油料、坚果和植物油	0.02
	茶叶和香辛料（调味料）	0.05
三氟甲磺隆	蔬菜、水果、食用菌、糖料	0.01
	谷物、油料、坚果和植物油	0.02
	茶叶和香辛料（调味料）	0.05
烯效唑	蔬菜、水果、食用菌、糖料	0.01
	谷物、油料、坚果和植物油	0.02
	茶叶和香辛料（调味料）	0.05
蚜灭磷	蔬菜、水果、食用菌、糖料	0.01
	谷物、油料、坚果和植物油	0.02
	茶叶和香辛料（调味料）	0.05
苯酰菌胺	蔬菜、水果、食用菌、糖料	0.01
	谷物、油料、坚果和植物油	0.02
	茶叶和香辛料（调味料）	0.05

5.2.41　植物源性食品中甜菜安残留量的测定

该测定技术采用《食品安全国家标准　植物源性食品中甜菜安残留量的测定　液相色谱–质谱联用法》（GB 23200.120—2021）。

1. 适用范围

规定了植物源性食品中甜菜安残留量的液相色谱–质谱联用测定方法，适用于植物源性食品。

2. 方法原理

试样中甜菜安用乙腈提取，经乙二胺-*N*-丙基硅烷硅胶（PSA）和石墨化炭黑（GCB）分散固相萃取净化，其中茶叶和香辛料（调味料）样品使用活性炭 / 氨基复合固相萃取柱（Carb/NH_2）净化，用液相色谱–质谱 / 质谱仪（LC-ESI-MRM，色谱柱：C_{18}）测定，外标法定量。

3. 灵敏度

农药 / 代谢物名称	食品类别 / 名称	定量限 /（mg/kg）
甜菜安	茶叶、韭菜、香辛料（调味料）	0.05
	蔬菜、水果、食用菌、谷物、油料、坚果和植物油	0.01

5.2.42　植物源性食品中单氰胺残留量的测定

该测定技术采用《食品安全国家标准　植物源性食品中单氰胺残留量的测定　液相色谱–质谱联用法》（GB 23200.118—2021）。

1. 适用范围

规定了植物源性食品中单氰胺残留量的液相色谱–质谱联用检测方法。适用于植物源性食品，其他食品可参照执行。

2. 方法原理

试样中的单氰胺用水和丙酮等溶剂提取，经固相材料多壁碳纳米管（MWCNT）分散净化，净化液与丹酰氯（dansyl chloride）反应后生成的衍生物用液相色谱–质谱 / 质谱仪（LC-ESI-MRM，色谱柱：C_{18}）检测，外标法定量。

3. 灵敏度

农药 / 代谢物名称	食品类别 / 名称	定量限 /（mg/kg）
单氰胺	食用菌、香辛料、茶叶	0.05
	蔬菜、水果、谷物、坚果、油料作物、植物油类	0.01

5.3　动物源性食品中农药残留量的测定

5.3.1　食品中阿维菌素残留量的测定

该测定技术采用《食品安全国家标准　食品中阿维菌素残留量的测定　液相色谱–质谱 / 质谱法》（GB 23200.20—2016）。

1. 适用范围

规定了食品中阿维菌素残留量的高效液相色谱–质谱 / 质谱检测方法。适用于蜂蜜、牛肉、羊肉、鸡肉、鱼肉，其他食品可参照执行。

2. 方法原理

试样用乙腈提取，经中性氧化铝固相萃取柱净化，用高效液相色谱–质谱 / 质谱仪（HPLC-APCI-MRM，色谱柱：C_{18}）测定，外标法定量。

3. 灵敏度

农药 / 代谢物名称	食品类别 / 名称	定量限 /（mg/kg）
阿维菌素	蜂蜜、牛肉、羊肉、鸡肉、鱼肉	0.005

5.3.2　食品中 8 种环己烯酮类除草剂残留量的测定

该测定技术采用《食品安全国家标准　除草剂残留量检测方法　第 3 部分：液相色谱–质谱/质谱法测定　食品中环己烯酮类除草剂残留量》(GB 23200.3—2016)。

1. 适用范围

规定了食品中 8 种环己烯酮类除草剂残留量的液相色谱–质谱/质谱测定方法。适用于猪肉、牛肝、鸡肝、牛奶，其他食品可参照执行。

2. 方法原理

试样中残留的环己烯酮类除草剂用酸性乙腈或乙腈提取，提取液经乙二胺-*N*-丙基硅烷硅胶(PSA)、十八烷基硅烷(ODS)和石墨化炭黑净化，用液相色谱–质谱/质谱仪(LC-ESI-MRM，色谱柱：C_{18}）检测和确证，外标法定量。

3. 灵敏度

农药/代谢物名称	定量限/(mg/kg)	农药/代谢物名称	定量限/(mg/kg)
吡喃草酮	0.005	烯禾啶	0.005
禾草灭	0.005	丁苯草酮	0.005
噻草酮	0.005	三甲苯草酮	0.005
烯草酮	0.005	环苯草酮	0.005

注：该定量限适用食品类别均为猪肉、牛肝、鸡肝、牛奶。

5.3.3　食品中 9 种硫代氨基甲酸酯类除草剂残留量的测定

该测定技术采用《食品安全国家标准　除草剂残留量检测方法　第 5 部分：液相色谱–质谱/质谱法测定　食品中硫代氨基甲酸酯类除草剂残留量》(GB 23200.5—2016)。

1. 适用范围

规定了食品中 9 种硫代氨基甲酸酯类农药残留量的液相色谱–质谱联用测定方法。适用于鸡肉、鸡肝、鱼肉，其他食品可参照执行。

2. 方法原理

试样用乙腈提取，提取液经 HLB 和 Envi-Carb 固相萃取柱净化，用液相色谱–质谱/质谱仪（LC-ESI-MRM，色谱柱：C_{18}）检测和确证，内标法定量。

3. 灵敏度

农药/代谢物名称	定量限/(mg/kg)	农药/代谢物名称	定量限/(mg/kg)
克草敌	0.005	丁草敌	0.005
禾草敌	0.005	野麦畏	0.005
茵草敌	0.005	灭草敌	0.005
禾草丹	0.005	环草敌	0.005
燕麦敌	0.005		

注：该定量限适用食品类别均为鸡肉、鸡肝和鱼肉。

5.3.4　食品中杀草强残留量的测定

该测定技术采用《食品安全国家标准　除草剂残留量检测方法　第 6 部分：液相色谱-质谱/质谱法测定　食品中杀草强残留量》（GB 23200.6—2016）。

1. 适用范围

规定了食品中杀草强残留量的液相色谱-质谱/质谱测定方法。适用于肉、鱼、动物肝脏，其他食品可参照执行。

2. 方法原理

样品用乙酸、丙酮水溶液提取后，经 PCX 固相萃取柱或 Envi-Carb 固相萃取柱净化，用液相色谱-质谱/质谱仪（LC-ESI-MRM，色谱柱：C_{18}-SCX 1 ∶ 4）测定，外标法定量。

3. 灵敏度

农药/代谢物名称	食品类别/名称	定量限/（mg/kg）
杀草强	鱼、肉、动物肝脏	0.01

5.3.5　食品中地乐酚残留量的测定

该测定技术采用《食品安全国家标准　食品中地乐酚残留量的测定　液相色谱-质谱/质谱法》（GB 23200.23—2016）。

1. 适用范围

规定了食品中地乐酚残留量的液相色谱-质谱/质谱检测方法。适用于牛肉、蜂蜜、鸡肉、牛奶，其他食品可参照执行。

2. 方法原理

用乙腈提取试样中残留的地乐酚，经凝胶渗透色谱净化，用液相色谱-质谱/质谱仪（LC-ESI-MRM，色谱柱：C_{18}）检测，外标法定量。

3. 灵敏度

农药/代谢物名称	食品类别/名称	定量限/（mg/kg）
地乐酚	牛肉、蜂蜜、鸡肉、牛奶	0.005

5.3.6　食品中噻虫嗪及其代谢物噻虫胺残留量的测定

该测定技术采用《食品安全国家标准　食品中噻虫嗪及其代谢物噻虫胺残留量的测定　液相色谱-质谱/质谱法》（GB 23200.39—2016）。

1. 适用范围

规定了食品中噻虫嗪、噻虫胺残留量的液相色谱-质谱/质谱检测方法。适用于鸡肝、猪肉、牛奶，其他食品可参照执行。

2. 方法原理

用 0.1% 乙酸-乙腈超声提取试样中的噻虫嗪、噻虫胺残留物，经基质分散固相萃取剂净化，用超高效液相色谱-质谱/质谱仪（UPLC-ESI-MRM，色谱柱：C_{18}）测定，外标法定量。

3. 灵敏度

农药 / 代谢物名称	食品类别 / 名称	定量限 /（mg/kg）
噻虫嗪	鸡肝、猪肉、牛奶	0.010
噻虫胺	鸡肝、猪肉、牛奶	0.010

5.3.7　食品中除虫脲残留量的测定

该测定技术采用《食品安全国家标准　食品中除虫脲残留量的测定　液相色谱–质谱法》（GB 23200.45—2016）。

1. 适用范围

规定了食品中除虫脲残留的液相色谱–质谱检测方法，适用于蜂蜜、鸡肉、牛肉、猪肉和猪肝，其他食品可参照执行。

2. 方法原理

试样中的除虫脲用乙腈提取，经分散固相萃取净化，用高效液相色谱–质谱 / 质谱仪（HPLC-ESI-MRM，色谱柱：C_{18}）测定并确证，外标法定量。

3. 灵敏度

农药 / 代谢物名称	食品类别 / 名称	定量限 /（mg/kg）
除虫脲	蜂蜜	0.01
	鸡肉、牛肉、猪肉、猪肝	0.02

5.3.8　食品中 7 种吡啶类农药残留量的测定

该测定技术采用《食品安全国家标准　食品中吡啶类农药残留量的测定　液相色谱–质谱 / 质谱法》（GB 23200.50—2016）。

1. 适用范围

规定了食品中 7 种吡啶类农药残留的制样和液相色谱–质谱 / 质谱测定方法。适用于猪肉、鱼肉、猪肝、牛奶，其他食品可参照执行。

2. 方法原理

试样中残留的农药经氯化钠盐析后用乙腈提取，提取液经石墨化炭黑或 C_{18} 固相萃取小柱净化，用高效液相色谱–质谱 / 质谱仪（HPLC-ESI-MRM，色谱柱：C_{18}）检测和确证，外标法定量。

3. 灵敏度

农药 / 代谢物名称	定量限 /（mg/kg）	农药 / 代谢物名称	定量限 /（mg/kg）
吡虫啉	0.005	啶酰菌胺	0.005
啶虫脒	0.005	噻唑烟酸	0.005
咪唑乙烟酸	0.005	氟硫草定	0.005
氟啶草酮	0.005		

注：该定量限适用食品类别均为猪肉、鱼肉、猪肝、牛奶。

5.3.9 食品中呋虫胺残留量的测定

该测定技术采用《食品安全国家标准 食品中呋虫胺残留量的测定 液相色谱–质谱 / 质谱法》（GB 23200.51—2016）。

1. 适用范围

规定了进出口食品中呋虫胺残留的制样和液相色谱–质谱 / 质谱检测方法。适用于猪肉及马哈鱼，其他食品可参照执行。

2. 方法原理

样品用乙腈提取，提取液加入无水硫酸钠脱水后经石墨化非多孔炭柱（Envi-Carb）/ 酰胺丙基甲硅烷基化硅胶柱（LC-NH_2）净化，用液相色谱–质谱 / 质谱仪（LC-ESI-MRM，色谱柱：C_8）测定，外标法定量。

3. 灵敏度

农药 / 代谢物名称	食品类别 / 名称	定量限 /（mg/kg）
呋虫胺	猪肉、马哈鱼	0.01

5.3.10 食品中喹氧灵残留量的测定

该测定技术采用《食品安全国家标准 食品中喹氧灵残留量的检测方法》（GB 23200.56—2016）。

1. 适用范围

规定了进出口食品中喹氧灵残留量的液相色谱–质谱 / 质谱检测方法。适用于蜂蜜、猪肝、鸡肉、鳗鱼，其他食品可参照执行。

2. 方法原理

试样中残留的喹氧灵用乙酸乙酯振荡或饱和碳酸氢钠溶液–乙酸乙酯提取，经 NH_2 固相萃取小柱净化或凝胶渗透色谱结合 NH_2 固相萃取小柱净化，用液相色谱–质谱 / 质谱仪（LC-ESI-MRM，色谱柱：C_{18}）检测及确证，外标法定量。

3. 灵敏度

农药 / 代谢物名称	食品类别 / 名称	定量限 /（mg/kg）
喹氧灵	蜂蜜、猪肝、鸡肉、鳗鱼	0.001

5.3.11 食品中氯酯磺草胺残留量的测定

该测定技术采用《食品安全国家标准 食品中氯酯磺草胺残留量的测定 液相色谱–质谱 / 质谱法》（GB 23200.58—2016）。

1. 适用范围

规定了食品中氯酯磺草胺残留量的液相色谱–质谱 / 质谱检测方法。适用于鸡肝、猪肝、牛奶，其他食品可参照执行。

2. 方法原理

试样中残留的氯酯磺草胺用1%乙酸乙腈提取，经分散固相萃取剂净化，用高效液相色谱–质谱/质谱仪（HPLC-ESI-MRM，色谱柱：C_{18}）检测，外标法定量。

3. 灵敏度

农药/代谢物名称	食品类别/名称	定量限/（mg/kg）
氯酯磺草胺	鸡肝、猪肝、牛奶	0.01

5.3.12　食品中噻酰菌胺残留量的测定

该测定技术采用《食品安全国家标准　食品中噻酰菌胺残留量的测定　液相色谱–质谱/质谱法》（GB 23200.63—2016）。

1. 适用范围

规定了食品中噻酰菌胺农药残留量的液相色谱–质谱/质谱检测方法。适用于牛肉、羊肝、鸡肉、罗非鱼、蜂蜜，其他食品可参照执行。

2. 方法原理

试样用乙酸乙酯提取，经凝胶渗透色谱仪（GPC）和固相萃取小柱净化，用液相色谱–质谱/质谱仪（LC-ESI-MRM，色谱柱：Atlantis HILIC 硅胶柱）测定，外标法定量。

3. 灵敏度

农药/代谢物名称	食品类别/名称	定量限/（mg/kg）
噻酰菌胺	牛肉、羊肝、鸡肉、罗非鱼、蜂蜜	0.01

5.3.13　食品中吡丙醚残留量的测定

该测定技术采用《食品安全国家标准　食品中吡丙醚残留量的测定　液相色谱–质谱/质谱法》（GB 23200.64—2016）。

1. 适用范围

规定了食品中吡丙醚残留的制样和液相色谱–质谱/质谱测定方法。适用于牛肉、猪肝、牛奶，其他食品可参照执行。

2. 方法原理

试样在乙酸钠缓冲剂作用下用酸性乙腈提取，经PSA填料净化，用液相色谱–质谱/质谱仪（LC-ESI-MRM，色谱柱：C_{18}）测定，外标法定量。

3. 灵敏度

农药/代谢物名称	食品类别/名称	定量限/（mg/kg）
吡丙醚	牛肉、猪肝、牛奶	0.005

5.3.14　食品中8种二硝基苯胺类农药残留量的测定

该测定技术采用《食品安全国家标准　食品中二硝基苯胺类农药残留量的测定　液相色谱–质谱/质谱法》（GB 23200.69—2016）。

1. 适用范围

规定了食品中 8 种二硝基苯胺类农药残留量的液相色谱–质谱 / 质谱检测方法。适用于鸡蛋、猪肉、鸡肝，其他食品可参照执行。

2. 方法原理

试样用乙腈振荡提取，经石墨化炭黑固相萃取柱和 HLB 固相萃取柱净化，用液相色谱–质谱 / 质谱仪（LC-ESI-MRM，色谱柱：C_{18}）测定和确证，外标法定量。

3. 灵敏度

农药 / 代谢物名称	定量限 /（mg/kg）	农药 / 代谢物名称	定量限 /（mg/kg）
氟乐灵	0.01	氨氟乐灵	0.01
二甲戊灵	0.01	氨氟灵	0.01
氨磺乐灵	0.01	甲磺乐灵	0.01
仲丁灵	0.01	异丙乐灵	0.01

注：该定量限适用食品类别为鸡蛋、猪肉、鸡肝。

5.3.15　食品中三氟羧草醚残留量的测定

该测定技术采用《食品安全国家标准　食品中三氟羧草醚残留量的测定　液相色谱–质谱 / 质谱法》（GB 23200.70—2016）。

1. 适用范围

规定了食品中三氟羧草醚残留量的液相色谱–质谱 / 质谱检测方法，适用于猪肉，其他食品可参照执行。

2. 方法原理

样品直接用乙腈振荡提取，然后依次通过液液分配和固相萃取对提取液进行净化，用液相色谱–质谱 / 质谱仪（LC-ESI-MRM，色谱柱：C_{18}）检测，外标法定量。

3. 灵敏度

农药 / 代谢物名称	食品类别 / 名称	定量限 /（mg/kg）
三氟羧草醚	猪肉	0.002

5.3.16　食品中鱼藤酮和印楝素残留量的测定

该测定技术采用《食品安全国家标准　食品中鱼藤酮和印楝素残留量的测定　液相色谱–质谱 / 质谱法》（GB 23200.73—2016）。

1. 适用范围

规定了食品中鱼藤酮、印楝素残留量的液相色谱–质谱 / 质谱检测方法。适用于蜂蜜、猪肝、鱼肉、虾肉、鸡肉、牛奶，其他食品可参照执行。

2. 方法原理

试样用乙腈提取，提取液经氯化钠盐析后用正己烷除脂，以配有聚苯乙烯-二乙烯基苯-吡咯烷酮聚合物填料的固相萃取小柱净化，用液相色谱–质谱 / 质谱仪（LC-ESI-MRM，色谱柱：C_{18}）检测及确证，外标法定量。

3. 灵敏度

农药 / 代谢物名称	食品类别 / 名称	定量限 /（mg/kg）
鱼藤酮	蜂蜜、猪肝、鱼肉、虾肉、鸡肉、牛奶	0.0005
印楝素	蜂蜜、猪肝、鱼肉、虾肉、鸡肉、牛奶	0.002

5.3.17　食品中井冈霉素残留量的测定

该测定技术采用《食品安全国家标准　食品中井冈霉素残留量的测定　液相色谱–质谱 / 质谱法》（GB 23200.74—2016）。

1. 适用范围

规定了食品中井冈霉素残留量的液相色谱–质谱 / 质谱检测方法。适用于猪肉、猪肝、罗非鱼、虾，其他食品可参照执行。

2. 方法原理

试样用甲醇水溶液提取，经 HLB 固相萃取柱或乙酸乙酯液液分配净化，用液相色谱–质谱 / 质谱仪（LC-APCI-MRM，色谱柱：HILIC）检测和确证，外标法定量。

3. 灵敏度

农药 / 代谢物名称	食品类别 / 名称	定量限 /（mg/kg）
井冈霉素	猪肉、猪肝、罗非鱼、虾	0.01

5.3.18　食品中氟苯虫酰胺残留量的测定

该测定技术采用《食品安全国家标准　食品中氟苯虫酰胺残留量的测定　液相色谱–质谱 / 质谱法》（GB 23200.76—2016）。

1. 适用范围

规定了食品中氟苯虫酰胺残留量的液相色谱–质谱 / 质谱测定方法。适用于鱼、猪瘦肉、猪肝、牛奶，其他食品可参照执行。

2. 方法原理

试样中的氟苯虫酰胺残留用乙腈提取，提取液经石墨碳–氨基固相萃取柱或弗罗里硅土固相萃取柱净化，用高效液相色谱–质谱 / 质谱仪（HPLC-ESI-MRM，色谱柱：C_{18}）测定，外标法定量。

3. 灵敏度

农药 / 代谢物名称	食品类别 / 名称	定量限 /（mg/kg）
氟苯虫酰胺	鱼、猪瘦肉、猪肝、牛奶	0.005

5.3.19　乳及乳制品中 14 种氨基甲酸酯类农药残留量的测定

该测定技术采用《食品安全国家标准　乳及乳制品中多种氨基甲酸酯类农药残留量的测定 液相色谱–质谱法》（GB 23200.90—2016）。

1. 适用范围

规定了乳和乳制品中 14 种氨基甲酸酯类农药残留量的液相色谱–质谱检测方法。适用于纯奶、酸奶、奶粉、奶酪、果奶，其他食品可参照执行。

2. 方法原理

试样用乙腈提取，提取液经固相萃取柱净化，再经甲醇洗脱，用液相色谱–质谱 / 质谱仪（LC-ESI-MRM，色谱柱：C_{18}）检测和确证，外标法定量。

3. 灵敏度

农药 / 代谢物名称	定量限 /（mg/kg）	农药 / 代谢物名称	定量限 /（mg/kg）
杀线威	0.01	甲萘威	0.01
灭多威	0.01	呋线威	0.01
抗蚜威	0.01	异丙威	0.01
涕灭威	0.01	乙霉威	0.01
速灭威	0.01	仲丁威	0.01
噁虫威	0.01	残杀威	0.01
克百威	0.01	甲硫威	0.01

注：该定量限适用食品类别均为纯奶、酸奶、奶粉、奶酪、果奶。

5.3.20　动物源性食品中五氯酚残留量的测定

该测定技术采用《食品安全国家标准　动物源性食品中五氯酚残留量的测定　液相色谱–质谱法》（GB 23200.92—2016）。

1. 适用范围

规定了动物源性食品中五氯酚残留的制样和液相色谱–质谱测定方法。适用于猪肝、猪肾、猪肉、牛奶、鱼肉、虾、蟹等动物源性食品，其他食品可参照执行。

2. 方法原理

试样用碱性乙腈水溶液提取，经 MAX 固相萃取柱净化，再经浓缩、定容后，用液相色谱–质谱 / 质谱仪（LC-ESI-MRM，色谱柱：XDB-C_{18}）检测和确证，外标法定量。

3. 灵敏度

农药 / 代谢物名称	食品类别 / 名称	定量限 /（mg/kg）
五氯酚	猪肝、猪肾、猪肉、牛奶、鱼肉、虾、蟹	0.001

5.3.21　动物源性食品中敌百虫、敌敌畏、蝇毒磷残留量的测定

该测定技术采用《食品安全国家标准　动物源性食品中敌百虫、敌敌畏、蝇毒磷残留量的测定　液相色谱–质谱 / 质谱法》（GB 23200.94—2016）。

1. 适用范围

规定了畜、禽分割肉和盐渍肠衣、蜂蜜中敌百虫、敌敌畏、蝇毒磷残留的制样和液相色谱–质谱 / 质谱检验方法。适用于畜、禽分割肉和盐渍肠衣、蜂蜜，其他食品可参照执行。

2. 方法原理

试样用二氯甲烷或乙酸乙酯提取，提取液经浓缩、脱脂后，用高效液相色谱–质谱 / 质谱仪（HPLC-ESI-MRM，色谱柱：C_{18}）测定，外标法定量。

3. 灵敏度

农药 / 代谢物名称	食品类别 / 名称	定量限 /（mg/kg）
敌百虫	畜、禽分割肉和盐渍肠衣、蜂蜜	0.010
敌敌畏	畜、禽分割肉和盐渍肠衣、蜂蜜	0.010
蝇毒磷	畜、禽分割肉和盐渍肠衣、蜂蜜	0.010

5.3.22　蜂蜜中杀虫脒及其代谢产物残留量的测定

该测定技术采用《食品安全国家标准　蜂蜜中杀虫脒及其代谢产物残留量的测定　液相色谱–质谱 / 质谱法》（GB 23200.96—2016）。

1. 适用范围

规定了蜂蜜中杀虫脒及其代谢物（4-氯邻甲苯胺）的液相色谱–质谱 / 质谱检测方法。适用于蜂蜜（洋槐蜜、荆条蜜、蜂巢蜜、杂花蜜、野蜂蜜等），其他食品可参照执行。

2. 方法原理

试样用氢氧化钠水溶液稀释溶解，经 HLB 固相萃取柱净化，用液相色谱–质谱 / 质谱仪（LC-ESI-MRM，色谱柱：C_{18}）测定，外标法定量。

3. 灵敏度

农药 / 代谢物名称	食品类别 / 名称	定量限 /（mg/kg）
杀虫脒	洋槐蜜、荆条蜜、蜂巢蜜、杂花蜜、野蜂蜜	0.005
4-氯邻甲苯胺	洋槐蜜、荆条蜜、蜂巢蜜、杂花蜜、野蜂蜜	0.005

5.3.23　蜂王浆中 8 种氨基甲酸酯类农药残留量的测定

该测定技术采用《食品安全国家标准　蜂王浆中多种氨基甲酸酯类农药残留量的测定　液相色谱–质谱 / 质谱法》（GB 23200.99—2016）。

1. 适用范围

规定了蜂王浆中 8 种氨基甲酸酯类农药残留量的液相色谱–质谱 / 质谱测定方法。适用于蜂王浆，其他食品可参照执行。

2. 方法原理

试样用乙腈提取，经中性氧化铝柱层析净化，用液相色谱–质谱 / 质谱仪（LC-ESI-MRM，色谱柱：C_8）测定，外标法定量。

3. 灵敏度

农药 / 代谢物名称	定量限 /（mg/kg）	农药 / 代谢物名称	定量限 /（mg/kg）
甲硫威	0.01	灭多威	0.01
噁虫威	0.01	克百威	0.01

农药 / 代谢物名称	定量限 /（mg/kg）	农药 / 代谢物名称	定量限 /（mg/kg）
异丙威	0.01	抗蚜威	0.01
甲萘威	0.01	仲丁威	0.01

注：该定量限适用食品类别均为蜂王浆。

5.3.24　肉及肉制品中 2 甲 4 氯及 2 甲 4 氯丁酸残留量的测定

该测定技术采用《食品安全国家标准　肉及肉制品中 2 甲 4 氯及 2 甲 4 氯丁酸残留量的测定　液相色谱–质谱法》（GB 23200.104—2016）。

1. 适用范围

规定了出口肉及肉制品中 2 甲 4 氯、2 甲 4 氯丁酸残留量的液相色谱–质谱 / 质谱测定方法。适用于出口冻分割牛肉、鱼肉、猪肉、鸡肉、牛肉罐头，其他食品可参照执行。

2. 方法原理

在酸性条件下，用二氯甲烷提取试样中残留的 2 甲 4 氯、2 甲 4 氯丁酸，提取液经溶剂置换后用超高液相色谱–质谱 / 质谱仪（UPLC-ESI-MRM，色谱柱：C_{18}）检测，外标法定量。

3. 灵敏度

农药 / 代谢物名称	食品类别 / 名称	定量限 /（mg/kg）
2 甲 4 氯	出口冻分割牛肉、鱼肉、猪肉、鸡肉、牛肉罐头	0.01
2 甲 4 氯丁酸	出口冻分割牛肉、鱼肉、猪肉、鸡肉、牛肉罐头	0.01

5.3.25　鸡蛋中氟虫腈及其代谢物残留量的测定

该测定技术采用《食品安全国家标准　鸡蛋中氟虫腈及其代谢物残留量的测定　液相色谱–质谱联用法》（GB 23200.115—2018）。

1. 适用范围

规定了鸡蛋中氟虫腈及其代谢物残留量的液相色谱–质谱联用测定方法。适用于鸡蛋，其他食品可参照执行。

2. 方法原理

试样用乙腈提取，提取液经分散固相萃取净化，用液相色谱–质谱 / 质谱仪（LC-ESI-MRM，色谱柱：C_{18}）检测，外标法定量。

3. 灵敏度

农药 / 代谢物名称	食品类别 / 名称	定量限 /（mg/kg）
氟虫腈	鸡蛋	0.005
氟甲腈	鸡蛋	0.005
氟虫腈砜	鸡蛋	0.005
氟虫腈亚砜	鸡蛋	0.005

5.3.26　牛肝和牛肉中阿维菌素类药物残留量的测定

该测定技术采用《牛肝和牛肉中阿维菌素类药物残留量的测定　液相色谱–串联质谱法》

（GB/T 20748—2006）。

1. 适用范围

规定了牛肝和牛肉中伊维菌素、阿维菌素、多拉菌素、爱普瑞菌素残留量的液相色谱–串联质谱测定方法，适用于牛肝和牛肉。

2. 方法原理

试样用乙腈提取，提取液经中性氧化铝柱净化，用液相色谱–质谱/质谱仪（LC-ESI-MRM，色谱柱：C_8）检测，外标法定量。

3. 灵敏度

农药/代谢物名称	食品类别/名称	定量限/（μg/kg）
伊维菌素	牛肉、牛肝	4
阿维菌素	牛肉、牛肝	4
多拉菌素	牛肉、牛肝	4
爱普瑞菌素	牛肉、牛肝	4

5.3.27　动物源食品中 4 种阿维菌素类药物残留量的测定

该测定技术采用《动物源食品中阿维菌素类药物残留量的测定　液相色谱–串联质谱法》（GB/T 21320—2007）。

1. 适用范围

规定了动物源食品中阿维菌素类药物残留量的液相色谱–串联质谱检测法，适用于牛肝脏和牛肌肉。

2. 方法原理

试样用乙腈提取，经 C_{18} 固相萃取柱和 C_8 固相萃取柱净化，用液相色谱–质谱/质谱仪（LC-ESI-SIM，色谱柱：C_{18}）测定，外标法定量。

3. 灵敏度

农药/代谢物名称	食品类别/名称	检测限/（μg/kg）
埃普利诺菌素	牛肝脏、牛肌肉	1.5
阿维菌素	牛肝脏、牛肌肉	1.5
多拉菌素	牛肝脏、牛肌肉	1.5
伊维菌素	牛肝脏、牛肌肉	1.5

5.3.28　河豚鱼、鳗鱼和烤鳗中伊维菌素、阿维菌素、多拉菌素和乙酰氨基阿维菌素残留量的测定

该测定技术采用《河豚鱼、鳗鱼和烤鳗中伊维菌素、阿维菌素、多拉菌素和乙酰氨基阿维菌素残留量的测定　液相色谱–串联质谱法》（GB/T 22953—2008）。

1. 适用范围

规定了河豚鱼、鳗鱼和烤鳗中伊维菌素、阿维菌素、多拉菌素、乙酰氨基阿维菌素残留量的液相色谱–串联质谱测定方法，适用于河豚鱼、鳗鱼、烤鳗。

2. 方法原理

河豚鱼、鳗鱼和烤鳗中残留的伊维菌素、阿维菌素、多拉菌素、乙酰氨基阿维菌素用乙腈提取，经正己烷脱脂、中性氧化铝柱净化，用液相色谱–质谱 / 质谱仪（LC/MS-ESI-MRM，色谱柱：C_8）检测，外标峰面积法定量。

3. 灵敏度

农药 / 代谢物名称	基质类别	检出限 /（μg/kg）
伊维菌素	河豚鱼、鳗鱼和烤鳗	5
阿维菌素	河豚鱼、鳗鱼和烤鳗	5
多拉菌素	河豚鱼、鳗鱼和烤鳗	5
乙酰氨基阿维菌素	河豚鱼、鳗鱼和烤鳗	5

5.3.29　牛奶和奶粉中伊维菌素、阿维菌素、多拉菌素和乙酰氨基阿维菌素残留量的测定

该测定技术采用《牛奶和奶粉中伊维菌素、阿维菌素、多拉菌素和乙酰氨基阿维菌素残留量的测定　液相色谱–串联质谱法》(GB/T 22968—2008)。

1. 适用范围

规定了牛奶和奶粉中伊维菌素、阿维菌素、多拉菌素、乙酰氨基阿维菌素残留量的液相色谱–串联质谱测定方法，适用于牛奶和奶粉。

2. 方法原理

牛奶中残留的伊维菌素、阿维菌素、多拉菌素、乙酰氨基阿维菌素用乙腈–二氯甲烷提取后，经正己烷脱脂，用液相色谱–质谱 / 质谱仪（LC/MS-ESI-MRM，色谱柱：C_8）检测，外标峰面积法定量。

奶粉中残留的伊维菌素、阿维菌素、多拉菌素、乙酰氨基阿维菌素用乙腈提取后，经正己烷脱脂，用液相色谱–质谱 / 质谱仪（LC/MS-ESI-MRM，色谱柱：C_8）检测，外标峰面积法定量。

3. 灵敏度

农药 / 代谢物名称	基质类别	检出限 /（μg/kg）	农药 / 代谢物名称	基质类别	检出限 /（μg/kg）
伊维菌素	牛奶	5	伊维菌素	奶粉	40
阿维菌素	牛奶	5	阿维菌素	奶粉	40
多拉菌素	牛奶	5	多拉菌素	奶粉	40
乙酰氨基阿维菌素	牛奶	5	乙酰氨基阿维菌素	奶粉	40

5.3.30　河豚鱼、鳗鱼和对虾中 449 种农药及相关化学品残留量的测定

该测定技术采用《河豚鱼、鳗鱼和对虾中 450 种农药及相关化学品残留量的测定　液相色谱–串联质谱法》(GB/T 23208—2008)。

1. 适用范围

规定了河豚鱼、鳗鱼、对虾中 449 种农药及相关化学品残留量的液相色谱–串联质谱测定

方法。适用于河豚鱼、鳗鱼、对虾，对其中 370 种农药及相关化学品可定量测定。

2. 方法原理

试样用环己烷–乙酸乙酯（1∶1，*v/v*）均质提取，经凝胶渗透色谱净化，用液相色谱–质谱 / 质谱仪（LC/MS-ESI-MRM，色谱柱：DB-1701 石英毛细管柱）检测，内标法定量。

3. 灵敏度

农药 / 代谢物名称	检出限 / （μg/kg）	农药 / 代谢物名称	检出限 / （μg/kg）
苯胺灵	44.00	乙氧氟草醚[a]	23.42
异丙威	0.92	蝇毒磷	0.84
3,4,5-混杀威	0.14	氟噻草胺	2.12
环莠隆	0.08	伏杀硫磷	19.22
甲萘威	4.13	甲氧虫酰肼[a]	1.48
毒草胺	0.11	咪鲜胺	0.83
吡咪唑	0.53	丙硫特普[a]	0.69
西草净	0.05	乙硫磷	1.18
绿谷隆	1.42	噻吩磺隆[a]	8.56
速灭磷	0.63	乙氧嘧磺隆	1.83
叠氮津	0.55	螺螨酯	3.96
密草通	0.03	唑螨酯	0.54
嘧菌磺胺	0.30	胺氟草酯	4.24
播土隆	3.58	双硫磷	0.49
双酰草胺	1.46	甲哌鎓[a]	0.36
抗蚜威	0.06	二丙烯草胺	16.42
异噁草松	0.17	噻菌灵	0.20
氰草津	0.07	苯噻草酮	2.54
扑草净	0.07	异丙隆	0.05
甲基对氧磷	0.31	莠去通	0.07
4,4′-二氯二苯甲酮[a]	5.44	敌草净	0.07
噻虫啉	0.15	赛克津	0.22
吡虫啉	8.80	*N,N*-二甲基氨基-*N*-甲苯	16.00
磺噻隆	0.60	环草敌	1.78
丁嗪草酮	0.43	阿特拉津	0.14
燕麦敌	35.68	丁草敌	120.80
乙草胺	18.96	吡蚜酮	13.71
烯啶虫胺[a]	6.85	氯草敏	0.93
盖草津[a]	0.10	菜草畏	82.88
二甲酚草胺	1.72	乙硫苯威[a]	7.87
特草灵	0.84	特丁通	0.04
戊菌唑	0.80	莠灭净	0.38

农药 / 代谢物名称	检出限 / （μg/kg）	农药 / 代谢物名称	检出限 / （μg/kg）
腈菌唑	0.40	本草隆	0.09
咪唑乙烟酸	0.45	草达津	0.24
多效唑	0.23	另丁津	0.13
倍硫磷亚砜	0.13	蓄虫避	88.96
三唑醇	4.22	牧草胺	0.05
仲丁灵	0.76	久效威亚砜	3.32
螺噁茂胺	0.02	虫螨畏[a]	969.48
甲基立枯磷	26.62	咪唑嗪	3.20
甜菜安	1.61	虫线磷	9.07
杀扑磷	4.26	利谷隆	4.65
烯丙菊酯	24.16	庚虫磷	2.34
二嗪磷	0.29	苄草丹	0.15
敌瘟磷	0.30	杀草净	0.11
丙草胺（pretilachlor）	0.13	禾草丹	1.32
氟硅唑	0.23	三正丁基磷酸盐	0.15
丙森锌	0.93	乙霉威	0.80
麦锈灵	1.39	甲草胺	2.96
氟酰胺	0.46	硫线磷	0.46
氨磺磷	1.44	吡唑草胺	0.39
苯霜灵	0.50	胺丙畏	21.60
苄氟三唑醇	0.19	特丁硫磷[a]	896.00
乙环唑	0.71	硅氟唑	1.18
氯苯嘧啶醇	0.24	三唑酮	3.15
酞酸二环己基酯（phthalic acid，dicyclobexyl ester）	0.80	甲拌磷砜	16.80
胺菊酯	0.73	十三吗啉	1.04
抑菌灵[a]	1.04	苯噻酰草胺	0.88
解草酯	0.75	苯线磷[a]	0.08
联苯三唑醇	13.36	丁苯吗啉	0.07
甲基毒死蜱	6.40	戊唑醇	0.89
吡喃草酮	4.88	异丙乐灵	12.00
益棉磷	43.97	氟苯嘧啶醇	0.40
炔草酸[a]	0.98	乙嘧酚磺酸酯	0.28
杀铃脲	1.57	保棉磷[a]	441.73
异噁氟草	1.56	丁基嘧啶磷	0.05
莎稗磷	0.29	稻丰散	36.94
喹禾灵	0.27	治螟磷	1.04
精氟吡甲禾灵	1.06	硫丙磷	2.34
精吡磺草隆	0.11	苯硫膦	13.20

农药 / 代谢物名称	检出限 / （μg/kg）	农药 / 代谢物名称	检出限 / （μg/kg）
乙基溴硫磷[a]	908.31	甲基吡噁磷	0.32
地散磷	13.68	烯唑醇	0.54
醚苯磺隆	0.64	唑嘧磺草胺	0.48
溴苯烯磷	1.21	纹枯脲	0.11
嘧菌酯	0.18	灭蚜磷	7.84
吡菌磷	0.65	苯草酮	0.13
氟虫脲	1.27	马拉硫磷	2.26
茚虫威	3.02	稗草畏	0.14
棉隆	50.80	哒嗪硫磷	0.35
烟碱	0.88	硫双威[a]	15.75
非草隆	0.41	吡唑硫磷	0.40
灭蝇胺[a]	2.90	啶氧菌酯	3.38
鼠立克	0.62	四氟醚唑	0.69
乙酰甲胺磷	5.34	吡唑解草酯	5.02
禾草敌	0.84	丙溴磷	3.23
多菌灵	0.19	百克敏	0.20
6-氯-4-羟基-3-苯基哒嗪	0.66	烯酰吗啉	0.14
残杀威	9.76	噻嗯菊酯	1.33
异唑隆	0.16	噻唑烟酸	0.78
绿麦隆	0.25	甲基丙硫克百威	6.55
久效威[a]	62.80	醚黄隆	0.45
氯草灵	73.20	吡嘧磺隆	10.94
噁虫威	1.27	磺草胺唑[a]	1.76
扑灭津	0.13	4-氨基吡啶	0.35
特丁津	0.19	灭多威	3.82
敌草隆	0.62	咯喹酮	1.39
氯甲硫磷	179.2	麦穗灵	0.76
萎锈灵	0.22	丁脒酰胺	0.68
野燕枯	1.30	丁酮威	0.63
噻虫胺	25.20	杀虫脒	0.53
拿草特	6.15	霜脲氰	22.24
二甲草胺	0.76	灭草敌	0.10
溴谷隆	6.74	灭害威	6.57
甲拌磷[a]	125.60	甲菌定	0.05
苯草醚	9.68	氧乐果	3.86
地安磷	0.93	乙氧喹啉[a]	1.41
脱苯甲基亚胺唑	2.49	敌敌畏	0.22
草不隆	2.84	涕灭威砜	8.56

农药 / 代谢物名称	检出限 / (μg/kg)	农药 / 代谢物名称	检出限 / (μg/kg)
精苯霜灵	0.62	二氧威	1.34
发硫磷	0.98	苄基腺嘌呤	28.32
乙氧呋草黄	148.80	甲基内吸磷[a]	2.12
异稻瘟净	3.31	乙硫苯威亚砜	89.60
特普	4.16	甲基乙拌磷	231.20
环丙唑醇	0.29	灭菌丹	55.44
噻虫嗪	13.20	甲基内吸磷砜	7.90
育畜磷	0.21	苯锈啶[a]	0.07
乙嘧硫磷	30.02	对氧磷	0.19
杀鼠醚	0.54	4-十二烷基-2,6-二甲基吗啉	1.26
赛灭磷	32.00	乙烯菌核利	1.02
磷胺	1.55	烯效唑	0.96
甜菜宁	1.79	啶斑肟	0.11
联苯肼酯[a]	9.12	氯硫磷	53.44
环酰菌胺	0.38	异氯磷	0.10
粉唑醇	3.43	四螨嗪	0.31
抑菌丙胺酯	0.31	氟草敏	0.10
生物丙烯菊酯	79.20	野麦畏	18.48
苯腈膦	8.32	苯氧喹啉	61.36
甲基嘧啶磷	0.08	倍硫磷砜	6.98
噻嗪酮	0.35	氟咯草酮	0.52
乙拌磷砜	0.98	酞酸苯甲基丁酯[a]	252.80
喹螨醚	0.13	氯唑磷	0.7
三唑磷	0.27	除线磷	12.08
脱叶磷	0.65	蚜灭多威	190.40
环酯草醚	0.25	特丁硫磷砜	35.44
叶菌唑	0.53	氰霜唑	1.80
蚊蝇醚	0.17	毒壤膦	26.72
异噁酰草胺	0.07	苄呋菊酯	0.12
呋草酮	0.18	啶酰菌胺	1.90
氟乐灵	133.92	甲霜乐灵	13.76
甲基麦草氟异丙酯	8.08	甲氰菊酯	98.00
生物苄呋菊酯	2.97	噻螨酮	9.44
丙环唑	0.70	新燕灵	123.20
毒死蜱	21.52	嘧螨醚	5.60
氯乙氟灵	195.20	呋线威	0.77
氯磺隆[a]	4.38	反-氯菊酯	1.92
烯草酮	0.83	醚菊酯[a]	912.00

农药 / 代谢物名称	检出限 / （μg/kg）	农药 / 代谢物名称	检出限 / （μg/kg）
麦草氟异丙酯	0.69	氟吡乙禾灵	1.00
杀虫畏	0.89	*S*-氰戊菊酯[a]	166.4
炔螨特	27.44	乙羧氟草醚[a]	2.00
糠菌唑	1.26	丙烯酰胺[a]	7.12
氟吡酰草胺	0.29	叔丁基胺[a]	15.58
氟噻乙草酯	2.12	邻苯二甲酰亚胺	17.20
肟菌酯	0.80	速灭威	10.16
氯嘧磺隆	12.16	1-萘基乙酰胺	0.32
氟铃脲[a]	10.08	2,6-二氯苯甲酰胺	1.80
伏蚁腙[a]	0.69	涕灭威[a]	104.40
啶蜱脲[a]	10.72	邻苯二甲酸二甲酯[a]	5.28
甲胺磷	1.97	西玛通	0.44
茵草敌[a]	14.94	呋草胺	4.07
避蚊胺	0.22	克草敌	1.36
灭草隆	13.89	活化酯	1.23
嘧霉胺	0.27	杀线威[a]	219.22
黑穗胺	0.31	噻苯隆[a]	0.12
灭藻醌[a]	3.17	甲基苯噻隆	0.03
仲丁威	2.36	丁酮砜威	10.64
乙菌定	0.22	甲基内吸磷亚砜	1.57
敌稗	8.64	久效威砜[a]	9.63
克百威	5.22	硫环磷	0.19
啶虫清	0.58	硫赶内吸磷[a]	32.00
嘧菌胺	0.13	氧倍硫磷[a]	1.90
扑灭通	0.05	萘丙胺	0.51
甲硫威[a]	16.48	杀螟硫磷	10.72
甲氧隆	0.26	丙草胺（metolachlor）	0.16
乐果	3.04	腐霉利	34.64
氟菌胺	0.11	可灭隆	0.53
伏草隆[a]	0.37	杀鼠灵	4.29
百治磷	0.46	亚胺硫磷	7.09
庚酰草胺	0.48	皮蝇磷	5.25
双苯酰草胺	0.06	除虫菊酯[a]	14.32
灭线磷	1.11	邻苯二甲酸二环己酯	0.27
地虫硫膦	2.98	环丙酰菌胺	8.32
土菌灵[a]	40.17	吡螨胺	0.10
拌种胺	1.33	虫螨磷[a]	12.72
环嗪酮	0.05	氯亚胺硫磷	62.80

农药 / 代谢物名称	检出限 / （μg/kg）	农药 / 代谢物名称	检出限 / （μg/kg）
异戊乙净[a]	0.04	鱼藤酮	0.93
敌百虫	0.45	亚胺唑	4.10
解草酮	2.76	噁草酸	0.49
除草定	9.44	吡草酮	0.03
甲拌磷亚砜[a]	147.31	苯螨特	13.70
溴莠敏[a]	1.44	地乐酯[a]	16.51
氧化萎锈灵	0.36	甲咪唑烟酸	0.67
灭锈胺	0.15	异丙草胺	0.32
乙拌磷[a]	187.88	氟硅菊酯[a]	243.20
甲霜灵	0.20	四唑酰草胺[a]	4.96
甲呋酰胺	0.40	五氯苯胺[a]	1.50
吗菌灵[a]	0.16	苯醚氰菊酯[a]	6.72
甲基咪草酯	0.07	噁唑隆	1.60
乙拌磷亚砜[a]	1.14	乙螨唑[a]	0.35
稻瘟灵	0.74	多果定	3.20
抑霉唑	0.80	丙烯硫脲[a]	12.03
辛硫磷	33.12	茅草枯[a]	92.30
喹硫磷	0.80	2-苯基苯酚	67.95
灭菌磷	26.88	3-苯基苯酚	1.60
苯氧威[a]	7.31	4,6-二硝基邻甲酚[a]	1.04
嘧啶磷	0.07	调果酸[a]	4.56
丰索磷	0.80	氯硝胺	19.42
氯咯草酮[a]	22.05	氯苯胺灵	6.31
丁草胺[a]	8.03	2 甲 4 氯丙酸	1.96
咪唑喹啉酸[a]	1.16	特草定	0.35
亚胺菌	40.23	麦草畏[a]	506.37
戊叉菌唑	1.21	2 甲 4 氯丁酸	5.67
苯线磷亚砜	0.30	地乐酚[a]	0.16
噻吩草胺	9.66	草消酚[a]	0.10
氰菌胺[a]	15.76	氯吡脲[a]	4.56
氟啶草酮	0.07	咯菌腈	24.86
氟环唑	1.62	杀螨醇	65.72
氯辛硫磷	31.03	灭幼脲	8.16
苯线磷砜	0.18	氯霉素[a]	1.55
腈苯唑	0.66	禾草灭	0.08
异柳磷	87.47	乙酰磺胺对硝基苯[a]	1.22
苯醚菊酯	135.68	安磺灵	7.86
氯化薯瘟锡[a]	6.90	噁唑菌酮	18.12

农药 / 代谢物名称	检出限 / （μg/kg）	农药 / 代谢物名称	检出限 / （μg/kg）
哌草磷	3.70	吡氟酰草胺	11.31
增效醚	0.45	氟氰唑[a]	15.94
碘甲磺隆钠[a]	33.92	环丙嘧磺隆	137.47

注：a 为仅可定性鉴别的农药及相关化学品；该检出限适用食品类别均为河豚鱼、鳗鱼、对虾。

5.3.31 牛奶和奶粉中 493 种农药及相关化学品残留量的测定

该测定技术采用《牛奶和奶粉中 493 种农药及相关化学品残留量的测定　液相色谱-串联质谱法》（GB/T 23211—2008）。

1. 适用范围

规定了牛奶和奶粉中 493 种农药及相关化学品残留量的液相色谱-串联质谱测定方法。适用于牛奶中 485 种农药及相关化学品的定性鉴别，450 种农药及相关化学品的定量测定；适用于奶粉中 482 种农药及相关化学品的定性鉴别，434 种农药及相关化学品的定量测定；其他食品可参照执行。

2. 方法原理

用乙腈提取试样，经 C_{18} 固相萃取柱净化，再经乙腈洗脱农药及相关化学品，用液相色谱-质谱 / 质谱仪（LC/MS-ESI-MRM，色谱柱：SB-C_{18}）测定，外标法定量。

3. 灵敏度

农药 / 代谢物名称	食品类别 / 名称	检出限 / （μg/L 或 μg/kg）	农药 / 代谢物名称	食品类别 / 名称	检出限 / （μg/L 或 μg/kg）
苯胺灵	牛奶	27.5	环草敌	牛奶	1.1
	奶粉	91.67		奶粉	3.67
异丙威	牛奶	0.58	莠去津	牛奶	0.1
	奶粉	1.92		奶粉	0.33
3,4,5-混杀威	牛奶	0.08	丁草敌	牛奶	75.5
	奶粉	0.25		奶粉	251.67
环莠隆	牛奶	0.05	吡蚜酮[c]	牛奶	8.58
	奶粉	0.17		奶粉	
甲萘威	牛奶	2.58	氯草敏	牛奶	0.58
	奶粉	8.58		奶粉	1.92
毒草胺	牛奶	0.08	菜草畏[b]	牛奶	51.8
	奶粉	0.25		奶粉	172.67
吡咪唑	牛奶	0.33	乙硫苯威	牛奶	1.23
	奶粉	1.08		奶粉	4.08
西草净	牛奶	0.03	特丁通	牛奶	0.03
	奶粉	0.08		奶粉	0.08
绿谷隆	牛奶	0.9	环丙津	牛奶	0.05
	奶粉	3		奶粉	0.17

农药 / 代谢物名称	食品类别 / 名称	检出限 / （μg/L 或 μg/kg）	农药 / 代谢物名称	食品类别 / 名称	检出限 / （μg/L 或 μg/kg）
速灭磷	牛奶	0.4	莠灭津	牛奶	0.25
	奶粉	1.33		奶粉	0.83
叠氮津	牛奶	0.35	木草隆	牛奶	0.05
	奶粉	1.17		奶粉	0.17
密草通	牛奶	0.03	草达津	牛奶	0.15
	奶粉	0.08		奶粉	0.5
嘧菌磺胺	牛奶	0.18	另丁津	牛奶	0.08
	奶粉	0.58		奶粉	0.25
播土隆	牛奶	2.25	蓄虫避	牛奶	55.6
	奶粉	7.5		奶粉	185.33
双酰草胺	牛奶	0.9	牧草胺	牛奶	0.03
	奶粉	3		奶粉	0.08
抗蚜威	牛奶	0.05	久效威亚砜	牛奶	2.08
	奶粉	0.17		奶粉	6.92
异噁草松	牛奶	0.1	特丁净	牛奶	0.05
	奶粉	0.33		奶粉	0.17
扑草净[a]	牛奶	0.05	咪唑嗪	牛奶	2
	奶粉	0.17		奶粉	6.67
对氧磷	牛奶	0.2	虫线磷	牛奶	5.68
	奶粉	0.67		奶粉	18.92
4,4′-二氯二苯甲酮[ab]	牛奶	3.4	利谷隆	牛奶	2.9
	奶粉	11.33		奶粉	9.67
噻虫啉	牛奶	0.1	庚虫磷	牛奶	1.45
	奶粉	0.33		奶粉	4.83
吡虫啉	牛奶	5.5	苄草丹	牛奶	0.1
	奶粉	18.33		奶粉	0.33
磺噻隆	牛奶	0.38	杀草净	牛奶	0.08
	奶粉	1.25		奶粉	0.25
丁嗪草酮	牛奶	0.28	禾草丹	牛奶	0.83
	奶粉	0.92		奶粉	2.75
燕麦敌	牛奶	22.3	三异丁基磷酸盐[d]	牛奶	
	奶粉	74.33		奶粉	3.33
乙草胺	牛奶	11.85	三正丁基磷酸酯	牛奶	0.1
	奶粉	39.5		奶粉	0.33
烯啶虫胺	牛奶	4.28	乙霉威	牛奶	0.5
	奶粉	14.25		奶粉	1.67

农药 / 代谢物名称	食品类别 / 名称	检出限 / (μg/L 或 μg/kg)	农药 / 代谢物名称	食品类别 / 名称	检出限 / (μg/L 或 μg/kg)
盖草津	牛奶	0.05	甲草胺	牛奶	1.85
	奶粉	0.17		奶粉	6.17
二甲酚草胺	牛奶	4.32	硫线磷	牛奶	0.3
	奶粉	3.58		奶粉	1
特草灵	牛奶	0.53	吡唑草胺	牛奶	0.25
	奶粉	1.75		奶粉	0.83
戊菌唑	牛奶	0.5	胺丙畏	牛奶	13.5
	奶粉	1.67		奶粉	45
腈菌唑	牛奶	0.25	特丁硫磷[ab]	牛奶	560
	奶粉	0.83		奶粉	1866.67
咪唑乙烟酸	牛奶	0.28	硅氟唑	牛奶	0.73
	奶粉	0.92		奶粉	2.42
多效唑	牛奶	0.15	三唑酮	牛奶	1.98
	奶粉	0.5		奶粉	6.58
倍硫磷亚砜	牛奶	0.08	甲拌磷砜	牛奶	10.5
	奶粉	0.25		奶粉	35
三唑醇	牛奶	2.65	十三吗啉	牛奶	0.65
	奶粉	8.83		奶粉	2.17
仲丁灵	牛奶	0.48	苯噻酰草胺	牛奶	0.55
	奶粉	1.58		奶粉	1.83
甲基立枯磷	牛奶	16.65	丁苯吗啉[b]	牛奶	0.05
	奶粉	55.5		奶粉	0.17
甜菜安	牛奶	1	戊唑醇	牛奶	0.55
	奶粉	3.33		奶粉	1.83
烯丙菊酯	牛奶	15.1	异丙乐灵[b]	牛奶	7.5
	奶粉	50.33		奶粉	25
丙草胺（pretilachlor）	牛奶	0.08	氟苯嘧啶醇	牛奶	0.25
	奶粉	0.25		奶粉	0.83
氟硅唑	牛奶	0.15	乙嘧酚磺酸酯	牛奶	0.18
	奶粉	0.5		奶粉	0.58
麦锈灵	牛奶	0.88	保棉磷	牛奶	276.08
	奶粉	2.92		奶粉	920.25
氟酰胺	牛奶	0.28	丁基嘧啶磷	牛奶	0.03
	奶粉	0.92		奶粉	0.08
氨磺磷	牛奶	0.9	稻丰散	牛奶	23.1
	奶粉	3		奶粉	77

农药 / 代谢物名称	食品类别 / 名称	检出限 / （μg/L 或 μg/kg）	农药 / 代谢物名称	食品类别 / 名称	检出限 / （μg/L 或 μg/kg）
苯霜灵	牛奶	0.3	治螟磷	牛奶	0.65
	奶粉	1		奶粉	2.17
苄氯三唑醇	牛奶	0.13	硫丙磷	牛奶	1.45
	奶粉	0.42		奶粉	4.83
乙环唑	牛奶	0.45	苯硫膦	牛奶	8.25
	奶粉	1.5		奶粉	27.5
邻苯二甲酸二环已酯[b]	牛奶	0.5	甲基吡噁磷	牛奶	0.2
	奶粉	1.67		奶粉	0.67
胺菊酯	牛奶	0.45	烯唑醇	牛奶	0.33
	奶粉	1.5		奶粉	1.08
抑菌灵	牛奶	0.65	唑嘧磺草胺	牛奶	0.08
	奶粉	2.17		奶粉	0.25
甲基毒死蜱	牛奶	4	纹枯脲	牛奶	0.08
	奶粉	13..33		奶粉	0.25
联苯三唑醇	牛奶	8.35	灭蚜磷	牛奶	4.9
	奶粉	27.83		奶粉	16.33
吡喃草酮	牛奶	3.05	苯草酮	牛奶	0.08
	奶粉	10.17		奶粉	0.25
甲基硫菌灵	牛奶	5	马拉硫磷	牛奶	1.4
	奶粉	16.67		奶粉	4.67
益棉磷[d]	牛奶		稗草畏	牛奶	0.08
	奶粉	90.75		奶粉	0.25
杀铃脲	牛奶	0.98	嘧啶磷（pirimiphos-ethyl）	牛奶	0.01
	奶粉	3.25		奶粉	0.04
莎稗磷	牛奶	0.18	哒嗪硫磷	牛奶	0.23
	奶粉	0.58		奶粉	0.75
硫菌灵	牛奶	5.05	硫双威	牛奶	9.85
	奶粉	16.83		奶粉	32.83
喹禾灵	牛奶	0.18	吡唑硫磷	牛奶	0.25
	奶粉	0.58		奶粉	0.83
精氟吡甲禾灵	牛奶	0.65	啶氧菌酯	牛奶	2.1
	奶粉	2.17		奶粉	7
吡氟禾草灵	牛奶	0.08	四氟醚唑	牛奶	0.43
	奶粉	0.25		奶粉	1.42
乙基溴硫磷	牛奶	141.93	吡唑解草酯	牛奶	3.15
	奶粉	473.08		奶粉	10.5

农药 / 代谢物名称	食品类别 / 名称	检出限 / （μg/L 或 μg/kg）	农药 / 代谢物名称	食品类别 / 名称	检出限 / （μg/L 或 μg/kg）
地散磷	牛奶	8.55	丙溴磷	牛奶	0.5
	奶粉	28.5		奶粉	1.67
溴苯烯磷	牛奶	0.75	百克敏	牛奶	0.13
	奶粉	2.5		奶粉	0.42
嘧菌酯	牛奶	0.13	烯酰吗啉	牛奶	0.1
	奶粉	0.42		奶粉	0.33
吡菌磷	牛奶	0.4	噻嗯菊酯[b]	牛奶	0.83
	奶粉	1.33		奶粉	2.75
氟虫脲	牛奶	0.8	噻唑烟酸	牛奶	0.5
	奶粉	2.67		奶粉	1.67
茚虫威	牛奶	1.88	甲基丙硫克百威	牛奶	4.1
	奶粉	6.25		奶粉	13.67
甲氨基阿维菌素苯甲酸盐[ab]	牛奶	0.08	醚黄隆	牛奶	0.28
	奶粉	0.25		奶粉	0.92
乙撑硫脲[d]	牛奶		吡嘧磺隆	牛奶	1.7
	奶粉	43.5		奶粉	5.67
棉隆[ac]	牛奶	31.75	磺草胺唑	牛奶	1.1
	奶粉			奶粉	3.67
烟碱[b]	牛奶	0.55	氟啶脲	牛奶	2.18
	奶粉	1.83		奶粉	7.25
非草隆	牛奶	0.25	矮壮素[a]	牛奶	0.03
	奶粉	0.83		奶粉	0.08
灭蝇胺[b]	牛奶	1.8	灭多威	牛奶	2.4
	奶粉	6		奶粉	8
鼠立克	牛奶	0.4	咯喹酮	牛奶	0.88
	奶粉	1.33		奶粉	2.92
乙酰甲胺磷	牛奶	3.33	麦穗灵	牛奶	0.48
	奶粉	11.08		奶粉	1.58
禾草敌	牛奶	0.53	丁脒酰胺	牛奶	0.43
	奶粉	1.75		奶粉	1.42
多菌灵	牛奶	0.13	丁酮威	牛奶	0.4
	奶粉	0.42		奶粉	1.33
6-氯-4-羟基-3-苯基哒嗪	牛奶	0.43	杀虫脒[ab]	牛奶	0.33
	奶粉	1.42		奶粉	1.08
残杀威	牛奶	6.1	霜脲氰	牛奶	13.9
	奶粉	20.33		奶粉	46.33

农药 / 代谢物名称	食品类别 / 名称	检出限 / （μg/L 或 μg/kg）	农药 / 代谢物名称	食品类别 / 名称	检出限 / （μg/L 或 μg/kg）
异唑隆	牛奶	0.1	灭草敌	牛奶	0.08
	奶粉	0.33		奶粉	0.25
绿麦隆	牛奶	0.15	氯硫酰草胺[ab]	牛奶	2.2
	奶粉	0.5		奶粉	7.33
久效威	牛奶	39.25	灭害威	牛奶	4.1
	奶粉	130.83		奶粉	13.67
氯草灵	牛奶	45.75	甲菌定[ac]	牛奶	0.03
	奶粉	152.5		奶粉	
噁虫威	牛奶	0.8	绿麦隆[b]	牛奶	0.08
	奶粉	2.67		奶粉	0.25
扑灭津	牛奶	0.08	氧乐果	牛奶	2.43
	奶粉	0.25		奶粉	8.08
特丁津	牛奶	0.13	乙氧呋啉[a]	牛奶	0.88
	奶粉	0.42		奶粉	2.92
敌草隆	牛奶	0.4	敌敌畏	牛奶	0.13
	奶粉	1.33		奶粉	0.42
氯甲硫磷	牛奶	112	涕灭威砜	牛奶	5.35
	奶粉	373.33		奶粉	17.83
萎锈灵	牛奶	0.15	二氧威[a]	牛奶	0.85
	奶粉	0.5		奶粉	2.83
野燕枯	牛奶	0.2	苄基腺嘌呤	牛奶	17.7
	奶粉	0.67		奶粉	59
噻虫胺	牛奶	15.75	甲基内吸磷	牛奶	1.33
	奶粉	52.5		奶粉	4.42
拿草特	牛奶	3.85	乙硫苯威亚砜	牛奶	56
	奶粉	12.83		奶粉	186.67
二甲草胺	牛奶	0.48	甲基乙拌磷	牛奶	144.5
	奶粉	1.58		奶粉	481.67
溴谷隆	牛奶	4.2	灭菌丹[d]	牛奶	
	奶粉	14		奶粉	115.5
甲拌磷	牛奶	78.5	磺吸磷	牛奶	4.95
	奶粉	261.67		奶粉	16.5
苯草醚	牛奶	6.05	哌草丹[a]	牛奶	945
	奶粉	20.17		奶粉	3150
地安磷	牛奶	0.58	苯锈啶[c]	牛奶	0.05
	奶粉	1.92		奶粉	

农药 / 代谢物名称	食品类别 / 名称	检出限 / （μg/L 或 μg/kg）	农药 / 代谢物名称	食品类别 / 名称	检出限 / （μg/L 或 μg/kg）
脱苯甲基亚胺唑	牛奶	1.55	赛硫磷[ab]	牛奶	164.5
	奶粉	5.17		奶粉	548.33
草不隆	牛奶	1.78	甲基咪草烟[b]	牛奶	1.48
	奶粉	5.92		奶粉	4.92
精甲霜灵	牛奶	0.38	甲基对氧磷	牛奶	0.13
	奶粉	1.25		奶粉	0.42
乙氧呋草黄	牛奶	93	4-十二烷基-2,6-二甲基吗啉[ab]	牛奶	0.8
	奶粉	310		奶粉	2.67
异稻瘟净	牛奶	2.08	乙烯菌核利	牛奶	0.63
	奶粉	6.92		奶粉	2.08
特普	牛奶	2.6	烯效唑	牛奶	0.2
	奶粉	8.67		奶粉	0.67
环丙唑醇	牛奶	0.18	啶斑肟[b]	牛奶	0.08
	奶粉	0.58		奶粉	0.25
噻虫嗪	牛奶	8.25	氯硫磷[a]	牛奶	33.4
	奶粉	27.5		奶粉	111.33
育畜磷	牛奶	0.13	异氯磷	牛奶	0.05
	奶粉	0.42		奶粉	0.17
乙嘧硫磷	牛奶	4.7	四螨嗪	牛奶	0.2
	奶粉	15.67		奶粉	0.67
杀鼠醚	牛奶	0.35	氟草敏	牛奶	0.08
	奶粉	1.17		奶粉	0.25
赛灭磷	牛奶	20	野麦畏	牛奶	5.05
	奶粉	66.67		奶粉	16.83
磷胺	牛奶	0.98	福美锌[bd]	牛奶	
	奶粉	3.25		奶粉	65.33
甜菜宁	牛奶	1.13	苯氧喹啉	牛奶	38.35
	奶粉	3.75		奶粉	127.83
联苯肼酯	牛奶	5.7	倍硫磷砜	牛奶	4.38
	奶粉	19		奶粉	14.58
环酰菌胺[bd]	牛奶		氟咯草酮	牛奶	0.33
	奶粉	0.75		奶粉	1.08
粉唑醇	牛奶	2.15	酞酸苯甲基丁酯	牛奶	158
	奶粉	7.17		奶粉	526.67
抑菌丙胺酯	牛奶	0.2	氯唑磷	牛奶	0.05
	奶粉	0.67		奶粉	0.17

农药 / 代谢物名称	食品类别 / 名称	检出限 / （μg/L 或 μg/kg）	农药 / 代谢物名称	食品类别 / 名称	检出限 / （μg/L 或 μg/kg）
生物丙烯菊酯	牛奶	49.5	除线磷[ab]	牛奶	7.55
	奶粉	165		奶粉	25.17
苯腈膦	牛奶	5.2	蚜灭多砜	牛奶	119
	奶粉	17.33		奶粉	396.67
甲基嘧啶磷	牛奶	0.05	特丁硫磷砜	牛奶	22.15
	奶粉	0.17		奶粉	73.83
噻嗪酮	牛奶	0.23	敌乐胺	牛奶	0.45
	奶粉	0.75		奶粉	1.5
乙拌磷砜	牛奶	0.63	氰霜唑	牛奶	1.13
	奶粉	2.08		奶粉	3.75
喹螨醚	牛奶	0.08	毒壤膦	牛奶	16.7
	奶粉	0.25		奶粉	55.67
三唑磷	牛奶	0.18	苄呋菊酯-2	牛奶	0.08
	奶粉	0.58		奶粉	0.25
脱叶磷	牛奶	0.4	啶酰菌胺	牛奶	1.2
	奶粉	1.33		奶粉	4
环酯草醚	牛奶	0.15	甲磺乐灵	牛奶	8.6
	奶粉	0.5		奶粉	28.67
叶菌唑	牛奶	0.33	甲氰菊酯	牛奶	61.25
	奶粉	1.08		奶粉	204.17
蚊蝇醚	牛奶	0.1	噻螨酮	牛奶	5.9
	奶粉	0.33		奶粉	19.67
噻草酮	牛奶	0.63	双氟磺草胺	牛奶	4.35
	奶粉	2.08		奶粉	14.5
异噁酰草胺	牛奶	0.05	苯螨特	牛奶	4.93
	奶粉	0.17		奶粉	16.42
氟乐灵	牛奶	310	新燕灵	牛奶	77
	奶粉	1033.33		奶粉	256.67
甲基麦草氟异丙酯	牛奶	5.05	呋草唑[c]	牛奶	3.5
	奶粉	16.83		奶粉	
生物苄呋菊酯[a]	牛奶	1.85	呋线威	牛奶	0.48
	奶粉	6.17		奶粉	1.58
丙环唑	牛奶	0.45	反-氯菊酯	牛奶	1.2
	奶粉	1.5		奶粉	4
毒死蜱	牛奶	13.45	醚菊酯	牛奶	570
	奶粉	44.83		奶粉	1900

农药 / 代谢物名称	食品类别 / 名称	检出限 / (μg/L 或 μg/kg)	农药 / 代谢物名称	食品类别 / 名称	检出限 / (μg/L 或 μg/kg)
氯乙氟灵	牛奶	122	苄草唑	牛奶	0.08
	奶粉	406.67		奶粉	0.25
氯磺隆	牛奶	0.68	嘧唑螨[a]	牛奶	1.95
	奶粉	2.25		奶粉	6.5
烯草酮	牛奶	0.53	己体氯氰菊酯	牛奶	0.18
	奶粉	1.75		奶粉	0.58
麦草氟异丙酯	牛奶	0.1	氟吡乙禾灵	牛奶	0.63
	奶粉	0.33		奶粉	2.08
杀虫畏	牛奶	0.55	乙羧氟草醚	牛奶	1.25
	奶粉	1.83		奶粉	4.17
炔螨特	牛奶	17.15	氟胺氰菊酯	牛奶	57.5
	奶粉	57.17		奶粉	191.67
糠菌唑	牛奶	0.78	丙烯酰胺	牛奶	4.45
	奶粉	2.58		奶粉	14.83
氟吡酰草胺	牛奶	0.18	叔丁基胺	牛奶	9.75
	奶粉	0.58		奶粉	32.5
氟噻乙草酯	牛奶	1.33	噁霉灵	牛奶	56.03
	奶粉	4.42		奶粉	186.75
肟菌酯	牛奶	0.5	邻苯二甲酰亚胺	牛奶	10.75
	奶粉	1.67		奶粉	35.83
氯嘧磺隆	牛奶	7.6	甲氟磷	牛奶	17.05
	奶粉	25.33		奶粉	56.83
氟铃脲	牛奶	6.3	速灭威	牛奶	6.35
	奶粉	21		奶粉	21.17
氟酰脲	牛奶	2	二苯胺	牛奶	0.1
	奶粉	6.67		奶粉	0.33
伏蚁腙	牛奶	0.43	萘乙酸基乙酰亚胺	牛奶	0.2
	奶粉	1.42		奶粉	0.67
flurazuron（氟佐隆）	牛奶	6.7	脱乙基莠去津	牛奶	0.15
	奶粉	22.33		奶粉	0.5
抑芽丹[ab]	牛奶	20	2,6-二氯苯甲酰胺	牛奶	1.13
	奶粉	66.67		奶粉	3.75
甲胺磷	牛奶	1.23	涕灭威	牛奶	65.25
	奶粉	4.08		奶粉	217.5
茵草敌	牛奶	9.33	酞酸二甲酯[ab]	牛奶	3.3
	奶粉	31.08		奶粉	11

农药 / 代谢物名称	食品类别 / 名称	检出限 / （μg/L 或 μg/kg）	农药 / 代谢物名称	食品类别 / 名称	检出限 / （μg/L 或 μg/kg）
避蚊胺	牛奶	0.15	杀虫脒盐酸盐	牛奶	0.65
	奶粉	0.5		奶粉	2.17
灭草隆	牛奶	8.68	西玛通	牛奶	0.28
	奶粉	28.92		奶粉	0.92
嘧霉胺	牛奶	0.18	呋虫胺	牛奶	2.55
	奶粉	0.58		奶粉	8.5
黑穗胺	牛奶	0.2	克草敌	牛奶	0.85
	奶粉	0.67		奶粉	2.83
灭藻醌	牛奶	1.98	活化酯	牛奶	0.78
	奶粉	6.58		奶粉	2.58
仲丁威	牛奶	1.48	蔬果磷	牛奶	3.45
	奶粉	4.92		奶粉	11.5
乙菌定[b]	牛奶	0.15	杀线威	牛奶	137.03
	奶粉	0.5		奶粉	456.75
敌稗	牛奶	5.4	甲基苯噻隆	牛奶	0.03
	奶粉	18		奶粉	0.08
克百威	牛奶	3.28	丁酮砜威	牛奶	6.65
	奶粉	10.92		奶粉	22.17
啶虫清	牛奶	0.35	砜吸磷亚砜[c]	牛奶	0.98
	奶粉	1.17		奶粉	
嘧菌胺	牛奶	0.08	硫环磷	牛奶	0.13
	奶粉	0.25		奶粉	0.42
扑灭通	牛奶	0.03	硫赶内吸磷[c]	牛奶	20
	奶粉	0.08		奶粉	
甲氧隆	牛奶	0.15	萘丙胺	牛奶	0.33
	奶粉	0.5		奶粉	1.08
乐果	牛奶	1.9	杀螟硫磷	牛奶	6.7
	奶粉	6.33		奶粉	22.33
呋菌胺[bd]	牛奶		酞酸二丁酯	牛奶	9.9
	奶粉	0.25		奶粉	33
伏草隆	牛奶	0.23	丙草胺（metolachlor）	牛奶	0.1
	奶粉	0.75		奶粉	0.33
百治磷	牛奶	0.28	腐霉利	牛奶	21.65
	奶粉	0.92		奶粉	72.17
庚酰草胺	牛奶	0.3	蚜灭磷	牛奶	1.15
	奶粉	1		奶粉	30.67

农药 / 代谢物名称	食品类别 / 名称	检出限 / (μg/L 或 μg/kg)	农药 / 代谢物名称	食品类别 / 名称	检出限 / (μg/L 或 μg/kg)
双苯酰草胺	牛奶	0.03	可灭隆	牛奶	0.33
	奶粉	0.08		奶粉	1.08
灭线磷	牛奶	0.7	皮蝇磷	牛奶	3.28
	奶粉	2.33		奶粉	10.92
地虫硫膦	牛奶	1.88	除虫菊素	牛奶	88.15
	奶粉	6.25		奶粉	293.83
土菌灵	牛奶	25.1	邻苯二甲酸二环己酯	牛奶	0.18
	奶粉	83.67		奶粉	0.58
拌种胺[ab]	牛奶	0.2	环丙酰菌胺	牛奶	1.3
	奶粉	0.67		奶粉	4.33
环嗪酮	牛奶	0.03	虫酰肼	牛奶	6.95
	奶粉	0.08		奶粉	23.17
阔草净	牛奶	0.03	虫螨磷	牛奶	7.95
	奶粉	0.08		奶粉	26.5
敌百虫	牛奶	0.28	氯亚胺硫磷	牛奶	39.25
	奶粉	0.92		奶粉	130.83
内吸磷	牛奶	1.7	吲哚酮草酯	牛奶	3.65
	奶粉	5.67		奶粉	12.17
解草酮	牛奶	1.73	鱼藤酮	牛奶	0.58
	奶粉	5.75		奶粉	1.92
除草定	牛奶	5.9	亚胺唑	牛奶	2.58
	奶粉	19.67		奶粉	8.58
甲拌磷亚砜	牛奶	86.63	噁草酸	牛奶	0.3
	奶粉	288.75		奶粉	1
溴莠敏	牛奶	0.9	乳氟禾草灵	牛奶	15.5
	奶粉	3		奶粉	51.67
氧化萎锈灵	牛奶	0.23	吡草酮	牛奶	0.03
	奶粉	0.75		奶粉	0.08
灭锈胺	牛奶	0.1	地乐酯[a]	牛奶	10.33
	奶粉	0.33		奶粉	34.42
乙拌磷[a]	牛奶	117.43	异丙草胺	牛奶	0.2
	奶粉	391.42		奶粉	0.67
倍硫磷	牛奶	13	乙氧苯草胺	牛奶	0.2
	奶粉	43.33		奶粉	0.67
甲霜灵	牛奶	0.13	四唑酰草胺[a]	牛奶	3.1
	奶粉	0.42		奶粉	10.33

农药 / 代谢物名称	食品类别 / 名称	检出限 /（μg/L 或 μg/kg）	农药 / 代谢物名称	食品类别 / 名称	检出限 /（μg/L 或 μg/kg）
甲呋酰胺	牛奶	0.25	苯醚氰菊酯	牛奶	4.2
	奶粉	0.83		奶粉	14
吗菌灵[a]	牛奶	0.1	狄氏剂[a]	牛奶	40.4
	奶粉	0.33		奶粉	538.68
甲基咪草酯	牛奶	0.05	马拉氧磷	牛奶	1.18
	奶粉	0.17		奶粉	3.92
稻瘟灵	牛奶	0.45	多果定[bd]	牛奶	
	奶粉	1.5		奶粉	6.67
抑霉唑	牛奶	0.5	丙烯硫脲[a]	牛奶	7.53
	奶粉	1.67		奶粉	25.08
辛硫磷	牛奶	20.7	茅草枯	牛奶	57.68
	奶粉	69		奶粉	192.25
喹硫磷	牛奶	0.5	四氟丙酸[b]	牛奶	5.75
	奶粉	1.67		奶粉	19.17
灭菌磷	牛奶	16.8	2-苯基苯酚	牛奶	42.48
	奶粉	56		奶粉	141.58
苯氧威[b]	牛奶	4.58	3-苯基苯酚	牛奶	1
	奶粉	15.25		奶粉	3.33
嘧啶磷（pyrimitate）	牛奶	0.05	二氯吡啶酸	牛奶	70
	奶粉	0.17		奶粉	233.33
丰索磷	牛奶	0.5	4,6-二硝基邻甲酚	牛奶	0.65
	奶粉	1.67		奶粉	2.17
氯咯草酮	牛奶	3.45	调果酸[b]	牛奶	2.85
	奶粉	11.5		奶粉	9.5
丁草胺	牛奶	5.03	氯硝胺	牛奶	12.15
	奶粉	16.75		奶粉	40.5
咪唑喹啉酸[b]	牛奶	0.73	氯氨吡啶酸[c]	牛奶	91.5
	奶粉	2.42		奶粉	
亚胺菌	牛奶	25.15	氯苯胺灵	牛奶	3.95
	奶粉	83.83		奶粉	13.17
戊叉菌唑	牛奶	0.75	2 甲 4 氯丙酸[b]	牛奶	1.23
	奶粉	2.5		奶粉	4.08
苯线磷亚砜[a]	牛奶	0.18	特草定	牛奶	0.23
	奶粉	0.58		奶粉	0.75
噻吩草胺	牛奶	6.03	2,4-滴[b]	牛奶	2.98
	奶粉	20.08		奶粉	9.92

农药 / 代谢物名称	食品类别 / 名称	检出限 / （μg/L 或 μg/kg）
氰菌胺	牛奶	9.85
	奶粉	32.83
杀草吡啶	牛奶	0.05
	奶粉	0.17
氟环唑	牛奶	1.03
	奶粉	3.42
氯辛硫磷	牛奶	19.4
	奶粉	64.67
苯线磷砜	牛奶	0.1
	奶粉	0.33
腈苯唑	牛奶	0.4
	奶粉	1.33
异柳磷	牛奶	54.68
	奶粉	182.25
氨磺乐灵	牛奶	16
	奶粉	53.33
氯化薯瘟锡[ab]	牛奶	4.33
	奶粉	14.42
哌草磷	牛奶	2.3
	奶粉	7.67
增效醚[b]	牛奶	0.28
	奶粉	0.92
乙氧氟草醚	牛奶	14.63
	奶粉	48.75
蝇毒磷	牛奶	0.53
	奶粉	1.75
氟噻草胺	牛奶	1.33
	奶粉	4.42
伏杀硫磷	牛奶	12
	奶粉	40
甲氧虫酰肼	牛奶	0.93
	奶粉	3.08
咪鲜胺	牛奶	0.53
	奶粉	1.75
丙硫特普	牛奶	0.43
	奶粉	1.42
麦草畏[ab]	牛奶	316.48
	奶粉	1054.92
2 甲 4 氯丁酸	牛奶	3.55
	奶粉	11.83
敌磺钠	牛奶	56.35
	奶粉	187.83
毒莠定	牛奶	133.53
	奶粉	445.09
灭草松	牛奶	0.25
	奶粉	0.83
地乐酚	牛奶	0.1
	奶粉	0.33
草消酚	牛奶	0.05
	奶粉	0.17
氯吡脲	牛奶	2.85
	奶粉	9.5
咯菌腈	牛奶	15.55
	奶粉	51.83
2,4,5-涕[c]	牛奶	4.38
	奶粉	
氟草烟[c]	牛奶	48.03
	奶粉	
杀螨醇	牛奶	41.08
	奶粉	136.92
涕丙酸[b]	牛奶	1.63
	奶粉	5.42
环丙烯胺酸[b]	牛奶	0.85
	奶粉	2.83
溴苯腈[b]	牛奶	0.45
	奶粉	1.5
萘草胺[c]	牛奶	0.48
	奶粉	
灭幼脲	牛奶	5.1
	奶粉	17
氯霉素	牛奶	0.98
	奶粉	3.25

农药 / 代谢物名称	食品类别 / 名称	检出限 / （μg/L 或 μg/kg）	农药 / 代谢物名称	食品类别 / 名称	检出限 / （μg/L 或 μg/kg）
乙硫磷	牛奶	0.75	禾草灭	牛奶	0.05
	奶粉	2.5		奶粉	0.17
丁醚脲[a]	牛奶	0.08	嘧草硫醚[ab]	牛奶	345.5
	奶粉	1		奶粉	1151.67
噻吩磺隆	牛奶	5.35	杀虫双[ab]	牛奶	100.05
	奶粉	17.83		奶粉	333.5
乙氧嘧磺隆[b]	牛奶	1.15	乙酰磺胺对硝基苯	牛奶	0.75
	奶粉	3.83		奶粉	2.5
氟硫草定	牛奶	2.6	安磺灵	牛奶	1.23
	奶粉	8.67		奶粉	4.08
螺螨酯	牛奶	2.48	赤霉素[b]	牛奶	16.58
	奶粉	8.25		奶粉	55.25
唑螨酯	牛奶	0.35	三氟羧草醚[b]	牛奶	29.5
	奶粉	1.17		奶粉	98.33
胺氟草酯	牛奶	2.65	碘苯腈[b]	牛奶	0.15
	奶粉	8.83		奶粉	0.5
双硫磷	牛奶	0.3	噁唑菌酮	牛奶	11.33
	奶粉	1		奶粉	37.75
氟丙嘧草酯	牛奶	2.38	磺酰唑草酮	牛奶	22.4
	奶粉	7.92		奶粉	74.67
多杀菌素[a]	牛奶	0.15	吡氟酰草胺	牛奶	7.08
	奶粉	0.5		奶粉	23.58
甲哌鎓	牛奶	0.23	乙虫清	牛奶	9.98
	奶粉	0.75		奶粉	33.25
二丙烯草胺	牛奶	10.25	磺菌胺	牛奶	0.1
	奶粉	34.17		奶粉	0.33
霜霉威[ab]	牛奶	0.03	环丙嘧磺隆	牛奶	85.93
	奶粉	0.08		奶粉	286.42
噻菌灵[b]	牛奶	0.13	氟磺胺草醚	牛奶	0.5
	奶粉	0.42		奶粉	1.67
苯噻草酮	牛奶	1.6	氟啶胺	牛奶	17.65
	奶粉	5.33		奶粉	58.83
异丙隆	牛奶	0.33	吡虫隆	牛奶	0.05
	奶粉	0.08		奶粉	0.17
莠去通	牛奶	0.05	碘甲磺隆钠[b]	牛奶	5.3
	奶粉	0.17		奶粉	17.67

农药 / 代谢物名称	食品类别 / 名称	检出限 / （μg/L 或 μg/kg）	农药 / 代谢物名称	食品类别 / 名称	检出限 / （μg/L 或 μg/kg）
敌草净	牛奶	0.05	克来范	牛奶	2410.7
	奶粉	0.17		奶粉	8035.67
赛克津	牛奶	0.13	氟丙菊酯	牛奶	2.03
	奶粉	0.42		奶粉	6.75
N,*N*-二甲基氨基-*N*-甲苯	牛奶	10	甲基碘磺隆 [b]	牛奶	16.65
	奶粉	33.33		奶粉	55.5
呋草酮	牛奶	0.10			
	奶粉	0.33			

注：a 为仅可在牛奶基质中定性鉴别的农药和相关化学品；b 为仅可在奶粉基质中定性鉴别的农药和相关化学品；c 为仅适用于牛奶基质的农药和相关化学品；d 为仅适用于奶粉基质的农药和相关化学品。

5.3.32　蜂蜜中 486 种农药及相关化学品残留量的测定

该测定技术采用《蜂蜜中 486 种农药及相关化学品残留量的测定　液相色谱–串联质谱法》（GB/T 20771—2008）。

1. 适用范围

规定了洋槐蜜、油菜蜜、椴树蜜、荞麦蜜、枣花蜜中 486 种农药及相关化学品残留量的液相色谱–串联质谱测定方法，适用于洋槐蜜、油菜蜜、椴树蜜、荞麦蜜、枣花蜜。

2. 方法原理

试样经二氯甲烷提取，经 Sep-Pak NH_2 固相萃取柱净化，再经乙腈–甲苯（3∶1，*v/v*）洗脱农药及相关化学品，用液相色谱–质谱 / 质谱仪（LC-ESI-MRM，色谱柱：Atlantis T3）测定，外标法定量。

3. 灵敏度

农药 / 代谢物名称	检出限 / （μg/kg）	农药 / 代谢物名称	检出限 / （μg/kg）
苯胺灵	13.7	敌草净	0.04
异丙威	0.14	赛克津	0.04
3,4,5-混杀威	0.03	*N*,*N*-二甲基氨基-*N*-甲苯	1.79
环莠隆	0.04	环草敌	0.18
甲萘威	0.34	莠去津	0.05
毒草胺	0.04	丁草敌	3.42
吡咪唑	0.22	吡蚜酮	3.16
西草净	0.02	杀草敏	0.72
绿谷隆	0.2	菜草畏	14.8
速灭磷	0.15	特丁通	0.01
叠氮津	0.19	环丙津	0.01
密草通	0.01	阔草净（ametryn）	0.08
嘧菌磺胺	0.08	木草隆	0.04
播土隆	0.67	草达津	0.08

农药 / 代谢物名称	检出限 /（μg/kg）	农药 / 代谢物名称	检出限 /（μg/kg）
双酰草胺	0.57	另丁津	0.03
抗蚜威	0.03	蓄虫避	4.98
异噁草酮	0.04	牧草胺	0.02
氰草津	0.02	久效威亚砜	0.63
扑草净	0.02	杀螟丹[a]	806
4,4′-二氯二苯甲酮	1.19	虫螨畏	15
噻虫啉	0.09	特丁净	0.1
吡虫啉	2.49	唑菌嗪	1.13
磺噻隆	0.5	虫线磷	1.27
丁嗪草酮	0.07	利谷隆	0.97
燕麦敌	4.17	庚虫磷	0.22
乙草胺	3.4	苄草丹	0.05
烯啶虫胺	31.7	炔苯烯草胺	0.62
盖草津	0.02	杀草净	0.03
二甲酚草胺	0.24	禾草丹	0.19
特草灵	0.13	三异丁磷酸盐	0.35
戊菌唑	0.16	磷酸三正丁酯	0.03
腈菌唑	0.09	乙霉威	1.04
多效唑	0.05	甲草胺	0.75
倍硫磷亚砜	0.1	硫线磷	0.08
三唑醇	0.75	灭草胺	0.1
仲丁灵	0.17	胺丙畏	6.2
螺噁茂胺	0.01	特丁硫磷	18
甲基立枯磷	8.29	烯效唑	0.1
甜菜安[a]	0.08	硅氟唑	0.15
杀扑磷	0.33	三唑酮	0.63
烯丙菊酯	3.2	甲拌磷砜	0.85
野麦畏	1.22	十三吗啉	0.56
二嗪磷	0.06	苯噻酰草胺	0.13
敌瘟磷	0.08	戊环唑	0.1
丙草胺（pretilachlor）	0.03	苯线磷	0.04
氟硅唑	0.06	丁苯吗啉	0.03
丙森锌	0.15	戊唑醇	0.17
麦锈灵	0.3	异丙乐灵	2.88
氟酰胺	0.14	氟苯嘧啶醇	0.1
氨磺磷	0.37	乙嘧酚磺酸酯	0.06
苯霜灵	0.11	保棉磷	26.2
苄氯三唑醇	0.07	丁基嘧啶磷	0.02

农药／代谢物名称	检出限／（μg/kg）	农药／代谢物名称	检出限／（μg/kg）
乙环唑	0.17	稻丰散	4.34
氯苯嘧啶醇	0.08	治螟磷	0.26
邻苯二甲酸二环己酯	0.1	硫丙磷	0.78
胺菊酯	0.24	苯硫膦	4.4
抑菌灵	9.89	甲基吡噁磷	0.13
解草酯	0.02	烯唑醇	0.18
联苯三唑醇	0.87	烯禾啶	5.29
甲基毒死蜱	9.15	纹枯脲	0.02
甲基硫菌灵	3.05	灭蚜磷	1.9
乙基谷硫磷	15.8	苯草酮	0.05
炔草酯	0.36	马拉硫磷	0.27
杀铃脲	0.34	稗草畏	0.07
异噁氟草	0.39	哒嗪硫磷	0.08
莎稗磷	0.06	嘧啶磷（pirimiphos-ethyl）	0.01
脱叶磷（thiophanat ethyl）	4.42	硫双威[a]	40.3
喹禾灵	0.09	吡唑硫磷	0.17
精氟吡甲禾灵	0.22	啶氧菌酯	0.66
精吡磺草隆	0.03	四氟醚唑	0.2
乙基溴硫磷	13.1	吡唑解草酯	0.75
氯亚胺硫磷	9.32	丙溴磷	0.38
地散磷	1.52	百克敏	0.04
溴苯烯磷	0.32	烯酰吗啉	0.06
嘧菌酯	0.04	噻嗯菊酯	0.26
吡菌磷	0.08	噻唑烟酸	0.45
氟虫脲	0.27	醚磺隆	0.12
茚虫威	0.72	碘甲磺隆[a]	5.04
甲氨基阿维菌素苯甲酸盐	0.03	定虫隆	0.68
棉隆	33.6	4-氨基吡啶[a]	0.45
烟碱	0.18	灭多威	3.86
非草隆	0.17	*N*-二甲基甲酰基甲硫基甲醛肟	3.6
鼠立克	0.2	咯喹酮	0.7
乙酰甲胺磷	1.38	麦穗宁	2.67
禾草敌	0.19	丁脒酰胺	0.16
多菌灵	0.06	丁酮威	0.37
残杀威	0.73	杀虫脒	1.03
异唑隆	0.04	霜脲氰	2.39
绿麦隆	0.07	灭草敌	0.05
久效威	8.9	猛杀威	0.79

农药 / 代谢物名称	检出限 / (μg/kg)	农药 / 代谢物名称	检出限 / (μg/kg)
氯草灵	9.74	灭害威	11.8
噁虫威	0.07	甲菌定	0.12
扑灭津	0.03	氧乐果	0.03
特丁津	0.03	乙氧喹啉[a]	7.04
敌草隆	0.12	敌敌畏	0.18
氯甲硫磷	490	涕灭威砜	7.01
萎锈灵	0.08	二氧威[a]	12.5
野燕枯	0.08	灭赐松	0.64
噻虫胺	14.5	解草腈	0.01
拿草特	0.47	乙硫苯威亚砜	11.4
二甲草胺	0.1	杀虫腈	5.77
溴谷隆	1.25	氯唑灵	0.31
甲拌磷	3.49	甲基乙拌磷	91
苯草醚	1.61	灭菌丹	94.1
地安磷	0.07	甲基内吸磷砜	0.87
脱苯甲基亚胺唑	0.5	哌草丹	1060
草不隆	0.31	苯锈啶	0.1
精甲霜灵	0.08	赛硫磷	2.8
发硫磷	0.11	对氧磷	0.09
乙氧呋草黄	41.7	4-十二烷基-2,6-二甲基吗啉	0.16
异稻瘟净	0.65	啶斑肟	0.09
特普	0.79	氯硫磷	100
环丙唑醇	0.07	异氯磷	0.12
噻虫嗪	5.42	四螨嗪	0.32
育畜磷	0.04	氟草敏	0.07
乙嘧硫磷	19	苯氧喹啉	31.3
赛灭磷	16	倍硫磷砜	6.38
磷胺	0.18	烯虫酯	1.72
甜菜宁	0.06	氟咯草酮	0.46
联苯肼酯	4.51	邻苯二甲酸丁苄酯	136
粉唑醇	0.31	氯唑磷	0.09
抑菌丙胺酯	0.03	酚线磷	2.51
生物丙烯菊酯	5.61	蚜灭多砜	33
苯腈膦	0.75	特丁硫磷砜	9.84
甲基嘧啶磷	0.02	敌乐胺	1.6
噻嗪酮	0.05	氰唑磺菌胺	0.43
乙拌磷砜	0.09	毒壤膦	3.78
喹螨醚	0.03	苄呋菊酯-2	0.11

农药 / 代谢物名称	检出限 / (μg/kg)	农药 / 代谢物名称	检出限 / (μg/kg)
三唑磷	0.04	啶酰菌胺	1.37
脱叶磷（DEF）	0.13	甲磺乐灵	4.51
环酯草醚	0.05	苯酮唑	11.4
叶菌唑	0.06	噻螨酮	19.3
蚊蝇醚	0.02	苯螨特	3.63
噻草酮	0.21	哒螨灵	2.4
异噁酰草胺	0.02	新燕灵	130
呋草酮	0.04	嘧螨醚	1.99
氟乐灵	150	哒草特	29.1
甲基麦草氟异丙酯	0.69	呋线威	1
生物苄呋菊酯	0.37	反-氯菊酯	0.22
丙环唑	0.11	苄草唑	0.03
毒死蜱	2.35	嘧唑螨	10.5
氯乙氟灵	33.7	(Z)-氯氰菊酯	0.18
烯草酮	0.29	吡氟甲禾灵	1.2
麦草氟异丙酯	0.03	丙烯酰胺[a]	12.5
杀虫畏	0.17	特丁胺[a]	29.9
炔螨特	3.99	邻苯二甲酰亚胺	25.4
糠菌唑	0.23	甲氟磷[a]	2.41
氟吡酰草胺	0.1	速灭威	5.4
氟噻乙草酯	0.43	二苯胺	0.1
肟菌酯	0.52	萘乙酰胺	0.2
氟铃脲	1.38	脱乙基莠去津	0.14
双苯氟脲	0.52	2,6-二氯苯甲酰胺	1.54
啶蜱脲	0.5	邻苯二甲酸二甲酯	4.69
甲胺磷	0.73	杀虫脒盐酸盐	1.21
避蚊胺	0.01	西玛通	0.08
灭草隆	2.25	丁诺特呋喃	4.39
嘧霉胺	0.09	克草敌	0.94
黑穗胺	0.05	活化酯	0.96
灭藻醌	0.63	蔬果磷	5.53
仲丁威	1.42	杀线威	19.4
敌稗	0.89	甲基苯噻隆	0.02
克百威	0.43	丁酮砜威	4.3
啶虫脒	0.24	兹克威	0.56
嘧菌胺	0.04	甲基内吸磷亚砜	1.52
扑灭通	0.01	久效威砜	0.82
甲硫威	20.7	甲基硫环磷	0.11

农药 / 代谢物名称	检出限 / （μg/kg）	农药 / 代谢物名称	检出限 / （μg/kg）
甲氧隆	0.14	三氯氧乙酸	0.03
乐果	0.68	内吸磷（demeton-*s*）	3.32
呋菌胺 [a]	0.03	氧倍硫磷	0.29
伏草隆	0.07	杀草隆	1.55
百治磷	0.18	萘丙胺	0.21
庚酰草胺	0.14	杀螟硫磷	36.6
双苯酰草胺	0.01	酞酸二丁酯	0.05
灭线磷	0.17	丙草胺（metolachlor）	0.12
地虫硫膦	0.39	腐霉利	62.8
土菌灵	8.55	灭蚜硫磷	0.78
拌种胺	0.08	枯草隆	0.13
环嗪酮	0.02	威菌磷	0.1
阔草净（dimethametryn）	0.01	二嗪农	1.33
敌百虫	0.52	脱叶磷（merphos）	8.02
内吸磷（demeton-*o*+*s*）	4.85	右旋炔丙菊酯 [a]	16.5
解草酮	0.57	苄草隆	0.22
除草定	6.16	亚胺硫磷	3.81
甲拌磷亚砜	51.7	皮蝇磷	2.48
溴莠敏	0.8	除虫菊素（pyrethrins）	21.8
氧化萎锈灵	0.21	乙基杀扑磷	3.47
灭锈胺	0.03	邻苯二甲酸二环己酯	0.07
乙拌磷	23	环丙酰菌胺	1.58
倍硫磷	7.72	吡螨胺	0.09
甲霜灵	0.04	苯酰草胺	1.31
甲呋酰胺	0.05	抑虫肼	0.94
吗菌灵	0.04	克热净（乙酸盐）[a]	4.56
噻唑硫磷	0.07	虫螨磷	11.4
甲基咪草酯	0.03	二溴磷	72.2
乙拌磷亚砜	0.1	唑虫酰胺	0.05
稻瘟灵	0.1	吲哚酮草酯	9.13
抑霉唑	0.16	鱼藤酮	0.69
辛硫磷	26.3	三氯苯唑	3340
喹硫磷	0.14	唑酮草酯	1.15
灭菌磷	3.9	噁草酸	0.3
双氧威	0.59	乳氟禾草灵	67.1
嘧啶磷（pyrimitate）	0.02	四氢化邻苯二甲酰亚胺	0.23
丰索磷	0.12	2,6-二氟苯甲酸 [a]	25.4
氯咯草酮	1.53	三氯乙酸钠 [a]	2.41

农药 / 代谢物名称	检出限 /（μg/kg）	农药 / 代谢物名称	检出限 /（μg/kg）
丁草胺	1.49	2-苯基苯酚	0.1
亚胺菌	26.9	3-苯基苯酚	0.2
戊叉菌唑	0.25	氯硝胺	4.69
苯线磷亚砜	0.09	氯氨吡啶酸	1.21
噻吩草胺	0.69	氯苯胺灵	0.08
除虫菊素（pyrethrin）	19.2	特草定	0.94
稻瘟酰胺	0.76	麦草畏	5.53
氟啶草酮	0.03	2,3,4,5-四氯苯胺	0.06
氟环唑	0.21	敌磺钠[a]	0.02
氯辛硫磷	4.74	毒莠定[a]	0.56
苯线磷砜	0.05	灭草松	1.52
腈苯唑	0.13	地乐酚[a]	0.82
异柳磷	29.3	草消酚	0.11
安磺灵	7.91	咯菌腈[a]	1.48
苯醚菊酯	21.4	杀螨醇	18.3
哌草磷	0.49	溴苯腈	31.4
增效磷	0.05	灭幼脲	0.13
乙氧氟草醚	6.75	氯霉素	0.1
蝇毒磷	2.52	氟草醚	0.22
氟噻草胺	0.4	氟吡草腙钠[a]	3.81
伏杀硫磷	0.53	三氟羧草醚[a]	1.58
甲氧虫酰肼	0.19	噁唑菌酮	1.31
咪鲜胺	0.1	磺酰唑草酮	9.12
丙硫特普	0.18	吡氟酰草胺	11.4
乙硫磷	0.11	氟氰唑	72.2
丁醚脲	0.84	磺菌胺	0.12
氟硫草定	0.93	硫丹硫酸盐	25.5
螺螨酯	0.36	嗪胺灵	0.69
唑螨酯	0.06	氯吡嘧磺隆	3340
胺氟草酯	0.71	氟磺胺草醚	35.7
双硫磷	0.12	虱螨脲	0.3
氟丙嘧草酯	0.45	噻氟菌胺	67.1
多杀菌素	0.09	bediocarb	0.22
二丙烯草胺	1.13	溴环烯	4.5
三环唑	0.19	噻节因	3.29
噻菌灵	0.11	呋草黄	50.1
苯噻草酮	0.86	除草醚	8.55
异丙隆	0.01	比芬诺	31.8

农药 / 代谢物名称	检出限 / （μg/kg）	农药 / 代谢物名称	检出限 / （μg/kg）
莠去通	0.03	碘硫磷	16.1

注：a 为仅可定性鉴别的农药及相关化学品；该检出限适用食品类别均为洋槐蜜、油菜蜜、椴树蜜、荞麦蜜、枣花蜜。

5.3.33 动物肌肉中 461 种农药及相关化学品残留量的测定

该测定技术采用《动物肌肉中 461 种农药及相关化学品残留量的测定 液相色谱–串联质谱法》（GB/T 20772—2008）。

1. 适用范围

规定了猪肉、牛肉、羊肉、兔肉、鸡肉中 461 种农药及相关化学品残留量的液相色谱–串联质谱测定方法，适用于猪肉、牛肉、羊肉、兔肉、鸡肉。

2. 方法原理

试样经己烷–乙酸乙酯均质提取，经凝胶渗透色谱（装有 Bio-Beads S-X3 填料）净化，用液相色谱–质谱 / 质谱仪（LC-ESI-MRM，色谱柱：SB-C_{18}）测定，外标法定量。

3. 灵敏度

农药 / 代谢物名称	检出限 / （μg/kg）	农药 / 代谢物名称	检出限 / （μg/kg）
苯胺灵	55	多杀菌素 [a]	2.27
异丙威	1.15	二丙烯草胺 [a]	164.16
3,4,5-混杀威	0.17	霜霉威 [a]	2.8
环莠隆	0.1	噻菌灵	0.24
甲萘威	5.16	苯噻草酮	3.18
毒草胺 [a]	1.1	异丙隆	0.07
吡咪唑	0.67	莠去通	0.09
西草净	0.07	敌草净	0.09
绿谷隆	1.78	赛克津	0.27
速灭磷	0.78	*N*,*N*-二甲基氨基-*N*-甲苯	20
叠氮津	0.69	环草敌	2.22
密草通	0.04	莠去津	0.18
嘧菌磺胺	0.37	丁草敌	151
播土隆	4.48	吡蚜酮 [a]	17.14
双酰草胺	1.82	氯草敏	1.16
抗蚜威	0.08	菜草畏	103.6
异噁草松	0.21	乙硫苯威	2.46
氰草津	0.08	特丁通	0.05
扑草净	0.08	环丙津	0.08
甲基对氧磷	0.38	阔草净（ametryn）	0.48
噻虫啉	0.19	木草隆	0.11
吡虫啉	11	草达津	0.3
磺噻隆	0.75	另丁津	0.16

农药 / 代谢物名称	检出限 /（μg/kg）	农药 / 代谢物名称	检出限 /（μg/kg）
丁嗪草酮	0.53	蓄虫避	111.2
燕麦敌	44.6	牧草胺	0.07
乙草胺	23.7	久效威亚砜	4.15
烯啶虫胺 [a]	8.56	杀螟丹 [a]	1040
盖草津	0.12	虫螨畏 [a]	1211.85
二甲酚草胺	2.15	特丁净 [a]	0.08
特草灵 [a]	1.05	咪唑嗪	4
戊菌唑	1	虫线磷	11.34
腈菌唑	0.5	利谷隆	5.82
咪唑乙烟酸 [a]	0.56	庚虫磷	2.92
多效唑	0.29	苄草丹	0.18
倍硫磷亚砜	0.16	杀草净	0.14
三唑醇	5.28	禾草丹	1.65
仲丁灵	0.95	三正丁基磷酸盐	0.19
螺噁茂胺	0.12	乙霉威	1
甲基立枯磷	33.28	甲草胺	3.7
甜菜安	2.01	硫线磷 [a]	0.58
杀扑磷	5.33	吡唑草胺	0.49
烯丙菊酯	30.2	胺丙畏	27
二嗪磷	0.36	特丁硫磷 [a]	1120
敌瘟磷	0.38	硅氟唑	1.47
丙草胺（pretilachlor）	0.17	三唑酮	3.94
氟硅唑	0.29	甲拌磷砜	21
丙森锌 [a]	1.16	十三吗啉 [a]	10.4
麦锈灵	1.74	苯噻酰草胺	1.1
氟酰胺	0.57	丁苯吗啉	0.09
氨磺磷	1.8	戊唑醇	1.12
苯霜灵	0.62	异丙乐灵	15
苄氯三唑醇	0.23	氟苯嘧啶醇	4
乙环唑	0.89	乙嘧酚磺酸酯	0.35
苄氯嘧啶醇	0.3	保棉磷 [a]	552.17
酞酸二环己基酯（phthalic acid，dicyclobexyl ester）[a]	1	丁基嘧啶磷	0.06
胺菊酯	0.91	稻丰散	46.18
解草酯 [a]	0.94	治螟磷	1.3
联苯三唑醇	16.7	硫丙磷	2.92
甲基毒死蜱	8	苯硫膦	16.5
吡喃草酮	6.1	烯唑醇	0.67
益棉磷	54.46	唑嘧磺草胺	0.15

农药 / 代谢物名称	检出限 /（μg/kg）	农药 / 代谢物名称	检出限 /（μg/kg）
杀铃脲	1.96	纹枯脲	0.14
异噁氟草	1.95	灭蚜磷	9.8
莎稗磷[a]	2.86	苯草酮	0.16
喹禾灵[a]	0.34	马拉硫磷	2.82
精氟吡甲禾灵	1.32	稗草畏	0.17
吡氟禾草灵[a]	0.13	哒嗪硫磷	0.44
乙基溴硫磷	283.85	嘧啶磷（pirimiphos-ethyl）	0.08
地散磷[a]	13.68	吡唑硫磷	0.5
醚苯磺隆	0.8	啶氧菌酯	4.22
溴苯烯磷	1.51	四氟醚唑	0.86
嘧菌酯	0.23	吡唑解草酯	6.28
吡菌磷	0.81	丙溴磷	1.01
茚虫威	3.77	百克敏	0.25
棉隆[a]	63.5	烯酰吗啉[a]	1.6
烟碱[a]	1.1	噻恩菊酯	1.66
非草隆	0.52	噻唑烟酸	0.98
灭蝇胺[a]	28.96	甲基丙硫克百威	8.19
鼠立克	0.78	醚磺隆	0.56
乙酰甲胺磷[a]	6.67	吡嘧磺隆	3.42
禾草敌	1.05	磺草胺唑	2.2
多菌灵	0.23	4-氨基吡啶	0.43
6-氯-4-羟基-3-苯基哒嗪	0.83	灭多威	4.78
残杀威	12.2	咯喹酮	1.74
异唑隆	0.2	麦穗灵	0.95
绿麦隆	0.31	丁脒酰胺	0.85
久效威	78.5	丁酮威	0.79
氯草灵[a]	91.5	杀虫脒	0.67
噁虫威	1.59	霜脲氰	27.8
扑灭津	0.16	氯硫酰草胺[a]	35.28
特丁津	0.23	灭害威	8.21
敌草隆	0.78	甲菌定	0.06
氯甲硫磷	224	氧乐果	4.83
萎锈灵	0.28	乙氧呋啉[a]	1.75
噻虫胺	31.5	敌敌畏	0.27
拿草特	7.69	涕灭威砜	10.7
二甲草胺	0.95	二氧威	1.68
溴谷隆	8.42	苄腺嘌呤	35.4
甲拌磷	157	甲基内吸磷	2.65

农药 / 代谢物名称	检出限 / （μg/kg）	农药 / 代谢物名称	检出限 / （μg/kg）
苯草醚	12.1	杀螟腈[a]	5.06
地安磷	1.16	甲基乙拌磷	289
脱苯甲基亚胺唑	3.11	磺吸磷	9.88
草不隆	3.55	苯锈啶	0.09
精甲霜灵	0.77	乙基对氧磷	0.24
乙氧呋草黄	186	4-十二烷基-2,6-二甲基吗啉	1.58
异稻瘟净	4.14	乙烯菌核利	1.27
特普[a]	41.6	烯效唑	1.2
环丙唑醇	0.37	啶斑肟	0.17
噻虫嗪	16.5	氯硫磷[a]	66.8
育畜磷	0.26	异氯磷	0.12
赛灭磷	40	四螨嗪	3.2
磷胺	1.94	氟草敏	0.13
甜菜宁	2.24	野麦畏	23.1
联苯肼酯[a]	11.4	苯氧喹啉	76.7
环酰菌胺[a]	3.78	倍硫磷砜	8.73
粉唑醇	4.29	氟咯草酮	0.65
抑菌丙胺酯	0.39	酞酸苯甲基丁酯	316
生物丙烯菊酯	99	氯唑磷	0.09
苯腈膦	10.4	除线磷	15.1
甲基嘧啶磷	0.1	蚜灭多砜	1904
噻嗪酮	0.44	特丁硫磷砜	44.3
乙拌磷砜	1.23	敌乐胺[a]	7.17
喹螨醚	0.16	毒壤膦	33.4
三唑磷	0.34	苄呋菊酯-2	0.15
脱叶磷	0.81	啶酰菌胺	2.38
环酯草醚	0.31	甲磺乐灵	17.2
叶菌唑	0.66	噻螨酮	11.8
蚊蝇醚	0.22	双氟磺草胺	8.7
噻草酮	1.27	新燕灵	154
异噁酰草胺	0.09	嘧螨醚	7
呋草酮	0.22	呋线威	0.96
氟乐灵	167.4	反-氯菊酯	2.4
甲基麦草氟异丙酯	10.1	醚菊酯	1140
生物苄呋菊酯	3.71	苄草唑[a]	1.3
丙环唑	0.88	(Z)-氯氰菊酯[a]	2.71
毒死蜱	26.9	精氟吡乙禾灵	1.25
氯乙氟灵[a]	244	乙羧氟草醚	2.5

农药 / 代谢物名称	检出限 /（μg/kg）	农药 / 代谢物名称	检出限 /（μg/kg）
氯磺隆	1.37	丙烯酰胺	8.9
烯草酮	1.04	叔丁基胺	19.48
麦草氟异丙酯	0.22	噁霉灵	112.07
杀虫畏	1.11	邻苯二甲酰亚胺	21.5
炔螨特	34.3	甲氟磷	34.1
糠菌唑	1.57	二苯胺	0.21
氟吡酰草胺	0.36	萘乙酸基乙酰亚胺	0.41
氟噻乙草酯	2.65	脱乙基莠去津	0.31
肟菌酯	1	2,6-二氯苯甲酰胺	2.25
氯嘧磺隆	15.2	涕灭威	130.5
伏蚁腙[a]	6.86	杀虫脒盐酸盐	10.56
甲胺磷[a]	2.47	西玛通	0.55
茵草敌	18.67	呋草胺	5.09
避蚊胺	0.28	克草敌	1.7
灭草隆	17.37	活化酯[a]	12.32
嘧霉胺	0.34	蔬果磷[a]	6.9
黑穗胺	0.39	杀线威	274.03
灭藻醌	3.96	噻苯隆	0.15
仲丁威	2.95	甲基苯噻隆	0.29
乙菌定	0.28	丁酮砜威	13.3
敌稗	10.8	砜吸磷	1.96
克百威	6.53	硫环磷	0.24
啶虫清	0.72	氧倍硫磷	0.59
嘧菌胺	0.16	萘丙胺	0.64
扑灭通	0.07	杀螟硫磷	13.4
甲氧隆	0.32	酞酸二丁酯	19.8
乐果	3.8	丙草胺（metolachlor）	0.2
呋菌胺[a]	0.14	腐霉利	43.3
伏草隆	0.46	蚜灭磷	2.28
百治磷	0.57	苄草隆	0.66
庚酰草胺	0.6	杀鼠灵[a]	1.35
双苯酰草胺	0.07	亚胺硫磷	8.86
灭线磷	1.38	皮蝇磷	6.57
地虫硫膦	3.73	除虫菊酯	17.9
土菌灵	50.21	邻苯二甲酸二环己酯	0.34
拌种胺	0.42	环丙酰胺	2.6
环嗪酮	0.06	吡螨胺	0.13
阔草净（dimethametryn）	0.06	虫酰肼	13.9

农药 / 代谢物名称	检出限 /（μg/kg）	农药 / 代谢物名称	检出限 /（μg/kg）
敌百虫	0.56	虫螨磷	15.9
内吸磷	3.39	氯亚磷	78.5
解草酮	3.45	吲哚酮草酯	7.29
除草定	11.8	鱼藤酮	1.16
甲拌磷亚砜	184.14	亚胺唑	5.13
溴莠敏	1.8	噁草酸	0.62
氧化萎锈灵	0.45	乳氟禾草灵	31
灭锈胺	0.19	吡草酮	0.04
乙拌磷[a]	234.85	苯螨特	4.28
倍硫磷	26	地乐酯	20.64
甲霜灵	0.25	甲咪唑烟酸	0.84
甲呋酰胺	0.5	异丙草胺	0.4
吗菌灵	0.2	乙氧苯草胺	0.4
甲基咪草酯	0.08	四唑酰草胺	6.2
乙拌磷亚砜[a]	11.38	苯醚氰菊酯	8.4
稻瘟灵	0.92	马拉氧磷[a]	18.75
抑霉唑	1	茅草枯	115.37
辛硫磷	41.4	2-苯基苯酚	84.94
喹硫磷	1	3-苯基苯酚	2
灭菌磷	33.61	4,6-二苯基邻甲酚	1.3
双氧威	9.14	调果酸	5.7
嘧啶磷（pyrimitate）	0.09	氯硝胺	24.28
丰索磷	1	氯苯胺灵	7.88
氯咯草酮	6.89	2 甲 4 氯丙酸	2.45
丁草胺	10.03	特草定	0.44
咪唑喹啉酸[a]	1.44	2,4-滴[a]	5.95
亚胺菌	50.29	麦草畏[a]	632.96
戊叉菌唑	1.51	2 甲 4 氯丁酸	7.09
苯线磷亚砜	0.37	灭草松[a]	0.52
噻吩草胺	12.07	地乐酚	0.2
氰菌胺	19.7	草消酚	0.12
杀草吡啶	0.09	氯吡脲[a]	5.7
氟环唑	2.03	咯菌腈	31.08
氯辛硫磷	38.79	2,4,5-涕[a]	8.75
苯线磷砜	0.22	氟草酸[a]	96.03
腈苯唑	0.82	杀螨醇	82.15
异柳磷	109.34	溴苯腈[a]	0.9
苯醚菊酯	169.6	灭幼脲	10.2

农药 / 代谢物名称	检出限 / （μg/kg）	农药 / 代谢物名称	检出限 / （μg/kg）
哌草磷	4.62	氯霉素[a]	1.94
增效磷	0.57	禾草灭	0.1
乙氧氟草醚	29.27	噁唑禾草灵[a]	2.45
蝇毒磷	1.05	乙酰磺胺对硝基苯[a]	12
氟噻草胺	2.65	甲基磺草酮[a]	1150.28
伏杀硫磷	24.02	安磺灵[a]	2.45
甲氧虫酰肼	1.85	三氟羧草醚[a]	59
咪鲜胺	1.03	碘苯腈[a]	0.31
丙硫特普	6.8	噁唑菌酮	22.64
乙硫磷	1.48	磺酰唑草酮	44.8
噻吩磺隆[a]	10.7	吡氟酰草胺	14.14
乙氧嘧磺隆	2.29	乙虫清	19.93
氟硫草定	5.2	磺菌胺[a]	0.21
螺螨酯	4.95	环丙嘧磺隆	171.84
唑螨酯	0.68	碘甲磺隆钠	10.6
胺氟草酯	5.3	克来范	4820
双硫磷	0.61	甲基碘磺隆	33.3
氟丙嘧草酯	4.75		

注：a 为仅可定性鉴别的农药及相关化学品；该检出限适用食品类别均为猪肉、牛肉、羊肉、兔肉、鸡肉。

第6章 其他方法

6.1 概　　述

农药残留国家标准检测方法中，除了气相、液相、气质联用、液质联用四大类主流方法，还有一些方法由于特殊原因，历史上曾经发挥过重要作用，如紫外分光光度法、荧光分光光度法。这两种方法均属于光谱分析中的分子光谱分析，前者属于吸收光谱法，后者属于发光光谱法，后者灵敏度比前者高2～3个数量级。

紫外分光光度法一般指紫外–可见分光光度法，是在190～800nm波长测定物质的吸光度，用于鉴别、杂质检查和定量测定的方法。基本原理：当光穿过被测物质溶液时，物质对光的吸收程度随光的波长不同而变化。因此，通过测定物质在不同波长处的吸光度，并绘制其吸光度与波长的关系图即得被测物质的吸收光谱。从吸收光谱中，可以确定最大吸收波长λ_{max}和最小吸收波长λ_{min}。物质的吸收光谱具有与其结构相关的特性，因此，可以通过特定波长范围内样品的光谱与对照光谱或对照品光谱的比较，或通过确定最大吸收波长，或通过测量两个特定波长处的吸收比值而鉴别物质。用于定量时，在最大吸收波长处测量一定浓度样品溶液的吸光度，并与一定浓度对照溶液的吸光度进行比较或采用吸收系数法求算出样品溶液的浓度。紫外吸收常用紫外–可见分光光度计检测，其主要由光源、单色器、吸收池和检测器四部分组成。

荧光分光光度法是根据物质的荧光谱线位置及其强度进行物质鉴定和含量测定的方法。基本原理：不同的物质其组成与结构不同，所吸收的紫外–可见光波长和发射光的波长也不同，同一种物质应具有相同的激发光谱和荧光光谱，将未知物的激发光谱和荧光光谱图的形状、位置与标准物质的光谱图进行比较，即可对其进行定性分析。如果该物质的浓度不同，它所发射的荧光强度就不同，测量物质的荧光强度可对其进行定量测定，某些本身不能发射荧光的物质，可以通过化学方式获得荧光基团，进而被检测。荧光激发光谱和发射光谱常用荧光分光光度计进行检测，其主要由激发光源、样品池、双单色器系统、检测器四部分组成。虽然紫外分光光度法和荧光分光光度法在当前的农药残留国家标准中已较少使用，为方便读者参考，本书也一并将其列出。本书共收集10个其他类检测方法，植物源性食品中农药残留检测方法7个，即GB/T 5009.188—2003、GB/T 5009.21—2003、GB/T 18625—2002、GB/T 18630—2002、GB/T 5009.199—2003、GB/T 5009.36—2003、GB/T 25222—2010；动物源性食品中农药残留检测方法3个，即GB 23200.87—2016、GB/T 18626—2002、GB/T 21319—2007。

6.2 植物源性食品中农药残留量的测定

6.2.1 蔬菜、水果中甲基托布津、多菌灵的测定

该测定技术采用《蔬菜、水果中甲基托布津、多菌灵的测定》（GB/T 5009.188—2003）。

1. 适用范围

规定了蔬菜、水果中甲基托布津、多菌灵的测定方法，适用于蔬菜、水果。

2. 方法原理

甲基托布津经闭环反应转变为多菌灵，多菌灵具有苯并咪唑的特异吸收，植物成分干扰不大。紫外吸收用紫外分光光度法进行定量测定。

3. 灵敏度

无。

6.2.2　粮、油、菜中甲萘威残留量的测定

该测定技术采用《粮、油、菜中甲萘威残留量的测定》（GB/T 5009.21—2003）。

1. 适用范围

规定了用比色法测定食品中甲萘威残留量的方法，适用于粮食、油、油料、蔬菜、水果。

2. 方法原理

比色法：在碱性条件下，甲萘威水解成 1-萘酚、二氧化碳和甲胺。在酸性条件下，1-萘酚和对硝基苯偶氮氟硼酸盐反应呈橙黄色，与标准系列进行比较定量。

3. 灵敏度

农药 / 代谢物名称	食品类别 / 名称	检出限 /（mg/kg）
甲萘威	粮食、油、油料、蔬菜、水果	5

6.2.3　茶中有机磷及氨基甲酸酯农药残留量的测定

该测定技术采用《茶中有机磷及氨基甲酸酯农药残留量的简易检验方法　酶抑制法》（GB/T 18625—2002）。

1. 适用范围

规定了茶中有机磷及氨基甲酸酯农药残留量的酶抑制测定方法。适用于茶，其他食品可参照执行。

2. 方法原理

有机磷农药及氨基甲酸酯类农药对胆碱酯酶的活性有抑制作用。在 pH 为 8 的溶液中，碘化硫代乙酰胆碱被胆碱酯酶水解生成的硫代胆碱能使蓝色的 2,6-二氯靛酚褪色，褪色程度与胆碱酯酶活性正相关，使用分光光度计检测。

3. 灵敏度

农药 / 代谢物名称	最低检出浓度 /（mg/kg）	农药 / 代谢物名称	最低检出浓度 /（mg/kg）
敌敌畏	2.0	对硫磷	1.0
甲基对硫磷	3.0	敌百虫	2.0
乐果	3.0	氧化乐果	1.0
辛硫磷	3.0	伏杀磷	1.5
内吸磷	1.0	甲胺磷	20

农药 / 代谢物名称	最低检出浓度 /（mg/kg）	农药 / 代谢物名称	最低检出浓度 /（mg/kg）
乙酰甲胺磷	2.0	二嗪磷	5.0
克百威	4.0	西维因	2.0
抗蚜威	1.2		

注：该最低检出浓度适用食品类别为茶。

6.2.4　蔬菜中有机磷及氨基甲酸酯农药残留量的测定

该测定技术采用《蔬菜中有机磷及氨基甲酸酯农药残留量的简易检验方法　酶抑制法》（GB/T 18630—2002）。

1. 适用范围

规定了蔬菜中有机磷及氨基甲酸酯农药残留量的酶抑制测定方法。适用于番茄、黄瓜、茼蒿、生菜、甘蓝，其他食品可参照执行。

2. 方法原理

有机磷农药及氨基甲酸酯类农药对胆碱酯酶的活性有抑制作用。在 pH 为 8 的溶液中，碘化硫代乙酰胆碱被胆碱酯酶水解生成的硫代胆碱能使蓝色的 2,6-二氯靛酚褪色，褪色程度与胆碱酯酶活性正相关，使用分光光度计检测。

3. 灵敏度

农药 / 代谢物名称	食品类别 / 名称	最低检出限 /（mg/kg）
抗螨威	番茄	0.1
	黄瓜	0.2
	茼蒿	0.1
	生菜	0.1
	甘蓝	0.3
伏杀磷	番茄	0.3
	黄瓜	0.6
	茼蒿	0.2
	生菜	0.5
	甘蓝	0.5
敌敌畏	番茄	1
	黄瓜	0.8
	茼蒿	0.8
	生菜	1
	甘蓝	1.3
内吸磷	番茄	0.5
	黄瓜	1
	茼蒿	0.5
	生菜	1.0
	甘蓝	1.0

农药 / 代谢物名称	食品类别 / 名称	最低检出限 /（mg/kg）
辛硫磷	番茄	0.5
	黄瓜	0.4
	茼蒿	0.4
	生菜	0.5
	甘蓝	1.0
西维因	番茄	1.0
	黄瓜	1.0
	茼蒿	0.5
	生菜	0.5
	甘蓝	0.5
甲拌磷	番茄	1.0
	黄瓜	1.0
	茼蒿	0.5
	生菜	0.2
	甘蓝	0.5
敌百虫	番茄	0.3
	黄瓜	0.8
	茼蒿	0.3
	生菜	0.4
	甘蓝	1.0
乐果	番茄	0.5
	黄瓜	0.5
	茼蒿	0.4
	生菜	0.4
	甘蓝	1.5
甲基对硫磷	番茄	0.5
	黄瓜	0.3
	茼蒿	0.3
	生菜	0.1
	甘蓝	0.1
乙酰甲胺磷	番茄	0.5
	黄瓜	1.0
	茼蒿	0.2
	生菜	0.1
	甘蓝	0.5
对硫磷	番茄	2.1
	黄瓜	1.0
	茼蒿	5.0

农药 / 代谢物名称	食品类别 / 名称	最低检出限 / （mg/kg）
对硫磷	生菜	4.5
	甘蓝	4.5
氧化乐果	番茄	0.1
	黄瓜	0.3
	茼蒿	0.1
	生菜	0.1
	甘蓝	0.1
克百威	番茄	3.0
	黄瓜	3.0
	茼蒿	2.0
	生菜	2.0
	甘蓝	3.0
甲胺磷	番茄	10
	黄瓜	15
	茼蒿	12
	生菜	15
	甘蓝	15
二嗪磷	番茄	1.0
	黄瓜	3.5
	茼蒿	3.0
	生菜	2.0
	甘蓝	3.0

6.2.5　蔬菜中有机磷和氨基甲酸酯类农药残留量的测定

该测定技术采用《蔬菜中有机磷和氨基甲酸酯类农药残留量的快速检测》（GB/T 5009.199—2003）。

6.2.5.1　第一法　速测卡法

1. 适用范围

规定了由速测卡法快速测定蔬菜中有机磷和氨基甲酸酯类农药残留量的方法。适用于蔬菜，其他食品可参照执行。

2. 方法原理

胆碱酯酶可催化靛酚乙酸酯（红色）水解为乙酸与靛酚（蓝色），有机磷或氨基甲酸酯类农药对胆碱酯酶有抑制作用，使催化、水解、变色的过程发生改变，由此可判断出样品中是否有高剂量有机磷或氨基甲酸酯类农药的存在。

3. 灵敏度

农药 / 代谢物名称	检测限 / (mg/kg)	农药 / 代谢物名称	检测限 / (mg/kg)
甲胺磷	1.7	敌百虫	0.3
对硫磷	1.7	乐果	1.3
水胺硫磷	3.1	久效磷	2.5
马拉硫磷	2.0	甲萘威	2.5
氧化乐果	2.3	丁硫克百威	1.0
乙酰甲胺磷	3.5	克百威	0.5
敌敌畏	0.3		

注：该检测限适用食品类别为蔬菜。

6.2.5.2　第二法　酶抑制法

1. 适用范围

规定了由酶抑制法快速测定蔬菜中有机磷和氨基甲酸酯类农药残留量的方法。适用于蔬菜，其他食品可参照执行。

2. 方法原理

在一定条件下，有机磷和氨基甲酸酯类农药对胆碱酯酶正常功能有抑制作用，其抑制率与农药的浓度呈正相关。正常情况下，酶催化神经传导代谢产物（乙酰胆碱）水解，其水解产物与显色剂反应，产生黄色物质，用分光光度计测定吸光度随时间的变化值，计算出抑制率，通过抑制率可以判断出样品中是否有高剂量有机磷或氨基甲酸酯类农药的存在。

3. 灵敏度

农药 / 代谢物名称	检出限 / (mg/kg)	农药 / 代谢物名称	检出限 / (mg/kg)
敌敌畏	0.1	氧化乐果	0.8
对硫磷	1.0	甲基异柳磷	5.0
辛硫磷	0.3	灭多威	0.1
甲胺磷	2.0	丁硫克百威	0.05
马拉硫磷	4.0	敌百虫	0.2
乐果	3.0	克百威	0.05

注：该检出限适用食品类别为蔬菜。

6.2.6　粮食中马拉硫磷等农药残留量的测定

该测定技术采用《粮食卫生标准的分析方法》(GB/T 5009.36—2003)。

1. 适用范围

规定了原粮和成品粮中马拉硫磷、磷化物、氰化物、氯化苦、二硫化碳的分析方法，适用于原粮和成品粮。

2. 方法原理

（1）马拉硫磷方法原理

马拉硫磷用有机溶剂提取，经氢氧化钠水解后，生成二甲基二硫代磷酸酯，再与铜盐生成黄色络合物，采用分光光度计测量并与标准系列比较定量。

（2）磷化物方法原理

1）定性原理：磷化物遇水和酸放出磷化氢，与硝酸银生成黑色磷化银，如有硫化物存在，同时放出硫化氢，与硝酸银生成黑色硫化银，干扰测定，而硫化氢又能与乙酸铅生成黑色硫化铅，以此判断是否有硫化物干扰。

2）定量原理：磷化物遇水和酸，放出磷化氢，蒸出后吸收于酸性高锰酸钾溶液中被氧化成磷酸，与钼酸铵作用生成磷钼酸铵，遇氯化亚锡还原成蓝色化合物钼蓝，与标准系列比较定量。

（3）氰化物方法原理

1）定性原理：氰化物遇酸产生氢氰酸，氢氰酸与苦味酸钠作用，生成红色异氰紫酸钠。

2）定量原理：氰化物在酸性溶液中蒸出后被吸收于碱性溶液中，在 pH 为 7.0 溶液中，用氯胺 T 将氰化物转变为氯化氰，氯化氰再与异烟酸-吡唑酮作用，生成蓝色染料，与标准系列比较定量。

（4）氯化苦方法原理

氯化苦可被乙醇钠分解形成亚硝酸盐，在弱酸性溶液中与氨基苯磺酸进行重氮化，然后再与 *N*-1-萘基乙二胺盐酸盐偶合生成紫红色物质，与标准系列比较定量。

（5）二硫化碳方法原理

二硫化碳与二乙胺作用生成二乙胺磺酸，再与铜盐反应生成黄色复盐，与标准系列比较定量。

3. 灵敏度

农药 / 代谢物名称	食品类别 / 名称	检出限 /（mg/kg）
马拉硫磷	原粮和成品粮	0.012
磷化物	原粮和成品粮	0.02
氰化物	原粮和成品粮	0.015
氯化苦	原粮和成品粮	0.050
二硫化碳	原粮和成品粮	0.20

6.2.7　粮食中磷化物残留量的测定

该测定技术采用《粮油检验　粮食中磷化物残留量的测定　分光光度法》（GB/T 25222—2010）。

1. 适用范围

规定了粮食中磷化物残留量的分光光度测定方法，适用于粮食。

2. 方法原理

样品中磷化物在水和酸作用下，产生磷化氢气体，蒸出并吸收于酸性高锰酸钾溶液中被氧化成磷酸，再与钼酸铵作用生成磷钼酸铵，用氯化亚锡还原成蓝色化合物钼蓝，测定其吸光度，用标准曲线法定量。

3. 灵敏度

农药 / 代谢物名称	食品类别 / 名称	检出限 /（mg/kg）
磷化物	粮食	0.01

6.3 动物源性食品中农药残留量的测定

6.3.1 乳及乳制品中噻菌灵残留量的测定

该测定技术采用《食品安全国家标准 乳及乳制品中噻菌灵残留量的测定 荧光分光光度法》（GB 23200.87—2016）。

1. 适用范围

规定了乳及乳制品中噻菌灵残留的抽样、制样和荧光分光光度测定方法。适用于鲜乳，其他食品可参照执行。

2. 方法原理

用氢氧化钾皂化试样中的脂肪，用乙酸乙酯提取噻菌灵，再用盐酸溶液抽提乙酸乙酯提取液中的噻菌灵，使用荧光分光光度法测定，外标法定量。

3. 灵敏度

农药 / 代谢物名称	食品类别 / 名称	定量限 /（mg/kg）
噻菌灵	鲜乳	0.02

6.3.2 肉中有机磷及氨基甲酸酯农药残留量的测定

该测定技术采用《肉中有机磷及氨基甲酸酯农药残留量的简易检验方法 酶抑制法》（GB/T 18626—2002）。

1. 适用范围

规定了肉中有机磷及氨基甲酸酯农药残留量的酶抑制测定方法。适用于肉，其他食品可参照执行。

2. 方法原理

有机磷及氨基甲酸酯类农药对胆碱酯酶的活性有抑制作用。在 pH 为 8 的溶液中，碘化硫代乙酰胆碱被胆碱酯酶水解生成的硫代胆碱能使蓝色的 2,6-二氯靛酚褪色，褪色程度与胆碱酯酶活性正相关，使用分光光度计检测。

3. 灵敏度

农药 / 代谢物名称	最低检出浓度 /（mg/kg）	农药 / 代谢物名称	最低检出浓度 /（mg/kg）
敌敌畏	2.0	伏杀磷	2.0
对硫磷	8.0	内吸磷	3.0
甲基对硫磷	3.0	甲胺磷	20
敌百虫	2.0	乙酰甲胺磷	2.0

农药 / 代谢物名称	最低检出浓度 / （mg/kg）	农药 / 代谢物名称	最低检出浓度 / （mg/kg）
甲拌磷	3.0	二嗪磷	5.0
乐果	3.0	克百威	4.0
氧化乐果	1.0	西维因	2.0
辛硫磷	3.0	抗蚜磷	1.0

注：该最低检出浓度适用食品类别为肉。

6.3.3 动物源食品中阿维菌素类药物残留的测定

该测定技术采用《动物源食品中阿维菌素类药物残留的测定　酶联免疫吸附法》（GB/T 21319—2007）。

1. 适用范围

规定了动物源食品中阿维菌素类药物残留量的酶联免疫吸附测定方法，适用于牛肉和牛肝。

2. 方法原理

采用间接竞争 ELISA 方法，在微孔条上包被偶联抗原，试样中残留药物与偶联抗原竞争阿维菌素抗体，加酶标记的抗体后，显色剂显色，终止液终止反应。用酶标仪测定吸光度，吸光值与阿维菌素类药物残留量呈负相关，与标准曲线比较即可得出阿维菌素类药物残留量。

3. 灵敏度

农药 / 代谢物名称	食品类别 / 名称	检测限 / （μg/kg）
阿维菌素	牛肝、牛肉	2

参考文献

陈晓水, 侯宏卫, 边照阳, 等. 2013. 气相色谱–串联质谱 (GC-MS/MS) 的应用研究进展. 质谱学报, 34(5): 308-320.

褚莹倩, 陈溪, 崔妍, 等. 2018. 色谱质谱分析技术在快速筛查检测领域的研究进展. 食品安全质量检测学报, (24): 6355-6361.

邓晶晶, 廖于瑕. 2010. 液质联用技术在药物体内代谢研究中的应用. 数理医药学杂志, (1): 86-88.

傅若农. 2009. 气相色谱近年的发展. 色谱, 27(5): 584-591.

高佳, 程晓昆, 班璐, 等. 2016. 液质联用技术的应用与发展. 当代化工研究, (5): 86-87.

胡玉熙, 刘清飞, 从文娟, 等. 2008. 气质联用技术在生物医药领域中的应用进展. 药物分析杂志, 28(6): 999-1005.

黄先亮, 屠大伟, 朱永红, 等. 2014. 食品安全元素形态分析联用技术的应用. 中国调味品, (5): 134-140.

李丹, 李爱平, 李科, 等. 2020. 液质联用技术在中药化学成分定性分析中的研究进展. 药物评价研究, (10): 2112-2119.

李富根, 朴秀英, 廖先骏, 等. 2019. 农药残留国家标准体系建设新进展. 农药科学与管理, 40(4): 8-11.

李晓娟, 彭涛, 陈冬东, 等. 2011. 质谱法在食品样本农药残留分析中的应用进展. 农药学学报, 13(6): 555-567.

厉昌海, 林隆海. 2016. 关于气相色谱仪原理组成及使用的思考. 现代制造技术与装备, (1): 29-31.

廖先骏, 李富根, 朴秀英, 等. 2019. 2019 版食品中农药残留限量标准配套检测方法的变化分析. 现代农药, 18(6): 1-4.

刘文渊. 1992. 我国工业气相色谱仪的研制生产概况. 兰化科技, (2): 142-147.

钱传范. 2011. 农药残留分析原理与方法. 北京: 化学工业出版社.

邱永红. 2014. 质量分析器新理论初探. 分析仪器, (3): 81-87.

宋稳成, 白小宁, 段丽芳, 等. 2014. 我国农药残留标准体系建设现状和发展思路. 食品安全质量检测学报, 5(2): 335-338.

王宏梅, 王建博. 2020. 气相色谱原理及其在农残检测中的应用. 农家参谋, (14): 76.

王娜娜. 2020. 气相色谱发展史及气相色谱在烟草化学分析中的运用. 化工管理, (27): 49-50.

徐海波, 高菲. 2013. 岛津独创高灵敏度气相色谱仪系统 Tracera 问世. 中国食品, (8): 40-41.

严锦申, 李俊丽, 赵莉, 等. 2013. 农药残留现状及检测技术的研究进展. 山东农业科学, (6): 134-137, 152.

岳永德. 2014. 农药残留分析. 北京: 中国农业出版社.

张茜, 刘炜伦, 路亚楠, 等. 2018. 顶空气相色谱–质谱联用技术的应用进展. 色谱, 36(10): 962-971.

朱玉龙, 陈增龙, 张昭, 等. 2017. 我国农药残留监管与标准体系建设. 植物保护, 43(2): 1-5.

Gudzinowicz BJ, Gudzinowicz MJ, Martin HF. 1977. The Integrated GC-MS Analytical System. New York: Marcel Dekker, Inc.

Kitson FG, Larsen BS, McEwen CN. 1998. Gas Chromatography and Mass Spectrometry: A Practical Guide. New York: Academic Press.

Liu Z, Philips JB. 1991. Comprehensive two-dimensional gas chromatography using an on-column thermal modulator interface. Journal of Chromatographic Science, 29(6): 227-231.

McFadden WH. 1973. Techniques of Combined Gas Chromatography-Mass Spectrometry Applications in Organic Analysis. New York: John Wiley.

Meinert C, Meierhenrich UJ. 2012. A new dimension in separation science: comprehensive two-dimensional gas chromatography. Angew Chem Int Ed Engl, 51(42): 10460-10470.

Nolvachai Y, Kulsing C, Marriott PJ. 2015. Pesticides analysis: advantages of increased dimensionality in gas chromatography and mass spectrometry. Critical Reviews in Environmental Science and Technology, 45(19): 2135-2173.

附　　录

附录 1　我国农药残留检测方法国家标准和行业标准名录

附表 1-1　我国农药残留检测方法国家标准一览表

标准号	标准名称
GB 23200.1—2016	食品安全国家标准　除草剂残留量检测方法　第 1 部分：气相色谱-质谱法测定　粮谷及油籽中酰胺类除草剂残留量
GB 23200.2—2016	食品安全国家标准　除草剂残留量检测方法　第 2 部分：气相色谱-质谱法测定　粮谷及油籽中二苯醚类除草剂残留量
GB 23200.3—2016	食品安全国家标准　除草剂残留量检测方法　第 3 部分：液相色谱-质谱 / 质谱法测定　食品中环己烯酮类除草剂残留量
GB 23200.4—2016	食品安全国家标准　除草剂残留量检测方法　第 4 部分：气相色谱-质谱 / 质谱法测定　食品中芳氧苯氧丙酸酯类除草剂残留量
GB 23200.5—2016	食品安全国家标准　除草剂残留量检测方法　第 5 部分：液相色谱-质谱 / 质谱法测定　食品中硫代氨基甲酸酯类除草剂残留量
GB 23200.6—2016	食品安全国家标准　除草剂残留量检测方法　第 6 部分：液相色谱-质谱 / 质谱法测定　食品中杀草强残留量
GB 23200.7—2016	食品安全国家标准　蜂蜜、果汁和果酒中 497 种农药及相关化学品残留量的测定　气相色谱-质谱法
GB 23200.8—2016	食品安全国家标准　水果和蔬菜中 500 种农药及相关化学品残留量的测定　气相色谱-质谱法
GB 23200.9—2016	食品安全国家标准　粮谷中 475 种农药及相关化学品残留量的测定　气相色谱-质谱法
GB 23200.10—2016	食品安全国家标准　桑枝、金银花、枸杞子和荷叶中 488 种农药及相关化学品残留量的测定　气相色谱-质谱法
GB 23200.11—2016	食品安全国家标准　桑枝、金银花、枸杞子和荷叶中 413 种农药及相关化学品残留量的测定　液相色谱-质谱法
GB 23200.12—2016	食品安全国家标准　食用菌中 440 种农药及相关化学品残留量的测定　液相色谱-质谱法
GB 23200.13—2016	食品安全国家标准　茶叶中 448 种农药及相关化学品残留量的测定　液相色谱-质谱法
GB 23200.14—2016	食品安全国家标准　果蔬汁和果酒中 512 种农药及相关化学品残留量的测定　液相色谱-质谱法
GB 23200.15—2016	食品安全国家标准　食用菌中 503 种农药及相关化学品残留量的测定　气相色谱-质谱法
GB 23200.16—2016	食品安全国家标准　水果蔬菜中乙烯利残留量的测定　气相色谱法
GB 23200.17—2016	食品安全国家标准　水果、蔬菜中噻菌灵残留量的测定　液相色谱法
GB 23200.18—2016	食品安全国家标准　蔬菜中非草隆等 15 种取代脲类除草剂残留量的测定　液相色谱法
GB 23200.19—2016	食品安全国家标准　水果和蔬菜中阿维菌素残留量的测定　液相色谱法
GB 23200.20—2016	食品安全国家标准　食品中阿维菌素残留量的测定　液相色谱-质谱 / 质谱法
GB 23200.21—2016	食品安全国家标准　水果中赤霉酸残留量的测定　液相色谱-质谱 / 质谱法
GB 23200.22—2016	食品安全国家标准　坚果及坚果制品中抑芽丹残留量的测定　液相色谱法
GB 23200.23—2016	食品安全国家标准　食品中地乐酚残留量的测定　液相色谱-质谱 / 质谱法
GB 23200.24—2016	食品安全国家标准　粮谷和大豆中 11 种除草剂残留量的测定　气相色谱-质谱法

标准号	标准名称
GB 23200.25—2016	食品安全国家标准　水果中噁草酮残留量的检测方法
GB 23200.26—2016	食品安全国家标准　茶叶中 9 种有机杂环类农药残留量的检测方法
GB 23200.27—2016	食品安全国家标准　水果中 4,6-二硝基邻甲酚残留量的测定　气相色谱-质谱法
GB 23200.28—2016	食品安全国家标准　食品中多种醚类除草剂残留量的测定　气相色谱-质谱法
GB 23200.29—2016	食品安全国家标准　水果和蔬菜中唑螨酯残留量的测定　液相色谱法
GB 23200.30—2016	食品安全国家标准　食品中环氟菌胺残留量的测定　气相色谱-质谱法
GB 23200.31—2016	食品安全国家标准　食品中丙炔氟草胺残留量的测定　气相色谱-质谱法
GB 23200.32—2016	食品安全国家标准　食品中丁酰肼残留量的测定　气相色谱-质谱法
GB 23200.33—2016	食品安全国家标准　食品中解草嗪、莎稗磷、二丙烯草胺等 110 种农药残留量的测定　气相色谱-质谱法
GB 23200.34—2016	食品安全国家标准　食品中涕灭砜威、吡唑醚菌酯、嘧菌酯等 65 种农药残留量的测定　液相色谱-质谱/质谱法
GB 23200.35—2016	食品安全国家标准　植物源性食品中取代脲类农药残留量的测定　液相色谱-质谱法
GB 23200.36—2016	食品安全国家标准　植物源性食品中氯氟吡氧乙酸、氟硫草定、氟吡草腙和噻唑烟酸除草剂残留量的测定　液相色谱-质谱/质谱法
GB 23200.37—2016	食品安全国家标准　食品中烯啶虫胺、呋虫胺等 20 种农药残留量的测定　液相色谱-质谱/质谱法
GB 23200.38—2016	食品安全国家标准　植物源性食品中环己烯酮类除草剂残留量的测定　液相色谱-质谱/质谱法
GB 23200.39—2016	食品安全国家标准　食品中噻虫嗪及其代谢物噻虫胺残留量的测定　液相色谱-质谱/质谱法
GB 23200.40—2016	食品安全国家标准　可乐饮料中有机磷、有机氯农药残留量的测定　气相色谱法
GB 23200.41—2016	食品安全国家标准　食品中噻节因残留量的检测方法
GB 23200.42—2016	食品安全国家标准　粮谷中氟吡禾灵残留量的检测方法
GB 23200.43—2016	食品安全国家标准　粮谷及油籽中二氯喹啉酸残留量的测定　气相色谱法
GB 23200.44—2016	食品安全国家标准　粮谷中二硫化碳、四氯化碳、二溴乙烷残留量的检测方法
GB 23200.45—2016	食品安全国家标准　食品中除虫脲残留量的测定　液相色谱-质谱法
GB 23200.46—2016	食品安全国家标准　食品中嘧霉胺、嘧菌胺、腈菌唑、嘧菌酯残留量的测定　气相色谱-质谱法
GB 23200.47—2016	食品安全国家标准　食品中四螨嗪残留量的测定　气相色谱-质谱法
GB 23200.48—2016	食品安全国家标准　食品中野燕枯残留量的测定　气相色谱-质谱法
GB 23200.49—2016	食品安全国家标准　食品中苯醚甲环唑残留量的测定　气相色谱-质谱法
GB 23200.50—2016	食品安全国家标准　食品中吡啶类农药残留量的测定　液相色谱-质谱/质谱法
GB 23200.51—2016	食品安全国家标准　食品中呋虫胺残留量的测定　液相色谱-质谱/质谱法
GB 23200.52—2016	食品安全国家标准　食品中嘧菌环胺残留量的测定　气相色谱-质谱法
GB 23200.53—2016	食品安全国家标准　食品中氟硅唑残留量的测定　气相色谱-质谱法
GB 23200.54—2016	食品安全国家标准　食品中甲氧基丙烯酸酯类杀菌剂残留量的测定　气相色谱-质谱法
GB 23200.55—2016	食品安全国家标准　食品中 21 种熏蒸剂残留量的测定　顶空气相色谱法
GB 23200.56—2016	食品安全国家标准　食品中喹氧灵残留量的检测方法
GB 23200.57—2016	食品安全国家标准　食品中乙草胺残留量的检测方法
GB 23200.58—2016	食品安全国家标准　食品中氯酯磺草胺残留量的测定　液相色谱-质谱/质谱法
GB 23200.59—2016	食品安全国家标准　食品中敌草腈残留量的测定　气相色谱-质谱法
GB 23200.60—2016	食品安全国家标准　食品中炔草酯残留量的检测方法

标准号	标准名称
GB 23200.61—2016	食品安全国家标准　食品中苯胺灵残留量的测定　气相色谱-质谱法
GB 23200.62—2016	食品安全国家标准　食品中氟烯草酸残留量的测定　气相色谱-质谱法
GB 23200.63—2016	食品安全国家标准　食品中噻酰菌胺残留量的测定　液相色谱-质谱 / 质谱法
GB 23200.64—2016	食品安全国家标准　食品中吡丙醚残留量的测定　液相色谱-质谱 / 质谱法
GB 23200.65—2016	食品安全国家标准　食品中四氟醚唑残留量的检测方法
GB 23200.66—2016	食品安全国家标准　食品中吡螨胺残留量的测定　气相色谱-质谱法
GB 23200.67—2016	食品安全国家标准　食品中炔苯酰草胺残留量的测定　气相色谱-质谱法
GB 23200.68—2016	食品安全国家标准　食品中啶酰菌胺残留量的测定　气相色谱-质谱法
GB 23200.69—2016	食品安全国家标准　食品中二硝基苯胺类农药残留量的测定　液相色谱-质谱 / 质谱法
GB 23200.70—2016	食品安全国家标准　食品中三氟羧草醚残留量的测定　液相色谱-质谱 / 质谱法
GB 23200.71—2016	食品安全国家标准　食品中二缩甲酰亚胺类农药残留量的测定　气相色谱-质谱法
GB 23200.72—2016	食品安全国家标准　食品中苯酰胺类农药残留量的测定　气相色谱-质谱法
GB 23200.73—2016	食品安全国家标准　食品中鱼藤酮和印楝素残留量的测定　液相色谱-质谱 / 质谱法
GB 23200.74—2016	食品安全国家标准　食品中井冈霉素残留量的测定　液相色谱-质谱 / 质谱法
GB 23200.75—2016	食品安全国家标准　食品中氟啶虫酰胺残留量的检测方法
GB 23200.76—2016	食品安全国家标准　食品中氟苯虫酰胺残留量的测定　液相色谱-质谱 / 质谱法
GB 23200.77—2016	食品安全国家标准　食品中苄螨醚残留量的检测方法
GB 23200.78—2016	食品安全国家标准　肉及肉制品中巴毒磷残留量的测定　气相色谱法
GB 23200.79—2016	食品安全国家标准　肉及肉制品中吡菌磷残留量的测定　气相色谱法
GB 23200.80—2016	食品安全国家标准　肉及肉制品中双硫磷残留量的检测方法
GB 23200.81—2016	食品安全国家标准　肉及肉制品中西玛津残留量的检测方法
GB 23200.82—2016	食品安全国家标准　肉及肉制品中乙烯利残留量的检测方法
GB 23200.83—2016	食品安全国家标准　食品中异稻瘟净残留量的检测方法
GB 23200.84—2016	食品安全国家标准　肉品中甲氧滴滴涕残留量的测定　气相色谱-质谱法
GB 23200.85—2016	食品安全国家标准　乳及乳制品中多种拟除虫菊酯农药残留量的测定　气相色谱-质谱法
GB 23200.86—2016	食品安全国家标准　乳及乳制品中多种有机氯农药残留量的测定　气相色谱-质谱 / 质谱法
GB 23200.87—2016	食品安全国家标准　乳及乳制品中噻菌灵残留量的测定　荧光分光光度法
GB 23200.88—2016	食品安全国家标准　水产品中多种有机氯农药残留量的检测方法
GB 23200.89—2016	食品安全国家标准　动物源性食品中乙氧喹啉残留量的测定　液相色谱法
GB 23200.90—2016	食品安全国家标准　乳及乳制品中多种氨基甲酸酯类农药残留量的测定　液相色谱-质谱法
GB 23200.91—2016	食品安全国家标准　动物源性食品中 9 种有机磷农药残留量的测定　气相色谱法
GB 23200.92—2016	食品安全国家标准　动物源性食品中五氯酚残留量的测定　液相色谱-质谱法
GB 23200.93—2016	食品安全国家标准　食品中有机磷农药残留量的测定　气相色谱-质谱法
GB 23200.94—2016	食品安全国家标准　动物源性食品中敌百虫、敌敌畏、蝇毒磷残留量的测定　液相色谱-质谱 / 质谱法
GB 23200.95—2016	食品安全国家标准　蜂产品中氟胺氰菊酯残留量的检测方法
GB 23200.96—2016	食品安全国家标准　蜂蜜中杀虫脒及其代谢产物残留量的测定　液相色谱-质谱 / 质谱法
GB 23200.97—2016	食品安全国家标准　蜂蜜中 5 种有机磷农药残留量的测定　气相色谱法
GB 23200.98—2016	食品安全国家标准　蜂王浆中 11 种有机磷农药残留量的测定　气相色谱法

标准号	标准名称
GB 23200.99—2016	食品安全国家标准　蜂王浆中多种氨基甲酸酯类农药残留量的测定　液相色谱-质谱/质谱法
GB 23200.100—2016	食品安全国家标准　蜂王浆中多种菊酯类农药残留量的测定　气相色谱法
GB 23200.101—2016	食品安全国家标准　蜂王浆中多种杀螨剂残留量的测定　气相色谱-质谱法
GB 23200.102—2016	食品安全国家标准　蜂王浆中杀虫脒及其代谢产物残留量的测定　气相色谱-质谱法
GB 23200.103—2016	食品安全国家标准　蜂王浆中双甲脒及其代谢产物残留量的测定　气相色谱-质谱法
GB 23200.104—2016	食品安全国家标准　肉及肉制品中2甲4氯及2甲4氯丁酸残留量的测定　液相色谱-质谱法
GB 23200.105—2016	食品安全国家标准　肉及肉制品中甲萘威残留量的测定　液相色谱-柱后衍生荧光检测法
GB 23200.106—2016	食品安全国家标准　肉及肉制品中残杀威残留量的测定　气相色谱法
GB 23200.108—2018	食品安全国家标准　植物源性食品中草铵膦残留量的测定　液相色谱-质谱联用法
GB 23200.109—2018	食品安全国家标准　植物源性食品中二氯吡啶酸残留量的测定　液相色谱-质谱联用法
GB 23200.110—2018	食品安全国家标准　植物源性食品中氯吡脲残留量的测定　液相色谱-质谱联用法
GB 23200.111—2018	食品安全国家标准　植物源性食品中唑嘧磺草胺残留量的测定　液相色谱-质谱联用法
GB 23200.112—2018	食品安全国家标准　植物源性食品中9种氨基甲酸酯类农药及其代谢物残留量的测定　液相色谱-柱后衍生法
GB 23200.113—2018	食品安全国家标准　植物源性食品中208种农药及其代谢物残留量的测定　气相色谱-质谱联用法
GB 23200.114—2018	食品安全国家标准　植物源性食品中灭瘟素残留量的测定　液相色谱-质谱联用法
GB 23200.115—2018	食品安全国家标准　鸡蛋中氟虫腈及其代谢物残留量的测定　液相色谱-质谱联用法
GB 23200.116—2019	食品安全国家标准　植物源性食品中90种有机磷类农药及其代谢物残留量的测定　气相色谱法
GB 23200.117—2019	食品安全国家标准　植物源性食品中喹啉铜残留量的测定　高效液相色谱法
GB 23200.118—2021	食品安全国家标准　植物源性食品中单氰胺残留量的测定　液相色谱-质谱联用法
GB 23200.119—2021	食品安全国家标准　植物源性食品中沙蚕毒素类农药残留量的测定　气相色谱法
GB 23200.120—2021	食品安全国家标准　植物源性食品中甜菜安残留量的测定　液相色谱-质谱联用法
GB 23200.121—2021	食品安全国家标准　植物源性食品中331种农药及其代谢物残留量的测定　液相色谱-质谱联用法
GB 29695—2013	食品安全国家标准　水产品中阿维菌素和伊维菌素多残留的测定　高效液相色谱法
GB 29696—2013	食品安全国家标准　牛奶中阿维菌素类药物多残留的测定　高效液相色谱法
GB 29705—2013	食品安全国家标准　水产品中氯氰菊酯、氰戊菊酯、溴氰菊酯多残留的测定　气相色谱法
GB 29707—2013	食品安全国家标准　牛奶中双甲脒残留标志物残留量的测定　气相色谱法
GB 31660.3—2019	食品安全国家标准　水产品中氟乐灵残留量的测定　气相色谱法
GB/T 2795—2008	冻兔肉中有机氯及拟除虫菊酯类农药残留的测定方法　气相色谱/质谱法
GB/T 5009.19—2008	食品中有机氯农药多组分残留量的测定
GB/T 5009.20—2003	食品中有机磷农药残留量的测定
GB/T 5009.21—2003	粮、油、菜中甲萘威残留量的测定
GB/T 5009.36—2003	粮食卫生标准的分析方法
GB/T 5009.73—2003	粮食中二溴乙烷残留量的测定
GB/T 5009.102—2003	植物性食品中辛硫磷农药残留量的测定
GB/T 5009.103—2003	植物性食品中甲胺磷和乙酰甲胺磷农药残留量的测定
GB/T 5009.104—2003	植物性食品中氨基甲酸酯类农药残留量的测定
GB/T 5009.105—2003	黄瓜中百菌清残留量的测定

标准号	标准名称
GB/T 5009.106—2003	植物性食品中二氯苯醚菊酯残留量的测定
GB/T 5009.107—2003	植物性食品中二嗪磷残留量的测定
GB/T 5009.109—2003	柑橘中水胺硫磷残留量的测定
GB/T 5009.110—2003	植物性食品中氯氰菊酯、氰戊菊酯和溴氰菊酯残留量的测定
GB/T 5009.112—2003	大米和柑橘中喹硫磷残留量的测定
GB/T 5009.113—2003	大米中杀虫环残留量的测定
GB/T 5009.114—2003	大米中杀虫双残留量的测定
GB/T 5009.115—2003	稻谷中三环唑残留量的测定
GB/T 5009.126—2003	植物性食品中三唑酮残留量的测定
GB/T 5009.129—2003	水果中乙氧基喹残留量的测定
GB/T 5009.130—2003	大豆及谷物中氟磺胺草醚残留量的测定
GB/T 5009.131—2003	植物性食品中亚胺硫磷残留量的测定
GB/T 5009.132—2003	食品中莠去津残留量的测定
GB/T 5009.133—2003	粮食中绿麦隆残留量的测定
GB/T 5009.134—2003	大米中禾草敌残留量的测定
GB/T 5009.135—2003	植物性食品中灭幼脲残留量的测定
GB/T 5009.136—2003	植物性食品中五氯硝基苯残留量的测定
GB/T 5009.142—2003	植物性食品中吡氟禾草灵、精吡氟禾草灵残留量的测定
GB/T 5009.143—2003	蔬菜、水果、食用油中双甲脒残留量的测定
GB/T 5009.144—2003	植物性食品中甲基异柳磷残留量的测定
GB/T 5009.145—2003	植物性食品中有机磷和氨基甲酸酯类农药多种残留的测定
GB/T 5009.146—2008	植物性食品中有机氯和拟除虫菊酯类农药多种残留量的测定
GB/T 5009.147—2003	植物性食品中除虫脲残留量的测定
GB/T 5009.155—2003	大米中稻瘟灵残留量的测定
GB/T 5009.160—2003	水果中单甲脒残留量的测定
GB/T 5009.161—2003	动物性食品中有机磷农药多组分残留量的测定
GB/T 5009.162—2008	动物性食品中有机氯农药和拟除虫菊酯农药多组分残留量的测定
GB/T 5009.163—2003	动物性食品中氨基甲酸酯类农药多组分残留高效液相色谱测定
GB/T 5009.164—2003	大米中丁草胺残留量的测定
GB/T 5009.165—2003	粮食中 2,4-滴丁酯残留量的测定
GB/T 5009.172—2003	大豆、花生、豆油、花生油中的氟乐灵残留量的测定
GB/T 5009.173—2003	梨果类、柑橘类水果中噻螨酮残留量的测定
GB/T 5009.174—2003	花生、大豆中异丙甲草胺残留量的测定
GB/T 5009.175—2003	粮食和蔬菜中 2,4-滴残留量的测定
GB/T 5009.176—2003	茶叶、水果、食用植物油中三氯杀螨醇残留量的测定
GB/T 5009.177—2003	大米中敌稗残留量的测定
GB/T 5009.180—2003	稻谷、花生仁中噁草酮残留量的测定
GB/T 5009.184—2003	粮食、蔬菜中噻嗪酮残留量的测定

标准号	标准名称
GB/T 5009.188—2003	蔬菜、水果中甲基托布津、多菌灵的测定
GB/T 5009.199—2003	蔬菜中有机磷和氨基甲酸酯类农药残留量的快速检测
GB/T 5009.200—2003	小麦中野燕枯残留量的测定
GB/T 5009.201—2003	梨中烯唑醇残留量的测定
GB/T 5009.207—2008	糙米中 50 种有机磷农药残留量的测定
GB/T 5009.218—2008	水果和蔬菜中多种农药残留量的测定
GB/T 5009.219—2008	粮谷中矮壮素残留量的测定
GB/T 5009.220—2008	粮谷中敌菌灵残留量的测定
GB/T 5009.221—2008	粮谷中敌草快残留量的测定
GB/T 9695.10—2008	肉与肉制品　六六六、滴滴涕残留量测定
GB/T 14551—2003	动、植物中六六六和滴滴涕测定的气相色谱法
GB/T 14553—2003	粮食、水果和蔬菜中有机磷农药测定　气相色谱法
GB/T 14929.2—1994	花生仁、棉籽油、花生油中涕灭威残留量测定方法
GB/T 18625—2002	茶中有机磷及氨基甲酸酯农药残留量的简易检验方法　酶抑制法
GB/T 18626—2002	肉中有机磷及氨基甲酸酯农药残留量的简易检验方法　酶抑制法
GB/T 18627—2002	食品中八甲磷残留量的测定方法
GB/T 18628—2002	食品中乙滴涕残留量的测定方法
GB/T 18629—2002	食品中扑草净残留量的测定方法
GB/T 18630—2002	蔬菜中有机磷及氨基甲酸酯农药残留量的简易检验方法　酶抑制法
GB/T 18932.10—2002	蜂蜜中溴螨酯、4,4′-二溴二苯甲酮残留量的测定方法　气相色谱 / 质谱法
GB/T 18969—2003	饲料中有机磷农药残留量的测定　气相色谱法
GB/T 19372—2003	饲料中除虫菊酯类农药残留量测定　气相色谱法
GB/T 19373—2003	饲料中氨基甲酸酯类农药残留量测定　气相色谱法
GB/T 19650—2006	动物肌肉中 478 种农药及相关化学品残留量的测定　气相色谱-质谱法
GB/T 20748—2006	牛肝和牛肉中阿维菌素类药物残留量的测定　液相色谱-串联质谱法
GB/T 20769—2008	水果和蔬菜中 450 种农药及相关化学品残留量的测定　液相色谱-串联质谱法
GB/T 20770—2008	粮谷中 486 种农药及相关化学品残留量的测定　液相色谱-串联质谱法
GB/T 20771—2008	蜂蜜中 486 种农药及相关化学品残留量的测定　液相色谱-串联质谱法
GB/T 20772—2008	动物肌肉中 461 种农药及相关化学品残留量的测定　液相色谱-串联质谱法
GB/T 20796—2006	肉与肉制品中甲萘威残留量的测定
GB/T 20798—2006	肉与肉制品中 2,4-滴残留量的测定
GB/T 21169—2007	蜂蜜中双甲脒及其代谢物残留量测定　液相色谱法
GB/T 21319—2007	动物源食品中阿维菌素类药物残留的测定　酶联免疫吸附法
GB/T 21320—2007	动物源食品中阿维菌素类药物残留量的测定　液相色谱-串联质谱法
GB/T 21321—2007	动物源食品中阿维菌素类药物残留量的测定　免疫亲和-液相色谱法
GB/T 21925—2008	水中除草剂残留测定　液相色谱 / 质谱法
GB/T 22243—2008	大米、蔬菜、水果中氯氟吡氧乙酸残留量的测定

标准号	标准名称
GB/T 22953—2008	河豚鱼、鳗鱼和烤鳗中伊维菌素、阿维菌素、多拉菌素和乙酰氨基阿维菌素残留量的测定　液相色谱-串联质谱法
GB/T 22968—2008	牛奶和奶粉中伊维菌素、阿维菌素、多拉菌素和乙酰氨基阿维菌素残留量的测定　液相色谱-串联质谱法
GB/T 22979—2008	牛奶和奶粉中啶酰菌胺残留量的测定　气相色谱-质谱法
GB/T 23204—2008	茶叶中519种农药及相关化学品残留量的测定　气相色谱-质谱法
GB/T 23207—2008	河豚鱼、鳗鱼和对虾中485种农药及相关化学品残留量的测定　气相色谱-质谱法
GB/T 23208—2008	河豚鱼、鳗鱼和对虾中450种农药及相关化学品残留量的测定　液相色谱-串联质谱法
GB/T 23210—2008	牛奶和奶粉中511种农药及相关化学品残留量的测定　气相色谱-质谱法
GB/T 23211—2008	牛奶和奶粉中493种农药及相关化学品残留量的测定　液相色谱-串联质谱法
GB/T 23214—2008	饮用水中450种农药及相关化学品残留量的测定　液相色谱-串联质谱法
GB/T 23376—2009	茶叶中农药多残留测定　气相色谱/质谱法
GB/T 23379—2009	水果、蔬菜及茶叶中吡虫啉残留的测定　高效液相色谱法
GB/T 23380—2009	水果、蔬菜中多菌灵残留的测定　高效液相色谱法
GB/T 23381—2009	食品中6-苄基腺嘌呤的测定　高效液相色谱法
GB/T 23584—2009	水果、蔬菜中啶虫脒残留量的测定　液相色谱-串联质谱法
GB/T 23744—2009	饲料中36种农药多残留测定　气相色谱-质谱法
GB/T 23750—2009	植物性产品中草甘膦残留量的测定　气相色谱-质谱法
GB/T 23816—2009	大豆中三嗪类除草剂残留量的测定
GB/T 23817—2009	大豆中磺酰脲类除草剂残留量的测定
GB/T 23818—2009	大豆中咪唑啉酮类除草剂残留量的测定
GB/T 25222—2010	粮油检验　粮食中磷化物残留量的测定　分光光度法

附表 1-2　我国农药残留检测方法行业标准一览表

标准号	标准名称
NY/T 447—2001	韭菜中甲胺磷等七种农药残留检测方法
NY/T 761—2008	蔬菜和水果中有机磷、有机氯、拟除虫菊酯和氨基甲酸酯类农药多残留的测定
NY/T 946—2006	蒜薹、青椒、柑橘、葡萄中仲丁胺残留量测定
NY/T 1096—2006	食品中草甘膦残留量测定
NY/T 1275—2007	蔬菜、水果中吡虫啉残留量的测定
NY/T 1277—2007	蔬菜中异菌脲残留量的测定　高效液相色谱法
NY/T 1379—2007	蔬菜中 334 种农药多残留的测定　气相色谱质谱法和液相色谱质谱法
NY/T 1380—2007	蔬菜、水果中 51 种农药多残留的测定　气相色谱-质谱法
NY/T 1434—2007	蔬菜中 2,4-D 等 13 种除草剂多残留的测定　液相色谱质谱法
NY/T 1453—2007	蔬菜及水果中多菌灵等 16 种农药残留测定　液相色谱-质谱-质谱联用法
NY/T 1455—2007	水果中腈菌唑残留量的测定　气相色谱法
NY/T 1456—2007	水果中咪鲜胺残留量的测定　气相色谱法
NY/T 1601—2008	水果中辛硫磷残留量的测定　气相色谱法
NY/T 1603—2008	蔬菜中溴氰菊酯残留量的测定　气相色谱法
NY/T 1616—2008	土壤中 9 种磺酰脲类除草剂残留量的测定　液相色谱-质谱法
NY/T 1652—2008	蔬菜、水果中克螨特残留量的测定　气相色谱法
NY/T 1679—2009	植物性食品中氨基甲酸酯类农药残留的测定　液相色谱-串联质谱法
NY/T 1680—2009	蔬菜水果中多菌灵等 4 种苯并咪唑类农药残留量的测定　高效液相色谱法
NY/T 1720—2009	水果、蔬菜中杀铃脲等七种苯甲酰脲类农药残留量的测定　高效液相色谱法
NY/T 1721—2009	茶叶中炔螨特残留量的测定　气相色谱法
NY/T 1722—2009	蔬菜中敌菌灵残留量的测定　高效液相色谱法
NY/T 1724—2009	茶叶中吡虫啉残留量的测定　高效液相色谱法
NY/T 1725—2009	蔬菜中灭蝇胺残留量的测定　高效液相色谱法
NY/T 1727—2009	稻米中吡虫啉残留量的测定　高效液相色谱法
NY/T 1728—2009	水体中甲草胺等六种酰胺类除草剂的多残留测定　气相色谱法
NY/T 2067—2011	土壤中 13 种磺酰脲类除草剂残留量的测定　液相色谱串联质谱法
NY/T 2819—2015	植物性食品中腈苯唑残留量的测定　气相色谱-质谱法
NY/T 2820—2015	植物性食品中抑食肼、虫酰肼、甲氧虫酰肼、呋喃虫酰肼和环虫酰肼 5 种双酰肼类农药残留量的同时测定　液相色谱-质谱联用法
NY/T 3277—2018	水中 88 种农药及代谢物残留量的测定　液相色谱-串联质谱法和气相色谱-串联质谱法
NY/T 3565—2020	植物源食品中有机锡残留量的检测方法　气相色谱-质谱法
SC/T 3030—2006	水产品中五氯苯酚及其钠盐残留量的测定　气相色谱法
SC/T 3034—2006	水产品中三唑磷残留量的测定　气相色谱法
SC/T 3039—2008	水产品中硫丹残留量的测定　气相色谱法
SC/T 3040—2008	水产品中三氯杀螨醇残留量测定　气相色谱法
SN 0139—1992	出口粮谷中二硫代氨基甲酸酯残留量检验方法
SN 0157—1992	出口水果中二硫代氨基甲酸酯残留量检验方法

标准号	标准名称
SN 0181—1992	出口中药材中六六六、滴滴涕残留量检验方法
SN 0497—1995	出口茶叶中多种有机氯农药残留量检验方法
SN 0523—1996	出口水果中乐杀螨残留量检验方法
SN 0592—1996	出口粮谷及油籽中苯丁锡残留量检验方法
SN 0656—1997	出口油籽中乙霉威残留量检验方法
SN 0661—1997	出口粮谷中2,4,5-涕残留量检验方法
SN 0685—1997	出口粮谷中霜霉威残留量检验方法
SN 0701—1997	出口粮谷中磷胺残留量检验方法
SN/T 0125—2010	进出口食品中敌百虫残留量检测方法　液相色谱-质谱/质谱法
SN/T 0127—2011	进出口动物源性食品中六六六、滴滴涕和六氯苯残留量的检测方法　气相色谱-质谱法
SN/T 0131—2010	进出口粮谷中马拉硫磷残留量检测方法
SN/T 0134—2010	进出口食品中杀线威等12种氨基甲酸酯类农药残留量的检测方法　液相色谱-质谱/质谱法
SN/T 0145—2010	进出口植物产品中六六六、滴滴涕残留量测定方法　磺化法
SN/T 0147—2016	出口茶叶中六六六、滴滴涕残留量的检测方法
SN/T 0148—2011	进出口水果蔬菜中有机磷农药残留量检测方法　气相色谱和气相色谱-质谱法
SN/T 0151—2016	出口植物源食品中乙硫磷残留量的测定
SN/T 0152—2014	出口水果中2,4-滴残留量检验方法
SN/T 0159—2012	出口水果中六六六、滴滴涕、艾氏剂、狄氏剂、七氯残留量测定　气相色谱法
SN/T 0162—2011	出口水果中甲基硫菌灵、硫菌灵、多菌灵、苯菌灵、噻菌灵残留量的检测方法　高效液相色谱法
SN/T 0190—2012	出口水果和蔬菜中乙撑硫脲残留量测定方法　气相色谱质谱法
SN/T 0192—2017	出口水果中溴螨酯残留量的检测方法
SN/T 0195—2011	出口肉及肉制品中2,4-滴残留量检测方法　液相色谱-质谱/质谱法
SN/T 0217—2014	出口植物源性食品中多种菊脂残留量的检测方法　气相色谱-质谱法
SN/T 0217.2—2017	出口植物源性食品中多种拟除虫菊酯残留量的测定　气相色谱-串联质谱法
SN/T 0218—2014	出口粮谷中天然除虫菊素残留总量的检测方法　气相色谱-质谱法
SN/T 0285—2012	出口酒中氨基甲酸乙酯残留量检测方法　气相色谱-质谱法
SN/T 0293—2014	出口植物源性食品中百草枯和敌草快残留量的测定　液相色谱-质谱/质谱法
SN/T 0337—2019	出口植物源性食品中克百威及其代谢物残留量的测定　液相色谱-质谱/质谱法
SN/T 0348.1—2010	进出口茶叶中三氯杀螨醇残留量检测方法
SN/T 0348.2—2018	出口茶叶中三氯杀螨醇残留量检测方法　第2部分：液相色谱法
SN/T 0491—2019	出口植物源食品中苯氟磺胺残留量检测方法
SN/T 0519—2010	进出口食品中丙环唑残留量的检测方法
SN/T 0520—2012	出口粮谷中烯菌灵残留量测定方法　液相色谱-质谱/质谱法
SN/T 0525—2012	出口水果、蔬菜中福美双残留量检测方法
SN/T 0527—2012	出口粮谷中甲硫威（灭虫威）及代谢物残留量的检测方法　液相色谱-质谱/质谱法
SN/T 0533—2016	出口水果中乙氧喹啉残留量检测方法
SN/T 0586—2012	出口粮谷及油籽中特普残留量检测方法
SN/T 0590—2013	出口肉及肉制品中2,4-滴丁酯残留量测定　气相色谱法和气相色谱-质谱法

标准号	标准名称
SN/T 0591—2016	出口粮谷及油籽中二硫磷残留量的测定　气相色谱和气相色谱-质谱法
SN/T 0596—2012	出口粮谷及油籽中烯禾啶残留量检测方法　气相色谱-质谱法
SN/T 0601—2015	出口食品中毒虫畏残留量测定方法　液相色谱-质谱/质谱法
SN/T 0602—2016	出口植物源食品中苄草唑残留量测定方法　液相色谱-质谱/质谱法
SN/T 0603—2013	出口植物源食品中四溴菊酯残留量检验方法　液相色谱-质谱/质谱法
SN/T 0605—2012	出口粮谷中双苯唑菌醇残留量检测方法　液相色谱-质谱/质谱法
SN/T 0639—2013	出口肉及肉制品中利谷隆及其代谢产物残留量的检测方法　液相色谱-质谱/质谱法
SN/T 0645—2014	出口肉及肉制品中敌草隆残留量的测定　液相色谱法
SN/T 0654—2019	出口水果中克菌丹残留量的检测　气相色谱法和气相色谱-质谱/质谱法
SN/T 0660—2016	出口粮谷中克螨特残留量的测定
SN/T 0683—2014	出口粮谷中三环唑残留量的测定　液相色谱-质谱/质谱法
SN/T 0693—2019	出口植物源性食品中烯虫酯残留量的测定
SN/T 0695—2018	出口植物源食品中嗪氨灵残留量的测定
SN/T 0697—2014	出口肉及肉制品中杀线威残留量的测定
SN/T 0702—2011	进出口粮谷和坚果中乙酯杀螨醇残留量的检测方法　气相色谱-质谱法
SN/T 0706—2013	出口动物源性食品中二溴磷残留量的测定
SN/T 0710—2014	出口粮谷中嗪草酮残留量检验方法
SN/T 0711—2011	出口茶叶中二硫代氨基甲酸酯（盐）类农药残留量的检测方法　液相色谱-质谱/质谱法
SN/T 0983—2013	出口粮谷中呋草黄残留量的测定
SN/T 1071.1—2019	出口粮谷中环庚草醚残留量的测定
SN/T 1017.6—2019	出口粮谷中叶枯酞残留量检测方法
SN/T 1017.7—2014	出口粮谷中涕灭威、甲萘威、杀线威、噁虫威、抗蚜威残留量的测定
SN/T 1477—2012	出口食品中多效唑残留量检测方法
SN/T 1541—2005	出口茶叶中二硫代氨基甲酸酯总残留量检验方法
SN/T 1594—2019	出口茶叶及代用茶中噻嗪酮残留量的测定
SN/T 1605—2017	进出口植物性产品中氰草津、氟草隆、莠去津、敌稗、利谷隆残留量检验方法　液相色谱-质谱/质谱法
SN/T 1606—2005	进出口植物性产品中苯氧羧酸类除草剂残留量检验方法　气相色谱法
SN/T 1738—2014	出口食品中虫酰肼残留量的测定
SN/T 1739—2006	进出口粮谷和油籽中多种有机磷农药残留量的检测方法　气相色谱串联质谱法
SN/T 1753—2016	出口浓缩果汁中甲基硫菌灵、噻菌灵、多菌灵和2-氨基苯并咪唑残留量的测定　液相色谱-质谱/质谱法
SN/T 1766.1—2006	含脂羊毛中农药残留量的测定　第1部分：有机磷农药的测定　气相色谱法
SN/T 1766.2—2006	含脂羊毛中农药残留量的测定　第2部分：有机氯和拟合成除虫菊酯农药的测定　气相色谱法
SN/T 1766.3—2006	含脂羊毛中农药残留量的测定　第3部分：除虫脲和杀铃脲的测定　高效液相色谱法
SN/T 1774—2006	进出口茶叶中八氯二丙醚残留量检测方法　气相色谱法
SN/T 1866—2007	进出口粮谷中咪唑磺隆残留量检测方法　液相色谱法
SN/T 1873—2019	出口食品中硫丹残留量的检测方法
SN/T 1902—2007	水果蔬菜中吡虫啉、吡虫清残留量的测定　高效液相色谱法
SN/T 1923—2007	进出口食品中草甘膦残留量的检测方法　液相色谱-质谱/质谱法

标准号	标准名称
SN/T 1926—2007	进出口动物源食品中敌菌净残留量检测方法
SN/T 1950—2007	进出口茶叶中多种有机磷农药残留量的检测方法　气相色谱法
SN/T 1968—2007	进出口食品中扑草净残留量检测方法　气相色谱-质谱法
SN/T 1969—2007	进出口食品中联苯菊酯残留量的检测方法　气相色谱-质谱法
SN/T 1971—2007	进出口食品中茚虫威残留量的检测方法　气相色谱法和液相色谱-质谱/质谱法
SN/T 1972—2007	进出口食品中莠去津残留量的检测方法　气相色谱-质谱法
SN/T 1976—2007	进出口水果和蔬菜中嘧菌酯残留量检测方法　气相色谱法
SN/T 1982—2007	进出口食品中氟虫腈残留量检测方法　气相色谱-质谱法
SN/T 1986—2007	进出口食品中溴虫腈残留量检测方法
SN/T 2072—2008	进出口茶叶中三氯杀螨砜残留量的测定
SN/T 2073—2008	进出口植物性产品中吡虫啉残留量的检测方法　液相色谱串联质谱法
SN/T 2085—2008	进出口粮谷中多种氨基甲酸酯类农药残留量检测方法　液相色谱串联质谱法
SN/T 2095—2008	进出口蔬菜中氟啶脲残留量检测方法　高效液相色谱法
SN/T 2147—2008	进出口食品中硫线磷残留量的检测方法
SN/T 2151—2008	进出口食品中生物苄呋菊酯、氟丙菊酯、联苯菊酯等28种农药残留量的检测方法　气相色谱-质谱法
SN/T 2152—2008	进出口食品中氟铃脲残留量检测方法　高效液相色谱-质谱/质谱法
SN/T 2156—2008	进出口食品中苯线磷残留量的检测方法　气相色谱-质谱法
SN/T 2158—2008	进出口食品中毒死蜱残留量检测方法
SN/T 2212—2008	进出口粮谷中苄嘧磺隆残留量的检测方法　液相色谱法
SN/T 2228—2008	进出口食品中31种酸性除草剂残留量的检测方法　气相色谱-质谱法
SN/T 2229—2008	进出口食品中稻瘟灵残留量检测方法
SN/T 2230—2008	进出口食品中腐霉利残留量的检测方法　气相色谱-质谱法
SN/T 2232—2008	进出口食品中三唑醇残留量的检测方法　气相色谱-质谱法
SN/T 2233—2020	出口植物源性食品中甲氰菊酯残留量的测定
SN/T 2234—2008	进出口食品中丙溴磷残留量检测方法　气相色谱法和气相色谱-质谱法
SN/T 2320—2009	进出口食品中百菌清、苯氟磺胺、甲抑菌灵、克菌灵、灭菌丹、敌菌丹和四溴菊酯残留量检测方法　气相色谱-质谱法
SN/T 2321—2009	进出口食品中腈菌唑残留量检测方法　气相色谱-质谱法
SN/T 2324—2009	进出口食品中抑草磷、毒死蜱、甲基毒死蜱等33种有机磷农药残留量的检测方法
SN/T 2325—2009	进出口食品中四唑嘧磺隆、甲基苯苏呋安、醚磺隆等45种农药残留量的检测方法　高效液相色谱-质谱/质谱法
SN/T 2432—2010	进出口食品中哒螨灵残留量的检测方法
SN/T 2441—2010	进出口食品中涕灭威、涕灭威砜、涕灭威亚砜残留量检测方法　液相色谱-质谱/质谱法
SN/T 2559—2010	进出口食品中苯并咪唑类农药残留量的测定　液相色谱-质谱/质谱法
SN/T 2560—2010	进出口食品中氨基甲酸酯类农药残留量的测定　液相色谱-质谱/质谱法
SN/T 2574—2019	出口蜂王浆中双甲脒及其代谢产物残留量的测定　液相色谱-质谱/质谱法
SN/T 2806—2011	进出口蔬菜、水果、粮谷中氟草烟残留量检测方法
SN/T 2915—2011	出口食品中甲草胺、乙草胺、甲基吡噁磷等160种农药残留量的检测方法　气相色谱-质谱法

标准号	标准名称
SN/T 2917—2011	出口食品中烯酰吗啉残留量检测方法
SN/T 3303—2012	出口食品中噁唑类杀菌剂残留量的测定
SN/T 3628—2013	出口植物源食品中二硝基苯胺类除草剂残留量测定　气相色谱-质谱/质谱法
SN/T 3642—2013	出口水果中甲霜灵残留量检测方法　气相色谱-质谱法
SN/T 3650—2013	药用植物中多菌灵、噻菌灵和甲基硫菌灵残留量的测定　液相色谱-质谱/质谱法
SN/T 3699—2013	出口植物源食品中 4 种噻唑类杀菌剂残留量的测定　液相色谱-质谱/质谱法
SN/T 3725—2013	出口食品中对氯苯氧乙酸残留量的测定
SN/T 3726—2013	出口食品中烯肟菌酯残留量的测定
SN/T 3768—2014	出口粮谷中多种有机磷农药残留量测定方法　气相色谱-质谱法
SN/T 3769—2014	出口粮谷中敌百虫、辛硫磷残留量测定方法　液相色谱-质谱/质谱法
SN/T 3852—2014	出口食品中氰氟虫腙残留量的测定　液相色谱-质谱/质谱法
SN/T 3856—2014	出口食品中乙氧基喹残留量的测定
SN/T 3859—2014	出口食品中仲丁灵农药残留量的测定
SN/T 3860—2014	出口食品中吡蚜酮残留量的测定　液相色谱-质谱/质谱法
SN/T 3861—2014	出口食品中六氯对二甲苯残留量的检测方法
SN/T 3862—2014	出口食品中沙蚕毒素类农药残留量的筛查测定　气相色谱法
SN/T 3983—2014	出口食品中氨基酸类有机磷除草剂残留量的测定　液相色谱-质谱/质谱法
SN/T 4013—2013	出口食品中异菌脲残留量的测定　气相色谱-质谱法
SN/T 4039—2014	出口食品中萘乙酰胺、吡草醚、乙虫腈、氟虫腈农药残留量的测定方法　液相色谱-质谱/质谱法
SN/T 4045—2014	出口食品中硝磺草酮残留量的测定　液相色谱-质谱/质谱法
SN/T 4046—2014	出口食品中噻虫啉残留量的测定
SN/T 4066—2014	出口食品中灭螨醌和羟基灭螨醌残留量的测定　液相色谱-质谱/质谱法
SN/T 4138—2015	出口水果和蔬菜中敌敌畏、四氯硝基苯、丙线磷等 88 种农药残留量的筛选检测　QuEChERS-气相色谱-负化学源质谱法
SN/T 4139—2015	出口水果蔬菜中乙萘酚残留量的测定
SN/T 4254—2015	出口黄酒中乙酰甲胺磷等 31 种农药残留量检测方法
SN/T 4428—2016	出口油料和植物油中多种农药残留量的测定　液相色谱-质谱/质谱法
SN/T 4522—2016	出口番茄制品中乙烯利残留量的测定　液相色谱-质谱/质谱法
SN/T 4582—2016	出口茶叶中 10 种吡唑、吡咯类农药残留量的测定方法　气相色谱-质谱/质谱法
SN/T 4586—2016	出口食品中噻苯隆残留量的检测方法　高效液相色谱法
SN/T 4591—2016	出口水果蔬菜中脱落酸等 60 种农药残留量的测定　液相色谱-质谱/质谱法
SN/T 4655—2016	出口食品中草甘膦及其代谢物残留量的测定方法　液相色谱-质谱/质谱法
SN/T 4675.13—2016	出口葡萄酒中 2,4,6-三氯苯甲醚残留量的测定　气相色谱-质谱法
SN/T 4675.18—2016	出口葡萄酒中二硫代氨基甲酸酯残留量的测定　顶空气相色谱法
SN/T 4813—2017	进出口食用动物拟除虫菊酯类残留量测定方法　气相色谱-质谱/质谱法
SN/T 4850—2017	出口食品中草铵膦及其代谢物残留量的测定　液相色谱-质谱/质谱法
SN/T 4886—2017	出口干果中多种农药残留量的测定　液相色谱-质谱/质谱法
SN/T 4891—2017	出口食品中螺虫乙酯残留量的测定　高效液相色谱和液相色谱-质谱/质谱法

标准号	标准名称
SN/T 4907—2017	出口粮谷中丁胺磷残留量检验方法
SN/T 4957—2017	出口番茄制品中 122 种农药残留的测定　气相色谱-串联质谱法
SN/T 5072—2018	出口植物源性食品中甲磺草胺残留量的测定　液相色谱-质谱 / 质谱法
SN/T 5094—2018	出口禽蛋及蛋制品中氟虫腈残留量的测定　液相色谱-质谱法
SN/T 5095—2018	出口蛋及蛋制品中氟虫腈及其代谢物残留量的测定　气相色谱-质谱法和气相色谱-质谱 / 质谱法
SN/T 5144—2019	出口食品中酮脲磺草吩酯残留量的测定　液相色谱-质谱 / 质谱法
SN/T 5219—2019	出口食品中氨氯吡啶酸、氯氨吡啶酸残留量的测定　液相色谱-质谱 / 质谱法
SN/T 5221—2019	出口植物源食品中氯虫苯甲酰胺残留量的测定
YC/T 179—2004	烟草及烟草制品　酰胺类除草剂农药残留量的测定　气相色谱法
YC/T 180—2004	烟草及烟草制品　毒杀芬农药残留量的测定　气相色谱法
YC/T 181—2004	烟草及烟草制品　有机氯除草剂农药残留量的测定　气相色谱法
YC/T 218—2007	烟草及烟草制品　菌核净农药残留量的测定　气相色谱法
YC/T 386—2011	土壤中有机氯农药残留量的测定　气相色谱法
YC/T 405.1—2011	烟草及烟草制品　多种农药残留量的测定　第 1 部分：高效液相色谱-串联质谱法
YC/T 405.2—2011	烟草及烟草制品　多种农药残留量的测定　第 2 部分：有机氯及拟除虫菊酯农药残留量的测定　气相色谱法
YC/T 405.3—2011	烟草及烟草制品　多种农药残留量的测定　第 3 部分：气相色谱质谱联用和气相色谱法

附录 2 农药残留检测方法国家标准编制指南[①]

（中华人民共和国农业部公告第 2386 号）

一、概述

为保证农药残留检测方法标准的科学性、先进性和适用性，参考 GB/T 1.1—2009《标准化工作导则 第 1 部分：标准的结构和编写》、GB/T 20001.4—2001《标准编写规则 第 4 部分：化学分析方法》、GB/T 27404—2008《实验室质量控制规范 食品理化检测》、SN/T 0005—1996《出口商品中农药、兽药残留量及生物毒素生物检验方法 标准编写的基本规定》、国际食品法典委员会（CAC）的相关规定，编制《农药残留检测方法国家标准编制指南》，作为农药残留检测方法标准编制的技术依据。

二、适用范围

本指南适用于食品安全国家标准植物源性食品中农药残留检测方法标准的编制，其他农产品、畜产品、水产品和食品中农药残留检测方法标准的编写可参照本指南。

本指南中植物源性食品是指《用于农药最大残留限量标准制定的作物分类》（农业部第 1490 号公告）所列作物对应的农产品。

三、基本要求

1 符合 GB/T 1.1—2009 和 GB/T 20001.4—2001 的要求。

2 文字表达结构严谨、层次分明、用词准确、表述清楚，不致产生歧义。术语、符号统一，计量单位以法定计量单位表示。

3 农药残留检测方法技术指标符合附录 A[②] 的要求。

四、标准的结构

1 资料性概述要素：封面、前言、引言。

2 规范性一般要素：标准名称、警告、范围、规范性引用文件。

3 规范性技术要素：原理、试剂与材料、仪器和设备、抽样、试样制备、分析步骤、结果计算、精密度、图谱、质量保证和控制。

4 资料性补充要素：资料性附录。

5 规范性补充要素：规范性附录。

封面、前言、标准名称、范围、试剂与材料、仪器和设备、试样制备、分析步骤、结果计算、精密度和图谱为必备要素，其他为可选要素。

五、资料性概述要素

1 封面要求

1.1 封面标明以下信息：标准名称、英文译名、标志、编号、国际标准分类号（ICS 号）、

① 本指南中所引标准如若废止，则以最新标准实行。

② 限于篇幅，本指南中的附录 A 等附录文件均未列出。

中国标准文献分类号、发布日期、实施日期、发布部门（中华人民共和国卫生部、中华人民共和国农业部）等。

1.2 如果代替了某个或几个标准，封面上标明被代替标准的编号。

1.3 如果采用了国际组织标准，按照 GB/T 20000.2 的规定标明一致性程度。

2 前言内容

2.1 结构说明。

2.2 代替情况说明，标明被代替标准或文件的编号和名称，列出与前一版本相比主要技术变化。

2.3 与国际组织或其他国家的标准关系说明，与国际标准一致性程度按等同（IDT）、修改（MOD）和非等效（NEQ）表述；以其他国家的标准为基础形成的标准，标明与相应标准的关系。

2.4 代替标准的历次版本发布情况。

六、规范性一般要素

1 标准名称

1.1 标准名称一般由引导要素、主体要素和补充要素组成。

1.1.1 引导要素为“食品安全国家标准”。

1.1.2 主体要素为产品的名称和检测对象。

1.1.3 补充要素为检测方法，名称统一为紫外–可见分光光度法、原子吸收分光光度法、气相色谱法、液相色谱法、气相色谱–质谱法和液相色谱–质谱法等。

示例：

——食品安全国家标准　植物性食品中多菌灵残留量的测定　液相色谱法

——英文译名表述方式为 Determination of……

2 警告

2.1 应用黑体标注对健康或环境有危险或危害的分析产品、所用试剂或分析步骤及其注意事项。

2.2 属于一般性提示或来自所分析产品的危险在范围前标出；来自特殊试剂或材料的危险在试剂或材料名称后标出；属于分析步骤固有的危险在“分析步骤”一章的开始标出。

3 范围

3.1 明确该标准检测的产品范围和被检测的农药名称及检测方法。用“本标准规定了【农产品】中【农药名称】残留量【检测方法】”表述。多残留检测可用附录形式列出所有农药的中、英文名称。

3.2 明确检测方法的适用界限。用“本标准适用于【农产品】中【农药名称】残留的定性鉴定 / 定量测定”表述。

3.3 标明检测方法的定量限，如为多残留检测，应列表表示，参见附录 C。

4 规范性引用文件

如果标准中有规范性引用文件，在该章中列出所引用文件的清单，并用下述引导语引出：

下列文件对于本文件的应用是必不可少的。凡是注日期的引用文件，仅注日期的版本适用于本文件。凡是不注日期的引用文件，其最新版本（包括所有的修改单）适用于本文件。

七、规范性技术要素

1 原理

指明检测方法的基本原理、方法特征和基本步骤。

2 试剂与材料

2.1 本章用下列导语开头："除非另有说明，在分析中仅使用确认为符合残留检测要求等级的试剂和符合 GB/T 6682 一级的水"。

2.2 列出检测过程中使用的所有试剂和材料及其主要理化特性（浓度、密度等）。除了多次使用的试剂和材料，仅在制备某试剂中用到的不应列在本章中。

2.3 试剂和材料按下列顺序排列：

a）以市售状态使用的产品（不包括溶液），注明其形态、特性（如化学名称、分子式、纯度、CAS 号），带有结晶水的固体产品标明结晶水。

b）溶液或悬浮液（不包括标准滴定溶液和标准溶液），并说明其含量；

如果溶液由一种特定溶液稀释配制，按下列方法表示：

——"稀释 $V_1 \rightarrow V_2$"表示，将体积为 V_1 的特定溶液稀释为体积为 V_2 的溶液；

——"V_1+V_2"表示，将体积为 V_1 的特定溶液加到体积为 V_2 的溶剂中。

c）标准溶液和内标溶液，说明配制方法；

注 1：质量浓度表示为 g/L，或其分倍数表示，如毫克每升（mg/L）。

注 2：注明有效期和贮存条件。

d）指示剂。

e）辅助材料（如干燥剂、固相萃取柱等）。

示例：

除非另有说明，本方法所用试剂均为色谱纯，水为 GB/T 6682 规定的实验室一级水。

a）试剂

1）氯化钠（NaCl）；

2）乙腈（CH_3CN）；

3）甲醇（CH_3OH）。

b）试剂配制

1）氯化钠溶液（20g/L）：称取 20g 氯化钠，加水溶解，用水定容至 1000mL，摇匀。

2）甲醇溶液：量取 80mL 甲醇加入 20mL 水中，混匀。

c）标准品

咖啡因标准品（$C_8H_{10}N_4O_2$，CAS 号：58-08-2）：纯度≥ 99%。

d）标准溶液配制

1）咖啡因标准储备液（2.0mg/mL）：准确称取咖啡因标准品 20.0mg 于 50mL 烧杯中，用甲醇溶解，转移到 10mL 容量瓶中，用甲醇定容。放置于 4℃冰箱可保存半年。

2）咖啡因标准中间液（200μg/mL）：准确吸取 5.0mL 咖啡因标准储备液于 50mL 容量瓶中，用水定容。放置于 4℃冰箱可保存一个月。

3 仪器和设备

应列出在分析过程中所用主要仪器和设备的名称及其主要技术指标。仪器设备的排列顺序一般为分析仪器、常用仪器或设备。

注：编写时不应规定仪器或设备的厂商或商标等内容。

4 试样制备

应具体写明实验室样品缩分，试样制备过程（如取样量、研磨、干燥、匀浆等），试样特性（如粒度、质量或体积等），试样贮存容器材料与特性（如类型、容量、气密性），以及贮存条件。试样制备和贮存参见附录B。

5 分析步骤

不同检测项目试料的处理方法不同，在编写时应注意写清每一个步骤，通常使用祈使句叙述试验步骤，以容易阅读的形式陈述有关试验。

5.1 提取

应明确以质量或体积表示试样的称量。

应写明提取剂的名称、用量、提取方式，以及收集容器的名称和浓缩条件。

5.2 净化

应写明所用净化材料和净化步骤，以及收集容器的名称、浓缩条件、定容方式和定容体积等。

5.3 衍生化

如方法需要衍生化，应写明衍生化步骤。

5.4 仪器参考条件

应注明检测技术参数及操作条件。

示例1：

气相色谱法：应写明色谱柱规格和型号、检测器温度、进样口温度、色谱柱温度、进样方式、进样体积、气体类型和纯度、流速等信息。

示例2：

气相色谱–质谱法：应写明色谱柱规格和型号、进样口温度、检测器温度、色谱柱温度、进样方式、进样体积、气体类型和纯度、流速、离子源温度、接口温度和质谱检测模式等信息。

示例3：

液相色谱法：应写明色谱柱规格和型号、色谱柱温度、检测波长（紫外、荧光）、流动相、流速、进样体积和梯度洗脱条件等信息。

示例4：

液相色谱–质谱联用法：应写明色谱柱规格和型号、流动相、流速、进样体积、梯度洗脱条件、离子源类型、毛细管电压、毛细管温度、雾化气流量、碰撞气类型、检测方式等信息，多反应监测条件应列表给出。

5.5 标准工作曲线

应写明标准工作曲线绘制过程。

5.6 测定

单点校正法应规定标准溶液和待测溶液进样顺序。标准工作曲线法应规定待测组分的响应值应在仪器检测的定量测定范围之内。对需要进行平行测定的，应予以明确规定。对于质谱检测，应写明定性和定量判定的依据。

5.7 空白试验

不加试料或仅加空白试样的空白试验应采用与试样测定完全相同的试剂、设备和步骤等进行。

6 结果计算

表示测定结果时，应注明是以何种残留物进行计算。农药残留量以质量分数 ω 计，数值用毫克每千克（mg/kg）或毫克每升（mg/L）表示，并写出计算公式，格式按 GB/T 1.1—2009 中 8.8 规定执行。计算公式应以量关系式表示，公式后要标明编号，标准中有一个公式也要编号，编号从（1）开始。量的符号一律用斜体，应给出计算结果的有效数位，计算结果一般不少于两位有效数字。

示例：

试料中被测农药残留量以质量分数 ω 计，数值以毫克每千克（mg/kg）表示，按公式（1）计算。

$$\omega = \frac{V_1 \times A_i \times V_3}{V_2 \times A_{si} \times m} \times \rho \tag{1}$$

式中：ρ——标准溶液中农药的质量浓度，单位为毫克每升（mg/L）；A_i——样品溶液中被测 i 组分的峰面积；A_{si}——农药标准溶液中被测 i 组分的峰面积；V_1——提取溶剂总体积，单位为毫升（mL）；V_2——吸取出用于检测的提取溶液的体积，单位为毫升（mL）；V_3——样品溶液定容体积，单位为毫升（mL）；m——试料的质量，单位为克（g）；计算结果保留两位有效数字，当结果大于 1mg/kg 时保留三位有效数字。

7 精密度

7.1 在重复性条件下，两次独立测定结果的绝对差不大于重复性限（r），重复性限（r）的数据见附录 E。

7.2 在再现性条件下，两次独立测定结果的绝对差不大于再现性限（R），再现性限（R）的数据见附录 F。

8 图谱

应给出标准组分的谱图。

注：色谱峰用阿拉伯数字顺序排列，并在图下方标明每个阿拉伯数字所代表的组分，同时应标出标准溶液的质量浓度。

9 其他

除以上技术内容外，还可根据检测方法的特点和需要，合理编写其他技术内容和关键技术，如对特殊情况的说明、试验报告、有关图表等。

八、资料性附录

提供有助于标准理解或使用的附加信息，作为资料性附录。

九、规范性附录

当标准中的某部分应执行的内容放在标准正文中影响标准结构时，可将这部分放在正文的后面，作为规范性附录。

附录3　关于食品类别/名称的说明

食品类别	类别/名称说明
A.1 谷物	**稻类** 稻谷等 **麦类** 小麦、大麦、燕麦、黑麦、小黑麦等 **旱粮类** 玉米、鲜食玉米、高粱、粟、稷、薏仁、荞麦等 **杂粮类** 绿豆、豌豆、赤豆、小扁豆、鹰嘴豆、羽扇豆、豇豆、利马豆、蚕豆等 **成品粮** 大米粉、小麦粉、小麦全粉、玉米糁、玉米粉、高粱米、大麦粉、荞麦粉、莜麦粉、甘薯粉、高粱粉、黑麦粉、黑麦全粉、大米、糙米、麦胚等
A.2 油料和油脂	**小型油籽类** 油菜籽、芝麻、亚麻籽、芥菜籽等 **中型油籽类** 棉籽等 **大型油籽类** 大豆、花生仁、葵花籽、油茶籽等 **油脂** （1）植物毛油 大豆毛油、菜籽毛油、花生毛油、棉籽毛油、玉米毛油、葵花籽毛油等 （2）植物油 大豆油、菜籽油、花生油、棉籽油、初榨橄榄油、精炼橄榄油、葵花籽油、玉米油等
A.3 蔬菜	**鳞茎类** （1）鳞茎葱类 大蒜、洋葱、薤等 （2）绿叶葱类 韭菜、葱、青蒜、蒜薹、韭葱等 （3）百合 **芸薹属类** （1）结球芸薹属 结球甘蓝、球茎甘蓝、抱子甘蓝、赤球甘蓝、羽衣甘蓝、皱叶甘蓝等 （2）头状花序芸薹属 花椰菜、青花菜等 （3）茎类芸薹属 芥蓝、菜薹、茎芥菜等 **叶菜类** （1）绿叶类 菠菜、普通白菜（小白菜、小油菜、青菜）、苋菜、蕹菜、茼蒿、大叶茼蒿、叶用莴苣、结球莴苣、苦苣、野苣、落葵、油麦菜、叶芥菜、萝卜叶、芜菁叶、菊苣、芋头叶、茎用莴苣叶、甘薯叶等 （2）叶柄类 芹菜、小茴香、球茎茴香等 （3）大白菜

食品类别	类别 / 名称说明
A.3 蔬菜	**茄果类** （1）番茄类 番茄、樱桃番茄等 （2）其他茄果类 茄子、辣椒、甜椒、黄秋葵、酸浆等 **瓜类** （1）黄瓜、腌制用小黄瓜 （2）小型瓜类 西葫芦、节瓜、苦瓜、丝瓜、线瓜、瓠瓜等 （3）大型瓜类 冬瓜、南瓜、笋瓜等 **豆类** （1）荚可食类 豇豆、菜豆、食荚豌豆、四棱豆、扁豆、刀豆等 （2）荚不可食类 菜用大豆、蚕豆、豌豆、利马豆等 **茎类** 芦笋、朝鲜蓟、大黄、茎用莴苣等 **根茎类和薯芋类** （1）根茎类 萝卜、胡萝卜、根甜菜、根芹菜、根芥菜、姜、辣根、芜菁、桔梗等 （2）马铃薯 （3）其他薯芋类 甘薯、山药、牛蒡、木薯、芋、葛、魔芋等 **水生类** （1）茎叶类 水芹、豆瓣菜、茭白、蒲菜等 （2）果实类 菱角、芡实、莲子（鲜）等 （3）根类 莲藕、荸荠、慈姑等 **芽菜类** 绿豆芽、黄豆芽、萝卜芽、苜蓿芽、花椒芽、香椿芽等 **其他类** 黄花菜、竹笋、仙人掌、玉米笋等
A.4 干制蔬菜	**脱水蔬菜、番茄干、马铃薯干、萝卜干、黄花菜（干）等**
A.5 水果	**柑橘类** 柑、橘、橙、柠檬、柚、佛手柑、金橘等 **仁果类** 苹果、梨、山楂、枇杷、榅桲等 **核果类** 桃、油桃、杏、枣（鲜）、李子、樱桃、青梅等 **浆果和其他小型水果** （1）藤蔓和灌木类 枸杞（鲜）、黑莓、蓝莓、覆盆子、越橘、加仑子、悬钩子、醋栗、桑葚、唐棣、露莓（包括波森莓和罗甘莓）等

食品类别	类别 / 名称说明
A.5 水果	（2）小型攀援类 a. 皮可食 葡萄（鲜食葡萄和酿酒葡萄）、树番茄、五味子等 b. 皮不可食 猕猴桃、西番莲等 （3）草莓 **热带和亚热带水果** （1）皮可食 柿子、杨梅、橄榄、无花果、杨桃、莲雾等 （2）皮不可食 a. 小型果 荔枝、龙眼、红毛丹等 b. 中型果 芒果、石榴、鳄梨、番荔枝、番石榴、黄皮、山竹等 c. 大型果 香蕉、番木瓜、椰子等 d. 带刺果 菠萝、菠萝蜜、榴莲、火龙果等 **瓜果类** （1）西瓜 （2）甜瓜类 薄皮甜瓜、网纹甜瓜、哈密瓜、白兰瓜、香瓜、香瓜茄等
A.6 干制水果	**柑橘脯、柑橘肉（干）、李子干、葡萄干、干制无花果、无花果蜜饯、枣（干）、苹果干等**
A.7 坚果	**小粒坚果** 杏仁、榛子、腰果、松仁、开心果等 **大粒坚果** 核桃、板栗、山核桃、澳洲坚果等
A.8 糖料	**甘蔗** **甜菜**
A.9 饮料类	**茶叶** **咖啡豆、可可豆** **啤酒花** **菊花（鲜）、菊花（干）、玫瑰花、茉莉花等** **果汁** （1）蔬菜汁 番茄汁等 （2）水果汁 橙汁、苹果汁、葡萄汁等
A.10 食用菌	**蘑菇类** 香菇、金针菇、平菇、茶树菇、竹荪、草菇、羊肚菌、牛肝菌、口蘑、松茸、双孢蘑菇、猴头菇、白灵菇、杏鲍菇等 **木耳类** 木耳、银耳、金耳、毛木耳、石耳等
A.11 调味料	**叶类** 芫荽、薄荷、罗勒、艾蒿、紫苏、留兰香、月桂、欧芹、迷迭香、香茅、蒌叶、马郁兰、夏香草等 **干辣椒**

食品类别	类别 / 名称说明
A.11 调味料	**果类**
	花椒、胡椒、豆蔻、孜然、番茄酱等
	种子类
	芥末、八角茴香、小茴香籽、芫荽籽等
	根茎类
	桂皮、山葵等
A.12 药用植物	**根茎类**
	人参（鲜）、人参（干）、三七块根（干）、三七须根（干）、贝母（鲜）、贝母（干）、天麻、甘草、半夏、当归、白术（鲜）、白术（干）、百合（干）、元胡（鲜）、元胡（干）等
	叶及茎秆类
	车前草、鱼腥草、艾、蒿、石斛（鲜）、石斛（干）等
	花及果实类
	枸杞（干）、金银花、银杏、三七花（干）等
A.13 动物源性食品	**哺乳动物肉类（海洋哺乳动物除外）**
	猪、牛、羊、驴、马肉等
	哺乳动物内脏（海洋哺乳动物除外）
	心、肝、肾、舌、胃等
	哺乳动物脂肪（海洋哺乳动物除外）
	猪、牛、羊、驴、马脂肪等
	哺乳动物脂肪（乳脂肪除外）
	禽肉类
	鸡、鸭、鹅肉等
	禽类内脏
	鸡、鸭、鹅内脏等
	禽类脂肪
	鸡、鸭、鹅脂肪等
	蛋类
	生乳
	牛、绵羊、山羊、马等生乳
	乳脂肪
	水产品